国家科学技术学术著作出版基金资助出版

有机废物
热解气化技术

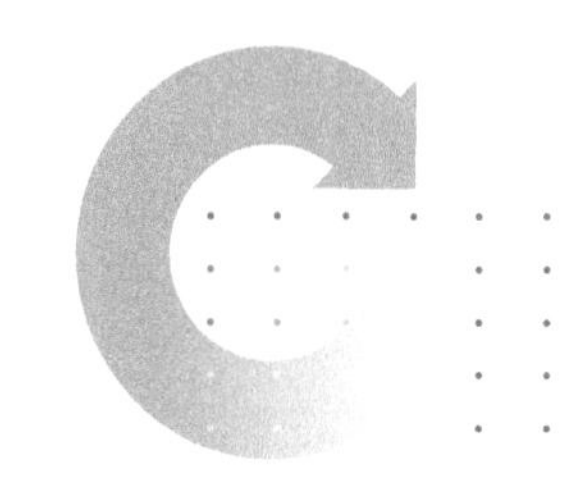

Pyrolysis-Gasification of the Organic Wastes

陈冠益　主　编
颜蓓蓓　程占军　副主编

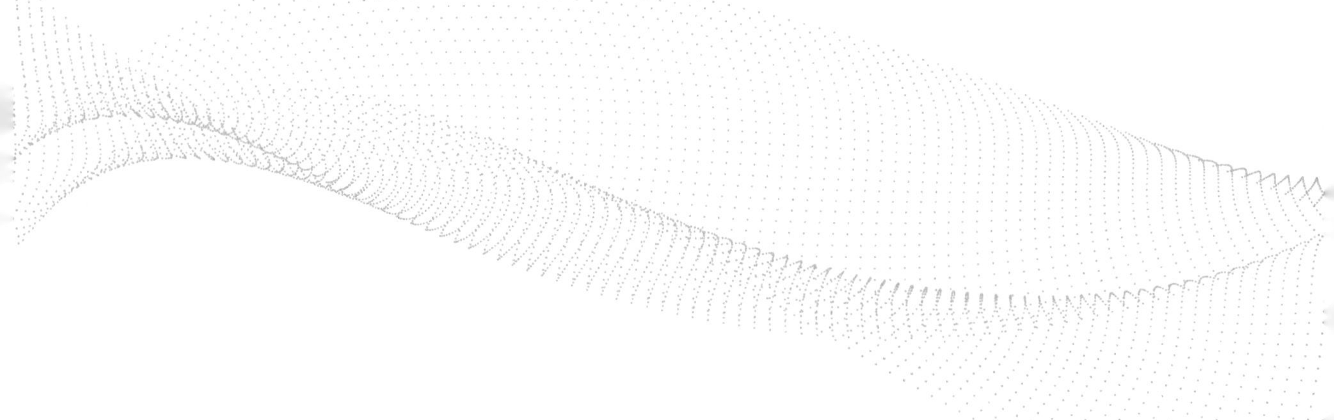

化学工业出版社
·北　京·

内容简介

本书着眼于有机废物的热解气化处理与能源化利用，全面系统地对比介绍了典型有机废物热解气化技术及应用工程，主要内容包括有机废物热解气化技术的原理、过程、工艺和特点，六种典型有机废物（生活垃圾、市政污泥、药渣、酒糟、农林废物和废旧轮胎塑料）热解气化技术分析及工程案例，热解气化过程中污染物的排放和控制，以及新型有机废物热解气化处理技术及发展应用展望。

本书在综合国内外相关领域最新进展的基础上，结合当前相关技术应用工程展开阐述与分析，旨在为广大读者提供有机废物热解气化处置利用的全面性知识及可行的技术方案，可供从事有机废物处理处置以及能源利用等的工程技术人员、科研人员和管理人员参考，也可供高等学校环境工程、能源工程及相关专业师生参阅。

图书在版编目（CIP）数据

有机废物热解气化技术/陈冠益主编；颜蓓蓓，程占军副主编．—北京：化学工业出版社，2022. 10 （2023.8重印）

ISBN 978-7-122-41901-9

Ⅰ. ①有… Ⅱ. ①陈…②颜…③程… Ⅲ. ①有机污染物-热解气化 Ⅳ. ①X78

中国版本图书馆 CIP 数据核字（2022）第 133961 号

责任编辑：刘兴春　卢萌萌
文字编辑：刘　璐
责任校对：李雨晴
装帧设计：史利平

出版发行：化学工业出版社
（北京市东城区青年湖南街 13 号　邮政编码 100011）
印　　装：北京建宏印刷有限公司
787mm×1092mm　1/16　印张 18½　彩插 4　字数 419 千字
2023 年 8 月北京第 1 版第 2 次印刷

购书咨询：010-64518888　　售后服务：010-64518899
网　　址：http：//www. cip. com. cn
凡购买本书，如有缺损质量问题，本社销售中心负责调换。

定　　价：138. 00 元　

《有机废物热解气化技术》编委会

主　　编：陈冠益

副 主 编：颜蓓蓓　程占军

编委会成员：陈冠益　颜蓓蓓　程占军　崔孝强　林法伟　马文超
郭　祥　陶俊宇　李　健　宋英今　李　宁　孙昱楠

前言

我国每年产出的生活垃圾、厨余垃圾、农林废物、园林绿化垃圾、畜禽粪便、工业生物质废物、废旧塑料和轮胎等有机废物近百亿吨。目前大量有机废物尚未得到合理处置与利用，带来了严重的环境污染风险和能源资源浪费。从2018年开始推行的“洋垃圾禁令”到各地如火如荼的“垃圾分类”行动，都体现了国家对于废物处理与利用的决心和魄力。有机废物的资源化、能源化利用不仅有助于解决相关的环境污染问题，同时还可以提供能源与材料的循环。我国多部门先后发文对有机废物资源化利用进行支持与推动，科学技术部通过国家重点研发计划项目对有机废物处理进行了专门部署和战略支持。习近平主席于2020年在第七十五届联合国大会上提出我国二氧化碳排放力争于2030年前达到峰值，努力争取2060年前实现碳中和的“双碳”目标。热解气化作为一项重要技术，可以适用于不同的有机废物，是当前有机废物处理及能源化利用的重要技术，能够助力“双碳”目标的实现。然而，热解气化在技术层面仍存在挑战和难度，工程上也缺乏相应的技术规范和指导案例，因此亟须一本有机废物热解气化技术专著。

本书面向有机废物热解气化技术及综合利用，在介绍热解气化相关理论知识的基础上，着重介绍热解气化技术的工艺且聚焦典型有机废物的热解气化工程案例，并结合编者及其团队在该领域多年的研究成果，突出技术性与实践性。本书分四个部分，共8章，着眼于当前有机废物主要热化学处理技术——热解和气化，从以下四个部分进行详尽阐述：第一部分，系统地对比介绍了热解和气化的技术原理、过程、工艺和特点；第二部分，重点针对六种典型的有机废物（包括生活垃圾、市政污泥、药渣、酒糟、农林废物和废旧轮胎塑料），阐述热解气化技术的工况参数优化和污染物排放控制研究情况；第三部分，主要对上述六种典型有机废物热解气化进行研究，分析相应的技术工程案例；第四部分，对新型有机废物热解气化处理技术及发展应用进行了展望。

本书由陈冠益任主编，颜蓓蓓和程占军任副主编，崔孝强、林法伟和马文超等以及团队研究生参与了本书部分内容的编写；全书最后由陈冠益统稿并定稿。编写团队专业背景覆盖能源、环境、化工和农业等多个领域，团队配置合理，首次对从热解气化技术专业知识到典型有机废物的工程最新实例做了全面系统的介绍，是广大高校师生、科研人员及环保、能源、化工等行业从业人员学习的重要参考书目。

本书的案例分析原始资料来自生态环境部华南环境科学研究所、浙江宜可欧环保科技有限公司、山东步长制药股份有限公司、山东百川同创能源有限公司、中国科学院过程工程研究所、泸州老窖酒业有限公司、海泉风雷新能源发电股份有限公司以及双星集团有限责任公司控股子公司伊达克斯（青岛）控股有限公司的工程应用成果，在此特别感谢上述单位的支持。

本书承国家重点研发计划“华北东北村镇资源清洁利用技术综合示范”项目资助，在编写过程中得到了岑可法院士、陈勇院士和蒋剑春院士的悉心指导，得到了孙立研究员、许敏研究员的认真修改，在此致以由衷的感谢；也参考了国内外相关资料，在此向各位作者致以诚挚的谢意！

由于本书涉及面较广，原理、技术与应用结合紧密，但限于编者时间和水平，书中难免有所疏漏和不足，诚请各位批评指正，以便在后续版本中加以改进提升。

编者

2022年3月

目录

第 6 章

典型热解气化工艺设计及污染物控制

167

第 7 章

典型有机废物热解气化工程案例分析

208

第1章 绪论

废物一般是指人类在日常生活和生产活动中对原材料进行一定的加工利用，在获得所需产品过程中而产生的不再需要的废弃材料。关于废物处理的问题自人类活动之初就已存在，但彼时人口数量少，资源消耗较低，因此产生的废物负荷量远低于环境的自然净化能力，所以在过去的人类活动历史阶段废物处理与环境之间并未产生明显的冲突。自18世纪中叶以来，工业革命的开始大大提升了社会的生产力，实现了从手工劳作向动力机器生产转变的重大飞跃，而废物产生量也逐日递增，废物种类和性质也变得愈发复杂。时至今日，全球工业化和城市化高速发展，人口数量迅速增加，然而环境管理措施和废物处理设施发展却相对滞后，废物处理与环境之间的矛盾也日益凸显。伴随着人类社会的高速发展，地球资源日趋耗竭，未来自然资源已经滞后于人类社会需求，因此如何从废物中实现资源的再生无疑是解决环境与资源问题的关键所在。此外，废物处理利用对循环经济的贡献最直接，助力减碳贡献大。废物种类繁杂，处理方式众多，本书主要针对有机废物的热解气化处理，以期在实现有机废物无害化处理的同时产出高值化的产品与能源。本章就有机废物的分类、管理和处理技术等方面进行概述。

1.1 有机废物的定义与分类

1.1.1 有机废物的定义

《中华人民共和国固体废物污染环境防治法》规定，固体废物是指在生产、生活和其他活动过程中产生的丧失原有利用价值或者虽未丧失利用价值但被抛弃或者放弃的固态、半固态和置于容器中的气态的物品、物质以及法律或行政法规规定纳入固体废物管理的物品、物质。需要注意的是，不能排入水体的液态废物和不能排入大气的气态物质常置于容器中，这类气态和液态废物一般也被纳入固体废物的管理体系。按照固体废物的性质不同，固体废物可简要地分为无机固体废物和有机固体废物：无机固体废物主要以建筑垃圾、废砂石、煤矸石和高炉矿渣等为主；有机固体废物则为富含有机物质的废物，在人类生产生活中分布较为广泛，农林废物、厨余垃圾、市政污泥、园林绿化垃圾（绿化剪枝）、畜禽粪便和部分工业废物等皆属此类。

根据上述固体废物的定义，有机废物主要是指人们在生活和生产活动中产生的丧失原有利用价值或虽未丧失利用价值但被抛弃或放弃的固态或液态的有机类物品和物质。与以砂石矿渣为主的无机废物相比，有机废物的产量更大且种类更多，含有大量的含碳氢的有机物质，蕴含着丰富的生物质能，因此有机废物更应该被视为一种生物质资源而非废物。因此，如何将有机废物中蕴含的丰富生物质能加以清洁高效的转化利用成为当今研究与产业发展的热点。

1.1.2 有机废物的特性

从有机废物和资源、环境以及人类社会的关系角度进行分析，有机废物具有如下几个鲜明的特性。

(1) 废物与资源的二重性

通过有机废物的定义可知，有机废物是在一定时间和地点下被放弃的有机物质，具有明显的时间和空间特征。因此，废物只是在特定的时间和空间下的一种狭义概念，从辩证的角度来看，现在某个地方的废物即是未来另一个地方的资源。所谓废物，不过是受制于当前时间和空间认知下的一种资源，因此废物也被称为“时空错位的资源”[1]。就时间角度而言，随着科技的发展，以前认为的有机废物在今天同样会变成资源；就空间角度而言，废物仅相对于某一特定生产过程是无用的，而并非对于所有过程都没有使用价值。以农业生产中产生的大量秸秆废弃物为例，以前大多在田间地头露天焚烧，造成严重的空气污染和资源浪费，而在现有技术条件下则可以通过热解气化制备燃气能源，或通过厌氧微生物的生化反应制备甲烷能源，也可以通过发酵蒸馏制备燃料乙醇，还可以通过热解活化制备高性能吸附活性炭材料，实现其资源化利用。

(2) 复杂多样性

有机废物的来源非常广泛，种类繁多，随着城市化和工业化进程的加快而呈现出一种增长的趋势。有机废物的组成和产量很不固定，容易受到自然环境、季节气候、生产生活习惯和经济发展水平等因素的复合影响，地域差异较大。此外，有机废物的成分也相对比较复杂，即使是一种简单的有机废物，其中也可能含有多种多样的成分。由于有机废物的复杂多样性，仅依靠某种特定的技术往往很难彻底解决有机废物资源化的问题，常需要针对有机废物的性质进行分类后采用多种技术耦合的手段来完成。

(3) 环境危害性

有机废物造成环境污染的途径有很多，污染形式也比较复杂，对环境的影响和破坏很难完全恢复，同时会造成严重的社会和经济损失。目前我国有机废物产量巨大，远大于现阶段有机废物处理能力，因此大量有机废物产生后直接倾倒或简易堆放，侵占了大量土地资源。更为严峻的是，有机废物所含有的有害成分在地表径流和雨水淋溶作用下会通过土壤孔隙进行迁移，导致土壤成分和结构的改变，造成不同程度的土壤污染。有机废物对水体的污染可以分为直接污染和间接污染两种。直接污染即有机废物被直接排入地表水体或者露天堆放的有机废物被地表径流携带进入地表水体中，从而导致有机废物对水体的直接污染；而间接污染则是指堆存或填埋的有机废物中的可溶性有害成分在雨水淋溶、渗透作用下迁移到地下水中而导致的污染。此外，在有机废物的堆存和处理处置过程中容易产生有害气体，例如有机废物露天堆存时极易腐烂产生恶臭气体，从而对大气产生不同程度的污染，且生活垃圾处置利用过程中会产生氮氧化物、硫氧化物、颗粒物、重金属、氯化氢、氟化氢、挥发性有机化合物、二噁英类，以及渗滤液、飞灰等污染物。

（4）可生化性

有机废物和无机废物相比，其显著区别是含有大量有机物，可以给生物体提供丰富的碳源及能量。有机物质可以通过微生物氧化以及其他生物转化变成更小、更简单的分子，这一过程被称为有机物质的生物降解。因此，有机废物和无机废物相比具有很强的可生化性。有机废物中的有机物质含量、不同组分的可生物降解性和反应的环境条件等都关系到有机废物生物处理的可行性。例如，在有机废物中碳水化合物含量多，其中单糖、二糖和淀粉比较容易被生物降解，纤维素次之，而木质素最难降解。因此，分析有机废物的可生化性是选择合适有机废物处理工艺的重要依据之一，但目前相应的定量评价指标和技术方法仍相对缺乏，亟待加强。

1.1.3 有机废物的分类与来源

目前全世界每年排放的固体废物有近百亿吨之多，并呈现出逐年递增的趋势，其中有机废物占有相当大的比例。有机废物有多种分类方法，可以按照其来源、性质和形态等多个角度进行分类：按照其形态可分为固态有机废物、半固态有机废物和液态（气态）有机废物；按照其燃烧性能分为可燃性有机废物和不可燃性有机废物；按照其降解难易程度分为可降解有机废物和难降解有机废物。在我国，比较普遍的是根据其来源进行分类，主要可分为城市有机废物、农业有机废物和工业有机废物。

（1）城市有机废物来源

城市有机废物来源广泛，近年来随着居民生活水平的提高，商品消费量迅速增加，随之也造成了城市有机废物产量的急剧增长，在一些经济发达城市的生活垃圾中有机物干基比例甚至达到了90%之多。据2020年中国统计年鉴，2019年全国垃圾清运量为2.42亿吨[2]（表1-1）。城市有机废物来源主要包括居民生活、机关单位和商业机构活动以及市政设施维护与管理三类。居民生活有机废物主要是指在城市居民家庭日常生活中产生的废物，如厨余垃圾、纸屑、塑料、衣物等；机关商业有机废物主要是指在机关单位和商业机构日常工作和运营过程中产生的废物，如废纸、食物垃圾和塑料等；市政有机废物主要是指在市政设施维护和管理过程中产生的废物，如园林绿化垃圾（剪枝）、杂草树叶和市政污泥等。目前，城市有机废物中厨余垃圾所占比重位居首位，其主要来源于居民生活和餐饮经营中食物加工过程中的下脚料和食物残余，其成分复杂，有机质含量高，有很高的资源化潜力。此外，污水处理所产生的污泥是城市有机废物的另一个主要来源，近年来随着污水处理设施的普及，市政污泥的产生量也迅速增加。

表1-1 2019年全国主要城市生活垃圾清运和处理情况[2]

地区	生活垃圾清运量/万吨	无害化处理厂/座				无害化处理量/万吨				无害化处理率/%
		总数	卫生填埋	焚烧	其他	总数	卫生填埋	焚烧	其他	
全国	24206.2	1182	652	389	141	24012.8	10948.0	12174.2	890.6	99.2
北京	1011.2	42	9	10	23	1010.9	292.0	548.9	170.0	100.0

续表

地区	生活垃圾清运量/万吨	无害化处理厂/座				无害化处理量/万吨				无害化处理率/%
		总数	卫生填埋	焚烧	其他	总数	卫生填埋	焚烧	其他	
天津	300.2	13	4	7	2	300.2	79.7	191.3	29.2	100.0
河北	802.2	49	35	10	4	797.7	387.0	380.0	30.7	99.4
山西	500.4	28	20	6	2	500.4	378.5	108.6	13.3	100.0
内蒙古	394.5	28	25	3		393.8	290.9	102.9		99.8
辽宁	985.4	40	32	6	2	979.6	815.3	143.9	20.4	99.4
吉林	483.1	30	21	7	2	436.0	223.6	201.9	10.5	90.2
黑龙江	523.6	40	31	7	2	500.0	360.6	124.4	14.9	95.5
上海	750.6	17	5	10	2	750.6	215.3	492.6	42.8	100.0
江苏	1809.6	72	27	35	10	1809.6	354.0	1395.2	60.4	100.0
浙江	1530.2	77	18	39	20	1530.2	347.7	1117.9	64.6	100.0
安徽	646.1	45	16	22	7	646.1	157.5	460.5	28.1	100.0
福建	967.1	33	11	15	7	966.5	302.1	626.4	38.1	99.9
江西	542.6	28	17	10	1	542.6	349.0	189.1	4.5	100.0
山东	1786.8	98	34	46	18	1785.8	400.5	1295.0	90.3	99.9
河南	1134.6	47	36	10	1	1130.7	833.5	295.4	1.7	99.7
湖北	980.0	54	34	12	8	979.8	473.8	427.3	78.6	100.0
湖南	775.4	40	29	7	4	775.3	403.5	337.2	34.6	100.0
广东	3347.3	111	54	48	9	3345.7	1545.0	1736.3	64.4	100.0
广西	497.7	29	18	11		497.7	271.2	226.5		100.0
海南	256.5	12	6	4	2	256.5	98.0	140.4	18.1	100.0
重庆	601.8	22	15	6	1	534.5	225.8	304.4	4.3	88.8
四川	1168.6	53	26	24	3	1166.5	446.7	706.6	13.2	99.8
贵州	364.6	28	12	13	3	352.1	179.0	160.9	12.3	96.6
云南	455.9	32	21	10	1	454.9	226.5	224.4	3.9	99.8
西藏	64.7	8	7	1		63.6	38.0	25.7		98.3
陕西	634.0	31	28	2	1	632.1	616.5	14.1	1.5	99.7
甘肃	279.7	24	19	4	1	279.7	140.3	124.3	15.1	100.0
青海	109.4	10	8		2	105.3	89.8		15.6	96.3
宁夏	130.5	12	8	2	2	130.4	66.5	60.6	3.3	99.9
新疆	371.9	29	26	2	1	358.0	340.3	11.5	6.2	96.3

（2）农业有机废物来源

我国作为农业大国，每年产出的农业有机废物数量巨大。广义上的农业包括种植业、林业、畜牧业、渔业和副业五种产业形式，因此其产生的有机废物种类也多种多样。相应地，农业有机废物主要可以分为作物种植业有机废物、畜禽养殖业有机废物、农副产品加工业有机废物、林业有机废物和水产渔业有机废物五类，其中前三类占比最大。此外，农村居民日常生活所产生的垃圾也被归为农业有机废物的来源之一[3]。

作物种植业有机废物主要是指在农作物以及果蔬生产过程中产出的残留物，如农作物秸秆、种子和果实外壳、杂草和废弃枝条等，其中农作物秸秆占据主导地位。据农业部（现农业农村部）调查统计，2015 年我国秸秆理论资源量为 10.4 亿吨，可收集资源量约为9亿吨，其中以玉米、小麦和水稻三种农作物的秸秆占比最大。国家发展改革委办公厅、农业部办公厅印发的《关于印发编制“十三五”秸秆综合利用实施方案的指导意见》显示，2015年我国秸秆综合利用率达到80.1%，其中肥料化占43.2%、饲料化占18.8%、燃料化占11.4%、基料化占4.0%、原料化占2.7%，但仍有一些秸秆综合利用重点和难点问题尚未得到解决，为此国家也提出了力争在五年内实现秸秆综合利用率达到85%以上的目标。

改革开放以来，我国畜禽养殖业的规模得到了很大的提升，由最初饲养数量少、分散经营的庭院式养殖向饲养数量多、集中经营的规模化和工厂化方向发展，畜禽养殖产值也多年保持世界第一。然而随着畜禽养殖规模化和工厂化发展，畜禽养殖粪便的产量也逐年递增，成为我国农业有机废物的主要来源之一。据农业农村部调查统计，2021年全国秸秆产生量为8.65亿吨，较2018年增加了3500多万吨。玉米、水稻和小麦三大粮食作物秸秆产生量分别达到3.21亿吨、2.22亿吨和1.79亿吨，合计占比83.5%。2021年，全国作物秸秆利用量6.47亿吨，综合利用率达88.1%，较2018年增长了3.4个百分点。肥料化、饲料化、燃料化、基料化和原料化利用率分别为60%、18%、8.5%、0.7%和0.9%。为此，在2017年6月国务院办公厅印发了《关于加快推进畜禽养殖废弃物资源化利用的意见》，明确提出：三年内全国畜禽粪污综合利用率须达到75%以上，其中规模养殖场粪污处理设施装备配套率更要达到95%以上。

随着农业的快速发展，其衍生农副产品也在不断增加，日益成为农业经济的重要组成部分。然而在农副产品加工过程中，所利用的只是原料的一部分，仍然有大约30%的原料没有得到有效利用或直接转化为废物。常见的农副产品废物主要包括麦麸、酒糟、酱醋糟、甘蔗渣、甜菜渣和水果产品加工剩余物等。单以白酒酒糟为例，据统计，2015年中国白酒企业形成的干白酒糟产量达到400万吨以上。

林业有机废物又称林业剩余物，是指在森林采伐、造材、加工利用过程中产生的剩余物，主要包括森林采伐剩余物、木材加工剩余物及育林剪枝剩余物（又称为林业“三剩物”），如枝条、伐根、削头、灌木、枯倒木、截头、锯末和木片等。与农作物秸秆相比，林业有机废物含有较高的木质素含量，具有较高的能源品质。我国国家能源非粮生物质原料研发中心统计显示，全国年森林采伐、加工、抚育剩余物总计约1.31亿立方米，推算林业“三剩物”年产量约1.14亿吨，具有良好的资源化潜力。

（3）工业有机废物来源

据2020年中国统计年鉴，2019年全国工业固废产量高达38.7亿吨，其中尾矿、冶炼渣、煤矸石和粉煤灰等占有很大比例，因为其无机属性，所以在这里并不纳入工业有机废物的范畴[2]。工业有机废物是在工业生产中所产出的富含有机质废物的统称，其来源主要可分为轻工业和石油化工产业两类。轻工业产生的有机废物主要包括：食品加工业产生的蔬菜、水果和动物的残渣等；家具加工过程中产生的木屑、锯末和刨花等；造纸、纺织和皮革工业加工过程中产出的废料等；工业污水处置过程中产生的污泥等。另一类有机废物则源于石油化工产业，主要是石化生产的产品因达到或超出其使用期限或因失去使用价值而报废成为固体废物，如废塑料、废橡胶、各种废弃的有机化工原料和生产过程中产生的有机废物等，以前两者最为普遍。废塑料主要有两个来源：一是塑料制品的生产加工过程中产生的废品、残次品、边角料和试验料等；二是各类塑料制品的使用过程中产生的废物，如农用塑料薄膜、各种塑料包装材料以及一次性塑料袋和饭盒等。废橡胶主要以废旧轮胎为主，其次为鞋底、管带、内胎和垫圈等橡胶杂品，近年来随着家用轿车的普及，废旧轮胎的产量也呈明显的上升趋势。

1.2 有机废物的污染特征与处理技术

1.2.1 有机废物的污染特征

有机废物造成环境污染的途径有很多，污染形式也相对复杂，对环境的影响和破坏很难在短时间内恢复，同时会造成严重的社会和经济损失。整体而言，有机废物对环境的危害主要可以归纳为侵占和污染土地、污染水体和污染大气等几个方面。

(1) 侵占和污染土地

当前我国有机废物年产量巨大，仅农业有机废物的年产量就超过50亿吨，而受限于当前的有机废物管理和处理措施，大量的有机废物产生后未经处理便简易堆放或直接倾倒，侵占大量土地资源。据统计，我国超过1/3的城市都正面临着“垃圾围城”的困境，仅城市生活垃圾侵占的土地面积就超过5亿平方米。随着我国城市化进程的加快，城市生活垃圾量也在快速增长，仅2019年全国垃圾清运量就高达2.42亿吨，如果不能建立完善的生活垃圾集运处理体系，土地侵占问题势必会更加严重。与侵占土地相比，有机废物对土地的危害更体现在其对土壤的污染上。未经处理的有机废物多直接就近倾倒或简易填埋，其有害成分，如重金属、多环芳烃等，会在地表径流和雨水淋溶作用下，通过土壤孔隙向周围的土壤进行迁移。在此迁移过程中，有害成分会吸附到土壤上，在土壤中呈现不同程度的累积，从而导致土壤成分和结构的改变，影响植物营养吸收和正常生长，而受污染的植物则会通过食物链进一步危害人类健康。例如近些年备受关注的“镉米”事件，即是在受重金属镉污染的土壤上进行水稻种植所引起的。农业农村部稻米质量监督检验中心的市场稻米安全性抽检结果显示，我国稻米镉超标率高达10.3%，江西、湖南和广东等省超标现象普遍。除重金属外，有机废物中有机污染物所造成的土壤污染同样不容小觑。据农业农村部数据显示，我国当前畜禽粪便年产生量约38亿吨，但综合利用率却不足60%，养殖场大量的畜禽粪便就地堆积或者简单处理后直接农用，尽管粪便中的氮磷等营养元素可以促进作物生产，但其中所含有的抗生素等则会对土壤造成污染。

(2) 污染水体

有机废物对水体的污染可以分为直接污染和间接污染两种途径。直接污染是指有机废物被直接排入江、河、湖、海等地表水中，或者露天堆放的有机废物被地表径流冲刷携带进入地表水中，从而导致有机废物对水体的污染。间接污染则是指露天堆存或填埋的有机废物，其可溶性污染物在雨水淋溶、渗透作用下经土壤或其他媒介进入地下水，造成地下水污染。有害有机废物的填埋处置是造成地下水污染的主要原因之一，生活垃圾和污泥中含有较多的镉、铅、铬和汞等重金属组分，其渗滤液进入水体后会造成严重的水体重金属污染。重金属污染具有持久性、隐蔽性和不可逆性，并且会伴随水资源的进一步应用而造成更为严重的后果，加剧我国的水质型缺水，并对人体健康造成威胁。有机废物中含有的大量有机成分以及氮磷等营养元素同样会造成水体污染。以养殖业有机废物为例，畜禽粪便中含有大量的有机物和氮磷元素，其进入水体后，在微生物分解过程中会消耗大量的溶解氧，而畜禽粪便中的氮磷等营养元素的释放又会促进低等水生植物的爆发式繁衍，争夺阳光、氧气和空间，从而威胁到其他鱼贝类等水生动植物的生存，造成水体富营养化现象。《2019 中国生态环境状况公报》显示，我国湖库水体富营养化占比已经达到 28.0%，形势非常严峻，而以畜禽粪便为主的农业面源污染愈发引起研究者的重视[4]。此外，未经无害化处理的畜禽粪便直接排入江河湖泊后，其携带的大肠埃希菌等有害病原菌和寄生虫还会对水体造成生物污染，威胁水源地水质安全，危害人类健康。

(3) 污染大气

有机废物在堆放和处置的过程中会不同程度地产生有害气体，从而造成大气污染。与无机废物相比，有机废物一般含有较多的有机质和水分，所以在露天堆存时比较容易腐烂，进而产生并散发恶臭气味的气体。畜禽粪便本身即含有硫化氢和氨气等有害气体，若不及时处理，将会产生甲硫醇、二甲硫醚、二甲胺及多种低级脂肪酸等恶臭气体。除此之外，在有机废物的简易处置过程中同样会产生大量的大气污染物。例如，在农作物秸秆露天焚烧的过程中会产生大量的烟雾，严重影响交通安全，且伴随着生物质燃烧会释放出大量的 NO_x、SO_x 和 PM 等；生活垃圾、废塑料和废橡胶的燃烧处理还会产生酸性气体和二噁英类等，造成更为严重的大气污染。此外，在垃圾填埋处置过程中会产生硫化氢等有害气体，若不加以防护并净化处理同样会造成一定程度的大气污染。

1.2.2 有机废物的处理技术

2020 年 4 月 29 日，《中华人民共和国固体废物污染环境防治法》（以下简称"新《固废法》"）由中华人民共和国第十三届全国人民代表大会常务委员会第十七次会议修订通过，并于 2020 年 9 月 1 日起施行，新《固废法》及其配套法规政策的修订是强化固废管理制度建设的重要内容。新《固废法》除了增设生产者责任延伸制度、垃圾分类制度等以外，还对具体罚则进行了修订，多项违法行为罚款提升至 100 万元，企业违法成本进一步增大。与此同时，2019 年还推行了两项重大改革，分别是持续推进固体废物进口管理制度改革（禁止"洋垃圾"入境）和稳步开展"无废城市"建设试点工作。环境监管趋严、固废管理制度改革和"无废城市"试点建设等这一系列举措都标志着我国对固废处理的重视，固废的处理技术更是关乎成败的关键。目前，有机废物的处理技术主要可以分为填埋、焚烧、热解、气化、好氧堆肥和厌氧发酵等[5-8]。

(1) 填埋

填埋是从传统的废物堆积而发展起来的一项固废处置技术，早在古希腊时期就有了垃圾填埋发展的雏形。近代第一个城市垃圾填埋场于 1904 年在美国的伊利诺伊州的香潘市建成，随后开始在世界各地广泛兴起。这些早期垃圾填埋场的建设和运行有效地减少了因垃圾露天堆放所导致的散发臭气和滋生细菌害虫等问题，但同时这种简单的填埋技术会引发一些其他的环境问题，如垃圾中的有害物质会在降雨和地下水的淋溶及浸泡作用下浸出，从而污染土壤和水体。随着研究的深入，人们基于上述问题对垃圾填埋技术进行了改进，根据不同类型的有机废物进行针对性的填埋，即以生活垃圾废物为对象的“土地卫生填埋”和以工业废物和危险废物为主的“土地安全填埋”。卫生填埋和安全填埋的区别主要在于对防渗层、覆盖层的要求以及对渗滤液的收集和处理方面的不同，大体上可以认为安全填埋是卫生填埋的改进升级的严格版本。

目前，填埋技术在大多数国家仍是固废最终处置的主要技术，在技术上也形成了国际上比较公认的准则。填埋技术的最终目的是将废物妥善贮存，达到稳定化、卫生化和减量化的目的。因此，成熟的填埋场应该具有垃圾贮存、有害物质阻断、废物稳定性处理和土地有效利用等功能。与其他处置方式相比，填埋技术具有投资小、操作简单、处理量灵活、无需垃圾分类和耗时短等优势，但同时其需要占用大量土地、运输费用高，垃圾渗滤液的处理费用也较大。然而，对于有机废物而言，直接的填埋技术会造成生物质能源的大量浪费，因此更倾向于将填埋技术作为有机废物处理后的最终末端处置技术。

(2) 焚烧

焚烧是一种高温热处理技术，即将一定量的空气与被处理的废物在焚烧炉内进行氧化燃烧反应，废物中的有害物质在高温下氧化分解而被破坏，是一种有效的减量化和无害化的处理技术。现代有机废物焚烧的发展最早可以追溯到19世纪下半叶的英国，世界上第一台垃圾焚烧炉于1870年在英国帕丁顿市投入运行，随后美国、法国和德国等欧美发达国家纷纷开始建造较大规模的连续式垃圾焚烧炉。初期的垃圾焚烧炉在结构上基本和砖瓦窑体结构一致，之后逐渐改良为机械炉排焚烧炉。随着废物性质的日趋复杂，加之考虑到对环境的影响，焚烧炉中开始设计空气污染控制系统，以确保焚烧过程中产生的烟气净化。有机废物的焚烧是一个完全燃烧的过程，必须以良好的燃烧条件作为基础，从而将有机废物有效地转化成燃烧气或少量稳定的残渣。而能否采用焚烧技术处理有机废物，主要取决于固体废物的燃烧特性、有机废物的三组分（可燃分、灰分和水分）和热值（设计焚烧处理设备的关键因素）。有机废物的燃烧是一个相对复杂的过程，通常涉及传热、传质、热分解、气相化学和多相化学反应等。根据可燃物的种类不同，燃烧方式主要分为蒸发燃烧、分解燃烧和表面燃烧三种，温度、搅拌湍流强度和停留时间是影响焚烧过程的三个重要因素。

随着社会经济的发展和居民生活水平的提高，城市生活垃圾中有机质的含量越来越高，热值也相应升高，城市垃圾的焚烧也被认为是一种新的能源开发途径。在一些发达国家，垃圾焚烧厂已经被称作“废物能源工厂”。焚烧技术的最大优势在于大大减少了需要最终处置的废物量，具有快速的减容、去毒和能量回收作用，此外还可以进行副产物和衍生化学产品等资源的回收。焚烧技术的主要缺点是焚烧处理厂投资运行成本高；工艺流程严格复杂，对操作人员技术水平要求较高；产生二次污染物，如 NO_x、SO_x、HCl、二噁英类和飞灰等。近年来随着焚烧技术的不断发展和管理设计的优化，这些缺陷正在日益改善，焚烧技术再次受到人们的重视。

(3) 热解

热解又称干馏或热分解，其原理是利用固体废物中有机物的热不稳定性，在无氧或者缺氧条件下对其进行加热蒸馏，使有机物产生热裂解，经冷凝后形成新的气体、液体和固体产物。热解过程包括大分子的键断裂、异构化和小分子的聚合等反应，最后生成各种较小的分子，因此废物的热解是一个相对复杂的化学反应过程，可以用以下通式表示：

$$\text{有机废物}+\text{热量}\xrightarrow{\text{无氧或缺氧}}\text{气体}(H_2、CH_4、CO、CO_2\text{等})+\text{有机液体}(\text{芳烃、有机酸、焦油等})+\text{固体残渣}(\text{炭黑、炉渣})$$

影响热解过程的主要因素包括物料组成、预处理、物料含水率、反应温度和升温速率等，这些因素将直接决定热解产物的组成和性质。根据有机废物的种类不同，其热解所需要的能量差异也很大，因此热解温度可以从100℃（木材）到1000℃（煤）不等。热解所得到的各相产物占比也因温度不同而有所差异，例如低温热解可以得到更多的固相产物。因此，根据热解条件不同，如热解温度、升温速率和热解设备等，热解可以进行不同的分类。按照加热方式不同，热解可以分为直接加热和间接加热；按照热解温度区间不同，热解可以分为低温热解（＜600℃）、中温热解（600～800℃）和高温热解（＞1000℃）；按照升温速率差异，热解可以分为慢速热解、快速热解和闪速热解；按照热解设备不同，热解可以分为固定床热解、流化床热解、回转窑热解和多段炉热解等。

（4）气化

气化是利用空气中的氧气或含氧物作气化剂，在高温条件下将生物质燃料中的可燃部分转化为可燃气（主要是氢气、一氧化碳和甲烷）的热化学反应。有机废物的气化过程比较复杂，随着原料性质、反应条件、气化剂种类、气化装置和工艺流程等条件的不同反应过程也有所差异，但基本上都包括干燥、热解、还原和氧化四个反应阶段。

有机废物进入气化反应器后，在热量的作用下，原料中的水分首先蒸发析出，温度为100～200℃，这一反应区域被称为干燥区。经过干燥区脱去水分的干物料进入裂解区，当温度升高到300℃时开始进行热解反应，在300～400℃时生物质就可以释放出70%左右的挥发分，而煤要到800℃才能释放出大约30%的挥发分。热解反应是由一系列的一次、二次和高次反应组成的复杂过程，其析出挥发分主要包括水蒸气、氢气、一氧化碳、甲烷、焦油及其他烃类化合物。还原区没有氧气存在，热解产生的炭与气流中的二氧化碳、水蒸气和氢气等发生还原反应生成可燃性气体，这些反应主要包括二氧化碳还原反应、水蒸气还原反应、甲烷生成反应和一氧化碳变换反应。还原反应是吸热反应，因此还原区的温度也相应降低，为700～900℃。氧化区中残留的炭和气化剂中的氧发生反应，释放大量的热量以维持有机废物干燥、热解和后续的还原反应，因此氧化区的温度可达1000～1200℃。

需要指出的是，上述的区层划分仅是为了表明气化的大致过程，在实际的反应器中无法直接观测到，反应亦可以在不同区层间进行。目前气化反应器主要分为固定床反应器、流化床反应器、气流床反应器和旋风分离床反应器等，其中固定床反应器又可以根据反应器内气流运动的方向分为下吸式、上吸式、横吸式和开心式四种。根据原料类型和实际用途的差异，在对上述气化炉的选择上也有所不同，例如固定床气化炉适合于各种原料的中小规模集中应用，可用于集中供气供暖，流化床气化技术则更适用于颗粒均匀原料的中大规模联合发电、合成气生产等。

（5）好氧堆肥

堆肥是利用自然界广泛分布的微生物如细菌、真菌、放线菌等或人工添加的高效复合微生物，在适当的条件下（如湿度、pH 值、通气以及孔隙度等），人为促进可生物降解的有机物向稳定的腐殖质和小分子物质转化的过程。我国关于堆肥的利用较早，从公元 6 世纪“厩肥”的生产利用到 1633 年“沤肥”的积制利用，历史悠久。好氧堆肥化主要是在有氧条件下依靠好氧微生物的作用来实现的。在好氧堆肥化过程中，有机废物中的可溶性有机物可透过微生物的细胞壁和细胞膜被其吸收转化，而不溶的有机物先被吸附在微生物体外，依靠其分泌的胞外酶分解为可溶性物质，再渗入细胞，通过自身的生命代谢活动进行分解代谢（氧化还原）和合成代谢（生物合成），把一部分吸收的有机物氧化成简单的无机物，并释放出供微生物生长、活动所需的能量，并把另一部分转化合成新的细胞物质，使微生物不断生长繁殖，产生更多的生物体。

现阶段，好氧堆肥法已成为城市有机废物堆肥化的主要方法之一，其过程可分为中温、高温和腐熟三个阶段。中温阶段也称为产热阶段。堆肥初期，堆层基本呈中温，嗜温性微生物利用堆肥中可溶性有机物进行大量繁殖，在其利用化学能的过程中生成部分热能，在堆料的良好保温作用下温度不断上升。当温度上升到 45℃以上时，堆肥进入高温阶段，嗜热性微生物逐渐取代嗜温性微生物成为优势微生物，堆肥中的可溶性有机物继续被分解转化，纤维素、半纤维素和蛋白质等组分开始被分解。经过高温阶段后，部分难分解的有机物和新形成的腐殖质留存下来，随着嗜热性微生物活性下降，堆肥温度下降，嗜温性微生物重新占据优势，对较难分解的有机物作进一步分解，腐殖质不断增多且稳定累积，最终进入腐熟阶段。

传统堆肥法主要是利用堆料中土生微生物分解有机废物中有机质，存在发酵周期长、臭味较重、重金属及有毒物质脱除能力差以及堆肥质量不稳定等问题。因此，基于上述问题，应主要从堆肥的来源、分选技术、堆肥过程和堆肥的用途等方面考虑提高堆肥的质量。主要包括以下几方面的内容：

① 推广有机废物的分类收集技术并加强相应的预处理能力；

② 通过优化堆肥工艺条件改善堆肥质量；

③ 采用一定的生物强化技术改善堆肥质量，如利用生物操纵及微环境改良技术，促进污染物的溶出，加速物质传输，催化生物化学反应，从而提高堆肥腐殖质转化率、营养物质保持量和重金属等毒害物质去除量。

（6）厌氧发酵

厌氧发酵是一种利用微生物自身的新陈代谢作用而实现有机废物处理的方法，相较好氧生物处理法，其具有占地面积小、能耗低以及处理效率高等优势，并且能产生高热值的沼气。厌氧发酵的整个过程大致可分为水解、酸化、乙酸化和甲烷化四个阶段。水解和酸化阶段主要通过水解微生物群分泌的生物酶将生物质中高分子化合物分解为乙酸盐、氢气和长链脂肪酸，进而通过酸化微生物将其分解为氨基酸、糖类和挥发性脂肪酸；乙酸化阶段是利用产氢产乙酸菌将水解和酸化阶段的产物转化为乙酸或 H_2/CO_2；甲烷化阶段则是利用产甲烷菌将上个阶段生成的乙酸或 H_2/CO_2 转化为甲烷。厌氧发酵过程中，不产甲烷菌为产甲烷菌提供生长和产甲烷菌所必需的基质条件，产甲烷菌为不产甲烷菌的生化反应解除反馈抑制，理论上是一种相辅相成的关系。但如果某种中间产物的数量过量或性质发生改变，系统中就会出现反应抑制现象。常见的抑制现象主要有两种：一种是挥发性脂肪酸积累到一定数量抑制了产甲烷菌的活性；另一种是丙酸的积累抑制了产甲烷菌的活性。影响有机废物厌氧消化的因素主要有温度、pH 值、底物组成、固体含量、接种物、预处理和营养元素等。

单相厌氧发酵工艺是最传统的厌氧发酵工艺，未将参与水解酸化与参与甲烷化的微生物群落进行反应分离，对工艺有很大的局限性。因为在厌氧发酵过程中，产甲烷微生物和产酸微生物具有不同的营养物质需求，所需工艺条件不同。在单相厌氧反应器中，需按照产甲烷菌的要求来选择运行条件，而且还要采取繁杂的措施来维持两者之间的平衡。在这样一种适合产甲烷菌的条件下，产酸菌不能充分发挥其代谢功能，在一定程度上牺牲了第一阶段细菌的部分功能。为了克服传统单相反应器的不足，基于两阶段中的主要微生物的特性及对环境的要求，研究者提出了两相厌氧发酵的观点，即将产酸相和产甲烷相进行分离，尽可能地为各个阶段的主要微生物提供其需要的环境条件，从而保证每个阶段能充分发挥其最佳反应效率。相较而言，单相厌氧发酵和两相厌氧发酵各有优势，由于生物质底物和实际条件的差异，应依据情况配以不同的厌氧发酵工艺，以提高工艺的处理能力。

1.3 热解气化技术概述

伴随着人类社会的发展，地球能源资源日趋耗竭，废物数量却不断增加，因此如何从废物中实现资源和能源的再生无疑是解决环境与资源问题的关键所在。有机废物的热化学处理技术是指在加热条件下利用热化学手段将有机废物转化为燃料和附加产品的过程，在实现有机废物无害化处理的同时可以产出高值化的产品与能源。有机废物的热化学处理技术整体可以分为干法和湿法两类：干法以焚烧、热解和气化为主；湿法即水热法，分为水热炭化、水热液化和水热气化三种[9]。不同种类的有机废物适用于不用技术，不同技术采用各自的设备及运行参数，并产生相应的产物，在实际应用中需加以甄选。

（1）有机废物干法热处理技术

有机废物干法热处理技术应用较广且技术设备也相对比较成熟。焚烧是最为普通的一种生物质能转化技术，原理即为有机废物中的可燃成分和氧化剂（一般为空气中的氧气）进行混合的化学反应过程，在反应过程中放出大量热量，并使燃烧物的温度升高，其主要目的为获得热量。气化是指将有机废物转化为气体燃料的热化学过程，有机废物的气化主要是利用空气中的氧气或含氧物质作为气化剂，将有机废物氧化生成 CO、H_2 和 CH_4 等可燃气体的过程，其优点是转化为可燃气体后能量利用率高且用途更加广泛。有机废物热解则是在缺氧或者完全隔氧的环境中进行高温热裂解，最终生成生物炭、生物油和可燃气的过程，三种产物的比例主要取决于热解的工艺和反应条件。

（2）有机废物湿法热处理技术

有机废物湿法热处理技术即水热技术，是指在一定温度和压强的密闭体系中，以超/亚临界水为介质，经过水解、脱水缩合、脱羧、芳构化、聚合等反应得到相应气、液、固三相产物的过程[9]。水热技术由于具有反应条件温和、能耗低等优点，能够在特定的压力和温度下高效地将生物质转换成液体、气体、固体产物，尤其在处理高含水率废物方面具有显著优势，近年来受到了研究者们的持续关注。基于不同的操作参数，生物质经水热处理后会得到产率比不同的目标产物，因此可将其分为水热炭化、水热液化和水热气化三类。

① 水热炭化一般是在温度为160～300℃、压力为1.4～27MPa下，将生物质加入密闭的水溶液中反应1h以上以制取水热炭的过程，实际上是一种脱水脱羧的煤化过程。

② 水热液化同样是以亚临界水作为反应介质，生物质为原料，经热解液化制取目标产物——生物油的热化学转换过程，通常反应温度为270～370℃，压力为10～25MPa。在有机废物水热液化过程中，水既是重要的反应物又充当着催化剂，其主要产物有生物油、焦炭、水溶性物质及气体等。

③ 水热气化技术是近年来发展起来的一种高效制氢技术，主要以超临界水作为载体，将生物质原料转化为燃料气体，反应温度通常为400～650℃，压力为16～35MPa。

与有机废物的干法热处理技术相比，有机废物湿法热处理技术发展相对较晚，产业化应用也相对较少，因此接下来在本书中不做详细介绍。

参考文献

[1] 白圆．固体废物处理与处置概论［M］．北京：科学出版社，2016.

[2] 国家统计局．中国统计年鉴2020［M］．北京：中国统计出版社，2020.

[3] 王洪涛，陆文静．农村固体废物处理处置与资源化技术［M］．北京：中国环境科学出版社，2006.

[4] 中华人民共和国生态环境部．2019中国生态环境状况公报［Z/OL］．（2020-06-02）［2022-01-02］．http://www.mee.gov.cn/hjzl/sthjzk/zghjzkgb/202006/P020200602509464/72096.pdf.

[5] 刘荣厚，牛卫生，张大雷．生物质热化学转化技术［M］．北京：化学工业出版社，2005.

[6] 陈冠益，马文超，颜蓓蓓．生物质废物资源综合利用技术［M］．北京：化学工业出版社，2014.

[7] 席北斗，魏自民，刘鸿亮．有机固体废弃物管理与资源化技术［M］．北京：国防工业出版社，2005.

[8] 蒋建国．固体废物处置与资源化［M］．北京：化学工业出版社，2008.

[9] 何选明，王春霞，付鹏睿，等．水热技术在生物质转换中的研究进展［J］．现代化工，2014，34（1）：26-29.

第2章 热解气化原理与过程

热解气化是指在无氧或缺氧的氛围下，有机废物中的大分子化学键发生断裂，产生小分子气体、生物油和残渣的过程。热解气化技术不仅可以实现有机废物无害化、减量化和资源化，而且还能有效克服有机废物焚烧产生的二噁英污染等问题，因而成为一种具有发展前景的有机废物处理技术。通过调节反应温度、停留时间、反应介质/气氛、加热速率、催化剂等参数，可以针对性地获得以生物油（液体产物）、可燃气（气体产物）或生物炭（固体产物）为主的热解气化产物。

本章主要讨论了热解气化的原理及主要影响因素、产物主要特性、热解气化工艺的物质流分析、气化焦油副产物的控制等。

2.1 热解原理

热解（pyrolysis），工业上称之为干馏，是指有机物在绝氧条件下加热分解的过程。固体废物热解之后的主要产物有：

① 烃类化合物为主的可燃性气体，如氢气、一氧化碳、甲烷等低分子；

② 液体燃料，如乙酸、甲醇等化合物；

③ 炭黑，如纯碳与玻璃、砂土等混合物。

自20世纪起，分析手段的不断发展为探究有机固废热解原理提供了强大的技术支撑。一般来说，热解原理可以分为两个部分——热解反应动力学和热解产物形成途径解析，二者相辅相成，共同构建起有机固废热解原理的基础。以纤维素和木质素的热解原理为例。在研究初期，“B-S”模型是最为广泛认可的纤维素热解动力学基础模型，该模型提出活性纤维素的概念，热解过程中纤维素首先转化成活性纤维素，而后竞争分解形成挥发分、焦炭和气体产物。其中低温有利于焦炭的生成，高温则有利于生成以左旋葡聚糖为特征产物的液态挥发分组分。而后研究人员不断对纤维素热解反应动力学进行完善，提出了“Biebold”模型、“Lu-Hu”模型等一系列更加细化的反应机理模型。其中“Lu-Hu”模型提出了以特征中间体为桥梁的纤维素热解反应模型，在纤维素热解初期形成了多种带有特征末端（左旋葡聚糖末端、链式葡萄糖末端、非还原性末端、不饱和末端等）的特征中间体和脱水单元，这些特征末端和脱水单元的生成演化规律决定了纤维素最终的热解特性和产物分布。

与纤维素相比，木质素的组成表现出典型的芳香特性，其热解过程通常分为两步。首先木质素发生降解，发生大量自由基反应，包括由化学键断裂引起的自由基生成反应、基于化学键生成的自由基传播反应、氢转移反应、异构化反应以及自由基之间相互作用的终止反应。随后发生自由基反应以及与产物二次反应，共同影响焦油等产物的生成规律。木质素到焦油的转化主要由 3 个因素影响：a. 芳香环的直接组合，例如两个苯组合生成联苯；b. HACA 序列，通过氢抽提形成自由基，随后使芳香环生长，发生乙炔加成反应，导致分子环化生长；c. 苯酚的分解再缩合反应，苯酚分解成一氧化碳和环戊二烯，随后发生氢抽提反应形成自由基化合物，最终结合生成分子量更大的芳香族化合物。

2.1.1 热解的分类

热解依据供热方式、产物状态、热解炉炉型的不同，可分为不同的类别。按照热解温度的不同，可分为高温热解、中温热解和低温热解三种方式；按照热解升温速率的不同，可分为闪速热解、快速热解和慢速热解（干馏）；按照热解炉炉型的不同，可分为直接加热和间接加热两种方式；按照热解炉结构的不同，可分为固定床、移动床、流化床、旋转床和分段炉等。其中，依据热解升温速率分类最为常用。

有机固废热解的主要工艺类型见表 2-1。

表 2-1 有机固废热解的主要工艺类型

<table>
<tr><th>工艺类型</th><th>气相停留时间</th><th>升温速率</th><th>最高温度/℃</th><th>主要产物</th><th>加热速率</th></tr>
<tr><td colspan="6">慢速热解</td></tr>
<tr><td>干馏</td><td>数小时～数天</td><td>非常低</td><td>400</td><td>焦炭</td><td rowspan="2"><10℃/s</td></tr>
<tr><td>常规</td><td>5～30min</td><td>低</td><td>600</td><td>气、油、炭</td></tr>
<tr><td colspan="6">快速热解</td></tr>
<tr><td>快速</td><td>0.5～5s</td><td>较高</td><td>650</td><td>生物油</td><td>100～1000℃/s</td></tr>
<tr><td>闪速</td><td><1s</td><td>高</td><td><650</td><td>生物油</td><td>>1000℃/s</td></tr>
</table>

(1) 慢速热解

传统的慢速热解是一种以生成木炭为目的的炭化过程，又称干馏工艺。低温干馏温度为 500～580℃，中温干馏温度为 660～750℃，高温干馏温度为 900～1100℃。干馏工艺是将木材放在窑内，在隔绝空气的情况下加热，可以得到原料质量 30%～35%的木炭产量[1,2]。传统的有机废物慢速热解是一种以得到固体产物为目标的有机固体废物利用方法，一般得到的液体产物产率较低。

热解速率对生物油的组成有很大影响，低加热速率有利于气、固相产物的生成。有研究者以固体废物作为原料进行了慢速热解，CO 和 CO_2 的含量占到了 2/3 以上，在热解终温>500℃时，氢气和甲烷含量开始逐渐增加。在 Williams 等[1]的松木慢速热解实验研究中，发现在低温区木质生物质的主要热解产物是水、二氧化碳和一氧化碳，在高温区则是油、水、氢气以及气相烃类化合物。范婷婷[3]将慢速热解方法作为生物质气化的前处理工艺，通过慢速热解解决生物质在气流床气化过程中能量密度低、物料运送难度大及焦油含量高等问题，提高气化合成气的热值。

（2）快速热解

快速热解是以较快的升温速率加热到中间温度（400～600℃），利用热能将有机固废大分子中的化学键切断，从而得到低分子量的物质，并将所产生的蒸气快速冷却为生物油。生物油包含许多与水互溶的含氧有机化学品和与油互溶的组分，快速热解的整个传热反应过程发生在极短的时间内，强烈的热效应直接产生热解产物，再迅速淬冷，通常在 0.5s 内急冷至 350℃以下，可使质量和能量的约 70%转化为液体产品，最大限度地增加了液态产物的收率[2]。

与传统的热解工艺相比，快速热解能以连续的工艺和工厂化的生产方式处理低品位的有机固废，并将其转化为高附加值的生物油，相比传统处理技术能获得更大效益，因此有机固废快速热解技术得到了国内外广泛关注。

（3）闪速热解

相比快速热解，闪速热解的加热速率更高，主要产品以碳、氢、氧元素为主，产生有较强酸性的棕黑色黏性液体生物油。从组成上看，生物油是水与含氧有机化合物等组成的一种不稳定混合物。热解副产物有气体和固体炭，可应用于化工和冶炼等行业。大部分有机固废质量密度和能量密度都较小，体积较大不易运输，通过闪速热解将其转化为液体生物油，可增加其容积热量，方便运输。闪速热解的液体产品产率与快速热解得到的产率比较接近，因此一般情况下可把闪速热解归为快速热解。

2.1.2 热解的反应路径

热解包括大分子键的断裂、异构化和小分子的聚合等反应，是一个复杂的化学反应过程，其主要反应流程如图 2-1 所示。

首先，热量传递到颗粒表面，并由表面传到颗粒的内部。热裂解过程由外至内逐层进行，生物质颗粒被加热的成分迅速分解成炭和挥发分。挥发分由可冷凝气体和不可冷凝气体组成，可冷凝部分经过快速冷凝得到生物油。一次裂解反应生成了生物炭、一次生物油和不可冷凝气体。同时，当挥发分气体离开生物颗粒时，还将穿越周围的气相组分，在这里进一步裂化分解，称之为二次裂解反应（也称裂化反应），生成稳定的二次生物油和不可冷凝气体。反应器内的温度越高且气态产物的停留时间越长，二次裂解反应则越剧烈。生物质的热裂解最终形成生物油、不可冷凝气体和生物炭。通过快速去除一次热裂解产生的气态产物，能抑制二次裂解反应的发生，从而提高生物油的产率[3,4]。陈冠益等[5,6] 提出了更为接近真实热解的反应和产物转化路径，如图 2-2 所示。生物质发生一次裂解反应生成了一次生物炭、一次生物油和一次不可冷凝气体。一次生物油（挥发分气体）进一步裂化分解，生成稳定的二次生物油和二次不可冷凝气体。同时，一次生物炭和一次不可冷凝气体部分发生反应，生成二次气体和二次生物炭。

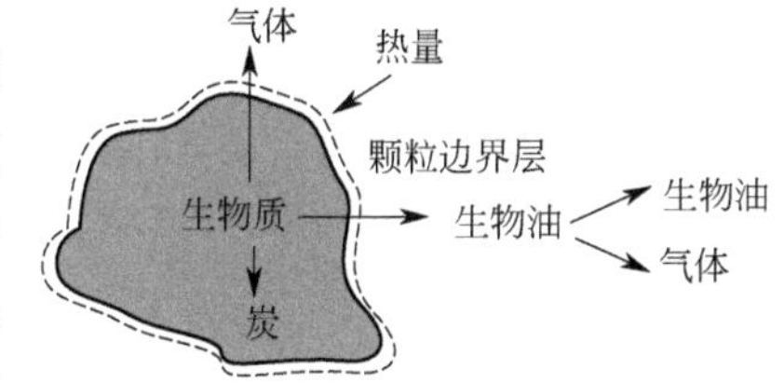

图 2-1　生物质热解反应流程

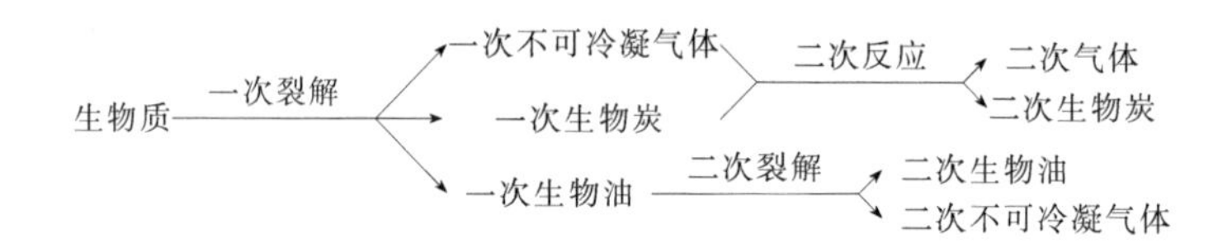

图 2-2　生物质热解与产物生成过程[5]

总体上，热解过程可用以下通式表示：

$$\text{有机物}\xrightarrow{\text{加热、无氧}}\text{可燃性气体}+\text{有机液体}+\text{固体残渣}$$

2.1.3　热解的影响因素

（1）反应温度

反应温度对产物产量、成分有较大影响，是热解过程最重要的控制参数。较低温度下，有机物大分子裂解为中小分子，油类含量相对较多。随着温度上升，中间产物发生二次裂解，H_2 及小分子烃类化合物成分增多，各种酸、焦油、炭渣相对减少[7]。

Ma 等[8]选取纸张、塑料、木屑、织物及蔬菜果皮五种典型生活垃圾组分作为实验原料，使用 Py-GC-MS 对各组分高温快速热裂解特性进行了研究。除了塑料外，其余四种组分都以纤维素、半纤维素或木质素为主，产物比较相近。总体来说，随着快速热解实验最终温度的升高，大多数的产物峰的峰高呈减小趋势，即其绝对含量下降，各组分热解的有机物含量减少。因此，可以通过提高最终温度来减少焦油的产量。但温度的变化对于焦油的不同组分的作用是不同的，因为高温促进了焦油中某些大分子有机物的部分裂解气化，而使小分子有机物含量增加[9]。

（2）加热速率

不同的加热速率代表不同的温度升高过程，在一定的热解时间内慢加热速率会延长热解物料在低温区的停留时间。缓慢的加热会促进纤维素和木质素的脱水和炭化反应。通常气体产量随着加热速率的增加而增加，有机液体和固态残渣随着加热速率的增加而减少。李水清等[10]研究了干木块在 850℃ 热解终温下快慢两种加热方式热解产物的分布，并指出气体和焦油的产率在很大程度上取决于挥发物生成的一次反应和焦油的二次裂解反应的竞争结果，较快的加热方式使得挥发分在高温环境下的停留时间增加，促进了二次裂解的进行，使得焦油产率下降、燃气产率提高。

（3）停留时间

停留时间是指反应物料完成反应需在炉内停留的时间，会影响热解产物的成分和总量。影响停留时间的因素与热解方式、反应器内的温度水平、物料尺寸、物料分子结构特性等有关。

通常来说，反应温度越高，反应物颗粒内外温度梯度越大，停留时间越短；物料分子结构越复杂，停留时间越长；物料尺寸越小，停留时间越短。热解方式对反应时间的影响更明显；间接热解由于反应器同一断面存在温度梯度，热解时间比直接加热长得多。同时，停留时间还决定了物料的分解转化率，故而影响热解产物的成分和总量。为了充分利用原料中的有机质，应使挥发分尽可能析出，并在保证反应器处理量的同时尽量延长物料的停留时间。

(4) 原料性质及预处理

废物的组分变化，可热解性也随之改变。若原料中有机物成分占比大、低位热值高，则热解性好，热解产物理想。此外，废物组分差异会影响热解起始温度，如煤的热解起始温度为200～400℃，纤维类开始热解的温度为180～200℃，从而对热解过程的产物成分及产率产生较大影响。

物料的预处理也是影响热解过程的因素之一。若物料颗粒较大，则传热传质速率较慢，热解二次反应增多。反之，小颗粒的物料能促使热量传递，有利于高温热解的进行。因此，有必要同时考虑传热及经济因素，对热解原料进行适当的预处理，选取合适的物料颗粒尺寸。

(5) 原料含水率

含水率的影响是多方面的，主要影响热解内部的化学过程、产气量及成分以及整个系统的能量平衡。对于不同固体废物原料，含水率的差异非常大。我国城市生活垃圾的含水率一般可达40%～60%，而废轮胎几乎不含水分。这部分水在热解前期干燥阶段(105℃之前)蒸发，凝结于冷却系统中，或随热解气一同排除。

Liu等[11]研究水分对生活垃圾热解产气特性的影响后指出，含水率降低有利于提高气体产量，同时水分的存在对产气成分也有显著影响。如表2-2所列，随生活垃圾含水率的降低，CO_2、CH_4含量升高，CO、H_2含量下降，气体热值呈升高趋势。

表2-2 不同含水率下城市生活垃圾热解气平均成分及热值

含水率/%	气体平均体积分数/%						平均高位热值/(kJ/m³)
	CO	CH_4	C_nH_m	H_2	O_2	CO_2	
60	24	16	6	37	2	15	16253
50	20.5	19	5.5	35	3	17	16352
40	18	23	4.4	32.4	2.2	20	16489

(6) 反应器

反应器是热解反应的场所，根据不同的热解床条件及物料流动方式有不同反应器，是整个热解过程的核心。

常见快速热解反应器有螺旋热解反应器、携带床反应器、真空式热解反应器、鼓泡流化床反应器、循环流化床反应器、奥格热解反应器等，通常固定化热解床的处理量大，而流态化热解床的温度可控性好[12]。

(7) 催化剂

有机废物热解的产物有焦炭、热解液和不凝性气体，生成物的相关特性和空间位置将直接影响其后续的热解工艺，而催化剂影响热解过程中物料的反应历程，改变热解的产物产率和组成，选择性地提高目标产物特性，可实现产品的定向转化，改善油品的性能。有机废物催化(包括催化热解、催化制氢和生物柴油的催化酯交换反应)所用催化剂大都集中在天然矿石类催化剂(白云石、方解石、赤矿石等)、碱金属类催化剂(碱金属碳酸盐、碱金属，例如Na_2CO_3、K_2CO_3等)、金属氧化物(CaO、NiO、ZnO、中性Al_2O_3等)、镍基催化剂、分子筛催化剂(Re-USY分子筛、Al-MCM-41、β型分子筛、ZSM-5等)。

2.1.4 热解产物分布与特点

废物热解是同时发生且连续进行的物理化学反应过程，不一样的温度区间进行的反应过程有所不同，生成的产物组成也不相同。热解的中间产物从大分子裂解成小分子直至气体，同时又使小分子聚合成较大的分子，在这个反应中将出现有机物断链、异构等反应。通过进一步分离、冷凝等过程，可冷凝组分为绿色可再生的生物液体燃料，也称为生物油或热解油，不可冷凝组分为热解气，剩余固体组分为热解炭。

热解产物中，气、液、固三相产物的收率取决于原料的化学结构、物理形态和热解时的温度及速度。生成物中气体、油类和炭化物的比例受固体废物组分影响很大。如果纸类或纤维素类废物的含量增大，则炭化物质的生成量就会增加。低温-低速加热工况下，有机物分子有足够的时间在其最薄弱的接点处分解，重新结合为热稳定性固体，固体产率会提高。高温-高速加热工况下，有机物分子结构全面裂解，大范围生成低分子有机物，气体产率会增加[13]。

2.1.4.1 热解气

固体废物通过快速热解和气固分离之后的高温有机蒸气（热解气）主要由可冷凝气、不可冷凝气和少量难以收集的气溶胶颗粒所组成，其中可冷凝气经快速冷却后便可获得生物油。

可燃气体（不可冷凝气体）按产物中所含成分的数量多少排序为 H_2、CO、CH_4 和其他少量高分子烃类化合物气体。可燃气体混合物热值可达到 6390～10230kJ/kg（固体废物），是一种很好的燃料。

城市生活垃圾中各种有机物进行过实验室的间歇实验，得到的气体产物组成如表 2-3 所列，这些组成会随着热解操作条件的变化而变化[14]。

表 2-3 热解气体产物分析结果

废物种类	CO_2	CO	O_2	H_2	$CH_4+C_nH_m$	N_2	高位热值/(kcal①/kg)
橡胶	25.9	45.1	0.2	2.8	20.9	5.1	3260
白松香	20.3	29.4	0.9	21.7	25.5	2.2	3760
香枫木	35.0	23.9	0.0	9.4	28.2	3.5	3510
新闻纸	22.9	30.1	1.3	15.9	21.5	8.3	3260
板纸	28.9	29.3	1.6	15.2	17.7	7.3	2870
杂志纸	30.0	27.0	0.9	17.8	16.9	7.4	2810
草	32.7	20.7	0.0	18.4	20.8	7.4	3000
蔬菜	36.7	20.9	1.0	14.0	21.0	6.4	2900

① 1kcal=4.1868kJ。

2.1.4.2 生物油

生物油是一种复杂的水分和含氧有机物的混合液体，外观呈棕褐色至黑色，具有刺激性气味。生物油中的有机物多达数百种，包括酸、醇、含氮化合物以及各种复杂的多官能团物质，几乎包括所有种类的含氧有机物，其与化石燃料的化学组成截然不同[15]。

生物油的主要元素为C、H、O，另外还有少量的N、微量的S以及多种金属元素。对于由木材原料制取的生物油，N的含量一般在0.1%以下，在干基状态下的元素组成如下：C，48.0%～60.4%；H，5.9%～7.2%；O，33.6%～44.9%。对于农作物秸秆和林业废物的生物油，其中的N含量为0.2%～0.4%，硫含量通常为（60～500）×10^{-6}。生物油和石油在物理性质和化学组成上有着巨大差异，其本质是因为生物油的高氧含量（45%～60%，湿基）。

生物油的化学组成极为复杂，化学成分及其含量受到多种因素的影响，源自不同有机废物的生物油在化学组成上表现出一定的共性。截至现在，生物油被检测出的物质已超过400种，有很多物质在大多数的生物油中都存在，也有部分物质仅在某个特定的生物油中存在（附录1）。由于生物油中的化学成分复杂，为了更好地了解生物油的化学组成，一般将生物油中的同类物质进行归类，典型的生物油化学组成如表2-4所列。

表2-4　生物油的常规化学组成

组分类别	含量(质量分数)/%
羧酸类	5～10
醛类	5～20
酮类	0～10
脱水糖及其衍生物	5～30
酚类及其聚合物	20～30
烃类化合物	0～5
水	15～35

2.1.4.3　热解炭

碳材料是重要的结构材料和功能材料，具有优良的耐热性能、高导热性、良好的化学惰性、高电导率等优点，被广泛应用于冶金、环境、化工、机械、电子等领域。有机废物资源含有丰富的C元素，是制备各种碳材料的丰富原料，可以降低碳材料的生产成本，实现碳材料的可持续发展。以有机固废为原料，通过热解工艺制备的固体材料称为热解炭（或生物炭），热解炭具有较高的孔隙度和比表面积，较强的吸附力、抗氧化性和抗生物分解能力，因此在农业、环境保护、能源等领域得到了广泛应用[16]。

（1）热解炭在农业上的应用

热解炭本身富含丰富的有机碳及一定量的矿物质养分，可以有效增加土壤中的有机碳、有机质和矿物质养分等含量，从而改善养分贫瘠或砂质土壤[17-19]；热解炭一般呈碱性，因此可以提高土壤碱基饱和度，消耗土壤质子而提高酸性土壤的pH值[20-22]；热解炭具有较好的吸附能力及离子吸附交换能力，一方面可以提高土壤持水容量，改善土壤的阳离子或阴离子交换量，提高土壤保肥能力，另一方面可以作为肥料缓释载体，延缓肥料养分在土壤中的释放，提高肥料利用率[23-25]。

（2）热解炭在环境保护中的应用

通过热解炭化工艺可以将有机固废转化为以热解炭为主的产物，同时生成的生物油和可燃气可进一步提质利用，在实现有机废物高效处理的同时提升其资源化利用附加值[26,27]；热解炭可延缓肥料养分的释放，增加对土壤养分的吸附交换，降低土壤养分的流失，进而减轻水域环境的富营养化[22,28]；热解炭具有较好的吸附能力，可以有效吸附土壤、水域及烟气中的重金属、化学残留、有害气体等污染物，由于热解炭可提高微生物活性，活性增强的微生物还可促进土壤中有害物质的降解及失活[29-31]；热解炭还可将生物质固定的二氧化碳以生物炭形式固定于土壤，并影响土壤碳、氮转化，降低土壤温室气体（CO_2、CH_4 和 N_2O）排放，有利于减缓气候变暖[22,32]。

（3）热解炭在能源领域的应用

依托有机固废炭化技术制备得到的固体热解炭可直接代替煤炭或固体燃料使用，需求量巨大，综合效益高；热解炭可作为一种廉价易得的吸附剂、催化剂或载体（负载镍、铁等金属），用于生物质气化工艺中焦油的脱除或催化裂化以及热解生物油的提质；热解炭还具有充放电性能和嵌锂性能，可应用于锂离子电池的负极材料[33]。

（4）热解炭在其他领域的应用

在一些特定热解条件下可形成沉积在基底物质（如石墨等耐高温物体）上的一种准晶体碳。热解炭的微观结构中存在捕获中子的低能横截面，能有效降低中子能量，具有折射特性，这使其自然成为核燃料颗粒包裹层的膜材料。某些热解炭的准晶体状特性对热传导有较强的方向性、高耐热以及散热性能，被用作火箭燃烧器及其喷嘴的绝热材料。热解炭的性质结构取决于其制造条件[34]，在 1400～2000℃热解或更高温度下处理的叫热解石墨；在石墨中碳原子以共价键在平面六边形上排列，层与层以弱键方式堆叠，其结构类似于热解炭的表面结构，热解炭内部结构的层间堆叠是折皱无序或扭曲变形的，正是这种扭曲结构使得热解炭具有很好的耐磨损性[33]。

总的来说，热解产物的产量及成分与热解原料成分、热解温度、加热速率和反应时间等参数有关。以城市垃圾为例，其热解产品成分随热解温度不同而异，如表 2-5 所列。

表 2-5　垃圾在不同温度下的热解产物分析

项目	600℃	700℃	800℃	900℃
产气量/(m^3/kg)	0.33	0.52	0.81	0.96
CO 含量/%	17.6	24.3	28.1	31.8
H_2 含量/%	21.1	26.4	34.7	35.1
CH_4 含量/%	28.1	26.2	22.0	16.4
CO_2 含量/%	31.0	27.9	15.0	7.8
焦油产率/%	5.1	4.8	4.2	3.6
半焦产率/%	15.0	10.4	8.1	7.8

2.2 气化原理

气化（gasification）是指含碳的有机物在还原气氛下与气化剂反应生成燃气（一氧化碳、甲烷、氢气等）的过程。常用气化剂为氧气，但也有以水蒸气、二氧化碳、氢气等作为气化剂的气化工艺。与热解技术相比较，一般工程中普遍将在空气量为零的情况下进行的热分解或裂解反应称为热解，而将在氧气不足条件下进行的部分氧化与热分解并存的反应称为气化。

2.2.1 气化的分类

有机固废气化过程本质上是一种复杂的非均相与均相反应过程，随着反应工艺和设备的差异，反应条件（如反应原料种类及含水率、气化剂种类、反应温度及时间、有无催化剂及催化剂的性质）等不同，气化过程也千差万别。

按照不同的分类标准，气化技术分类结果如下。

（1）按照气化剂的不同分类

按照气化剂的不同可分为空气气化、氧气气化、CO_2 气化、水蒸气气化、热解气化、混合气化（空气-水蒸气气化、氧气-水蒸气气化、空气-氢气气化等）。

① 空气气化是以空气为气化剂的反应过程。由于空气的易得性，空气气化是目前最简单、经济、易实现的气化方式。但空气中 79%的氮气会稀释燃气，降低燃气热值。

② 氧气气化是以富氧气体作为气化剂的反应过程。由于没有 N_2 稀释反应介质和合成器，相同当量比下，气化反应温度较空气气化有显著提高，速率明显加快，反应器容积减少，气化热效率提高，气化气热值为原来的 2 倍以上[35]。但仍存在所需制氧设备昂贵、消耗额外动力、成本高、总经济效益低等问题[36]。

③ 水蒸气气化是以高温水蒸气作为气化剂的反应过程。相比于其他方式，水蒸气气化产氢率高，燃气质量好、热值高，但也会降低气化炉内温度，且需要外供热源才能维持。

④ 空气-水蒸气气化同时拥有空气气化和水蒸气气化的特点，既实现了自供热，又可减少氧气消耗量。

⑤ 氧气-水蒸气气化由于水蒸气的加入向系统补充了大量的氢源，可以生产富含 H_2、烃类化合物和 CO 的燃气[37]，并降低了焦油处理难度。

⑥ 热解气化是指有机固废在有限空气且较高温度的反应条件下，生物质中大分子的有机物质受热分解成焦炭、焦油和合成气，同时这些产物发生水煤气反应、碳的氧化还原反应等二次反应的过程。热解气化过程和产物会受到有机固废的原料性质、反应温度、升温速率、停留时间等因素影响。

（2）按照催化剂使用情况分类

按照催化剂使用情况分为非催化气化和催化气化。

催化气化是指为了降低产物气中焦油含量、调节燃气品质，在生物质气化的过程中或在下游催化反应器内使用催化剂，进而提高生物质利用效率的气化技术。相比常规气化工艺，使用催化剂后生物质转换效率可提高 10%左右[38]。常见的催化气化包括镍基催化剂气化、钌基催化剂气化、碳酸盐催化剂气化、金属氧化物催化剂气化等。

（3）按照气化反应器的压力分类

按照气化反应器的压力分为常压气化、加压气化和超临界气化。

① 常压气化炉气化剂的吹入压力为 110kPa～150kPa。

② 加压气化炉气化剂的吹入压力一般为 1800kPa～3000kPa[39]。

③ 超临界气化压力一般≥22.05MPa[40]。超临界水气化制氢技术具有转化率高、

能耗低、原料适应性强、氢气产率高、无二次污染等优点，被认为是非常具有发展前景的制氢技术之一[41]。

(4) 按照气化工艺分类

按照气化工艺分为耦合气化工艺和解耦气化工艺。

① 耦合气化工艺就是所有子反应耦合发生在同一反应空间或反应器里，生物质气化传统的技术多为耦合气化工艺，如固定床气化技术、流化床气化技术和气流床气化技术等。当气化炉中气化剂以较小速度通过床层时，床内固体颗粒静止不动，这时称气化炉为固定床，根据气化剂的流动方向可将固定床气化炉分为上吸式、下吸式、横吸式和分区式；当气速超过临界流化气速后，固体开始流化，此时的床层称为流化床，按气化炉的结构和气化过程将流化床分为鼓泡流化床、循环流化床[42]。

② 解耦气化工艺是通过分离某个或某些子反应及其相互作用从而解除耦合反应体系。根据原料性质和产物应用，合理控制各子反应及其相互作用，从而实现热化学转化过程的高效率、低污染、高产品品质等效果。例如奥地利维也纳工业大学将燃烧反应从气化系统中分离出来，建立了自己的双流化床实验装置，该装置如图 2-3 所示。反应系统中反应主要分为气化区和燃烧区，气化区（850～900℃）为水蒸气鼓泡流化床反应器，可以获取不含氮气的产气；燃烧区（900～950℃）中燃烧段采用快速流化床进行碳的燃烧和床料的加热。目前该技术已广泛应用于工业生产[43-45]。

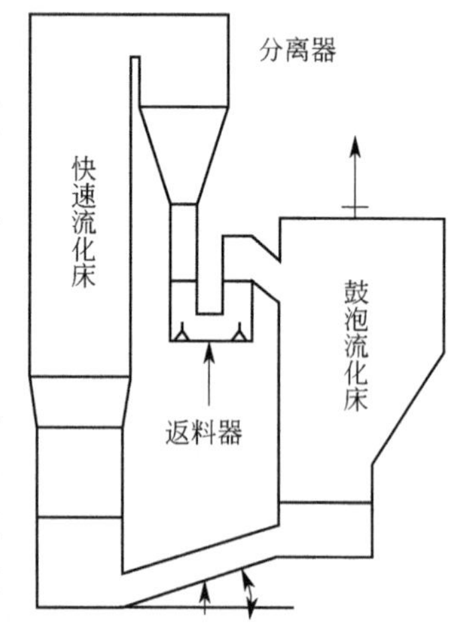

图 2-3 维也纳工业大学提出的双流化床气化装置

(5) 其他分类

除了以上的分类方法，还有一些新兴的固体废物气化方法，如等离子体气化和化学链气化。等离子体气化是采用等离子体炬或等离子弧将原料加热至高温但不燃烧的状态下，使大分子的有机物分解成小分子可燃气体的工艺过程，如 H_2、CO、CH_4、CO_2 等。等离子体气化技术可加热至 3000～5000℃的高温，最高甚至能够达到 10000℃以上，可用于对生物质、生活垃圾、工业或医疗行业的危险废物等固体废物的处理[46]。

化学链气化是利用氧载体中的晶格氧代替常规气化反应的气化介质，向燃料提供气化反应所需的氧元素，通过控制晶格氧与燃料的比值，将固体废物或半焦转化为合成气或富氢产气[47]。

2.2.2 气化反应流程

(1) 气化反应

气化反应本质是一系列有顺序的连串和平行反应及其中间产物间相互作用形成的复杂反应网络。相关的化学反应有燃料的热解/脱挥发分反应、半焦的气化反应、焦油和低碳烃的裂解/重整反应、残炭的燃烧反应等。

一般认为生物质气化过程含干燥、热解、氧化和还原四个阶段，如图 2-4 所示。

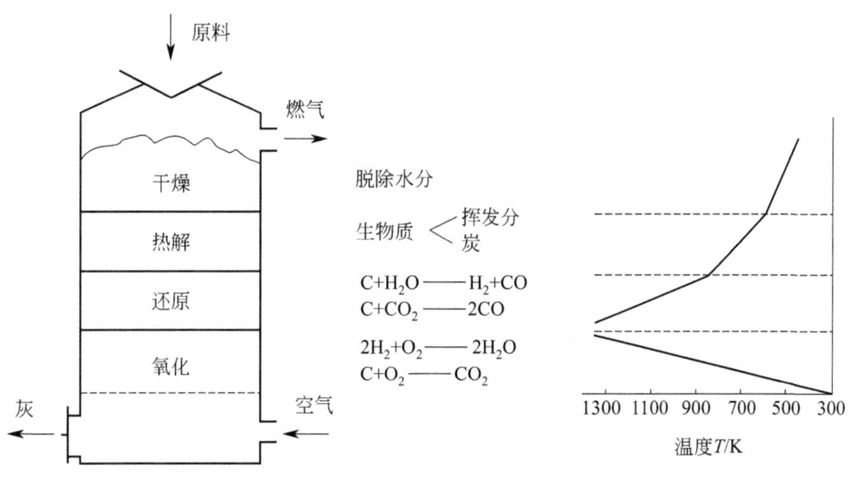

图 2-4　气化炉工作原理示意

有机固废进入气化炉后，在热量的作用下析出表面水分。

① 第一阶段是干燥阶段，发生在 100～150℃温度范围，水分大多析出在升温至105℃之前。干燥阶段需要大量的热，在表面水分完全脱除之前原料温度不上升。这个过程所需的热量主要来源于固体废物燃烧时放出的热量。

② 第二阶段是热解阶段，也被称为轻度气化、炭化和脱挥发分阶段。在这一阶段固体废物的有机部分在高温下裂解为可燃气体，同时高分子化合物分解为小分子化合物和一氧化碳，这一阶段的反应温度为 300～400℃。

③ 第三阶段是氧化阶段，热解残余的木炭与有机分子及气化剂发生反应，同时释放大量的热以支持生物干燥、热解和后续的还原反应，温度可达到 1000～1200℃。

④ 第四阶段是还原阶段，碳、二氧化碳、水和氧化层中的燃烧产物通过还原反应再转化为一氧化碳、氢气和甲烷，水蒸气与还原层中木炭发生反应生成氢气和一氧化碳等。这些气体和挥发分组成了可燃气体，完成了固体生物质向气体燃料的转化过程。

（2）气化反应的具体化学反应

具体的化学反应如下。

① 热解/脱挥发分反应：

$$\text{燃料} \xrightarrow{\text{加热}} \text{生物炭} + \text{焦油} + \text{可燃气} \tag{2-1}$$

② 半焦气化反应：

$$C + H_2O \rightleftharpoons CO + H_2 \tag{2-2}$$

$$C + CO_2 \rightleftharpoons 2CO \tag{2-3}$$

$$C + 0.5O_2 \rightleftharpoons CO \tag{2-4}$$

③ 焦油和甲烷裂解/重整反应：

$$\text{焦油} \xrightarrow{\text{加热}} \text{可燃气} + \text{焦炭} \tag{2-5}$$

$$\text{焦油} + H_2O \rightleftharpoons CO + H_2 \tag{2-6}$$

$$\text{焦油} + CO_2 \rightleftharpoons CO + H_2 \tag{2-7}$$

$$CH_4 \xrightarrow{\text{加热}} H_2 + \text{焦炭} \tag{2-8}$$

$$CH_4 + H_2O \longrightarrow CO + 3H_2 \tag{2-9}$$

$$CH_4 + CO_2 \longrightarrow 2CO + 2H_2 \tag{2-10}$$

④ 残炭燃烧反应：

$$C + O_2 \longrightarrow CO_2 \tag{2-11}$$

⑤ 水汽变换反应：

$$CO + H_2O \longrightarrow H_2 + CO_2 \tag{2-12}$$

⑥ 甲烷化反应：

$$C + 2H_2 \longrightarrow CH_4 \tag{2-13}$$

$$CO_2 + 4H_2 \longrightarrow CH_4 + 2H_2O \tag{2-14}$$

$$CO + 3H_2 \longrightarrow CH_4 + H_2O \tag{2-15}$$

这一系列热解反应并不是单独存在的，组分中反应物、生成物相互交织或作为催化剂、提供反应气氛或反应热，影响和作用于其他化学反应。热解产生的半焦可以作为催化剂促进焦油和甲烷的热解。半焦气化产生的活性气氛（自由基）可以促进热解反应，提高焦油的质量。半焦的部分燃烧可以作为热源，为干燥、热解、重整和气化反应提供所需的能量。

2.2.3 气化的影响因素

（1）原料特性

在气化过程中，生物质的物料特性（主要包括水分、灰分、颗粒大小及料层结构等）和气化条件对气化过程有着显著影响。此外，原料的黏结性、灰熔温度等对气化炉及过程有不同程度的影响，气化温度受其限制最为明显[48]。

物料中的含水量与合成气中一氧化碳的含量呈负相关[49]，水蒸气含量高有利于水煤气反应的发生。总体而言，物料的高含水量会降低合成气热值[50]。物料的粒度小则总表面积增大，反应速率加快，轻质气体增多，焦油和缩合物减少，反应又快又完全；粒度小的物料相对于粒度大的原料来说对析出的气体排出的阻力要小，对热量的阻力也会小[51]。Guo 等研究了 60～100 目、100～180 目和＞180 目三种不同粒径的生物质的气化实验。结果表明小粒径产生更多的 H_2、CO、CO_2、CH_4、C_nH_m 等小分子气体[52]。当粒度不均匀时气和热的阻力会受到影响，导致局部温度过高，不均匀物料因温度过高而烧结，粘在一起，下方的物料反应生成气体向上流动把烧结物料顶起，形成架空。反应中架空现象严重时，架空部分会溢出原料层表面，出现烧穿现象。烧穿现象产出气会使生成的可燃气体燃烧，导致燃气可燃成分降低，使气化炉不能正常工作，造成损失。据研究，物料最大粒度与最小粒度之比不应大于 8 倍。

（2）温度

气化温度对生物质气化产气成分影响巨大，如图 2-5 所示。气化的主要反应温度区间为 700～1000℃，温度过低易造成气化气热值小、易生成气化焦油等问题，温度过高能量损耗大且不利于高热值气化气的生成。相关研究表明[31]，随着气化温度的增大，气化产气量、可燃组分浓度和气体热值也随之增大。大量实验证明，高温条件下 H_2 浓度增加，CO 浓度稍有降低；H_2/CO 随反应温度的增大而增大。在 750～850℃ 的气化条件下，气化气热值有先升高后降低的趋势。故要获得高热值的气体，气化温度应控制在800℃左右[53]。温度小于800℃时，气化气中的 H_2 浓度低于CO；当温度高于800℃后，H_2 浓度逐渐高于CO[54]。因为温度升高会加速热解反应的二次裂解，如焦油进一步分解成 H_2、CO和烃类物质；气化中反应多是还原吸热反应，温度升高促进反应的正向进行[48]。

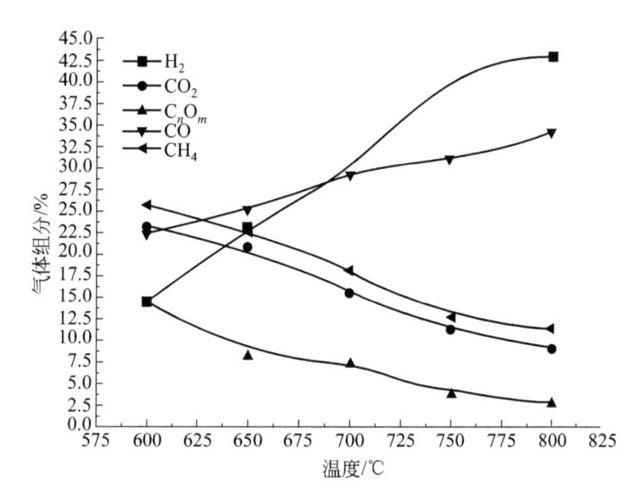

图 2-5　水蒸气气化的产气组分含量（600～800℃）

Chen等[55]在水蒸气气化研究中发现，当温度由700℃增加到900℃时，H_2 和CO含量之和从35%增加至75%，而 CH_4、C_nH_m 和 CO_2 含量有所下降，得出提高反应温度有利于制取富含CO和 H_2 的合成气的结论。另外，提高温度有利于降低焦油产生，促进焦油能量转化为燃气组分，气化效率会提高，但是提高温度本身需要消耗能量，因此系统的能效平衡需要核算。

（3）气化介质

气化剂的选择与分布是气化过程的重要影响因素之一。气化剂量直接影响反应器的运行速率与气化气的停留时间，进一步影响燃气品质与产率。不同气化剂气化过程比较如表2-6所列[56]。

表 2-6　不同气化剂气化过程比较

气化类型	气体组分	热值/(MJ/m³)	优点	缺点
空气气化	CO、CO_2、H_2、CH_4、N_2、焦油	3～6	设备操作维护简单,运行成本低	N_2 含量高(>50%),气体热值低
氧气气化	CO、CO_2、H_2、CH_4、N_2、焦油	10～12	合成气质量好	空分设备、成本高
水蒸气气化	CO、CO_2、H_2、CH_4、N_2、焦油	10～15	H_2 含量高(>50%),气体热值高	需额外能量用于锅炉产生水蒸气、高温水蒸气腐蚀设备严重,焦油含量高
二氧化碳气化	CO、CO_2、H_2、CH_4、N_2、焦油	10～16	H_2 与CO含量以及碳转化率较高	需要额外能量维持反应,需要催化剂

（4）气化反应器（气化炉）结构

根据气化炉型的不同，主要可分为固定床气化炉和流化床气化炉。

① 固定床气化炉结构简单，制作方便，适用于物料为块状及大颗粒原料，具有较高的热效率。固定床气化炉难以控制内部反应过程，内部物料容易搭桥形成空腔，处理量小且强度低。

② 流化床气化炉能处理含水分大、热值低、着火难的细颗粒原料，原料适应性广，处理量大，处理强度高，可大规模、高效率利用。流化床通常反应温度为700～850℃，运行优点为气固充分接触、混合均匀，其气化反应与焦油裂解都在床内进行。这些因素如气化炉的形式与运行方式会对原料气化过程中产生的合成气特性产生影响。

（5）当量比

ER即当量比（equivalence ratio），是指完成生物质实际供氧量与燃料之比除以根据反应式理论完全燃烧所需氧量与燃料之比[48]。

$$ER=\frac{\text{实际供氧量/燃料}}{\text{理论需氧量/燃料}}$$

对气化过程来说ER的理想取值范围一般为0.19～0.43[57]。范围内的ER能通过原料燃烧释放的热量满足气化过程的需热量，实现气化过程的自热反应，不需要添加辅助燃料，控制当量比是最理想的反应条件。气化炉温度随着当量比的增加而增加。ER的上调会提高反应温度，同时会降低气化产气的热值以及 H_2+CO含量[48]。

（6）气化压力

目前，国际上大型的生物质气化发电项目，例如美国的Battelle（63MW）项目、英国（8MW）和芬兰（6MW）的示范工程等，都是采用加压流化床技术。加压气化的优势在于，当生产能力相同时提高压力可以减小气化炉与后续处理的设备的体积，可节约成本；另一方面，通常后续合成反应需要加压，加压气化生产的压缩燃气可以直接带压参与后续的重整变换过程[58]。

2.2.4 气化产物分布与特点

固体废物经气化处理后，有机物主要转化为合成气、焦油，而无机物主要转化为灰渣。合成气主要成分为 H_2、CO、CH_4 和 CO_2 等；焦油组分复杂，约含有上百种物质；灰渣的成分包含原料中的重金属成分以及无机成分。由于原料的成分不同，气化后的产物特点也会存在差异。

2.2.4.1 生活垃圾气化的产物特点

生活垃圾气化是指垃圾在较高温度条件下，与氧化剂（空气、水蒸气等）发生部分氧化还原反应，生成CO、H_2、CH_4、CO_2 等混合气体的过程。该过程将固态的垃圾转化成气态的合成气，方便运输与存储。合成气不仅可以用于燃烧发电、供热，也可作为化工行业的原料，综合利用价值相对于垃圾焚烧技术更高。

在生活垃圾气化过程中，由于升温速率不同，反应后的产物特点也会有所区别。研究中分别采用慢加热方式和快加热方式气化处理生活垃圾：慢加热方式是以50℃/min

的升温速率从室温升至 800℃，原料停留 10min；快加热方式是将原料直接推至 800℃ 的加热区，停留 10min。研究结果表明，快加热方式和慢加热方式的产物相比，前者气体含量更高，而液体含量和灰渣含量更低。这是由于升温速率的增加可以缩短物料达到气化所需温度的时间，有利于气化反应的进行。加热方式对产物分布的影响见图 2-6。在快加热条件下，物料裂解产生的挥发分在高温下的停留时间更长，促使其发生二次裂解反应，产物中液体成分产率下降，促使燃气产率增加[59]。

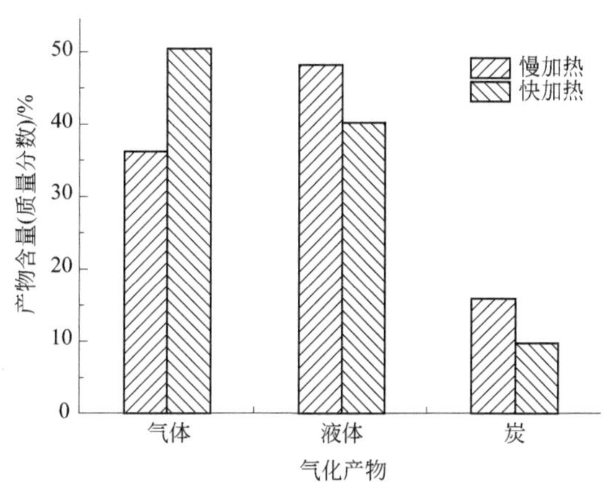

图 2-6 加热方式对产物分布的影响

特别地，等离子体气化是一种快速升温气化技术。中国科学院广州能源研究所在热等离子体提供的高温、高能量反应环境中，进行了生物质的快速气化研究。研究者把有机固废（废旧轮胎、废旧塑料、木粉等）注入等离子体气化反应器，等离子体枪射入的 3000～6000℃等离子体直接作用于原料，气化炉炉内的温度在 1000℃以上，原料在极短时间内发生气化[60]。气化反应后的产物由固体残渣和气体组成，无焦油存在。合成气中 H_2 和 CO 的体积分数之和高达 98%，热值较高，可用作燃料，或作为工业合成的原料[61]。等离子体气化反应器见图 2-7。

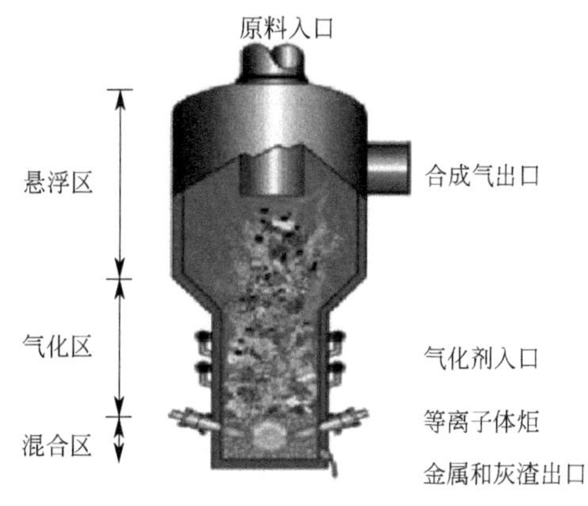

图 2-7 等离子体气化反应器

2.2.4.2 市政污泥气化的产物特点

市政污泥是污水厂在处理城市生活污水和工业废水过程中产生的带有大量污染物的副产物。其特点为：

① 含水率很高，持水力强，难以压缩脱水；

② 稳定性极差，易变质，产生恶臭；

③ 呈现介于流体和胶体之间的絮凝体状态，流动性差；

④ 含有多种重金属成分，简单处理会造成重金属污染；

⑤ 产量大，处理成本高，占污水处理成本的 30%～40%[62]。

污泥气化过程中有复杂的物理和化学变化，主要包括：a. 水分的蒸发；b. 污泥的热解；c. 热解产物和气化剂的气化反应。污泥气化过程中有热解反应的发生。大多数污泥热解气化产生的气体热值低于10MJ/kg，和天然气热值相差很大，直接用作气体燃料竞争力较低，常规做法是将产生的气体燃烧作为热源，用于污泥干燥所需的热量。控制污泥气化反应的因素主要包括气化温度、污泥种类、催化剂、气化剂、停留时间等。

表2-7为不同气化工艺下污泥气体成分[63,64]。

表2-7 污泥（干化污泥）不同气化工艺下的气化气特征比较

工况条件			合成气产率/(g/g)	H_2产率/(m^3/kg)	$CO+H_2$产率/(m^3/kg)	合成气热值/(MJ/m^3)	冷煤气效率
纯水蒸气气化	温度/℃	650	0.38	0.17	0.22	8.92	0.52
		750	0.50	0.30	0.39	9.61	0.78
		850	0.54	0.37	0.47	9.62	0.85
		950	0.55	0.40	0.51	9.73	0.89
		1050	0.58	0.41	0.55	9.95	0.92
	S/C值	7.44	0.54	0.37	0.47	9.62	0.85
		4.74	0.56	0.55	0.66	11.43	0.95
		3.47	0.46	0.41	0.50	11.22	0.77
水蒸气与空气混合气化	实验序号	1	0.97	0.08	0.12	3.09	0.22
		2	0.76	0.15	0.21	4.80	0.30
		3	1.19	0.31	0.43	5.40	0.57
		4	0.95	0.38	0.46	6.24	0.59
		5	1.95	0.03	0.06	0.55	0.07
		6	1.53	0.05	0.09	1.05	0.11
		7	2.14	0.18	0.30	2.33	0.36
		8	1.71	0.14	0.23	2.21	0.28
		9	1.35	0.25	0.36	3.98	0.44

注：S/C值，水蒸气质量与污泥含碳量比；实验序号1，温度为750℃、Agent/SS（气化介质与污泥质量比）=1、H_2O/O_2（水蒸气与氧气质量比）=4、ER（空气当量比）=0.15；实验序号2，温度为750℃、Agent/SS=1、H_2O/O_2=6、ER=0.1；实验序号3，温度为950℃、Agent/SS=1、H_2O/O_2=4、ER=0.15；实验序号4，温度为950℃、Agent/SS=1、H_2O/O_2=6、ER=0.1；实验序号5，温度为750℃、Agent/SS=2、H_2O/O_2=4、ER=0.29；实验序号6，温度为750℃、Agent/SS=2、H_2O/O_2=6、ER=0.21；实验序号7，温度为950℃、Agent/SS=2、H_2O/O_2=4、ER=0.29；实验序号8，温度为950℃、Agent/SS=2、H_2O/O_2=6、ER=0.21；实验序号9，温度为850℃、Agent/SS=1.5、H_2O/O_2=4、ER=0.18。

2.2.4.3 药渣气化的产物特点

中药渣来源广泛，且具备产量大和排放比较集中等特点，因此具有集中化、规模化的利用潜力。目前中药渣大多采用直接填埋的处理方式，不仅消耗大量运行成本，而且造成能源浪费以及严重污染问题。将中药渣用于生产有机肥料、食用菌或者直接作为气化热解燃料，既可提高中药渣利用率也可降低其对环境的影响。其中，中药渣热解气化以工艺简单、可获得燃气等优势引起研究者的关注。

陈冠益等[65]以六味地黄丸生产过程中产生的药渣为研究对象，进行水蒸气气化实验，研究气化温度、水蒸气与生物质质量之比（S/B）对产气流量、气体产率、产气组分、碳转化率、燃气热值以及气化效率的影响。研究结果（图 2-8）表明：气化温度的升高能够促进气化反应的进行，提高产气品质和气化效率；一定量的气化剂水蒸气可提高气化效率，但是过量的水蒸气会影响气化效果；气化温度为 800℃、S/B 值为 1.0 时，气化效果最佳，气化效率高达 72.91%；中药渣具备良好的水蒸气气化特性。

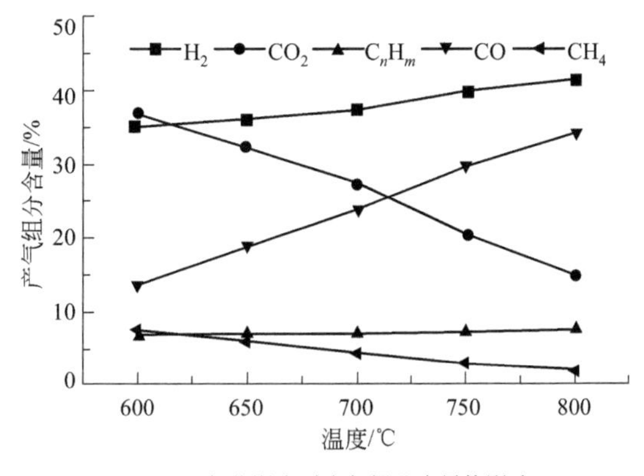

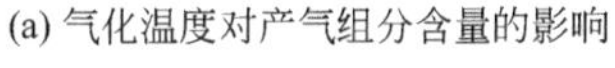
(a) 气化温度对产气组分含量的影响

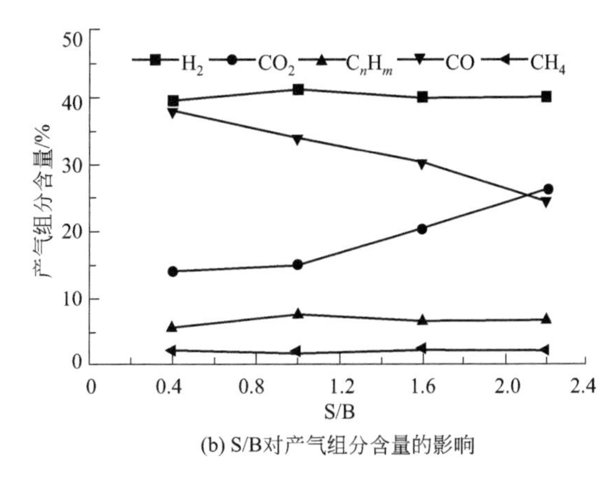

(b) S/B对产气组分含量的影响

图 2-8　气化温度和 S/B 值对产气组分含量的影响

2.2.4.4　酒糟气化的产物特点

酒糟为白酒生产过程中产生的固体废物，成分复杂，含大量可溶性有机污染物。酒糟含水率约 60%，含有蛋白质、糖类等有机物，此外还含有少量的钙等无机成分。酒糟气化工艺能集中控制污染物，主要产物为燃气、焦油、木炭等，使酒糟燃料资源化。

王佳乐[66]利用射流预氧化气化炉装置对白酒糟部分气化进行实验，研究结果（图 2-9）表明：当温度逐渐升温至 800℃、900℃时，H_2 和 CO 的含量变化十分明显，H_2 的含量从 600℃的 3.19%增长至 900℃时的 13.62%，浓度增长超过 4 倍，CO 的含量也从600℃的8.11%增长至27.48%；而CO_2的浓度稍有下降，其他气体如CH_4等也有所增长。800℃时含水15%的酒糟在各当量系数下的气体组分分布显示，CO的浓度较高，但氧气浓度增加，CO的燃烧反应也有所增强，导致CO的实际浓度看起来较为平稳，变化较小，基本在35%左右；而H_2的浓度较低并有所波动，在ER=0.15时达到最小值12.8%。

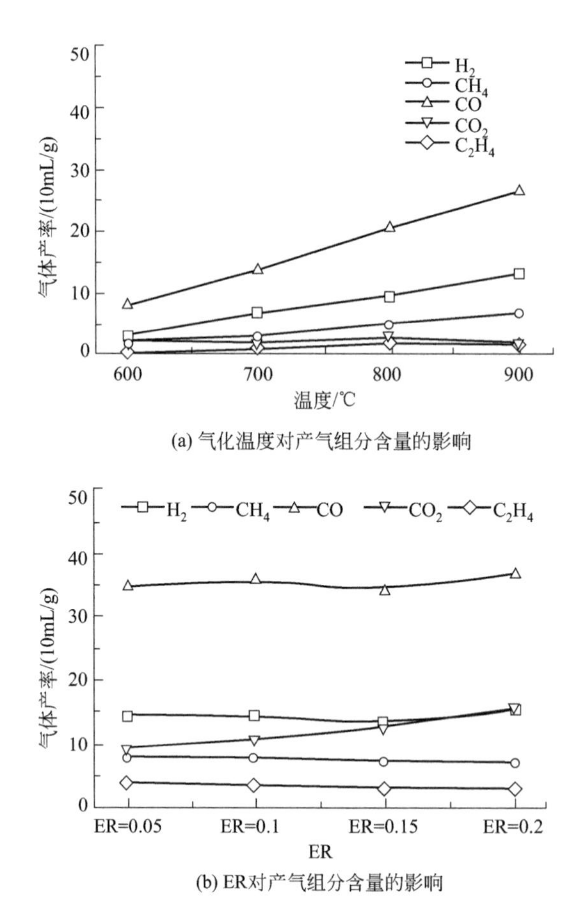

图2-9 气化温度和ER对产气组分含量的影响

2.2.4.5 农林废物气化的产物特点

农林废物主要由纤维素、半纤维素和木质素等组成，其挥发分和热值较高，因此有利于气化。在气化过程中，采用不同的气化剂，生成的可燃气体的成分及焦油含量不同。常用的气化剂是空气、氧气、水蒸气或氧气和水蒸气的混合气，不同气化剂对气化产物的影响如表2-8所列。空气气化主要气化产物为CO、CO_2、H_2、CH_4、N_2和焦油，气化气质量品位较低，应用上的主要问题是气化气不利于燃烧，尤其是不适合在燃气涡轮机中使用。纯氧不完全燃烧气化主要气化产物为CO、CO_2、H_2、CH_4和焦油（无N_2），使用纯氧费用虽然要高，但是会产生更高质量的气化气，可以补偿使用纯氧多出的费用。水蒸气气化主要气化产物为CO、CO_2、H_2、CH_4和焦油，由于气体产物中含有较高的H_2和烃类化合物浓度，合成气的热值较高，既可用于燃料也可用于化工合成的原料[67]。

表 2-8 四种气化方式所得到气体的主要组分（体积分数）[68]

组分	空气	富氧	水蒸气	水蒸气-空气
H_2/%	12.0	25.0	20.0	30.0
CO/%	23.0	30.0	27.0	10.0
O_2/%	2.0	0.5	0.3	0.5
N_2/%	40.0	2.0	1.0	30.0
CO_2/%	18.0	26.0	24.0	20.0
CH_4/%	3.0	13.0	20.0	2.0
C_nH_m/%	2.0	4.0	8.0	7.5
$n(H_2)/n(CO)$	0.5	1.0	0.75	3.0
热值/(MJ/m³)	4～7	10～18	10～18	6～22
用途	锅炉、动力	区域管网、合成燃料	区域管网、合成燃料	氢燃料、动力、合成燃料

2.2.4.6 废旧轮胎气化的产物特点

相关数据显示，2017 年我国汽车轮胎总产量约为 6.53 亿条，同比增长 7.05%；废旧轮胎产生量约 3.4 亿条，超过 1300 万吨。到 2020 年，我国废旧轮胎年产量已超过 2000 万吨。轮胎的主要成分是橡胶，具有不可熔溶性。橡胶的热解气化反应相互交错，有许多平行、连串的反应，包括 C—H 和 C—C 键的断裂、热聚合、侧链断裂、分子重排等过程。

废旧轮胎热解气化的气体产物主要包括 CO_2、CO、H_2、CH_4 等，占废旧轮胎质量的 30%～53%，废旧轮胎热解气体热值高。Portofino 等[69] 进行了废旧轮胎水蒸气气化研究，结果（图 2-10）显示：较高的温度能明显提升气化气中 H_2 的浓度，在 1000℃下 H_2 浓度达到 65%（体积分数）以上，而 CH_4 和 C_2H_4 浓度逐渐降低。研究显示，在 CaO 催化剂存在的情况下采用等离子体水蒸气气化，废旧轮胎气化气中 H_2 含量最高可达 99%[70]；通常，采用流化床反应器进行废旧轮胎空气气化，气化气中 H_2 含量一般为 15%～20%[71]。

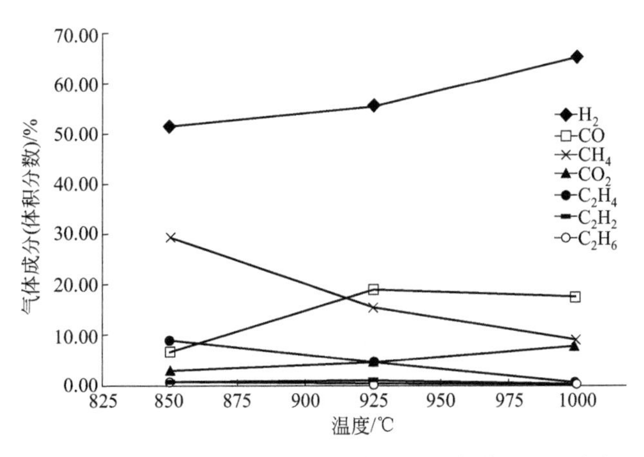

图 2-10 不同温度下废旧轮胎水蒸气气化气体组分及浓度

2.3 热解气化工艺的物质流分析

2.3.1 热解气化系统的物质平衡

2.3.1.1 假设条件

① 生物质用化学式 $CH_aO_bN_c$ 来表示，因为生物质中含硫量很低，所以硫元素忽略不计；数值 a、b、c 需通过生物质元素分析来确定：

$$a=\frac{H}{M_H}/\frac{C}{M_C}\ ;\ b=\frac{O}{M_O}/\frac{C}{M_C}\ ;\ c=\frac{N}{M_N}/\frac{C}{M_C} \tag{2-16}$$

式中 M_C，M_H，M_O——碳元素、氢元素、氧元素的摩尔质量，g/mol；

C，H，O——这三种元素在生物质中的质量分数。

② 假设出口碳为产量已知的纯碳，等于生物质工业分析中固定碳的质量分数。

③ 由于层式下吸式气化炉为敞口操作，因此假设系统的压力为标准大气压(101325Pa)，空气的体积组成为 21% O_2 和 79% N_2。

④ 出口气相组分包括 CO_2、CO、CH_4、H_2O、H_2、N_2、焦油，所有气相组分为理想气体，遵循理想气体定律，并且所有气体处于热动力学平衡状态。

⑤ 热解区向外界环境的散热损失 Q_{loss} 已知。

⑥ 假设甲烷从该区穿过，CH_4 的体积分数为 1.5%[72-74]。

2.3.1.2 全局反应方程

根据有关学者的研究，有焰裂解区的出口气相成分主要包括 CO、CO_2、H_2O、H_2、CH_4、N_2 和焦油，固相物质包括炭和灰分。有焰裂解区的出口温度在 1000℃左右，烃类化合物数量极少，除了少量的 CH_4 存在外，其他的基本可以忽略不计。

绝大多数的研究者都没有考虑生物质中的灰分，因木质生物质原料的灰分含量很低，一般<2%；而本书所模拟的层式下吸式气化炉都是以生物质（主要为秸秆）压缩成型的颗粒作为原料。秸秆的灰分含量一般都>5%，其中稻壳的灰分含量更是达到了15.8%。灰分会在有焰裂解区的出口带走大量的热量，对能量平衡影响很大，因此不能被忽略。本文的生物质组成中包含了灰分，通过文献调研后用等量的 SiO_2 来进行代替[75]。

焦油是生物质裂解过程中不可避免的产物，本模型把焦油添加到生成物中，虽然焦油在有焰热解区与氧气发生了燃烧反应，但仍有 1%（质量比）左右的焦油没有反应。由于焦油的组成成分非常多，难以利用模型预测每种焦油的成分。因此，大量学者采用了不同的焦油模化物来进行模拟。本书采用 $C_6H_{6.2}O_{0.2}$ 作为焦油的模化物进行替代，为简化计算将其转换为 $CH_{1.033}O_{0.033}$。

热解区的生物质总的反应如下所示：

$$CH_aO_bN_c+w_1H_2O(l)+w_2H_2O(g)+mO_2+3.76mN_2+n_{si}SiO_2=n_cC+x_1CO+x_2CO_2+x_3H_2O+x_4H_2+x_5CH_4+x_6CH_{1.033}O_{0.033}+n_{si}SiO_2+(3.76m+0.5c)N_2$$

在模型中反应方程式的反应项中考虑了生物质中的灰分、焦油，空气中的水蒸气

(气相 g) 及原料中的水分含量 (液相 l)[75]。

2.3.1.3 物质平衡方程

对热解区生物质总方程中元素应用物质守恒定律，可得：

① 碳平衡：

$$x_1+x_2+x_5+x_6+n_c=1 \tag{2-17}$$

② 氢平衡：

$$2x_3+2x_4+4x_5+1.033x_6=a+2w_1+2w_2 \tag{2-18}$$

③ 氧平衡：

$$x_1+2x_2+x_3+0.033x_6=b+2m+w_1+w_2 \tag{2-19}$$

2.3.2 热解气化系统的能量平衡

热量衡算是指在一定条件下通过进出物料的焓差或热力学能的改变确定过程传递的热量的过程。本工艺的热量衡算忽略了位差、功的传递，通过计算进出物料的焓差确定过程传递的热量。把热容值看作常数，焓变可表示为 $\Delta H=mC_p\Delta T$。通过热量衡算计算出生物质热解过程中热解反应器 (热解炉) 的效率。

由于生物质成分、热解过程 (状态、成分不断变化) 的复杂性以及现有生物质热物性参数的缺乏和难以测定等原因，生物质热解过程吸热量难以准确确定。现通过假定生物质比热容恒定及热解反应热效应为定值的方法来计算，即：

$$Q=C_p\Delta T+Q_p \tag{2-20}$$

式中 Q——热解过程吸热量，kJ/kg；

C_p——生物质比热容，kJ/(kg·K)；

T——样品温度，K；

Q_p——热解反应热效应，kJ/kg。

在这个公式中，首先要确定生物质的比热容和热解反应热效应。

2.3.3 热解气化过程的关键指标

气化性能评价指标主要是气体产率、气体组成、热值、碳转化率、气化效率、气化强度和燃气中燃油含量等。对于不同的应用场所，这些指标的重要性不一样，因此气化工艺的选择必须根据具体的应用场所而定。大量试验和运行数据表明，生物质气化生成的可燃气体随着反应条件和气化剂的不同而有区别。但一般最佳的气化剂当量比 (空气或氧气量与完全燃烧理论需用量之比) 为 0.25～0.30。气体产率一般为 1.0～2.2m^3/kg，也有数据为 3m^3/kg。气体一般为 CO、H_2、CO_2、CH_4、N_2 的混合气体，其热值分为高、中、低 3 种。气化效率一般为 30%～90%，依工艺和用途而变。碳转化率、气化效率、气化强度由采用的气化炉型、气化工艺参数等因素而定，国内行业标准规定气化效率≥70%，国内固定床气化炉可达 70%，流化床可达 78%以上。中国科学院广州能源研究所对其 25kW 下吸式生物质气化发电机组进行了运行测试，结果为：气化过程中碳转化率为 32.34%～43.36%，气化效率为 41.10%～78.85%，系统总效率为

11.5%～22.8%。粗燃气中焦油含量对于不同的气化工艺差别很大，在 50～1000mg/m^3 范围内变化，经过净化后的燃气焦油含量一般在 20～200mg/m^3 范围内变化。

2.4 焦油的产生与控制

生物质气化过程不可避免地产生各类杂质，包括颗粒物、焦油等有机杂质，也包括 H_2S、HCl、NH_3、碱金属等无机杂质。有机杂质的组分非常复杂，其分子量变化范围很大。气化燃气中的小分子有机杂质虽然可以在汽轮机和内燃机中被当作燃料烧掉从而提供部分能量，但对于费托合成或者燃料电池等应用途径，有机杂质的含量需要加以严格控制。焦油是有机杂质中分子量较大的部分。焦油是一种黑色的、浓稠的、具有高黏性的液体，易于在气化炉的低温区域或者气化燃气的末端利用装置中发生冷凝而沉积。在燃气出口管道、换热器或者过滤装置中，焦油常与其他颗粒污染物聚合形成更为复杂的物质，造成管道堵塞，降低气化工艺的整体能耗，带来高昂的运行保养费用。焦油能否彻底脱除，对于气化工艺的商业化推广具有决定性影响。

围绕焦油产生的第一个问题就是焦油该如何定义。通常来说，焦油指产生于生物质材料不完全反应的一种复杂的含氧有机混合物，其已知成分多达上千种。在高温条件下，这种有机混合物可以保持为气态或者气溶胶状态，但低温条件下极容易发生冷凝。焦油中的含氧芳香烃类物质一般形成于生物质气化的热裂解阶段。

在过去几十年中，关于焦油的定义众说纷纭，常见的说法包含以下几种：

① 在室温下可冷凝于金属物体表面的混合有机物；

② 沸点在 150℃以上的有机物质的总和；

③ 分子量大于苯的所有有机物质的总和。

1998 年在布鲁塞尔举办的关于拟定焦油测量草案的会议上，与会专家定义焦油为分子量（或沸点）高于苯的有机污染物。国际能源署生物质能源协定（International Energy Agency Bioenergy Agreement，IEA）和美国能源部（the U.S. Department of Energy，DOE）等机构均采用此种定义。综合来说，焦油可以定义为一种产生于生物质无焰燃烧、炭化或气化热解过程中的具有刺激性气味的深褐色液体类物质，其分子量或沸点大于苯，在气化反应中更多的是指燃气中可冷凝的非永久性气体，且通常情况下其主要成分为芳香烃类化合物。

通常将焦油的组成分为混合重量焦油和有机化合物单体两类。混合重量焦油是指在标况下气化液体产物蒸发后的残留物，包括多种有机化合物。但由于在蒸发过程中轻质焦油散逸，因此混合重量焦油并不等同于焦油整体。有机化合物单体常混于气相产物中，常用气相色谱法予以鉴别。

Milne 将生物质气化和热解焦油分为以下 4 类：

① 一级焦油，含氧有机物的衍生物；

② 二级焦油，由一级焦油升温转化合成的产物；

③ 三级焦油，或称烷基焦油，具有含甲基的芳烃衍生物；

④ 三级浓缩焦油，为不含取代基的多环芳烃。

如图 2-11 所示，随着温度的升高，一级焦油可转化为二级焦油，进而转化为三级焦油。焦油的裂解反应在自由基作用下发生，而聚合反应在焦油量增多时易于发生。因此可通过增加自由基产量促进焦油裂解。

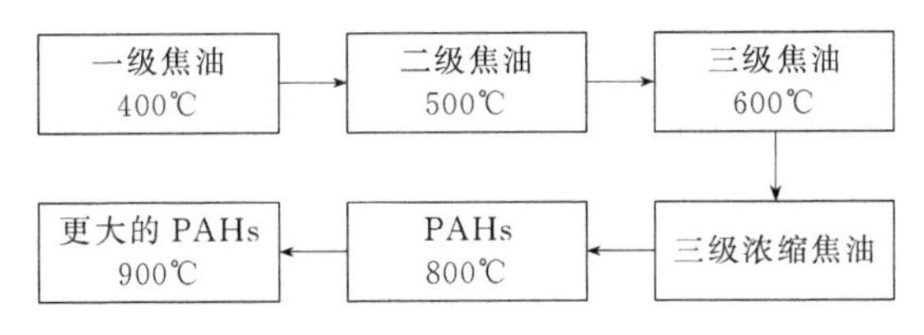

图 2-11 焦油的分类与转化示意[72]

PAHs—多环芳烃

此外，Sikarwar 等[73]还提出利用分子量等方法划分焦油种类，详情见表 2-9。

表 2-9 焦油分类表（以分子量为标准）

分类依据	种类	化合物组成	典型成分	形成温度
表象	一级焦油	含氧化合物	二甲氧基苯酚	400～700℃
	二级焦油	芳香族化合物	酚醛、烯烃	700～850℃
	三级焦油	复杂芳香族化合物	甲苯、茚	850～1000℃
分子量	Ⅰ类	GC 未检测到的组分		
	Ⅱ类	杂环化合物	甲酚、苯酚	
	Ⅲ类	单环芳香烃	甲苯、二甲苯	
	Ⅳ类	2～3 环芳香烃	萘、菲	
	Ⅴ类	4～7 环芳香烃	荧蒽、蔻	

2.4.1 焦油的产生

在热化学转化反应中，生物质燃料首先需经历干燥和热解阶段，这个阶段伴随着生物质燃料挥发分的迅速脱出。这个阶段产生的主要产物为永久性气体、一级焦油、二级焦油和初级生物质焦。干燥热解产物脱离生物质颗粒，其组分主要取决于生物质颗粒粒径、生物质的组成以及升温速率等。在生物质颗粒外部，热解产生的气体会与氧气发生局部燃烧反应，并进一步产生焦。生成的焦继续发生气化反应，并通过复杂的气相反应体系（包括水气转化反应、聚合反应、重整反应以及裂解反应等）生成新的气体产物。气相反应结果受到诸多因素的影响，主要包括参与反应气体的种类与含量、炉内温度、空气当量比、气化炉床料类型以及气体停留时间等。同时，研究表明生物质焦或者灰烬等也可以起到类似催化剂的作用，来促进不同种类的气相反应。

气化过程中焦油的产量与成分是生物质干燥、热解以及后续燃烧和气相反应综合作用的结果，因此任何影响上述过程的运行参数理论上都会影响焦油的生成。生物质气化过程是一个极为复杂的反应体系，涉及众多反应参数，因此焦油产量的控制与预测具有极大的难度。焦油的生成路径包括一系列复杂的热化学反应，例如化学溶解、高分子聚合、氧化、芳香化等，而生物质原料的属性、组成、反应条件、气化炉结构等都会影响这些反应的进程。

研究表明焦油的形成主要依赖于以下两个核心路径：

① 木质素脱挥发分过程直接形成芳香类产物，进而转化为焦油；

② 中间产物氢剥离与乙炔加成形成焦油。

温度、压力、升温速率、气化当量比（ER）等对气化焦油的产量与成分均有影响。在固定床气化实验中，焦油成分组成随着温度的升高而减少。气化当量比增加，挥发分在燃烧热解阶段会与更充足的氧气反应，焦油产量降低。且在加压气化过程中随着气化当量比的增加，有机质中的碳100%转化，轻质烃（LHC，分子量小于萘的烃类）产量有所减少。停留时间对焦油产量影响不大，但对焦油成分组成有影响。随着停留时间的增加，焦油中含氧有机物占比下降，除苯和萘以外的单、双环化合物占比下降，三、四环化合物占比增加。

温度、压力、反应气的含氧量、反应气与生物质比例等对产物在各体系中的分布有所影响。以气体形式存在的各反应体系和组分表示如图2-12所示。在典型气化条件下，氧气含量需控制在30%以下以限制生物质完全燃烧反应的发生，H_2 和 CO 为主要产物。固体产物可根据原料来源加以区分：保留原始木质纤维素形态的产物称为木炭，液体及挥发分经热化学转化从而沉积而成的产物称为焦炭，碳氢化合物高温均质成核产生的存在于气相中的固体产物称为烟尘。

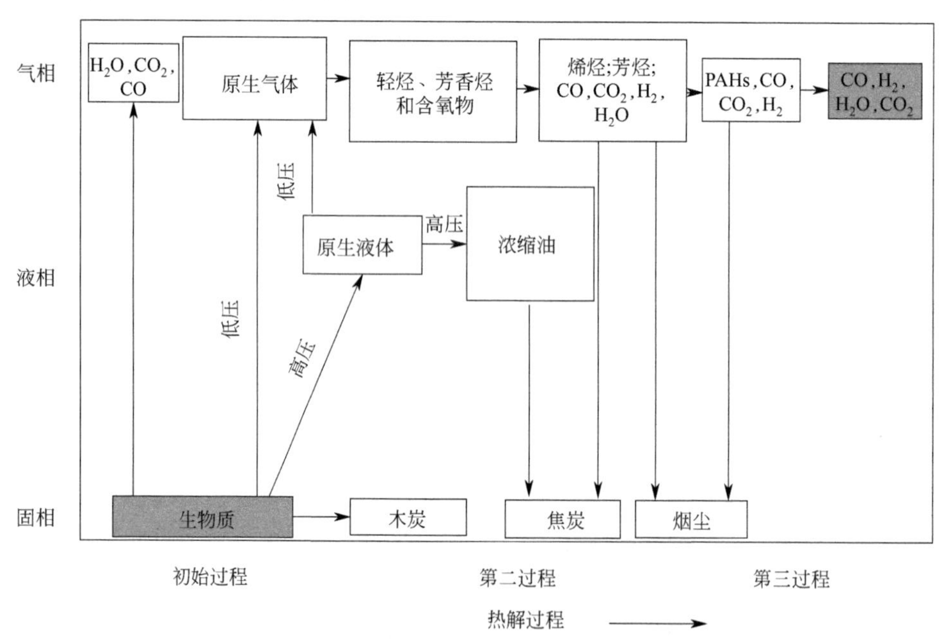

图2-12　生物质热转化中以气体形式存在的各反应体系和组分

通常情况下，气化燃气中的焦油在400℃左右时开始冷凝，而焦油的露点是其冷凝过程中的重要指标。焦油的露点指焦油实际分压等于焦油饱和压力时的温度。当实际工况温度超过焦油露点时焦油便会冷凝，但凝结现象并不总会发生，反应可能十分缓慢。预测焦油的冷凝条件与温度对于焦油危害的防治具有重要意义。荷兰能源研究中心（ECN）基于理想气体行为开发焦油露点模型，通过检测焦油主要成分便可计算焦油露点。该模型也可测算利用下吸式气化炉或流化床实验产生的焦油中的气液平衡数据。模型根据拉乌尔定律对已知各化合物分压的混合烃进行计算。根据SPA方程测算出焦油成分，即分子量介于甲苯和六苯并苯之间的有机物，通过测算结果计算焦油露点。由于分子量超过六苯并苯的焦油不予以考虑，而此部分焦油在低浓度时就可能会有较高的露点，因此模型计算值较实际值偏低。

2.4.2 焦油的裂解

气体产物中焦油含量随气化温度的升高而降低，基于此，催化裂解、热裂解、等离子体裂解技术等应运而生。此外，也有通过物理分离、冷却凝结后再用物理法将焦油脱除的方法。焦油裂解通常通过如下反应实现。

① 干重整：

$$C_nH_x+nCO_2 \longrightarrow \frac{x}{2}H_2+2nCO \tag{2-21}$$

② 水蒸气重整：

$$C_nH_x+nH_2O \longrightarrow \left(n+\frac{x}{2}\right)H_2+nCO \tag{2-22}$$

③ 积碳形成：

$$C_nH_x \longrightarrow nC+\frac{x}{2}H_2 \tag{2-23}$$

④ 焦油裂解：

$$C_nH_x \longrightarrow nC+\frac{x}{2}H_2 \tag{2-24}$$

在氢气及水蒸气条件下焦油中芳香烃裂解转化简化机理示意如图 2-13 所示。

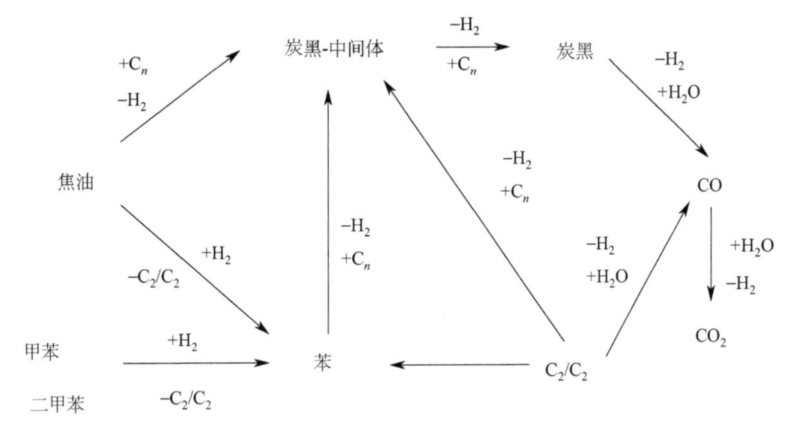

图 2-13 在氢气及水蒸气条件下焦油中芳香烃裂解转化简化机理示意

（1）催化裂解法

催化裂解法通常可以实现较高的焦油脱除效率，同时显著提高合成气品质，因此催化裂解法是目前最受关注的焦油脱除方法。常见的催化剂包括白云石等矿物催化剂、负载镍/铁等金属元素的金属基催化剂以及由生物质气化过程伴随产生的碳基催化剂。

① 白云石是一种低成本、广泛使用的催化剂，经常被用于原位脱焦过程，其在900℃左右可实现对焦油的高效脱除。然而白云石在原位脱焦过程中易发生洗脱和烧结现象，因此多采用金属负载或煅烧的方式强化白云石的催化活性和抗结焦能力。

② 金属基催化剂主要包括碱金属碳酸盐催化剂、碱金属氯化物催化剂和碱金属氧化物催化剂，其中又以镍基、铁基、铈基催化剂为主。金属基催化剂的特点是具有高催化活性，在900℃左右可达到100%的焦油脱除效率，并能提高CO、H_2 等产物的选择性。金属基催化剂的价格通常较为昂贵，同时还具有易发生机械损耗、易中毒等缺点，因此通常采用多金属复合或强化金属与基底之间的连接方式等手段延长催化剂的使用寿命。

③ 生物炭是有机固废气化的副产品，由于其具有高度发达的孔隙结构和一定的金属含量，已经成为气化过程中脱除焦油的新型催化剂之一。在气化过程中，产生的焦油通过孔隙结构发达的碳层，被其中大量的微介孔结构吸附，导致焦油组分与金属活性位点充分接触，不仅延长了焦油组分通过床层的时间，同时有效地强化了金属活性位点的催化效率，从而有力地提高了焦油脱除效率以及合成气产量。

（2）热裂解法

热裂解法通常指通过提高热解温度提高焦油脱除效率的方法。虽然热裂解法可以有效地裂解焦油，提高合成气产量，但是大量的能耗投入极大地限制了其在工业生产中的应用。以生物质为代表的有机固废在不同的温度下表现出不同的热解和气化特性。半纤维素和纤维素的主要热解区间为225～400℃，热解相对快速集中，而木质素在400～900℃之间持续发生热解反应，热解过程相对缓慢。整体而言，在热解气化温度达到900℃左右时有机固废中的大部分组分已分解完毕，生成焦炭、焦油以及不可冷凝气体。当温度进一步升高时，焦油组分开始发生热裂解反应，生成挥发性气体同时缩聚成更大分子量的重质焦油或生物炭，从而实现焦油的脱除。

（3）等离子体裂解法

等离子体裂解法是近些年新兴的焦油脱除技术，使用等离子体作为热源，可以生产高品质、低焦油含量的合成气，其主要分为热等离子体裂解法和非热等离子体裂解法。热等离子体裂解法通过极高的温度（通常高于1700℃）直接使焦油“原位”裂解，而非热等离子体裂解法则通过等离子体的高能作用（例如400℃下的脉冲电弧）实现焦油裂解。目前已经有关于处理生物质或有毒有机固废的商业等离子体气化器的相关报道，其产物中焦油产量极低，然而等离子体气化器需要较高的运营和维护成本，这是其难以广泛使用的主要原因之一。

2.4.3 焦油对气化燃气下游应用的影响

在实际生产中，焦油的负面作用可体现为易凝结堵塞下游设备、形成气溶胶、聚合形成更复杂结构、产生致癌物质、造成催化剂失活及反应中断等。本小节针对气化燃气的不同下游应用，阐述焦油的危害。

气化燃气在远距离输送及近距离发电使用前需进行冷却和清洗。目前小型发电机以往返式发动机为原动机，能在室温条件下通入燃气，而燃气轮机则需使用压缩燃气。发动机类型不同，对焦油及其他颗粒物杂质的耐受程度也不同。因此，气化燃气经过旋风分离器、水洗塔、冷却水洗涤器和过滤器处理后才能通入反应器中。通过调整气化系统、改变操作条件及清洗等方式可降低气化燃气中焦油含量。

发电系统包括发动机、涡轮和控制器等，对燃气品质要求严格。对于发动机，只要是能够沉积在管路、涡轮增压器、热交换器及发动机气门座上的并且能够溶于乙醇或丙酮等有机溶剂的气化燃气组分即视为焦油，应予以控制。而且焦油含量过高会影响发动机运行参数。燃气中大量的酚类物质可能会生成燃烧室沉积物（CCD），进而加速发动机的磨损。

通常规定供给内燃机和涡轮机的燃气中颗粒物含量应小于 50mg/m^3、焦油含量应小于 100mg/m^3，建议将颗粒物控制在粒径 10μm 以下、含量小于 30mg/m^3、碱金属含量小于 0.25mg/m^3。费托合成反应器易受焦油及其他杂质的影响，因此需要保证供气的清洁。供给熔融碳酸盐燃料电池（MCFC）和质子交换膜燃料电池（PEMFC）的燃气应将焦油含量分别控制在 2000mL/m^3 和 100mL/m^3 以下。对于固体氧化物燃料电池（SOFC），焦油含量标准目前虽未明确，但应会更加严格。一些研究人员选取焦油模型化合物研究了焦油对 SOFC 的影响，并证明焦油可能造成电池的电化学性能下降，详见表 2-10。

表 2-10 焦油对 SOFC 的影响

催化剂：研究类型	真实焦油/焦油模型：化合物种类	进料口焦油浓度	停留时间/h	反应温度/℃	结论
热力学研究	焦油模型：32 种化合物	—	—	600～1200	炭沉积随电流密度的增加而减少，阈值为 126mA/cm^2；反应温度为 920℃时炭沉积量最少
Ni/GDC[①]：实验	焦油模型：萘	110mL/m^3	2	850	Ni/GDC 在焦油浓度为 10^{-5} 时耐受性较好
Ni/GDC：实验	真实焦油	<1mg/m^3	150	850	催化效果稳定，燃料利用系数为 30%
Ni/GDC：实验	真实焦油	0～3000mg/m^3	7	850	在高燃料利用系数(75%)、高水蒸气含量条件下 SOFC 因阳极镍被氧化而性能下降
Ni/YSZ[②]：实验	焦油模型：苯、甲苯及萘、芘、苯酚混合物	15g/m^3	0.5	775	相同条件下，甲苯催化裂解效果最好，其次是焦油模型混合物和苯
Ni/GDC：实验	真实焦油	1～10mg/m^3	2.5～7	850	低燃料利用系数(20%)、电流密度为 130mA/cm^2 时催化性能稳定
Ni/YSZ，Ni/CGO[③]：实验	焦油模型：苯	15g/m^3	0.5	765	与 Ni/YSZ 相比，Ni/CGO 阳极对炭沉积的适应性较强
Ni/GDC：实验	焦油模型：苯	2～15g/m^3	3	765	电池在电流密度为 300mA/cm^2、焦油含量低于 5g/m^3 的典型生物质气化燃气条件下使用超过 3h，未出现炭沉积现象
Ni/YSZ，Ni/CGO：实验	真实焦油及焦油模型：甲苯	15g/m^3	1	765	与焦油模型相比，燃气中存在真实焦油时，真实焦油参与了重组反应，炭沉积量更少；Ni/CGO 对降低炭沉积量效果较好
Ni/GDC：实验	焦油模型：甲苯	15g/m^3	24	700～900	在潮湿气氛中，Ni/GDC 不受炭沉积影响；CO_2 气氛可提升电池性能

续表

催化剂：研究类型	真实焦油/焦油模型：化合物种类	进料口焦油浓度	停留时间/h	反应温度/℃	结论
Ni/YSZ，Ni/CGO：实验	真实焦油	13.7～16.7g/m^3	1	765	少量炭沉积的情况下，Ni/CGO较Ni/YSZ催化性能较好，炭沉积主要发生在电池阳极与焦油轻组分接触时

① GDC：钆掺杂氧化铈。

② YSZ：掺钇氧化锆。

③ CGO：焦化蜡油。

2.4.4 焦油控制技术

焦油脱除方法通常分为初级脱除和二级脱除两种。

2.4.4.1 初级脱除法

初级脱除法也称为炉内除焦法，可降低气相产物中焦油含量，无需二级反应器即可在气化炉内部进行脱除。使用该方法需要注意以下几点。

（1）气化参数控制

温度、气化剂、当量比（ER）和停留时间等气化参数均对焦油产量有显著影响，提升气化温度有利于降低焦油产量，提高合成气品质，但同时焦油中重质成分的含量也相应增加。研究人员发现，在污泥的空气气化过程中，将温度从750℃提升至850℃，焦油产量可降低65%，这说明提高气化温度有利于促进烃类化合物重整和焦油热解，但过高的温度会导致大量有机固废过度氧化，降低整体气化效率。不同的气化剂对焦油脱除的效果各不相同，例如添加水蒸气可以有效促进焦油组分发生重整反应，降低焦油产量同时提高氢气等合成气产量，但过量的水蒸气反而会导致反应温度降低，焦油的产量不降反增。氧气气化剂通常可以得到较低的焦油产量，但氧气气化工艺的高成本极大地限制了这种技术的适用性。在空气气化过程中，ER是最为关键的参数，合适的ER会在一定程度上促进有机固废燃烧放热，为气化过程提供更多热量，有利于焦油的脱除，但过高的ER会导致二氧化碳产量升高，降低合成气品质。除此之外，反应压强、停留时间等参数也会对焦油产率产生重要影响，研究人员需要综合考虑有机固废特性、气化环境等多项因素才能有效降低焦油产量。

（2）选择添加剂/催化剂

铁、活性炭、白云石和橄榄石均可对焦油进行一定程度的催化脱除。

用于炉内除焦方法的添加剂/催化剂必须具有高焦油转化活性、抗磨损和烧结能力，除此之外还需具备环境友好性、可再生能力强以及低成本等一系列要求。白云石、橄榄石是使用最为广泛的低成本矿石催化剂，对其进行金属负载或煅烧可以显著提高其催化活性和化学稳定性，在750℃时焦油脱除效率高达97%。活性炭作为生物质气化过程的副产物，是一种低成本、可再生能力强的碳基催化剂，其高度发达的碳骨架结构以及分布于内表面的金属活性位点可以对焦油进行有效去除。对桉树木使用碳基负载铁催化剂进行原位焦油转化，在800℃和850℃时焦油产量分别降低了84%和96%。对稻草使用镍铁双金属催化剂进行原位焦油转化，焦油转化效率可以达到93%，这进一步说明活性炭作为二氧化碳还原剂和强吸附性基底可以高效地吸附降解焦油，而铁镍等金属则提供了大量金属活性位点，在增强焦油脱除效率的同时显著提高合成气产量。

(3) 气化炉改良

二次供风量和气化炉尺寸对焦油产量有一定影响。

以上吸式固定床炉内除焦技术为例。印度科学研究所（IISc）设计采用开放式双进气口焦油回燃气化装置，兼顾木质及非木质生物质原料，气化效率可达80%。该装置独特之处在于双口进气——一个从喷嘴进气、一个从反应气顶部开口进气。顶部开口使反应气体向上移动，形成高温区，并确保气体在不断升高的温度下具有充足的停留时间。热焦的热作用与催化作用同时进行可促进焦油裂解。研究表明，相较封顶式气化炉，顶端开放式气化炉的气化产物中大分子烃类物质含量较低，原因归纳为2点：

① 封顶式气化炉中根据Imbert准则形成的还原区较开放式小，还原反应持续时间较短。封顶式还原反应持续时间为1～2ms，而顶端开放式为4～5ms。

② 与顶端开放式相比，封顶式气化炉喷嘴上方区域燃气浓度更高。顶端开放式气化装置较封顶式的焦油产量低，且顶端开放式焦油回燃装置对焦油裂解效果显著。

在工艺上，冷却可大大降低气相产物中焦油含量。未经处理的气相产物中焦油和颗粒物含量分别约为150mg/m^3、1000mg/m^3，而相同条件下产生的经过冷却处理的气相产物中焦油含量小于2mg/m^3、颗粒物含量约为10mg/m^3[74]。

2.4.4.2 二级脱除法

二级脱除法适用于炉外装置，其将气化燃气中焦油含量降低至可接受水平，分为湿式脱除和干式脱除（热气净化）两种。根据工艺温度范围不同，气体净化技术可分为热处理和冷处理两种。热处理净化技术在400～1300℃甚至更高温度发生，而冷处理净化技术通常在接近室温条件下进行。热处理方法具有更高的能量效率，但冷处理方法一般更为可靠，且价格低廉。

(1) 湿式脱除法

湿式脱除法通常利用水洗塔或文丘里洗涤器来同时脱除气化燃气中的焦油和颗粒物杂质。荷兰能源研究中心开发的OLGA（the Dutch acronym for oil-based gas washer）焦油脱除技术使用有机溶剂脱除焦油。获得的清洁燃气中的焦油露点低于设备使用温度，因此不存在焦油凝结问题，系统可靠性大幅提高。为防止焦油凝结污染工艺冷凝水，可在水冷凝前将产物再通入气化炉中对焦油进行气化热解。该技术具有一定的商业可行性。焦油含量低于20～40mg/m^3的气相产物可利用文丘里洗涤器进行清洗。各类湿式洗涤器的焦油脱除情况如表2-11所列。

表2-11 各类湿式洗涤器的焦油脱除情况表

设备	焦油脱除率
喷淋塔	11%～25%的重质焦油
	40%～60%的多环芳烃
	0～60%的酚类

续表

设备	焦油脱除率
文丘里洗涤器	50%～90%
文丘里喷淋塔	83%～99%的可冷凝物质
文丘里＋旋风除尘器	93%～99%的可冷凝有机物
冲击式除尘器	66%～78%的蒸发残渣
	97.7%的重质焦油
微气泡文丘里油洗器	100%的萘和酚类

湿式处理设备出气口温度为35～60℃，会造成一定的热损失，冷凝物在处置前需进行预处理。由于焦油气溶胶粒子直径小于1μm且具有黏性，过滤器和旋风分离器已无法满足焦油脱除的需求，而且易黏附于器壁上。静电除尘器（ESP）和湿式洗涤器可在大约150℃时脱除大部分焦油，但这类设备造价较高。通过此类物理技术富集到的焦油可燃烧供热，也可通入气化炉进行回燃处理[75]。湿式脱除技术虽然对焦油和颗粒物杂质脱除效果明显，但由此产生的废水又引发了新的环境问题。

在最近的研究中，研究人员采用淬灭吸收技术（QCABT），利用重质焦油自身和吸附剂对焦油进行净化。该技术除骤冷装置外，其他技术原理与OLGA焦油脱除技术相似。在OLGA的第一个作用阶段，燃气被逐步冷却，重质焦油冷凝并缓慢析出。析出的重质焦油冷凝后与粉尘分离，循环至洗涤器中用于轻质焦油的吸收，也可直接导出作为化工产品加以利用。在OLGA的第二个作用阶段，轻质焦油在洗涤器中，利用吸收剂和重质焦油的吸附作用脱出。吸收剂的再生可借助热空气或水蒸气解吸作用实现。

（2）热气净化技术

热气净化技术（干式脱除法）指利用高温进行焦油热裂解，实现燃气净化。研究表明，在高温条件下，焦油分子内部的二级反应可减少气相产物中的焦油总量。控制反应停留时间和焦层温度对促进焦油分解至关重要。焦油的热裂解通常在1000℃以上的高温条件下进行，对设备材料耐热性要求较高，且裂解过程伴随烟尘产生。

化学催化裂解可有效降低裂解温度。除催化剂外，通常还需要通入空气或水蒸气以提高反应效率，延长催化剂活性时间。催化剂的活性和产物种类也受载体种类的影响。传统的镍基金属氧化物催化剂效率较高，但容易受积碳影响而失活。沸石负载铈催化剂可在一定程度上抑制焦油和积碳的形成，同时也具有较好的焦油催化裂解效率，因此也备受关注。

新型两段式气化炉可生产焦油含量低且热值高的合成气。热裂解和催化裂解虽然存在一些缺陷，但仍是焦油脱除的主要手段。热裂解需要在高温下进行，因此设备运营成本增加。催化裂解虽然可以在较低温度下进行，但也存在一些不足，如镍基和碱金属催化剂会因炭和硫化氢的沉积而失活，白云石催化剂会破碎失活等。

天津大学陈冠益团队最新开发利用微波加热技术进行焦油炉外催化裂解，取得了不错的实验效果[76]。微波指波长介于1mm～1m之间的高频电磁波，利用具有一定介电性质的材料制备微波适用型双效催化剂，在微波辐射下实现了对焦油模化物的彻底裂解。通过能量核算，微波设备消耗的电能仅占生物质气化产能总量的3%，体现出较好的经济效益和实际可行性。这为焦油问题的彻底解决提供了新的思路。

电捕焦法也是一种常用的干式热气净化技术[77]。电捕焦法是一种利用电场进行焦油脱除的方法，电捕焦油器以金属圆管和管内轴线方向上的导线作为两端电极，在其间施加非均匀强电场，当含有灰尘和雾滴的气体通过时，焦油分子在电场中发生电离生成阴阳离子，在电场的作用下向正负极移动，同时吸附路径上遇到的灰尘和雾滴，最终被极板捕获，实现焦油的高效脱除。

电捕焦法是焦化煤气和钢铁行业主要的脱焦方法，其应用范围广，可实现焦油与粉尘的同步脱除，经电捕焦处理后的尾气焦油含量通常低于 $10mg/m^3$。然而电捕焦油器结构较为复杂，由于重力作用、焦油挂壁及粘连腐蚀等原因极易发生故障，主要包括蒸汽夹中汽套内漏、发生过流保护、焦油挂壁导致电绝缘失效、高压绝缘瓷瓶炸裂以及重力导致的吊锤、拉杆脱落等。同时，生物质燃气的氧含量在一定程度上限制了电捕焦技术的应用。在工业煤气行业中，为了避免发生爆炸，通过电捕焦油器进行除焦的燃气氧含量必须严格低于1%，然而在生物质燃气化过程中，由于添加气化剂等因素的影响，燃气氧含量有可能会超过1%，因此，在生物质气化行业使用电捕焦技术，应严格控制气化工艺，降低燃气中的氧含量。

参考文献

[1] Williams P T，Besler S. The influence of temperature and heating rate on the slow pyrolysis of biomass [J]. Renewable Energy，1996，7 (3)：233-250.

[2] 赵廷林，王鹏，邓大军，等．生物质热解研究现状与展望 [J]. 农业工程技术（新能源产业），2007(05)：54-60.

[3] 范婷婷．生物质快速热解实验研究与分析 [D]. 天津：天津大学，2009.

[4] 栾敬德，刘荣厚，武丽娟，等．生物质快速热裂解制取生物油的研究 [J]. 农机化研究，2006(12)：206-210.

[5] 陈冠益．生物质热解试验与机理研究 [D]. 杭州：浙江大学，1998.

[6] 陈冠益，马隆龙，颜蓓蓓．生物质能源技术与理论 [M]. 北京：科学出版社，2017.

[7] 杜丽娟．生物质催化裂解制可燃气的研究 [D]. 武汉：武汉工业学院，2008.

[8] Ma W，Rajput G，Pan M，et al. Pyrolysis of typical MSW components by Py-GC/MS and TG-FTIR [J]. Fuel，2019，251：693-708.

[9] 潘敏慧．村镇生活垃圾热解气化特性的实验研究与工艺设计 [D]. 天津：天津大学，2018.

[10] 李水清，李爱民，任远，等．生物质废弃物在回转窑内热解研究——Ⅱ，热解终温对产物性质的影响 [J]. 太阳能学报，2000，21 (4)：341-348.

[11] Liu H Q，Wei G X，Liang Y，et al. Crystallization behavior of glass-ceramics from arc-melting slag of waste incineration fly ash [J]. Tumu Jianzhu Yu Huanjing Gongcheng/journal of Civil，Architectural & Environmental Engineering，2012，34 (2)：121-125.

[12] 赵军．悬浮流化式生物质热解液化装置设计理论及仿真研究 [D]. 哈尔滨：东北林业大学，2008.

[13] 陆豫．甘蔗渣在水蒸气氛围中热解气化制取合成气的研究 [D]. 南宁：广西大学，2005.

[14] 杨上兴．城市固体废弃物热解过程中重金属迁移特性研究 [D]. 广州：华南理工大学，2014.

[15] 陈翀．生活垃圾固定床热解气化特性的实验研究及其过程模拟 [D]. 杭州：浙江大学，2011.

[16] 陈温福，张伟明，孟军．农用生物炭研究进展与前景 [J]. 中国农业科学，2013，46 (16)：3324-3333.

[17] Zwieten L V，Kimber S，Morris S，et al. Effects of biochar from slow pyrolysis of papermill waste on agronomic

performance and soil fertility [J]. Plant & Soil, 2010, 327 (s1-2): 235-246.

[18] Gaskin J W, Steiner C, Harris K, et al. Effect of Low-temperature pyrolysis conditions on biochar for agricultural use [J]. Transactions of the Asabe, 2008, 51 (6): 2061-2069.

[19] Novak J M, Busscher W J, Laird D L, et al. Impact of biochar amendment on fertility of a southeastern coastal plain soil [J]. Soil Science, 2009, 174 (2): 105-112.

[20] 王贤华，崔翔，李允超，等．热解炭在线催化玉米秆热解实验研究 [J]. 太阳能学报，2019，40 (11)：7.

[21] 张干丰．作物残体生物炭基本特征及对白浆土、黑土改良效果的研究 [D]. 北京：中国科学院大学，2013.

[22] 何绪生，耿增超，佘雕，等．生物炭生产与农用的意义及国内外动态 [J]. 农业工程学报，2011，27 (02)：1-7.

[23] Glaser B, Lehmann J, Zech W. Ameliorating physical and chemical properties of highly weathered soils in the tropics with charcoa l- a review [J]. Biology & Fertility of Soils, 2002, 35 (4): 219-230.

[24] Liang B, Lehmann J, Solomon D, et al. Black carbon increases cation exchange capacity in soils [J]. Soil Science Society of America Journal, 2006, 70 (5): 1719-1730.

[25] 钟雪梅，朱义年，刘杰，等．竹炭包膜对肥料氮淋溶和有效性的影响 [J]. 农业环境科学学报，2006，25 (增刊)：154-157.

[26] 王娜．生物质热解炭、气、油联产实验研究 [D]. 天津：天津大学，2012.

[27] 吴层，颜涌捷，李庭琛，等．Preparation of hydrogen through catalytic steam reforming of bio-oil [J]. 过程工程学报，2007，7 (006)：1114-1119.

[28] Laird D, Fleming P, Wang B, et al. Biochar impact on nutrient leaching from a Midwestern agricultural soil [J]. Geoderma, 2010, 158 (3-4): 436-442.

[29] 田超，王米道，司友斌．外源木炭对异丙隆在土壤中吸附-解吸的影响 [J]. 中国农业科学，2009，42 (11)：3956-3963.

[30] Liu Z, Zhang F S. Removal of lead from water using biochars prepared from hydrothermal liquefaction of biomass [J] . J Hazard. Mater, 2009, 167 (1-3): 933-939.

[31] 陈宝梁，周丹丹，朱利中，等．生物碳质吸附剂对水中有机污染物的吸附作用及机理 [J]. 中国科学 B 辑：化学，2008，38 (06)：530-537.

[32] 袁金华，徐仁扣．生物质炭的性质及其对土壤功能影响的研究进展 [J]. 生态环境学报，2011，20 (4)：7.

[33] 李拥秋．热解碳沉积工艺及冷态喷动模拟实验研究 [D]. 成都：四川大学，2004.

[34] 田科．有机固体废物热解过程中氮氯的迁移及制备催化剂机理探究 [D]. 合肥：中国科学技术大学，2016.

[35] Fisher E M, Dupont C, Darvell L I, et al. Combustion and gasification characteristics of chars from raw and torrefied biomass-Science direct [J]. Bioresource Technol, 2012, 119 (9): 157-165.

[36] 杜云川．秸秆类生物质两段式气化实验研究 [D]. 上海：上海交通大学，2009.

[37] BASU, PRABIR. Biomass gasification and pyrolysis: practical design and theory [J]. Comprehensive Renewable Energy, 2010, 25 (2): 133-153.

[38] Sutton D, Kelleher B, Ross J R H. Review of literature on catalysts for biomass gasification [J]. Fuel Process Technol, 2001, 73 (3): 155-173.

[39] 袁振宏，吴创之，马隆龙．生物质能利用原理与技术 [J]. 广州：中国科学院广州能源研究所，2005.

[40] 任辉，张荣，王锦凤，等．废弃生物质在超临界水中转化制氢过程的研究 [J]. 燃料化学学报，2003，31 (06)：595-599.

[41] 陈冠益，高文学，颜蓓蓓，等．生物质气化技术研究现状与发展 [J]. 煤气与热力，2006，26 (07)：20-26.

[42] 王艳，陈文义，孙姣，等．国内外生物质气化设备研究进展 [J]. 化工进展，2012，31 (08)：1656-1664.

[43] Kaushal P, Proell T, Hofbauer H. Application of a detailed mathematical model to the gasifier unit of the dual fluidized bed gasification plant [J]. Biomass Bioenerg, 2011, 35 (7): 2491-2498.

[44] Pfeifer C, Puchner B, Hofbauer H. Comparison of dual fluidized bed steam gasification of biomass with and without selective transport of CO_2 [J]. Chemical Engineering Science, 2009, 64 (23): 5073-5083.

[45] Pfeifer C, Hofbauer H. Development of catalytic tar decomposition downstream from a dual fluidized bed bio-

mass steam gasifier [J]. Powder Technol, 2008, 180 (1-2): 9-16.

[46] Chen J, Zhao K, Zhao Z, et al. Reaction schemes of barium ferrite in biomass chemical looping gasification for hydrogen-enriched syngas generation via an outer-inner looping redox reaction mechanism [J]. Energy Conversion and Management, 2019, 189: 81-90.

[47] 赵坤，何方，黄振，等．基于热重-红外联用分析的生物质化学链气化实验研究 [J]. 太阳能学报，2013，34 (03)：357-364.

[48] 高宁博，李爱民，曲毅．生物质气化及其影响因素研究进展 [J]. 化工进展，2010，29 (S1)：52-57.

[49] 李海霞，朱跃钊，廖传华，等．原料对生物质气化的影响 [J]. 农机化研究，2010，32 (02)：213-215.

[50] 刘立新．生物质气化技术的研究进展 [J]. 中国水运（下半月），2013，13 (03)：74-75.

[51] 车丽娜，王维新．生物质气化影响因素的分析 [J]. 新疆农机化，2008 (03)：41-43.

[52] Guo X J, Xiao B, Zhang X L, et al. Experimental study on air-stream gasification of biomass micron fuel (BMF) in a cyclone gasifier [J]. Bioresource Technol, 2009, 100 (2): 1003-1006.

[53] Gao N, Li A, Quan C. A novel reforming method for hydrogen production from biomass steam gasification [J]. Bioresource Technol, 2009, 100 (18): 4271-4277.

[54] 王鹏．生物质气化制氢产氢率影响因素研究 [J]. 中国科技博览，2014，(3)：75.

[55] Chen G, Yao J, Yang H, et al. Steam gasification of acid-hydrolysis biomass CAHR for clean syngas production [J]. Bioresource Technology, 2015, 179: 323-330.

[56] Zainal Z A, Rifau A, Quadir G A, et al. Experimental investigation of a downdraft biomass gasifier [J]. Biomass Bioenergy, 2002, 23 (4): 283-289.

[57] 陈孝绪．生物质气化气的组分调控及焦油脱除研究 [D]. 厦门：厦门大学，2016.

[58] 涂军令，应浩，李琳娜．生物质制备合成气技术研究现状与展望 [J]. 林产化学与工业，2011，31 (06)：112-118.

[59] 王晶博．城市生活垃圾原位水蒸气催化气化制备富氢燃气 [D]. 武汉：华中科技大学，2013.

[60] 曹小玲，陈建行，熊家佳，等．等离子体气化技术处理城市生活垃圾的研究现状 [J]. 现代化工，2014，34 (09)：26-31.

[61] 李季，孙佳伟，郭利，等．生物质气化新技术研究进展 [J]. 热力发电 2016，45 (04)：1-6.

[62] 孙海勇．市政污泥资源化利用技术研究进展 [J]. 洁净煤技术，2015，21 (04)：91-94.

[63] 姚建明，高术杰．热处理技术在市政污泥处置中的应用 [J]. 有色设备，2019 (06)：45-49.

[64] 肖春龙．污泥气化合成气生成特性及其 BP 神经网络预测模型研究 [D]. 杭州：浙江工业大学，2015.

[65] 陈冠益，郭倩倩，颜蓓蓓，等．中药渣水蒸气气化制备合成气研究 [J]. 可再生能源，2017，35 (03)：345-353.

[66] 王佳乐．双流化床解耦燃烧工艺中白酒糟部分气化特性研究 [D]. 北京：华北电力大学（北京），2019.

[67] Singh D, Hernandez-Pacheco E, Hutton P N, et al. Carbon deposition in an SOFC fueled by tar-laden biomass gas: a thermodynamic analysis [J]. J Power Sources, 2005, 142 (1/2): 194-199.

[68] 陈蔚萍，陈迎伟，刘振峰．生物质气化工艺技术应用与进展 [J]. 河南大学学报（自然科学版），2007，37 (01)：35-41.

[69] Portofino S, Donatelli A, Iovane P, et al. Steam gasification of waste tyre: Influence of process temperature on yield and product composition [J]. Waste Manage, 2013, 33 (3): 672-678.

[70] Lerner A S, Bratsev A N, Popov V E, et al. Production of hydrogen-containing gas using the process of steam-plasma gasification of used tires [J]. Glass Physics & Chemistry, 2012, 38 (6): 511-516.

[71] Oboirien B O, North B C. A review of waste tyre gasification [J]. Journal of Environmental Chemical Engineering, 2017, 5 (5): 5169-5178.

[72] Saghir M, Siddiqui S, Wirtz U, et al. Characterization of the Products from Intermediate Pyrolysis of Miscanthus and Wood Pellets: Internal Combustion Engine Application [C]//The 21st European Biomass Conference and Exhibition. Copenhagen: 2013.

[73] Sikarwar V S, Zhao M, Clough P, et al. An overview of advances in biomass gasification [J]. Energ Environ Sci,

2016，9 (10)：2939-2977.

[74] Sandeep K，Dasappa S. Oxy-steam gasification of biomass for hydrogen rich syngas production using downdraft reactor configuration [J]. Int J Energ Res，2014，38 (2)：174-188.

[75] 薛爱军．层式下吸式生物质气化的理论分析及试验研究 [D]. 济南：山东大学，2016.

[76] Chen G，Li J，Cheng Z，et al. Investigation on model compound of biomass gasification tar cracking in microwave furnace：Comparative research [J]. Applied Energy，2018，217：249-257.

[77] 郭东彦，伊晓路，闫桂焕，等．电捕焦油器用于生物质燃气净化及燃气允许最高氧含量的研究 [J]. 可再生能源，2012，30 (10)：52-54.

第3章 分析仪器与测试方法

热解气化技术是处理有机废物的有效手段，目前已得到了一定的推广和应用。但在进行有机废物处理前，首先要采用分析仪器进行实验检测，了解有机废物的热解气化特性，以及对热解气化后的产物进行检测分析，以便在热解气化处理中采取合适的反应条件来得到高产量和高品质的目标产物，同时减少工艺过程中污染物的排放。仪器分析是分析化学的一个重要分支，在化学、材料、环境、生物等行业中表现出越来越重要的作用。同时随着现代分析仪器的更新换代、测试方法的不断创新与应用，其在有机废物处理过程中的应用不断加深，目前已成为有机废物热解气化研究必不可少的一环。

3.1 热重分析仪

热分析是测试材料物理和化学性能与温度关系的一类技术的总称，1977 年在日本京都召开的第七次国际热分析会议（International Conference on Thermal Analysis，ICTA）给出了热分析的一种定义：热分析是在线性或非线性升温、降温或者恒温等情况下，来检测物质的物理性质随温度变化的一类技术。这里的“物质”指试样本身或其他的反应产物，包括中间产物[1]。热分析方法的种类繁多，包括热机械分析法（TMA）、热重分析法（TGA）、差示扫描量热法（DSC）等，其中热重分析在热分析技术中处于关键的地位[2]。

据 ICTA 的定义，热重分析（thermogravimetric analysis，TG 或 TGA）是指通过程序控制温度而得到待测样品的质量与温度变化关系曲线图的一种热分析技术[2]。通常用微分热重曲线或热重曲线表示热重分析结果。热重分析定量性强，能够精确测量待测物质的质量变化及变化速率。

3.1.1 概述

热重分析仪是有机废物热解气化实验中应用最广泛的仪器之一，其是一种可以测量被检测物质的质量与温度之间关系的仪器，通过热重实验可以确定有机废物热解温度区间，同时了解有机废物的基本热解特征，得到热解过程中的转化率、表观活化能和频率因子等动力学参数，针对不同有机废物建立合适的热解动力学模型来准确反映不同阶段有机废物的热解气化过程。此外，热重分析仪与红外分析仪、质谱分析仪等仪器联用，在研究有机废物热解气化特征的同时检测热解气化过程中产物的生成及变化情况，得到热解气化产物随实验条件的变化规律，这将为有机废物实际的工艺处理过程提供有效的信息支持。

3.1.2 热重分析仪的结构及工作原理

热重分析仪主要由记录系统、加热炉、记录天平、程序控温系统等部分组成，仪器结构示意如图 3-1 所示[3]。仪器主要采用热重法，通过计算机和相关软件进行数据处理并分析，之后打印出测试曲线。

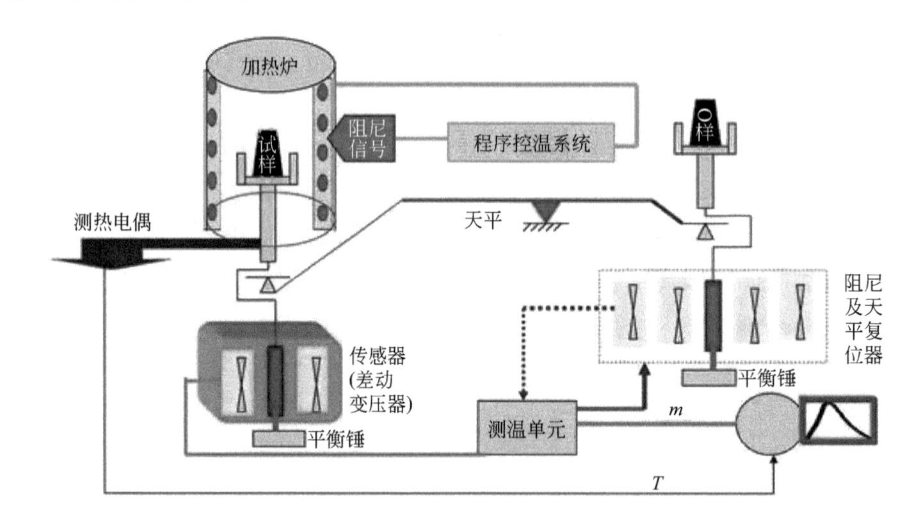

图 3-1 热重分析仪的基本机构框图[3]

3.1.2.1 记录天平

记录天平是热重分析仪的关键组成部分，对待测物反应性、环境温度适应性、准确性等有着非常响应，在功能上可类比于一台优质的分析天平。

记录天平可分为指零型和偏转型，二者的工作原理相同，都是通过转换器将待测物的质量变化转换成相应的、成一定比例的电信号，再将得到的电信号转换成对原始数据的积分、微分或其他函数的方式，其用来对待测物进行多方面热分析。

3.1.2.2 加热炉

加热炉的主要作用是将试样加热到指定的热解温度，其升温速率由内部的温控加热单元控制，再由温度记录仪记录温度的变化。加热炉的炉体包括炉管、炉盖、炉体加热器和隔离护套。其中炉管的尺寸大小根据炉子的具体类型而定，且炉管附近的凹槽内放置炉体加热器，以便对炉管内的物质进行加热。普通加热炉最高可加热到 1100℃，而高温型加热炉的最高温度可到 1600℃甚至更高。

3.1.2.3 控温系统

温度程序控制器可控制加热炉的升温。该控制器有两个特点：一是为使 TGA 曲线不受到非线性升温的影响，于指定的温度范围内对升温速率实施线性控制；二是控制器要能搭配多种类型的热电偶使用，而且控制器周围的温度变化不能有太大的波动，以及对其使用的线性电压要相对稳定。其中热电偶为铂金材料，可分为炉子温度热电偶和样品温度热电偶[3]。

3.1.2.4 记录系统

由于试样质量变化而产生的电信号在记录系统中记录并存储，其变化信息通过记录仪描绘出热重曲线，根据此曲线便能够求出试样组成、热分解温度等相关数据。

热重分析仪检测原理包括变位法与零位法两种[3]。

① 变位法根据天平盘中的试样的质量变化与天平梁的倾斜角度间的比例关系进行分析，利用差动变压器等仪器来检测天平梁的倾斜角度并记录试样的质量变化曲线。

② 零位法同样需要使用差动变压器等方法来测量天平梁的倾斜角度，但还需要调节天平中的电流，使天平内的线圈旋转，还原天平梁倾斜前的状态。

由于使天平梁恢复的力不但与天平中的电流成比例，而且还与样品质量的改变成比例，所以可通过记录天平中电流的变化来得到样品的质量变化曲线。

此外，热重分析仪运行过程中需要通入保护气以保护加热炉及被测样品；保护气的通入不仅可以避免样品和热电偶在加热过程中被氧化，还可以预防样品热分解过程中可能产生有害气体从而危害热解装置。常用的保护气为 N_2，流量一般调至 100mL/min。

3.1.3 影响热重分析的因素

3.1.3.1 坩埚的影响

坩埚的尺寸形状不仅会对样品的热扩散与热传导造成影响，还会对样品的挥发速率产生影响。因此为了加强样品的热扩散以及加大挥发速率，达到让样品在坩埚底部分布成均匀的薄层的目的，一般选用材质较轻、底部较浅的坩埚。此外，坩埚通常选用 Al_2O_3、Pt 等不容易反应的惰性材料以避免对样品产生影响。

3.1.3.2 挥发物的冷凝

样品在热分解过程中受热产生挥发性物质，这些物质会在热解炉低温处凝结，会污染仪器并影响检测结果。如果热解炉的温度再次升高，这些冷凝物再次受热挥发导致热重曲线变形并出现假失重现象。为解决上述冷凝物带来的问题，通常采用水平结构的天平或是安装耐热屏蔽套管于坩埚附近，增加炉内气体的流速，使产生的挥发物快速逸出。

3.1.3.3 气体浮力

温度会影响气体的密度，当温度升高时气体受热膨胀后密度降低，从而使气体的浮力降低；当气体的浮力降低时会使炉内样品出现随炉温升高而质量变大的现象。因此，空载热重实验用于校正，并消除这一表观增重现象。

3.1.3.4 升温速率

升温速率的变化能够引起热重曲线的变化。坩埚中样品通过坩埚传导受热，因此在热解炉、坩埚和样品间都可以形成温度差，这种温度差随着升温速率的增大而增大。此外，升温速率还会改变 TG 曲线的形状，从而影响样品的分解温度，但是不会引起样品的失重改变。

3.1.3.5 气氛的影响

热重实验也会受到气氛的影响，气氛可以分为氧化性气氛、还原性气氛以及惰性气氛等，也可以分为气体稳定不流动的静态气氛和气体以稳定流速流动的动态气氛。气氛不仅可以影响反应的温度、速率、方向和性质，还可以影响热重实验的结果。

3.1.4 分析方法

热重曲线可以表示样品在程序升温过程中质量随温度或时间变化的情况，可由热重实验测得，也被称为 TG 曲线；该曲线的纵坐标是质量保留率，横坐标为温度或时间[3]。TG 曲线上各点对时间坐标取一次微分后作得的曲线就是热重微分曲线（DTG 曲线）[3]。该曲线体现了样品的质量变化速率随时间或温度改变的变化情况，其峰值点表示样品的质量速率改变最快的时间点或温度点。

平台是指 TG 曲线上纵坐标不发生改变的部分，台阶指两平台之间部分。理想的 TG 曲线由一些直角台阶组成，台阶大小表示样品质量变化量，一个台阶表示一个热失重。两个台阶之间的水平区域代表样品稳定的温度范围，这是假定样品在某一温度下同时开始和结束热失重，但这种现象在实际过程中并不能发生，因而在曲线上表现为曲线的过渡与斜坡，甚至两次失重之间有重叠区。在图 3-2 中，AB 段为第一个平台，代表温度升高至 T_i 之前试样处于稳定状态。

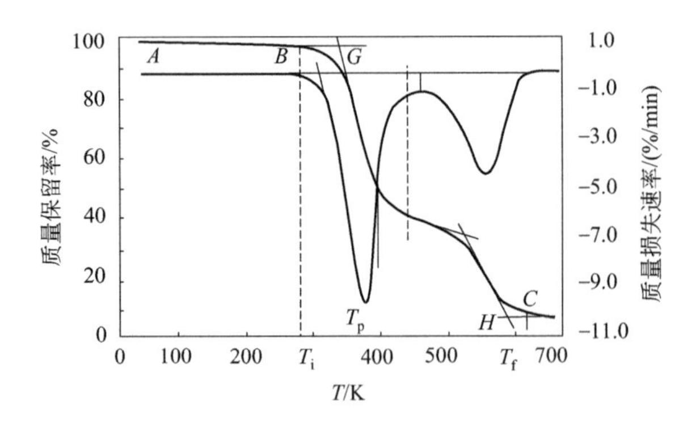

图 3-2 热重曲线图（TG）、热重微分曲线（DTG）[3]

当温度到达 T_i 时样品开始产生分解，T_i 称为反应起始温度。由于温度的不断上升，质量不断降低，直至 C 点后质量不再改变，说明样品已经分解完全，此时 C 点对应的温度 T_f 称为反应终了温度，反应起始温度 T_i 与反应终了温度 T_f 之间的温度区间即为反应区间。将 G 曲线的每一点对时间求导得到如图 3-2 所示的 DTG 曲线。其中，AB 段由于质量不变，其热失重率为零，BC 段 TG 曲线的斜率由开始的增大逐渐变为减小，因而热失重速率也是先变大后减小，于 T_p 点时到达峰值，T_p 称为最大失重速率温度。温度升高至 T_f 后质量不变，失重速率为零。观察 TG、DTG 曲线，能够得到该试样的热解温度区间在 $T_i \sim T_f$ 之间，并于 T_p 点热解速率达到最高点。通过对 TG、DTG 曲线的分析，可以得到样品的热解特性，计算出动力学参数，从而进一步对样品的热解性质进行分析。

目前采用的热重分析仪除了进行热重分析外，还能进行差示扫描量热（DSC）分析，得到 DSC 曲线（图 3-3）。DSC 用来检测物质发生热反应（如物质化合、分解、相变凝固等化学或物理反应）时的特征温度的变化以及反应过程中吸收或放出的热量，广泛应用于有机废物的热分析研究[2]。DSC 曲线的横坐标是温度或时间，纵坐标表示试样放热或吸热的速率，即热流率（$d\Delta H/dt$），单位为 mJ/s，DSC 曲线中峰或谷所围成的面积表示热量的改变量，所以从 DSC 曲线中可直接测出物质发生物理化学变化时的热效应。

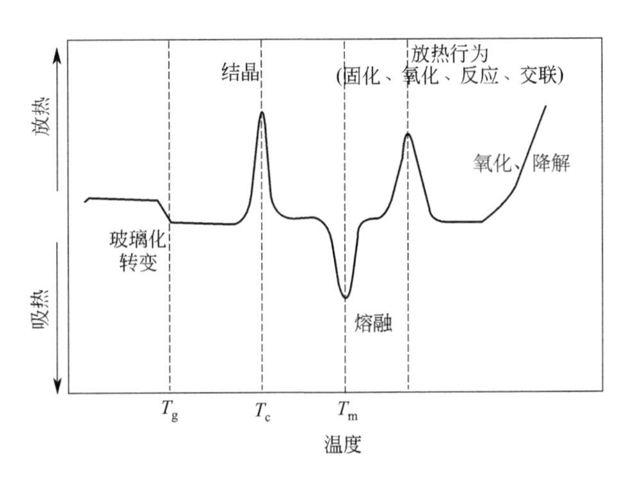

图 3-3 差示扫描量热（DSC）曲线[3]

3.1.5 热重分析仪的应用

目前热重法在多个领域（如药品、塑料、催化剂、无机材料、复合材料等）用于质量监控、探求生产和技术改进，尤其在探索有机废物的热解特性和动力学研究方向方面具有关键作用。

目前，有机废物作为一种潜在的生物质能源受到了研究者的广泛关注。相比于传统的焚烧处理方式，通过热解气化等方法将有机废物转化为清洁的生物合成气和高热值的生物油，并经后续处理后作为一种较为清洁的燃料替代传统化石燃料。Kan 等[4]介绍了生物质的热解产物生物油被广泛用于锅炉、燃烧室、柴油发动机、燃气轮机等，替代燃料以及作为生产化肥和制药工业添加剂、食品添加剂及其他化学品等的原料，合成气能够直接用于生产热能和电能，也能够用于合成液体燃料。为了得到高产量、高质量的热解产物，需要首先利用热重分析仪对原料的热分解特性进行分析。

塑料是生活垃圾的主要来源之一，随着人们对塑料制品的需求量越来越大，塑料垃圾所导致的环境污染问题日益严重。目前，国际上大多采用焚烧、填埋以及热裂解转化等方法来处理塑料垃圾污染的问题[5]。相较于其他方法，热裂解转化法可获取具有较高利用价值的工业燃料，从而在解决塑料垃圾污染问题的同时实现能源的可持续性利用，是解决塑料垃圾污染的有效方法[5]。Wu 等[6]采用热重分析仪研究了聚乙烯（polyethylene，PE）、聚苯乙烯（polystyrene，PS）、聚氯乙烯（polyvinyl chloride，PVC）三种塑料的热解特性及两两混合后的实际热解曲线同拟合曲线之间的区别。聚氯乙烯内存在C—Cl化学键，稳定性比C—C化学键差，其热解过程可分为两个阶段，第一阶段是C—Cl化学键的断裂反应，第二阶段是C—C键的断裂，其更为困难。观察两者的混合热解可知聚苯乙烯的加入能促进聚乙烯的热解，而聚氯乙烯则抑制了聚乙烯和聚苯乙烯的热解。通过对不同种类塑料热解特性的了解，也能更好地处理生活中的塑料垃圾。

中国是一个农业大国，农作物秸秆稻壳年产量高达数亿吨。近年来农村地区用能结构发生了较大变化，导致产生了大量的废弃秸秆，其露天焚烧成为我国农村环境污染的主要原因之一。利用露天焚烧的传统处理方式处理废弃秸秆会杀死地表微生物，减少地表有机物质，改变土壤结构，进而使生态环境产生恶性循环[7]。秸秆露天焚烧产生氮氧化物、二氧化硫和碳烟等气体，不仅会严重污染环境，还会影响交通安全，给农户的健康和自身安全带来极大隐患[7]。而热解作为一种新型处理技术，由于其清洁、高效的特点受到了国内外众多学者的关注。Chiang等[8]分析了不同氧气浓度对稻壳热解性质的影响，发现其分解均存在两种主要反应，提出了一种简易的二阶反应模型，并通过在不同速率下的热重实验得到了反应活化能、频率因子、反应级数等动力学因数，对反应模型进行测试，验证了猜想的正确性，这些数据与模型对稻壳处理与加工系统的设计有直接的参考价值。

工业有机废物也是有机废物的一大类，主要涵盖食品粮油加工剩余物、产品加工废料、中药材渣和酿酒废渣废液等。近年来中医药行业的发展带来了经济利益的同时也产生了中药残渣的处理问题。中药渣作为一种重要的有机废物，组分复杂且极易腐坏，想要同步处理存在很大的困难，因此能够高效处理中药渣对中药厂以及环境保护具有重要意义。目前处理中药渣的方式主要是填埋、露天堆放等。其中露天堆放不仅会引起土地资源利用的浪费，还会因药渣腐烂发霉造成大气环境污染问题。随着技术的发展，国内学者研究了如何以中药渣为原料生产饲料添加剂、有机肥、活性炭，以及热分解中药渣生产生物油等生物燃料。Ding等[9]使用TG-FTIR联用研究了CaO作为催化剂对药渣热解制得生物质气体成分的影响，实验发现CaO能促进药渣热解，能对热解产生的CO_2气体进行捕获，从而促进水煤气的转化反应，降低合成气中CO、CO_2的含量，增加CH_4、H_2的浓度，得到热值更高的合成气。

畜禽粪便也是有机废物的来源之一。作为世界上最大的畜禽养殖国家，中国每年会产生大量的畜禽粪便。据行业统计，中国目前每年的畜禽粪便排放量超过30亿吨，综合利用率不足60%，约有50%的规模养殖缺乏粪便处理设施。畜禽规模养殖行业首要解决的问题就是粪便处理问题。当前我国主要通过能源化、饲料化、肥料化以及食用菌基料化来实现畜禽粪便的资源化利用[10]。目前对畜禽粪便的热解研究也在不断进行。Chen等[11] 在升温速率分别为10℃/min、20℃/min、30℃/min、40℃/min、50℃/min条件下对牛粪进行热重实验，得出的热重曲线表明牛粪的分解过程主要包括木质纤维素的热解、脂肪和糖类的分解、残渣和无机成分的分解。此外，对四种不同的动力学模型进行分析，其中Coats-Redfern模型和DAEM模型的实验数据符合性好，Vyazovkin模型得到的动力学参数比FWO模型更好。当前，通过对畜禽粪便进行热解的方式制备生物炭也是一种重要的处理方法。热解法不但对环境友好，还具有较高的经济效益，可以在解决堆积粪便引发的环境问题的同时制备高附加值的生物炭。对牛粪等畜禽粪便的热解特性进行研究，能很好地为热解制备生物炭提供适合的条件和方式。

3.2 红外光谱

对未知物进行结构鉴定有助于了解物质的热转化过程。目前常用的化合物结构检测技术有红外光谱法、质谱分析方法、紫外-可见吸收光谱法和核磁共振波谱法，其中红外光谱法是根据物质对红外辐射的选择性吸收来进行分子结构和化学组成的分析方法。有机废物是一种成分多样的混合物，因而其热解气化过程较为复杂。根据红外光谱吸收峰的位置及强度可以确定有机废物的主要官能团；比较不同条件下热解气化后生物炭的红外光谱可以推测反应条件对有机废物热转化的影响方向；通过与热重分析仪等反应器联用可以检测热解气化过程中的小分子化合物的释放特征。

3.2.1 概述

红外光谱（infrared spectrum，IR）也称分子转动光谱，是一种分子吸收光谱，其主要用于鉴定化合物、表征分子结构以及定量分析等。红外光谱的工作原理是样品在频率发生连续变化的红外光照射下，其中的分子会吸收某些特定频率光的辐射，从而引起分子的转动和振动，造成偶极矩的净变化，这种变化会使转动能级和振动能级发生跃迁，从而减弱吸收区域的透射光强。记录红外光的透光率（吸收强度）随波数或波长（吸收峰的位置）的变化曲线，即得到红外光谱[12]。

红外光谱有以下特点[13]：

① 应用范围广，大部分有机物均有红外吸收；

② 通过红外光谱图的波峰强度、波峰数目、波数、位置可以确定分子结构；

③ 通过结构信息如顺反异构、官能团、取代基位置等推测待测物的分子结构；

④ 分析能力强，气、液、固三种状态的样品均能测定，具有用量少、不对样品造成破坏、分析快等特点；

⑤ 可与质谱仪、热重分析仪等设备联用。

3.2.2 红外光谱基本原理

3.2.2.1 基本原理

为了熟练运用红外光谱进行有机废物热解气化的分析，首先要了解红外光谱的基本原理。物质必须同时满足两个条件时才能产生红外吸收：第一，两个振动能级间的能量差 ΔE 等于红外照射光的能量 $E=h\upsilon$，分子才会实现从低能级 E_1 到高能级 E_2 的跃迁，即 $\Delta E=E_2-E_1$，这决定了吸收峰出现的位置；第二，红外光与分子之间有耦合作用，只有分子振动过程中能引起偶极矩变化的红外活性振动才能产生红外光谱[13]。

分子中某个基团被和它的振动频率一致的红外光照射时，就会产生共振现象，分子偶极矩发生变化会传递光的能量给分子，这时该基团会吸收红外光的能量，产生振动跃迁。当照射样品的红外光的频率连续改变时，样品对红外光的吸收程度随红外光的频率而改变，使得通过样品的红外光在某些波数范围内减弱，而在某些波数内增强，使用仪器记录整个波数范围内的变化则形成了红外光谱图。

3.2.2.2 红外光谱图划分

红外波段范围较宽，通常分为近红外（13300～4000cm^{-1}）、中红外(4000～400cm^{-1}）和远红外（400～10cm^{-1}）。常见的有机化合物在4000～650cm^{-1}区域内有特征基团频率，因此红外光谱主要研究中红外区域的谱图。可将中红外区域分为两个部分：官能团区和指纹区。其中4000～1300cm^{-1}区间的基团频率最具有分析价值，该区也叫作官能团区、基团频率区或特征区[13]。该区域的峰是通过伸缩振动形成的、较稀疏且方便识别的吸收带，通常被用来鉴定官能团。在1300～650cm^{-1}范围内，存在单键拉伸振动带和变形振动带。这种振动与整个分子的结构有关。当分子结构略有差异时，该区域的吸收率将略有不同并显示出分子特性。这种情况如同人的指纹，因此也被称为指纹区[14]。

3.2.3 傅里叶变换红外光谱仪

红外光谱仪是分析分子结构和化学组成的仪器，其主要是利用样品对不同波长的红外光有不同的吸收特性这一特点。红外光谱仪主要有两种，一种是色散型光谱仪，另一种是傅里叶变换红外光谱仪[14]；后者又被称为第三代红外光谱仪，因扫描速率快、分辨率高等特点，被广泛使用。傅里叶变换红外光谱仪是利用迈克尔逊干涉仪将两束光程差按一定速度变化的复色红外光相互干涉，形成的干涉光与样品作用，干涉信号由探测器捕捉后传递给计算机进行傅里叶变换，从而将干涉图还原为光谱图[14]。

3.2.3.1 仪器结构

傅里叶变换红外光谱仪的组成部分是光源（硅碳棒、高压汞灯）、探测器、迈克尔逊干涉仪、计算机和记录仪[12]。光谱仪光源的主要特性是发射出的红外光具有连续、稳定且强度高的特点。硅碳棒由烧结的碳化硅制成，工作温度为1200～1500℃，具有坚固、发光面积大、使用寿命长等优点。迈克尔逊干涉仪是傅里叶变换红外光谱仪的核心部分，它将信号以干涉图的形式从光源发送到计算机，经过傅里叶变换，最终得到光谱图。因为红外光谱区域内的光子能量较弱，不足以引起光电子发射，所以光电管、光电倍增管等不适用于作红外光谱仪的探测器，真空热电偶、碲镉汞检测器和热释电检测器是广泛应用的红外探测器。计算机和记录仪则用来记录红外光的变化情况，并通过计算机绘制出来。

3.2.3.2 工作原理

图3-4是傅里叶变换红外光谱仪的典型光路系统，来自红外光源的辐射首先经过凹面反射镜，使之成为平行光后进入迈克尔逊干涉仪，脉动光束离开干涉仪后射到另一摆动的反射镜B，可以使红外光束交替通过参比池或样品池，再由反射镜C（与B同步）反射，最终使光束聚焦到检测器上。

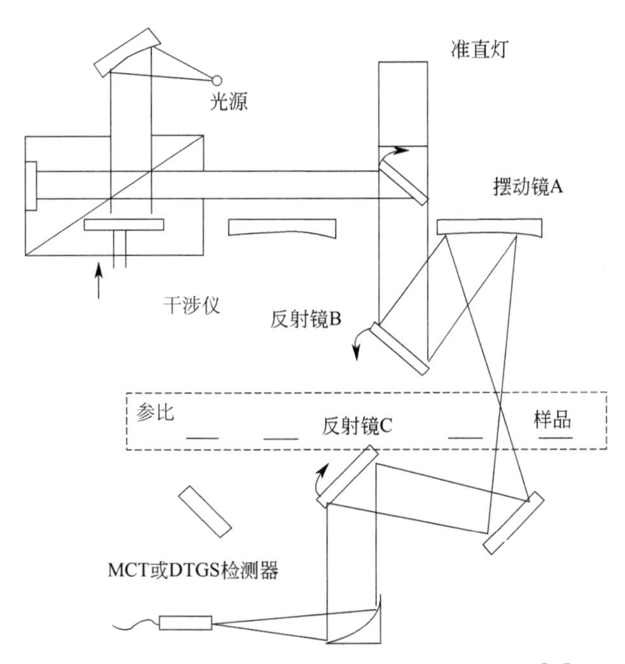

图 3-4　傅里叶变换红外光谱仪的典型光路系统[14]

MCT—光电导检测器；DTGS—利用硫酸三甘肽晶体极化随温度改变的特性制成的一种红外检测器

使用傅里叶变换红外光谱仪进行检测时应注意试样需满足下列要求：

① 试样纯度应大于 98%；

② 因为水有红外吸收能力，会对羟基峰有所干扰，所以试样不得含有水分，检测前应对其进行干燥处理；

③ 试样的浓度和厚度要适当，使最强透光率为 5%～20%。

此外，对于固体样品，常用压片法、糊状法、薄膜法和切片法等制样后再检测。

3.2.3.3　影响红外光谱谱图的因素

红外光谱谱图的质量受到扫描次数、扫描速度、分辨率等的影响，在使用傅里叶变换红外光谱仪检测之前需合理设置好这些参数值。

（1）扫描次数的影响

在实验过程中由于环境等因素会产生噪声信号，该信号会体现在样品的光谱信号中。扫描次数的平方与信噪比成正相关，因此可通过增加扫描次数从而提高光谱的信噪比，减少噪声，增加谱图的光滑性。

（2）扫描速度的影响

扫描速度过慢会增加干涉图的强度，但测试时间太长，光谱的水蒸气吸收峰增高；当扫描速度过快时检测器只能接收小部分能量。而当扫描速度降低时对操作环境要求提高。

（3）分辨率的影响

红外光谱的分辨率等于最大光程差的倒数，因此可通过降低分辨率提高光谱的信噪比，降低水蒸气吸收峰影响，增加红外光谱谱图的光滑性。对于一般的红外光谱测定，通

常选用 $4cm^{-1}$ 的分辨率；当样品对红外光有很强的吸收时，为获得丰富的光谱信息需采用较高的分辨率；当样品不能很好地吸收红外光时，为获得较好的信噪比需降低分辨率。

除上述影响因素外，样品的性质、结构、状态及环境等都对红外谱图有一定的影响。在红外光谱实验中，要综合考虑会对谱图产生影响的所有因素，确定合理的制样方法，以便得到理想的红外光谱谱图。

3.2.4 红外光谱联用技术

3.2.4.1 热重-红外光谱联用

热重-红外光谱联用技术（TG-FTIR）的原理是样品在热重过程中会产生挥发物，利用吹扫气（如 N_2 或空气）将挥发物经由金属管道和玻璃气体池吹入光谱仪，并通过红外检测技术，分析判断出分解产物组分结构。该技术结合热重分析仪和红外光谱仪两者的特点，可弥补热重法只能得到样品的热分解温度及热失重量，而无法对热解产物进行定性分析的不足，因而 TG-FTIR 技术在研究有机废物的热解机理方面应用广泛。

3.2.4.2 热重-红外光谱-质谱联用

质谱（MS）同红外光谱一样，均能对热失重中产生的挥发分进行实时定性或定量分析，但二者也存在差别。FTIR 主要是鉴别化合物的基团、同分异构体等，而 MS 可测量一个独立的化合物，灵敏度高，可检测浓度低、分子量较大的化合物，这是 FTIR 无法检测到的。

FTIR 不能检测不吸收红外光的气体（如 N_2、H_2 等），也不易检测出 C、H 数较大的大分子物质；MS 则难以区分同分异构体及具有相同质荷比的离子碎片。若同时使用 FTIR 和 MS 进行检测，则可以很好地对气体产物定量分析。将 TG 与 FTIR 以及 MS 连接在一起，样品在热重分析仪中热解后，挥发性产物分别经过 FTIR 和 MS 检测，得到红外谱图和质谱图，结合两张谱图上的信息来分析，最终可得到样品气体产物的定量分析结果。

3.2.5 红外光谱的应用

每种化合物都有特定的结构，红外光谱可以通过检测物质的官能团来推断物质的结构，红外光谱谱带的数目、形状、位置、大小等随化合物结构的不同而有差别。因此，在分析红外谱图时，首先要清楚不同红外光区间对应的官能团。

表 3-1 是主要官能团的红外特征吸收峰。

表 3-1 主要官能团的红外特征吸收峰[13]

官能团	吸收频率/cm^{-1}	振动方式	说明
—OH(游离)	3650～3580	伸缩	判断醇、酚、酸
—OH(缔合)	3400～3200		
$—NH_2$,—NH	3500～3300		
$—NH_2$,—NH	3400～3100		
≡C—H	3300 附近		
=C—H	3010～3040		

续表

官能团	吸收频率/cm^{-1}	振动方式	说明
苯环上 C—H	3030 附近	伸缩	
$—CH_3$	2960±5 2930±5	不对称伸缩	
$—CH_3$	2870±10	对称伸缩	
—CHO	2720	伸缩	判断醛
—C≡N	2260～2220	伸缩	针状，干扰少
—N≡N	2310～2135		
—C≡C—	2600～2100		
C═C	1680～1620		
芳环中 C═C	1600，1500，1450		
—C═O	1850～1600		判断酮、酸、酯、酸酐
$—NO_2$	1600～1500 1300～1250	不对称	
S═O	1220～1040		
$—CH_3$，$═CH_2$	1460±10	CH_3 不对称弯曲 CH_2 剪式弯曲	大部分有机化合物都含有，经常出现
$—CH_3$	1380～1370	对称弯曲	烷烃 CH_3 的特征吸收
$—NH_2$	1650～1560	弯曲	
C—O	1300～1000	伸缩	极性强
C—O—C	1150～900		醚类
C—F	1400～1000		
C—Cl	800～600		
C—Br	800～600		
C—I	500～200		
$═CH_2$	910～890	摇摆	

红外光谱可用于气、液、固三种状态的样品结构检测，通过观察分子的特征吸收可以鉴定化合物和分子结构，进行定性和定量分析。现阶段，红外光谱检测在现代农业、生物学、医学、环境科学等众多学科的研究中发挥了至关重要的作用。物质的结构特点会在红外谱图中以峰的位置和强度的形式表现出来，通过吸收谱带的位置可以确定化学基团的类型，而通过吸收谱带的强度则能够反映化学基团的含量，从而进行定量的分析。利用红外谱图能对未知化合物鉴定这一特点，可将其应用在食品检测、医学研究、刑侦工作等领域[14]。Petit 等[15]利用 FTIR 分析了纳米金刚石的表面特征，综述了目前纳米金刚石在不同制备情况下或样品环境中的红外光谱的分析方法，并总结了纳米金刚石红外光谱的特征分布。Kayacan 等[16]使用 FTIR 检测低密度和高密度聚乙烯热解产生的液体成分结构，在液体产物中含有较多的脂肪族氢，其脂肪族化合物与芳香族化合物之比在 10～18 之间。Nishiyama 等[17]通过观测人体呼出气体的红外光谱来判断是否存在酒精中毒。

看到一张红外光谱图时，首先得学会如何通过图上的信息来分析出该图中物质的结构特点，需要观察图中各峰的位置和强度，并弄清其代表什么官能团，总结所有的信息来推测出其最终的结构组成。图 3-5 为乙酸乙酯的红外光谱图，在 2950cm^{-1} 左右的区域有吸收带，是 CH_3 上的饱和 C—H 键伸缩振动产生的。1743cm^{-1} 处是 C═O 的伸缩振动带，1243cm^{-1}、1048cm^{-1} 处的谱带是 C—O 的伸缩振动带。根据上述分析，可以大致推断出乙酸乙酯的化学结构。

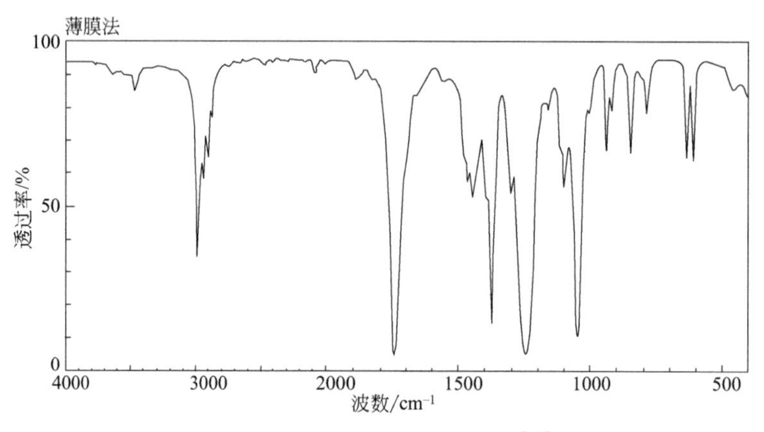

图 3-5 乙酸乙酯的红外光谱图[12]

红外光谱在科学研究中更多的是与热重、质谱等仪器联用，利用热重法研究样品热解特性的同时对热解的挥发性产物在线分析，这类分析方法在有机废物的热解气化分析实验中随处可见。Cai 等[18]利用 TG-FTIR 联用研究了废弃茶渣的热解过程，其热失重主要发生在 180～530℃之间较低温度时，首先是半纤维素开始分解，随后产生的挥发物主要来自纤维素和少量木质素。温度更高时，木质素和焦炭逐渐分解生成可挥发物质。同时，利用 FTIR 检测到废弃茶渣热解产生的主要热解产物有水、甲烷、二氧化碳、一氧化碳、氨气、酚类等。此外，Gao 等[19]也通过 TG-FTIR 研究了松木屑的热解和燃烧特性，建立动力学模型，并得到了各热解阶段的活化能，对热解和燃烧的气体产物进行了分析检测。TG-FTIR 可以对热重法热解实验过程中产生的气体在线跟踪、检测，没有滞后现象，是一种更为准确、快速、方便的科学研究方法。为了更为准确地进行定量分析，可使用 TG-FTIR-MS 联用技术。陈玲红等[20]采用 TG-FTIR-MS 技术准确定量地描述了煤燃烧过程中产生的多组分混合气体产物，研究煤在热解过程中产生的多组分气体的逸出特性，并讨论了炉温、载气流量、红外光谱检测分辨率等参数对气体定量测量的影响。

3.3 色谱分析技术

有机废物的组成十分复杂，仅用一种分析装置无法对混合物进行全面分析，必须在分析仪器之前除去干扰物，保证被测物在分析仪器的检测极限以内。色谱法是一种物理化学的分离分析技术，利用样品中组分在固定相和流动相中作用力不同而将组分进行分离。按流动相为气体还是液体可将色谱法分为气相色谱法和液相色谱法[21]。气相色谱仪常与热导检测器、氢火焰离子化检测器、质谱仪等检测器联用，定性和定量检测有机废物热解气化时产生的挥发性产物。高效液相色谱搭配 UV 检测器、RI 检测器、荧光光度计检测器等，可用于检测热解气化后生物油中分子量较大、沸点较高的有机物以及无机盐酸等化合物[22]。

3.3.1 气相色谱

3.3.1.1 气相色谱概论

气相色谱是以气体为流动相，依据各种物质与固定相之间相互作用力的不同而实现分离的技术，其分析在气相色谱仪中进行[22]。现代气相色谱仪的仪器构造主要包括气路系统、进样系统、温度控制系统、色谱柱系统、检测系统、数据处理和计算机控制系统，如图 3-6 所示[22]。

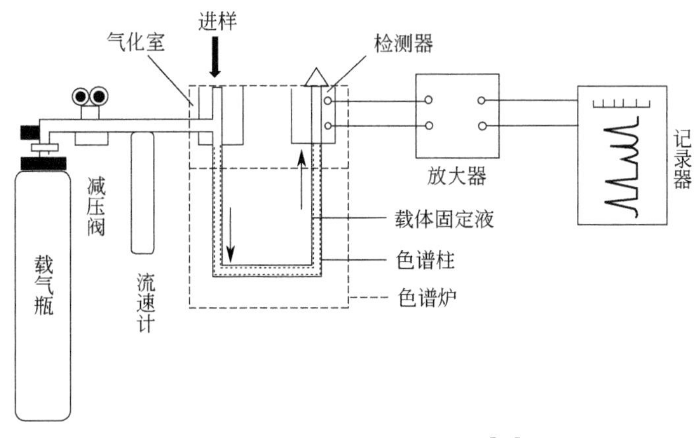

图 3-6　气相色谱仪流程示意[22]

气路系统是高气密性系统，分为单柱单气路和双柱双气路，恒温分离分析采用单柱单气路系统，而程序升温分离分析采用双柱双气路系统[22]。载气由高压钢瓶或者气体发生器提供，常用的载气有氮气、氢气、氦气、氩气和空气等，为了使载气纯净，这些气体在进入系统之前需要经过净化去除水分、氧等杂质[22]。进样系统包括进样器和气化室，微量进样器和流通阀是常用的进样器。气化室温度一般比柱温高 10～50℃，以保证液体样品瞬间气化[22]。温度控制系统用于控制气化室、色谱柱和检测器的温度，对于整个气相色谱过程的分离非常关键[22]。恒温和程序升温是对色谱柱温度控制的两种方式。程序升温适用于不同沸点的多组分化合物的分离分析，是按照各组分的沸点不同而设置的温度随时间线性增加或者非线性增加的控温程序，使得低沸点组分和高沸点组分均能在色谱柱中合适地保留，且色谱峰均匀对称。色谱柱是整个分离的“心脏”。使用不同极性吸附剂或固定液的色谱柱可以对不同性质的组分进行分离分析[22]。常依据待分析组分的极性来选择不同极性的色谱柱，在确保一定分辨率的条件下尽可能使用短色谱柱。

气相色谱可以对混合物的组成进行定性定量分析。最常用的定性方法是保留值定性法，其通过将待测组分与标品出峰时间进行对比来定性，二者应在同一时间段出峰。定量方法是对某些条件进行限定，通过仪器检测系统的响应值（色谱峰面积）与相应组分的量或浓度成正比关系来进行定量，主要包括面积归一化法、内标法和外标法，其中面积归一化法是最常用的方法[22]。

3.3.1.2 气相色谱仪检测器

检测系统可以进行各组分的测量和分析定量的原理是将色谱柱分离后各组分的浓度

或量的变化转化成电信号，它是气相色谱仪最重要的结构单元之一[23]。目前，气相色谱仪常用的检测器主要有以下5种。

(1) 热导检测器（TCD）

最早出现且应用最广的是热导检测器，它是一种非破坏性通用型浓度型检测器，其检测原理是由于样品与载气热导率的不同，带走的热量不同，使得参比池与样品池中电阻丝的阻值不同，进而导致电桥输出电压发生变化，并被记录仪记录下来，最终再经过信号转换和放大，从而得到待测样品信号，结构如图3-7所示[23]。TCD对单质、无机物、有机物均有响应，不仅适合有机污染物的分析，也适合无机污染物的分析，在有机废物热解气化产物的分析中被广泛应用。

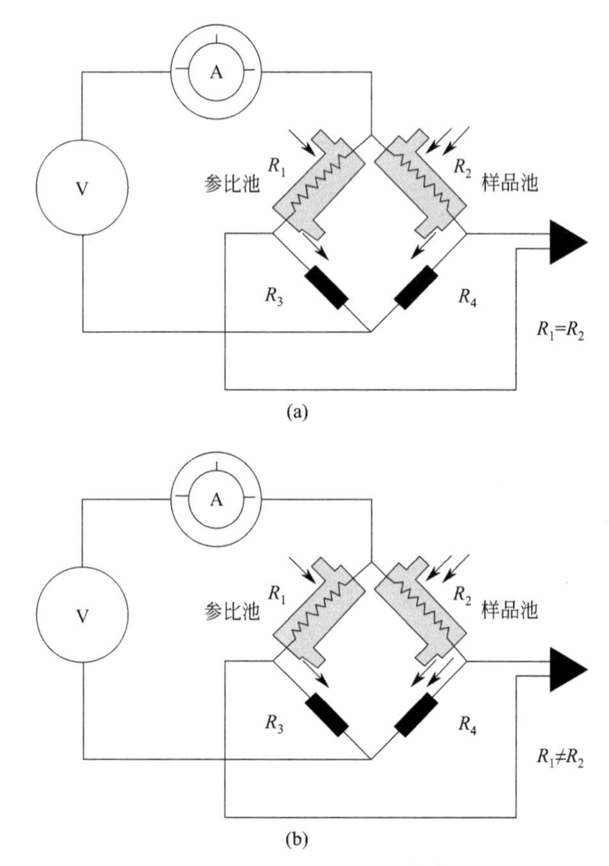

图3-7 TCD结构示意[23]

(2) 氢火焰离子化检测器（FID）

氢火焰离子化检测器由空气和氢气燃烧的火焰提供能源，是典型的破坏性、质量型检测器，其结构如图3-8所示[23]。高温条件下，有机物进入火焰后会产生化学电离，其产生的离子比基流高几个数量级，它们在高压电场的作用下定向移动，形成离子流，其放大之后转化为电信号（色谱峰）[23]。有机物的引入量越多，形成的电流强度越大，可以据此完成有机物的定量分析。

FID不仅几乎对所有挥发性的有机化合物有响应，而且具有结构简单、性能优异、操作方便、响应快、稳定性好等优点。它适用于痕量有机物的分析测定，对烃类化合物

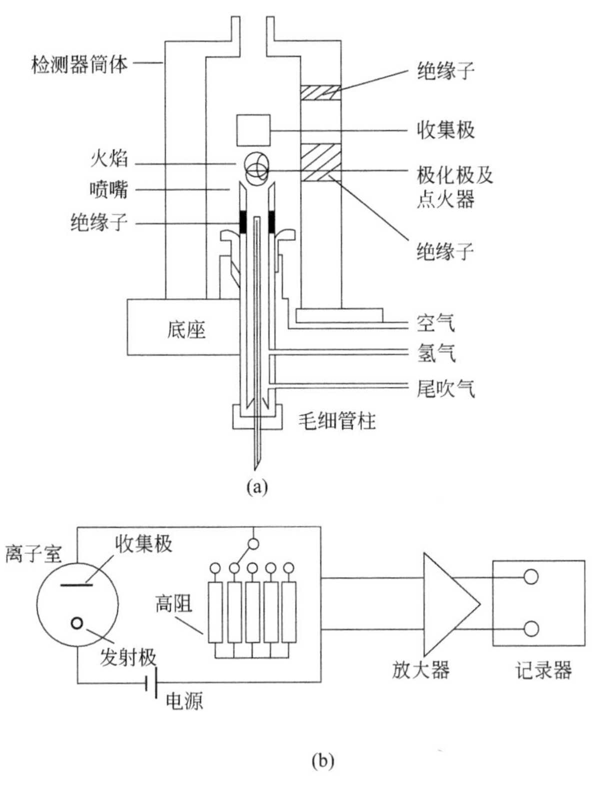

图 3-8　FID 结构示意[23]

(碳数≥3) 以及含杂原子的烃类有机物中的同系物 (碳数≥3) 的相对响应值几乎没有差别，定量非常方便。主要缺点是对于永久性气体、水、一氧化碳、二氧化碳、氮的氧化物、硫化氢等这些不电离的无机化合物不响应，无法检测。

(3) 电子捕获检测器 (ECD)、火焰光度检测器 (FPD) 和氮磷检测器 (NPD)

电子捕获检测器 (ECD) 是一种离子化检测器，广泛应用于环境科学、医学、食品及农药残留分析等领域。ECD 检测对于不含电负性基团的组分 (如烷烃等) 无信号或信号很小，只对像含卤素、硫、磷、氰基等具有电负性的物质有信号，并且其检测灵敏度随物质的电负性增强而变高；另外，ECD 对溴代烃、碘代烃、氯代烃之间的选择性很差。有机废物热解产物中此类化合物较少，因此，ECD 检测用得较少[24]。

火焰光度检测器 (FPD) 因其具有对含有硫、磷化合物的高选择性和高灵敏度，又称为"硫磷检测器"，这种检测器非常适合硫、磷化合物的分析检测[24]。

氮磷检测器 (NPD) 是一种质量型检测器，因为其对氮、磷化合物具有高选择性和高灵敏度，常被用作氮、磷化合物的专用检测器[24]。

3.3.1.3　气相色谱在有机废物热解气化产物分析中的应用

热解是不可逆热化学反应，是在无氧或缺氧的条件下进行的。可燃气、焦油和焦炭是有机固体废物的热解产物。

生物质类有机固体废物的热解产物组成复杂，除水以外，还有酸、醇、醛、酮、苯酚等多种具有含氧官能团的物质。由于生物质类原料的含氧量高，故其热解产物中含有大量含氧有机物。为了制备高品质的生物质热解气化产品，通常采用气相色谱（GC）结合气相色谱/质谱联用技术（GC-MS）对其产物中的烃类成分进行高效、快速的定量定性分析[25]。分析过程通常是将生物油样品注入GC-MS进样器，得到总离子流图。结合文献和生物油特点将总离子流图与谱库对比，进而对生物油的主要化学组分进行鉴定[26]。然后将样品注入气相色谱进样器，利用面积归一化法等对气相谱图进行分析，以获得各组分含量。

热导检测器（TCD）和氢火焰离子化检测器（FID）是在使用气相色谱对热解产物中含有的大量含氧有机物进行分析时的两种较为常用的检测器。Mishra 等[27]以松木、萨尔木的锯末，槟榔果的果皮作为生物质原料研究了生物质层厚度和层间距对热解产物产量的影响，研究运用气相色谱法结合氦电离检测器（HID）和热导检测器（TCD）对热解产物进行分析，证实了随着温度上升，热解产物氢气和烃类化合物的含量显著增加，而 CO_2 的生成量则减少。Mishra 等[28]以一种不可食用的印楝种子为研究对象，利用热催化热解法研究印楝生产燃料和化学品的潜力，采用气相色谱法结合氦电离检测器（HID）和热导检测器（TCD）对不同热解温度下产生的不可冷凝气体进行了分析。

另外，FID检测器常被用来分析有机废物热解产物中的挥发性有机物。Xue 等[29]以纤维素、木聚糖和木质素为原料，在催化剂存在和不存在的情况下，与聚乙烯共热解，研究了生物质与聚乙烯的催化协同效应。并采用气相色谱法(GC)对微热解器中的挥发性产物进行了分离，使用FID检测器进行定量。Kim 等[30] 采用GC-MS/FID分析方法，在实验室规模的连续流化床反应器中研究氧对红橡木的热解产物分布和性能的影响。

电子捕获检测器（ECD）、火焰光度检测器（FPD）和氮磷检测器（NPD）这三类检测器都属于专用型检测器，适用范围比较窄，有机废物热解、气化的产物中含有较多的含氧有机物以及链烃、芳烃，含有较少的电负性比较强的物质以及硫、磷化合物和氮、磷化合物，所以很少使用这三类检测器。

3.3.2 高效液相色谱

高效液相色谱法（HPLC）是一种用于分离、提纯和定量的分析技术之一，具有分析速度快、效率高、灵敏度高、重复性好和精确度高等优点。HPLC利用待测成分的物理化学性质的差异（如分配系数、吸附热、离子强度、粒度大小等）实现目标物的分离，再基于各个组分的热学、光学、电学或电化学等性质选择不同的检测器进行定量检测。

HPLC由输液系统、进样系统、分离系统、检测器和数据处理系统等组成，如图3-9所示。

根据流动相极性的不同，可分为正相色谱和反相色谱。正相色谱主要用来分离非极性和弱极性的化合物，C_{18} 色谱柱是最常用的正相色谱柱[32]。含有—NH_2 等极性基团的固定相的反相色谱，常用来分离一些中极性和强极性的化合物[32]。根据分离原理的差异，可分为吸附色谱、分配色谱、液液色谱、离子交换色谱、离子对色谱、体积排阻色谱等[32]。现代高效液相色谱仪作为最常规的仪器，其检测器多重，灵敏度是检测器的重要指标。目前，最为常用的就是紫外吸收检测器和荧光检测器，其他检测器如蒸发

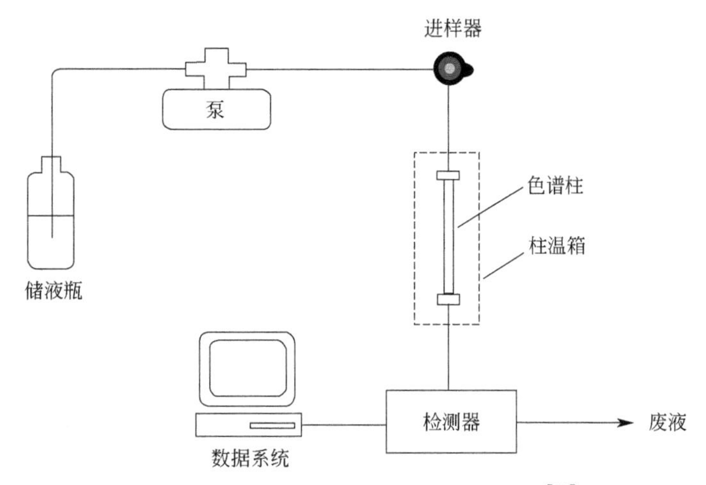

图 3-9　HPLC 高效液相色谱仪基本结构[31]

光散射检测器（ELSD）、电化学检测器也被广泛用于与 HPLC 耦合，以此来满足分析检测的要求[32]。根据待测组分结构和极性等性质的不同，选择合适的分离模式和不同类型的色谱柱来进行分离，选择合适的检测器来进行较为灵敏的分析检测。

液相色谱技术和气相色谱技术类似，其定性定量方法类似，都是根据样品组分和对照样品峰保留值进行定性，常用面积归一化法进行定量。定性和定量的前提是目标组分与其他组分或杂质分开，色谱峰不重叠。对于实际样品中目标组分的定性定量分析，通常是先根据该目标组分的性质（主要是极性）选择合适的色谱柱和合适的流动相，使其在色谱柱上有一定的保留，再调节流动相比例，使目标组分与样品中其他杂质或者目标组分分离开，色谱峰不重叠，进而重复进样，进行定量分析。

液相色谱通常使用不同配比的有机相和水相来进行样品的溶解和分析测定。有机废物热解产生的物质多为生物油，不溶于水相，很少应用液相色谱进行分析检测。然而对于油中某些有紫外吸收的且对生物油品质有较大影响的物质，像山梨醇、左旋葡聚糖等，通常在改进实验方案、优化技术路线制备高品质生物油的过程中，会使用液相色谱对热解产物中的该类物质进行定性定量分析，进而有助于实验方案的调整。Kim 等[30]采用高效液相色谱法在实验室规模的连续流化床反应器中研究了红橡木的部分氧化热解，对热解过程中通过调节不同含氧量产生的两种生物油 SF1 和 SF2 水解后的总糖进行了定量分析。在通过调节色谱条件得到水解样品的 HPLC 色谱图中，糖的每个峰都被清晰地分离出来，各个峰互不重叠，并进行了有效的定量定性分析，有助于了解氧对生物油中总糖的影响，以及研究氧对热解产物分布和性能的影响。

3.4 质谱分析方法

质谱分析方法是利用质谱仪将样品电离为气态离子混合物，并分析各种离子质量及其强度的一种方法。质谱分析是一种快速、有效的分析方法，利用质谱仪可以进行同位素、化合物、气体、金属和非金属超纯痕量分析[33]。质谱分析方法可用于有机废物中一些污染物（如金属）的鉴定和测量。同时，通过质谱仪可以分析有机废物热解气化过程中产生的中间产物和最终产物，为构建有机废物的热转化机制提供关键信息，为污染物的控制和处理提供有效指导。此外，质谱仪与气相色谱、液相色谱等的联用也扩大了质谱分析方法在有机废物中的应用。

3.4.1 概述

质谱分析方法是一种通过设定特定的环境使样品分子在高速电子流或强电场的作用下失去外层电子，从而生成分子离子和离子碎片，并通过检测离子谱峰的强度和质荷比（m/z）从而实现分析目的的分析方法[33]。原理主要是利用物质质量的固有属性，每种物质对应相应的质量谱——质谱，据此可进行定性分析；峰所代表的化合物含量会影响谱峰强度，由此进行定量分析。质谱分析方法具有速度快、灵敏度高的特点，数分钟内即可完成测试，是可以确定准确分子量的唯一方法[34]，并且可以有效地与各种色谱联用。

早期的质谱仪主要是用来进行同位素分析。在第二次世界大战期间，由于军事需要，质谱仪作为分析、检测工具进入工农业生产领域，如汽油分析、人造橡胶和真空检漏等工作，并被证明其为一种准确、快速的手段。自 20 世纪 60 年代以来，质谱技术已在有机化学和生物化学领域得到更广泛的应用，特别是近年来色谱-质谱（GC-MS）联用仪的出现与应用，可以高效分析混合物的组成。必须指出，对于质谱技术的飞速发展，计算机发挥着不可替代的作用，它的主要功能是控制仪器的状态并处理实验数据，傅里叶变换质谱仪本身是基于快速计算机技术基础之上的。目前，质谱分析方法已广泛应用在有机合成、石油化工、生物化学、天然产物、环境监测等各个领域，也广泛开展了基于质谱分析的理论研究，进一步丰富了质谱科学。

质谱仪有很多种，对应不同的工作原理和适用范围。质谱通过应用角度分为以下 4 类。

（1）同位素质谱仪

既可分析元素的稳定同位素，也能分析某些放射性物质；既可测定相对含量，也可测定绝对含量。被分析的样品可涵盖气、液、固三种状态。

（2）有机质谱仪

开发较晚但进展快，是研究有机化合物成分与结构的重要工具[14]。有机质谱仪可以检测出官能团碎片结构以及分子量等有机化合物最直观的特征信息，有时可以凭借这些信息推测物质的结构。根据不同的应用特点可分为气相色谱-质谱联用仪和液相色谱-质谱联用仪，本书也将对有机质谱仪的结构及应用着重介绍。

（3）无机质谱仪

包括无机物的定性、定量及材料的表面分析等，检测绝对灵敏度可达 10^{-13}～10^{-12} 级，对于无机材料中的杂质灵敏度可达 10^{-9} 级[35]。此外，质谱与感应耦合等离子体法（ICP）的联用技术使得元素的检测更加方便有效。

（4）气体分析质谱仪

包括呼气质谱仪和氦质谱检漏仪，可以实现气相间的在线或离线气体成分的定性或定量分析。可应用于化学化工、催化、化学研究、地质分析、同位素分析等多种分析领域。

根据不同质谱仪使用的质量分析器不同，可以将质谱仪分为四极杆质谱仪、离子阱质谱仪、双聚焦质谱仪、傅里叶变换质谱仪等，相关内容在后续章节有具体介绍。

3.4.2 有机质谱仪的结构及工作原理

不带电荷的有机化合物分子电离后形成带电离子，这些离子按质荷比（m/z）由小到大的顺序排列而成的图谱称为有机质谱。具有有机质谱的质谱仪称为有机质谱仪，它是由离子源、质量分析器、检测器和真空系统四部分组成（如图 3-10 所示）。以下介绍有机质谱仪的组成部分及其工作原理。

离子源→质量分析器→检测器→真空系统

图 3-10 质谱仪的基本组成部分

3.4.2.1 离子源

离子源（ion source）是质谱仪最重要的组成部分之一，它的主要作用是将被分析的物质电离成离子，同时将离子汇聚成具有一定能量和一定几何形状的离子束。不同分子在离子化时需要的能量相差较大，因此不同分子应选用不同的电离方法，表 3-2 所列是几种主要的离子源。

表 3-2 几种主要的离子源

类型	原理	优点	缺点	适用范围	参考文献
电子离子源（EI）	由灯丝发出一定能量的电子与样品分子发生碰撞；从而使样品分子电离	稳定，质谱图再现性好，便于计算机检索与对比，分子碎片多，能提供更多分子结构信息	所选样品应易于气化；当样品分子不稳定时，分子离子峰的强度低，甚至不存在分子离子峰	适用于易挥发有机样品的电离	[36]
化学电离源（CI）	化学电离是通过离子-分子反应来完成的一种软电离方式	得到的准离子分子峰强度高，有的样品用 EI 得不到分子离子，而用 CI 后可以得到准分子离子	对所选样品有较大的局限性	适用于受热难分解、挥发性强的样品	[37]
氩原子轰击源	电离室中的氩气放电生成氩离子，又经电荷交换产生高能氩原子流，样品被氩原子轰击生成样品离子	无需气化，离子化能力强，易得到较强的分子离子或准分子离子	重现性较差，对于非极性化合物敏感性低，且基质在低质量区域以下产生的干扰峰较多	适用于极性较大的化合物，如酸性燃料，生物大分子，络合物和热不稳定、不容易挥发的有机物	[35]
电喷雾电离源	样品首先经液相色谱分离后进入离子源，又在雾化气流的作用下转变成小液滴进入强电场区，在其内与逆流的干燥气体相遇蒸发，最后在库仑力作用下使液滴表面达到瑞利极限而破碎离子化	大分子不稳定的化合物，难以在电离过程中发生分解	每一个电喷雾的变量都有一个应用的限制范围	适合于极性强的大分子量有机化合物	[38]
大气压化学电离源	主要反应是喷出的液滴先气化，随后溶剂分子被电离，从而发生化学电离的过程	得到的质谱主要是准分子离子，几乎没有碎片离子的干扰	容易受热裂解，质量低时化学噪声大	适用于极性弱的小分子量化合物	[37]

续表

类型	原理	优点	缺点	适用范围	参考文献
同步辐射真空紫外光源	一种“软电离”技术，通过扫描光子能量测量光电离效率谱，能够区分具有相同质量的不同分子	无碎片离子生成，能量范围广，波长具有可调性，亮度高，兼具普适性与选择性的双重特性	可匹配的质谱种类单一，限制了应用范围，造价太高，不够普适	适用范围广，可同时探测大质量与小质量、极性与非极性的化合物	[39]
基质辅助激光解析电离源	该方法是一种利用一定波长的脉冲式激光进行照射，使得基质分子能有效地吸收激光能量，并间接地传给样品分子，从而得到电离的过程	使一些难于电离的样品电离，且无明显的碎裂	—	适用于生物大分子的测定	[40]

3.4.2.2 质量分析器

质谱仪的核心是质量分析器，不同的质谱具有不同结构的质量分析器。根据质谱仪的原理、功能和指标等因素，将它分为离子阱质量分析器、飞行时间质量分析器、磁式质量分析器、四极杆分析器和傅里叶变换离子回旋共振分析器等。

表 3-3 所列是几种典型的质量分析器。

表 3-3 几种典型的质量分析器

名称	原理	应用	优点	缺点	参考文献
磁式质量分析器	样品在离子源中先形成离子，后被加速电压加速进入磁场，在其内做圆周运动	主要用于同位素测定	结构简单且操作方便	分辨率低，不能满足对有机物质进行分析的需求	[41]
四极杆分析器	其重要组成部分是一个筒形的电极，离子束中的离子进入此电极所包围的空间之后会在此空间内做横向摆动，在电压作用下，只有共振离子可以到达接收器，而其他离子会因为碰撞到电极上，因电极连有真空泵该离子被抽走	主要用于多级串联系统(MSn)	体积小，质量轻，操作方便，扫描速度快，分辨率高，是目前技术发展最完善、最普及的小型质谱仪之一	不能得到全谱质谱，所以不能够实现对物质的定性分析和质谱库检索	[41]
飞行时间质量分析器	在相同的能量下，大质量的离子相对小质量的离子速度慢，因此其到达接收器所用的时间会比小质量的离子长。根据这一原理，可以把不同质量的离子分开	用于气相色谱-质谱（GC-MS）、液相色谱-质谱(LC-MS)和基质辅助激光解吸飞行时间质谱仪	扫描速度快，质量范围宽，不需要磁场和电场	分辨率低	[35]
离子阱质量分析器	根据射频(RF)电压的大小，离子阱就可以捕获某一特定质量范围内的离子并进行储存，当储存到一定数量后，升高 RF 电压，质量最高的离子会先离开离子阱，然后质量比其低的离子依次离开，被接在其后的电子倍增监测器检测	可以用于气相色谱-质谱(GC-MS)，也可以用于液相色谱-质谱(LC-MS)	结构简单，灵敏度较高	由于灵敏度高，当其在检测气相色谱组分时，容易产生饱和而引起失真	[38]

续表

名称	原理	应用	优点	缺点	参考文献
傅里叶变换离子回旋共振分析器	利用离子的共振频率与质荷比具有一一对应的这层关联获得质谱图,图中的横坐标是离子的质荷比	—	不仅分析灵敏度高,而且分辨率极高,并且其能使用所有的离子源,除此之外还拥有多级质谱的功能	对超导磁场和液氦的需求高,使得仪器费用较贵	

3.4.2.3 检测器

检测器有闪烁计数器、法拉第杯（Faraday cup）、照相底片、电子倍增器、微通道板等[35]，其中最常用的为电子倍增器。电子倍增器的种类繁多，其主要是阴极表面被一定量的离子束轰击产生二次电子，在电场的作用下电子依次打击下一电极，随之自身被放大。电子通过电子倍增器的时间很短，利用电子倍增器，可以灵敏、快速地实现样品测定，但是长期暴露在空气中的电子倍增器由于表面污染而导致增益下降，应注意及时清洁。

3.4.2.4 真空系统

为了保持质谱仪的正常运行，使用质谱仪时，必须保证其运行环境是高度真空。当真空度很低时，过量的氧气会将离子源的灯丝烧坏，还会引发其他的离子-分子反应，一般要求质量分析器的真空度位于 $10^{-6}\sim10^{-5}$Pa[37]。真空系统的一般组成是分子泵和机械泵，在机械泵预抽真空之后，再用分子泵抽高真空。旋转式油封泵是最常用的机械泵，为了达到抽气的目的，它使工作室的容积有规律地增大或减少。由于使用机械泵能达到的最高真空度为 10^{-1}Pa，不符合使用的需求，所以要想达到更高的真空度需要分子泵。分子泵在密封系统中可达到 10^{-5}Pa 的真空度。

3.4.3 气相色谱-质谱联用仪（GC-MS）

气相色谱-质谱法（GC-MS）是一种结合气相色谱和质谱特征的、对待检测的混合物样品进行定性分析的方式方法，原理如图 3-11 所示。用单独的气相色谱仪或质谱仪仅能得到被测物质的二维信息，但是 GC-MC 可以实现对强度、时间和物质的质荷比的三维信息的存储，较大程度地提升了对被测物质的定性分析以及定量分析的能力[41]。GC-MS 的应用包括环境科学、食品科学、生物化学和化学工程等许多方向。

3.4.3.1 气相色谱-质谱的组成

GS-MS 联用系统如图 3-12 所示（以开管柱色谱-质谱联用系统为例），它主要由气相色谱仪、接口装置、质谱仪及控制系统组成。

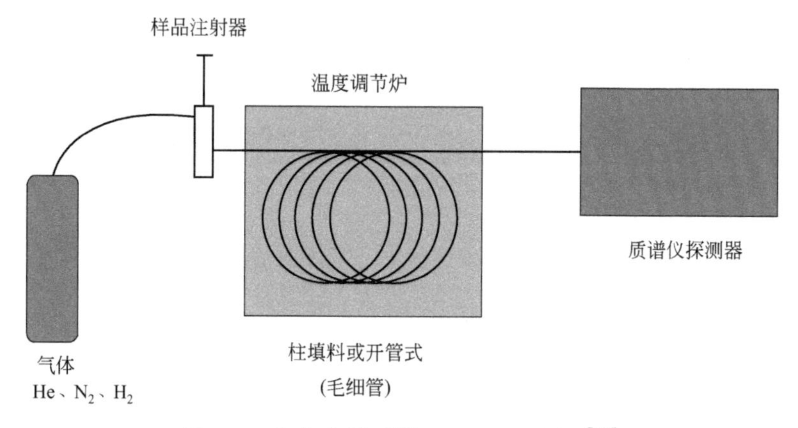

图 3-11 气相色谱-质谱（GC-MS）原理[42]

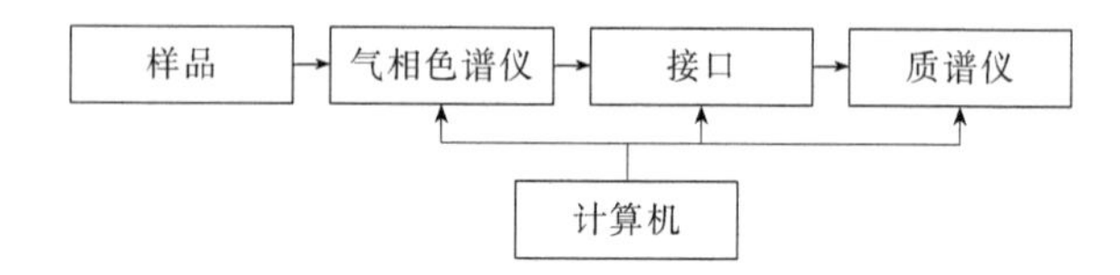

图 3-12 气相色谱-质谱（GC-MS）的基本组成示意[42]

3.4.3.2 气相色谱-质谱的进样方式和离子化方式

（1）进样方式

① 宽口径接口（WBI 进样口，即 wide-bore injection port）。宽口径接口亦称大体积进样接口，可通过冷柱上进样口或程序升温进样口实现，大大提高了灵敏度。

② 毛细柱分流/无分流进样口。该进样口是气相色谱（GC）中最常用的，既可用于分流模式，又可用于不分流模式，能满足绝大多数分析的要求。

③ 冷柱头进样口。其进样口是直接将液体样品导入毛细管柱的进样形式。在这种情况下，应将进样口和柱箱冷却，使温度不高于所用溶剂沸点。样品进入冷柱头进样口没有立即气化，这可以降低样品变化。

④ 程序升温进样口（PTV 进样口，即 programmable temperature vaporizing injection port）。PTV 进样口拥有分流进样口、柱头进样口以及不分流进样口三者的优点。

（2）离子化方式

1）电子轰击离子化（electron impact ionization，EI）方法

电子轰击离子化离子源是最经常使用的离子源，工作原理是有机分子被 70eV 的电子轰击后，分子的一个外层电子将会脱离，分子变成一个带正电荷的分子离子（M^+），正离子会进一步碎裂，并在附加电场的作用下被加速聚集，进入质量分析器分析。该方法形成的图谱能提供较多信息，对化合物的鉴别和结构解析十分有利，但不适用于热不稳定和高分子化合物。

2）化学离子化（chemical ionization，CI）方法

CI 法通过在离子源中发生的化学反应使被测物分子转化为离子。该过程的能量交换不强，因此不易发生化学键断裂。

(3) 气相色谱-质谱的主要信息

1) 总离子色谱图

总离子色谱图（total ion chromatogram，TIC）是通过总离子流检测器获得的，是以时间为横坐标、质荷比离子的强度为纵坐标所得到的图，其中这些离子没有经过质量分离，反映了它们的总强度。在离子源之后放置总离子流检测器，总离子流检测器之后是质谱仪的质量分析器。总离子流的强度会随着 GC 柱流出的组分进入离子源而增加，会检测到组分峰，当没有组分流出时只能检测到本底。因此，TIC 与气相色谱图类似，可以存储时间信息，其峰高或峰面积可作为不变量。

质量分析器在此时开始扫描，可将不同质荷比的离子流分开，可以获得质谱图。如果在色谱流出的时间内按一定时间间隔进行质量扫描，可获得总离子流的三维图像。由图 3-13 可见，将沿质荷比方向（x 轴）即同一色谱流出时间的离子流强度（丰度）信号叠加，就可获得平面的总离子流色谱图。

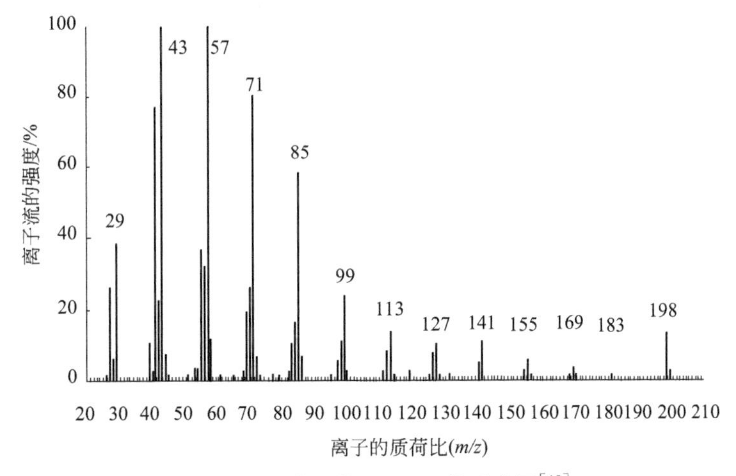

图 3-13　正十四烷 $C_{14}H_{30}$ 的质谱图[43]

2) 质谱图

质谱图是指有机化合物的带正电荷母离子和碎片离子的质荷比（m/z）与其相对强度的示意图，如图 3-13 所示。基峰为图中信号最强的峰，并且在一般情况下将基峰的强度定义为 100%并将其作为基准，从而确定其他峰的相对强度。通常研究单电荷离子，因此与各峰相互对应的离子质量就是峰的相应质荷比。

3) 质量色谱图

在色谱柱流出期间自动重复扫描质谱能够得到很多张质谱图，如果把这些质谱图中某一质荷比的离子强度以扫描时间为横坐标作图，就能够获取它的质量色谱图。它可从总离子流的三维图像以某一特定的质荷比为断面截得。

当色谱不能很好地分离样品时，可以利用质量色谱图对未分离的峰进行分析；由于异构体对应的质谱峰强度存在差异，可通过质量色谱图分析物质的同分异构体。

4) 库检索

质谱数据库收集的质谱是采用正常电子轰击（EI，70eV）电离方式，在一定条件下获得的纯化合物的一些相关信息和质谱图。数据库中的谱图被习惯性地称为“标准谱图”和“参考谱图”。在GC-MS联用数据检索中，较通常使用的是NIST检索系统，此外还有NBS谱库、Willey/NB5谱库等。

3.4.4 液相色谱-质谱联用仪（LC-MS）

约20%的已知挥发性有机物可适用于气相色谱分析，而这些化合物大部分适于高效液相色谱分析[44]。如今LC-MS已成为生物、医药、化工、农业和环境等各个领域的常规分离分析方法之一。LC-MS是将液相色谱分离方法与质谱法联用的一种现代分析技术，主要应用于样品定性定量分析。其工作原理为：液相色谱将样品分离成不同的组分，这些组分进入质谱检测器后会被离子源电离成不同的离子。由于它们在电磁场中的运动轨迹不同，质量分析器会按照离子的质荷比（m/z）将其分开，可以获得以质荷比的大小依次排列的质谱图。通过分析质谱图，得到样品的定量结果和定性结果。

3.4.4.1 液相色谱-质谱接口装置

接口能够实现试样分子的电离和溶液的气化，因此一直作为LC-MS串联的重要组成。设计接口的过程中，必须把是否能长期使用、是否能有效地防止污染以及离子化效率的高低考虑在内。API和质谱的接口有几种常用的形式，例如Z字形通道离子束引进系统，它是新近LC-MS仪器常用的接口形式，能够有效地避免某些物质进入采样孔，这些物质一般是非挥发性和中性的，因此可有效地防止接口被玷污。

3.4.4.2 LC-MS联用仪得到的信息

联用仪不仅能得到色谱数据，如峰面积、峰保留时间和峰高，还可以通过MS检测器得到某些质谱信息，相关特点如下。

① 质谱是通用检测器，可以检测含有荧光基团的化合物。

② 质谱灵敏度很高，用选择离子时可一次完成定量定性分析。

③ 提高鉴别化合物的可信度；可准确分析色谱峰的纯度；确定分子量。

④ 热不稳定、亲水性强及生物蛋白化合物不适合用GC-MS分析，但可以用质谱分析。

⑤ 可以线上分析，缩短工作周期，而且不用收集色谱组分，减少样品损失。

⑥ 适用范围广，可用于正相、反相、离子对以及手性色谱。

⑦ 可提供详细的化合物结构信息，采用多极质谱以及碰撞诱导解离（CID）等技术。

3.4.4.3 串联质谱法

（1）质谱仪的主要串联方式

空间串联质谱仪的串接实质是质量分析器的串接，由不同类型的两台或两台以上质量分析器进行串接，不同的质量分析器起着不同的功能。最简单的串联质谱可由两个质量分析器串联构成：第一个质量分析器（MS1）的作用是分离离子或将离子加能量修饰；第二个质量分析器（MS2）的作用是分析检测结果。

几种典型的串联质谱如下：

① 三极杆四极杆质谱（QQQ）。

② 四极杆-飞行时间质谱（Q-TOF）。

③ 四极杆-线性离子阱串联质谱（QTRAP）。

④ 串联飞行质谱（TOF-TOF）。

⑤ 四极杆-傅里叶变换离子回旋共振串联质谱（Q-FTICR）。

⑥ 线性离子阱-傅里叶变换静电场轨道阱串联质谱（LTQ-Orbitrap）。

⑦ 离子阱-飞行时间质谱（IT-TOF）。

⑧ 线性离子阱-傅里叶变换离子回旋共振串联质谱（LTQ-FTICR）。

（2）碰撞活化分解

当离子源使用软电离技术时，质谱主要是准分子离子峰，碎片离子较少，并且不具有明显的结构信息。因此串联质谱中为了获得更多的信息，经常使用碰撞活化分解（collision activated dissociation，CAD）技术将准分子离子进一步破碎，使其产生一定的碎片离子，然后再去测定。

碰撞诱导分解（collision induced dissociation，CID）是它的另一个名称，它的工作原理是在碰撞室内带有能量的离子撞击惰性气体原子或分子。要达到离子与惰性气体碰撞碎裂的目的，务必使其拥有特定量的动能。于四极杆而言，离子加速电压应低于100V。而对于磁式质谱仪，加速电压可以超过1000V，低于100V是低能CID，高于1000V是高能CAD。二者得到的离子谱是有差别的。

3.4.5 其他类型的质谱仪

3.4.5.1 基质辅助激光解吸飞行时间质谱仪

基质辅助激光解吸飞行时间质谱仪（matrix assisted laser desorption ionization time of flight mass spectrometry，MALDI-TOF/MS）是一种新型软电离有机质谱仪。它是利用基质和样品之间形成的共结晶薄膜被激光照射时样品与基质会发生电荷转移，从而实现样品分子电离。在电场的作用下，电离后的样品离子通过飞行管道的飞行时间与离子的质荷比成正比，所以可以通过离子到达检测器的飞行时间来检测离子。

MALDI-TOF/MS的优点：操作简便、灵敏度高、分辨率高、图谱简明等，在处理待检生物样品时可以大规模、微量化、高度自动化、并行化操作，多适用于对合成高聚物和生物大分子的测定。

3.4.5.2 傅里叶变换质谱仪

傅里叶变换质谱法（fourier transform mass spectrometry，FTMS）是离子回旋共振波谱法（ion cyclotron resonance spectrometry，ICR）与现代计算机技术相结合的产物。在均匀磁场中的离子会做回旋运动，离子电荷和离子质量及磁场强度会影响离子运动的速率、半径、回旋频率和能量。当离子通过一个空间均匀的射频场（激发电场）时，若射频场频率等于离子的回旋频率并产生共振时，离子会被同相位加速到一个更大的运动半径下做回旋运动，产生的电流信号可被检测器接收。因为FTMS的射频场频率范围包括了待测样品的质量范围，所以样品离子会同时被激发，经傅里叶变换的电信号最终形成相应的质谱图。

3.4.6 质谱技术的应用

现阶段有机废物热解产物在线监测技术主要有分子束质谱（MBMS）、热重分析、光学显微镜（LM）、核磁共振、气相色谱（GC）、傅里叶变换红外光谱（FTIR）、热重分析质谱（TG-MS）、飞行时间质谱（TOF-MS）和透射电子显微镜（TEM）等技术[45]，实时监测和分析主要集中在固体产物（生物炭和灰尘）和气体产物（热解气）[46]。生物质热解产物的实时监测主要集中在固体产物的表面官能团、表面形态以及气体产物的组分等性质的监测。但是，如今国内对热解产物的监测和分析通常采用质谱分析、液相色谱、热重分析、气相色谱等方法，或对热解产物产生损伤的分析方法，大部分不是实时的[47,48]。

MBMS 可以实现气相提质和对生物质热解产物进行实时分析（图 3-14），而且在提质和热解时生成的复杂物质可以通过质谱分析提供的通用检测方法进行测量。在高温且布满杂质的环境下，瞬态的催化剂行为、失活状态以及分子束能够在高于 1s 的分辨率下直接被监测[48]。

而飞行时间质谱技术（TOF-MS）可以实现对各种各样的瞬时状态快速实时地监控。飞行时间质谱技术没有移动部件，仅需要加直流电源使加速度网格偏置，也不需要扫描电场或狭缝来限制吞吐量；相比四极杆质谱仪其具有更高的分辨率，并且更大分子量（超过200000Da）的离子能更有效地被测量；TOF-MS 设备相对简单，坚固耐用，并且价格便宜[49]。热解分子束质谱技术（Py-MBMS）是一种可以得到全部生物质组分以及分子结构信息的联用质谱技术[35]。

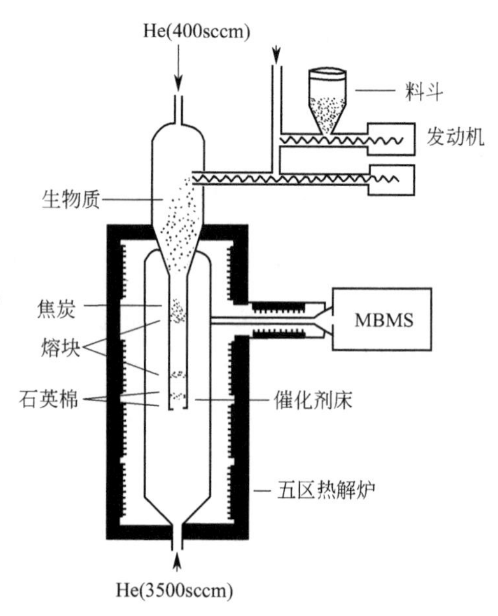

图 3-14 生物质热解气相提质的微反应器-分子束质谱（MBMS）系统[48]
Sccm—标准毫升每分钟

在实际应用中，气相色谱技术是利用热解产物的极性或沸点的不同以及各物质的停留时间的长短不同来对各物质进行定性的，但是单独的色谱比与质谱结合的色谱探测的物质的分子量小，而且只能检测到一部分热解产物[47]，所以需要协同其他技术进行热解产物的检测，如高效液相色谱（HPLC）或者凝胶渗透色谱（GPC）。例如，使用气相色谱不能检测到大多数生物油中的低聚结构，而通过 HPLC 和电喷雾质谱（HPLC/ES-MS）可以提供一些分离物和分子量的测定信息。气相色谱仪需要和探测器一起使用，才可以实现对生物质热解产物的在线监测。

3.4.6.1 热重质谱联用技术（TG-MS）

热重-质谱联用技术（TG-MS）有两个特点：第一，能够不间断地测定受热物质的热量和质量变化；第二，能够实现在线实时监测产生的气体的组分。在线监测热解过程的化学转化，对分析会造成环境污染的气体的生成机理有一定的帮助[50]。陈文怡等[50]采用 TG-MS 技术研究了以厨余垃圾（香蕉皮）为代表的热解过程和热解气体种类，如图 3-15 所示（图中 M 为质荷比），结果表明骨头类的厨余垃圾的热解过程分为两个阶段，脱水引起的微小失重阶段是第一阶段，纤维素等大分子交联缩聚的快速热解阶段是第二阶段。MS 分析检测到质荷比为 16、18、44、46 的正离子质谱峰，因此推测它们的逸出气体主要是 H_2O、CO_2、C_3H_6、NO_2、Cl、HCl 等。

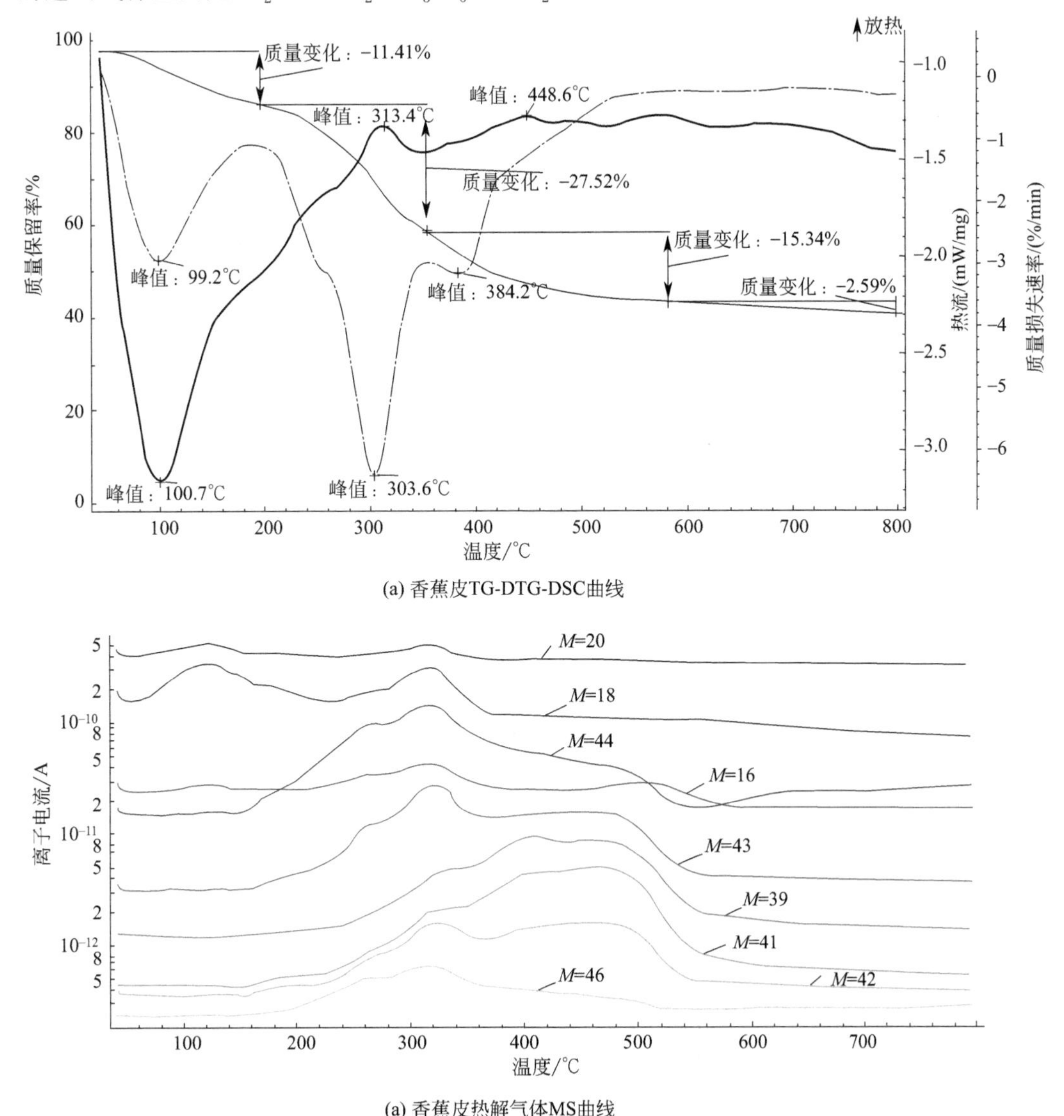

图 3-15　香蕉皮热解的 TG-DTG-DSC 及 MS 曲线[50]

Santos 等[51]利用 TG-MS 技术将布里蒂种子和巴西棕榈种子热解过程分为三个阶段。第一阶段从室温开始，布里蒂种子和巴西棕榈种子最高失重温度分别为 128℃［图 3-16(a)］和 104℃［图 3-16(b)］。在此温度范围内，布里蒂种子和巴西棕榈种子样品的质量损失分别为 6.29%和 5.22%，主要是因为生物质样品中存在的水分和挥发性化合物的损失。第二阶段显示，布里蒂种子样品最高失重温度为 150～400℃，巴西棕榈种子样品为191～388℃，在此温度范围两种种子的质量损失分别为55.91%和60.57%，此时质量损失原因主要是半纤维素和纤维素的分解。第三阶段，在高于400℃的温度下，两种生物质主要涉及木质素的分解。这种更具抗性的聚合物具有160～900℃的广泛降解范围，这通常与生物炭的形成有关。

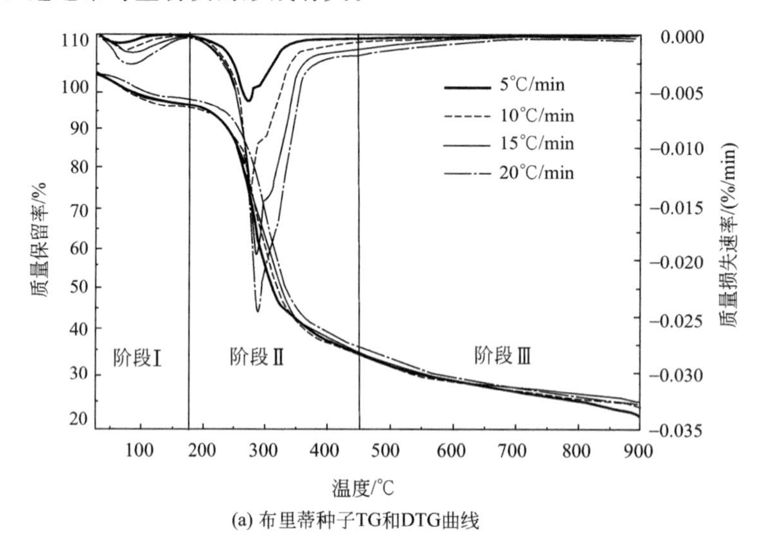

(a) 布里蒂种子TG和DTG曲线

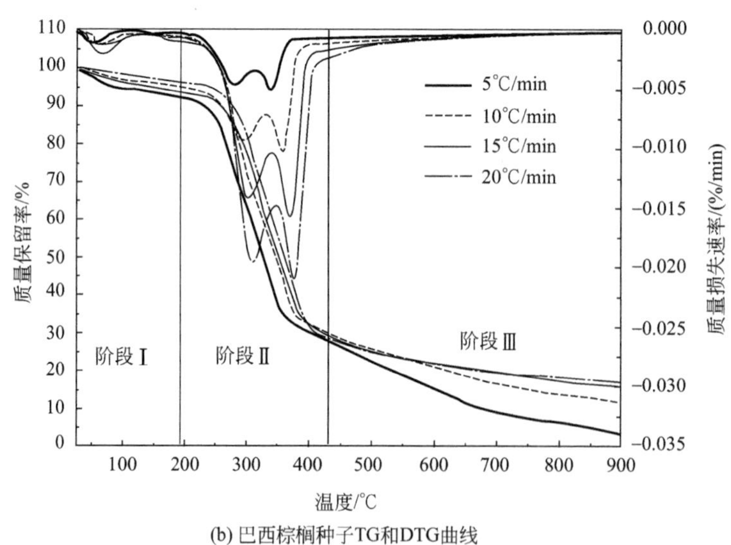

(b) 巴西棕榈种子TG和DTG曲线

图3-16　两种生物质TG/DTG曲线[51]

如图3-17所示的质谱分析表明，两种生物质的m/z比均为18、28和44的离子碎片强度较大，这可能与气态产物H_2O、CO、C_2H_6和CO_2有关。气体的演化与TG/DTG曲线的区域一致，在200～400℃的温度范围内出现峰值，是热解的活跃区，失重较大。强度较低的其他气体为C_2H_2（$m/z=26$）、C_2H_4（$m/z=28$）、C_2H_6（$m/z=30$）、CH_2O_2（$m/z=46$）、C_4H_6（$m/z=53$）和C_4H_{10}（$m/z=57$），是由饱和脂肪和不饱和烃类化合物的降解产生的。$m/z=55$和$m/z=60$的气体也被释放出来，这主要与丙炔醇和丙醇的存在有关。$m/z=74$和$m/z=86$的气体来自纤维素脱挥发产物，其中含有较高分子量的含氧化合物或甲酯、乙酸乙酯碎片。

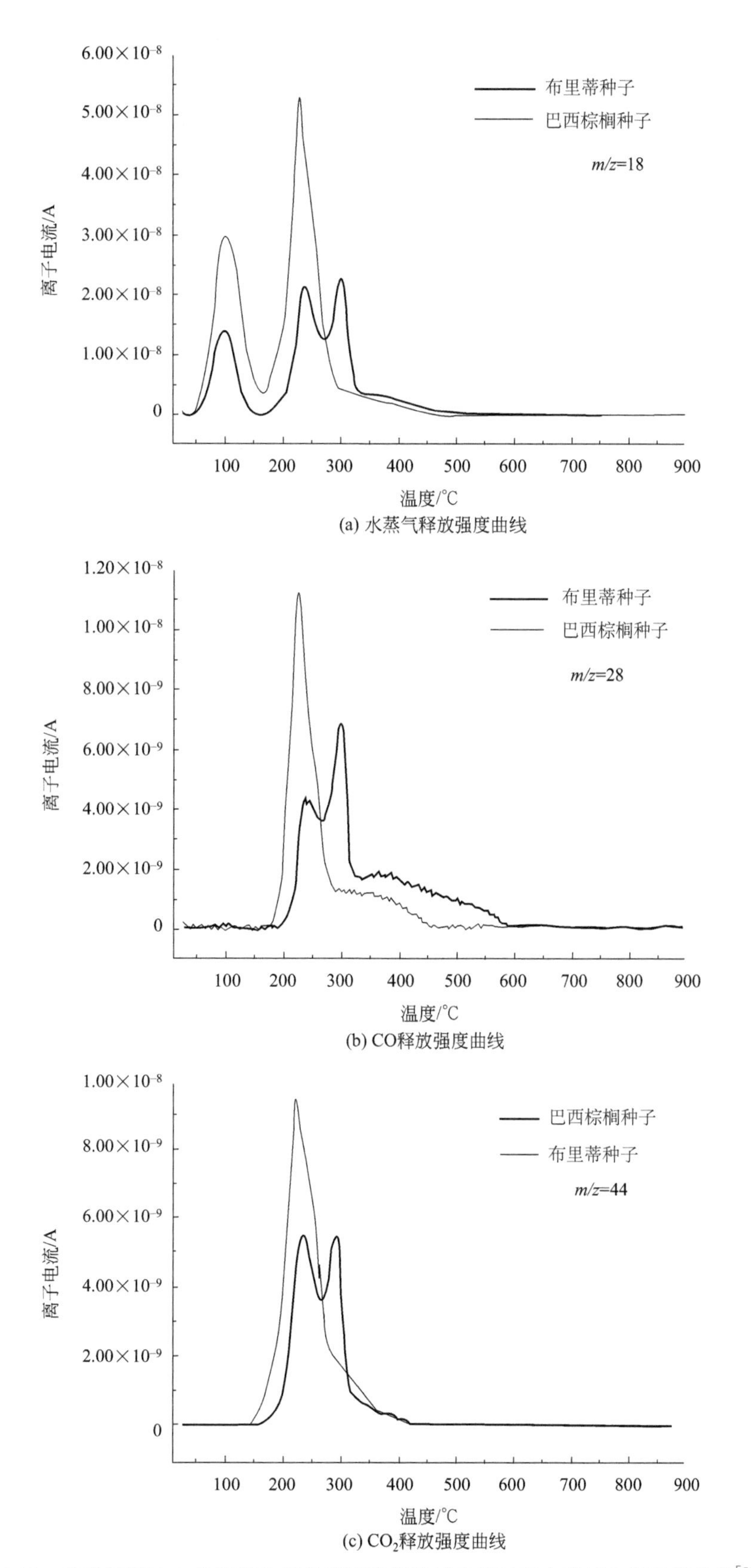

(a) 水蒸气释放强度曲线

(b) CO释放强度曲线

(c) CO_2释放强度曲线

图 3-17 热重质谱法中布里蒂种子和巴西棕榈种子热解过程中离子电流强度变化[51]

20 世纪 90 年代研究者在研究物质热解过程中气体产物析出过程时开始采用热重分析仪和质谱仪耦合联用技术，同时用此技术对质量和能量的变化进行实时监测。热重质谱法（TG-MS）具有数据记录准确、同时在线分析质量损失和产品演化等特点。Gao 等采用热重质谱法（TG-MS）测定了 5 种油棕的生物量，如图 3-18 所示。MS 结果表

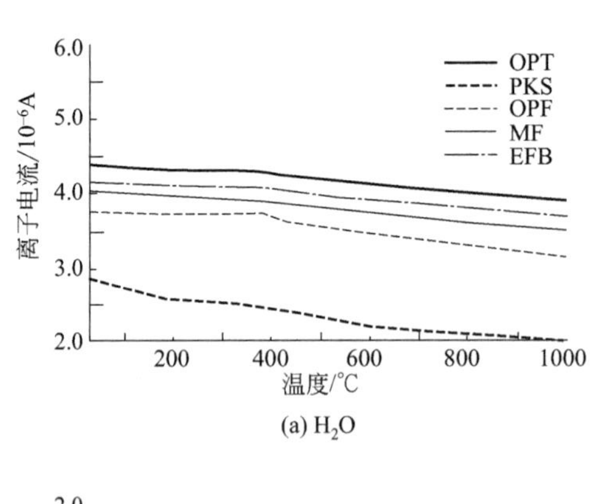

(a) H_2O

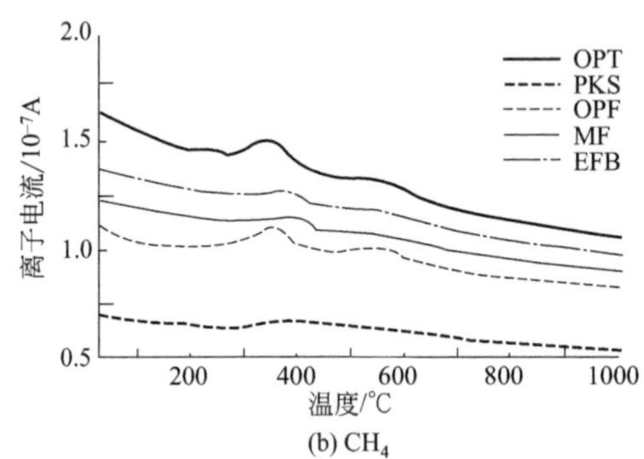

(b) CH_4

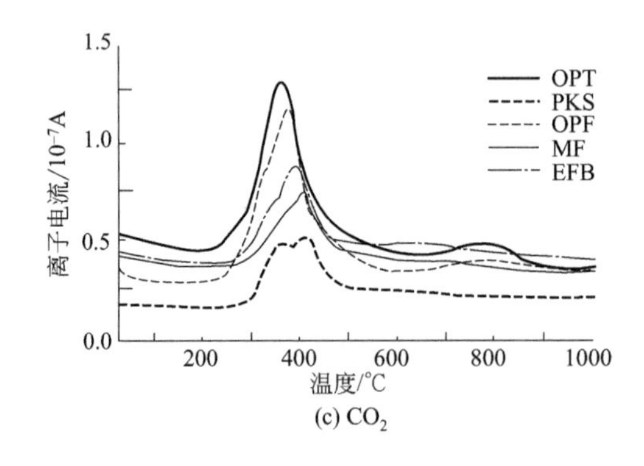

(c) CO_2

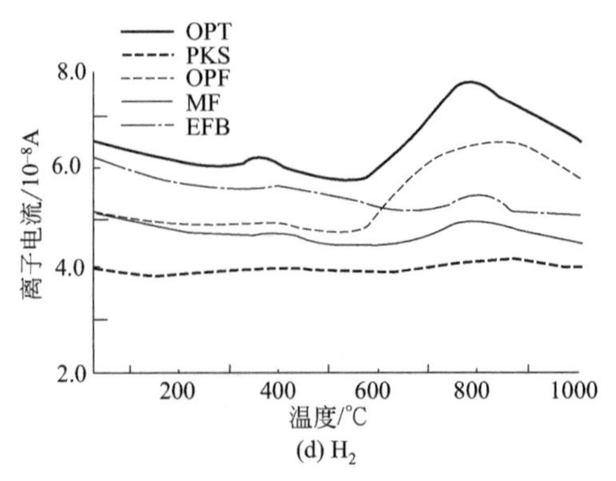

(d) H_2

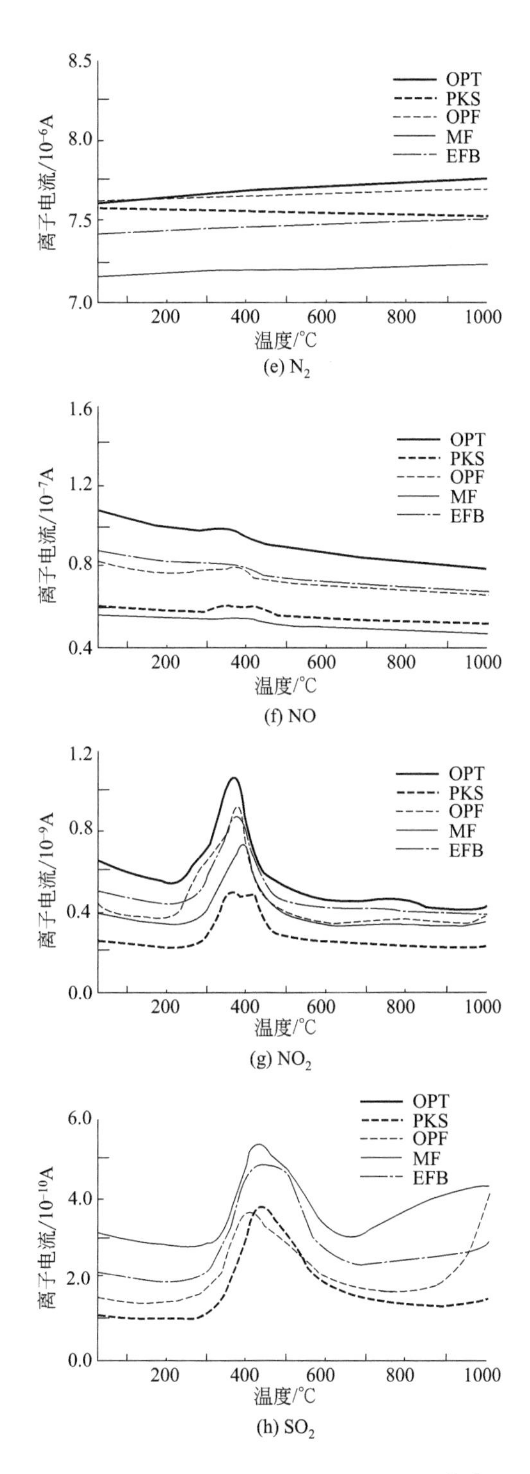

图 3-18 油棕生物质热解气产物的质谱[52]

明，大多数气体在 250～600℃温度范围内析出，主要来自热解下的 CH_4 和 H_2O，除这些主要气体外还有少量的 NO、NO_2 和 SO_2 产生。基于 TG-MS 结果还确定了每种生物质的最佳潜在应用，建议 OPF（油棕榈叶）用于气化和发酵，PKS（棕榈仁壳）用于生物炭生产和燃烧，MF（中果皮纤维）用于生物油生产、燃烧、生物炭生产，EFB（空果串）用于生物油和生物炭生产。

利用 TG-MS 联用技术研究稻壳的热解气体释放特性。如图 3-19 所示的稻壳的质谱图，在温度大于 200℃才开始有气体释放，主要气体的失重在 250～350℃温度范围内。在所有逸出气体中 CO 气体占主导地位，这是由半纤维素的不稳定羰基产生的。CO_2 只有 1 个析出峰，这说明 CO_2 主要来自于一次裂解反应，主要是由于稻壳的半纤维素中含有较丰富的糖醛酸侧链，热解时释放大量的 CO_2。半纤维素的热解温度也主要集中在 217～390℃温度范围内。CH_4 在 200～400℃之间有 1 个逸出峰，主要是由于木质素的裂解。从稻壳的元素分析可知，稻壳的 S 元素含量极低，只有 0.14%，所以逸出的气体中检测到的 H_2S 和 SO_2 极少。

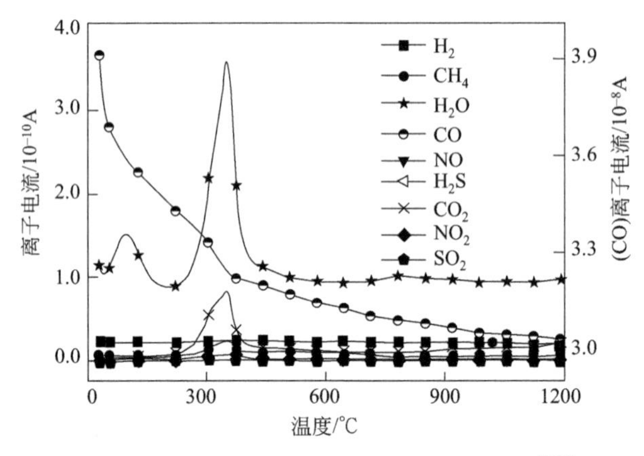

图 3-19　稻壳单独热解时的逸出气体质谱图[53]

3.4.6.2 热重-红外-质谱技术（TG-FTIR-MS）

利用热重-红外-质谱技术可测量废煤渣热解产物。热分析与其他气体产物检测已相当普遍，主要有 TG-MS、TG-FTIR-MS、TG-MS-MS、TG-GC、TG-GC-MS 等。TG-GC-FTIR 和 TG-GC-MS 联用只适用于那些不发生反应的、具有热稳定性和挥发性的碎片，且都不能对逸出的气体进行连续分析[54]。一般在煤热解 PAHs 等复杂产物检测上会用到 GC-MS，GC-MS 可独立使用，离线检测组分，也能和热重仪结合使用，还有一些学者用于对燃煤过程中产生的含硫气体的 TG-GC-MS 在线检测[55]。四极杆质谱仪 MS 也常与 TG 联用，且其灵敏度比 FTIR 高，MS 检测到的是一个独立的化合物或一种离子碎片，能检测到一些分子量较大的气相产物。

TG-FTIR-MS 技术将热解的逸出气体导入至 FTIR 和 MS 设备，通过分析热解气体的红外光谱特征和逸出规律可以了解热解各阶段产生的气态产物的类型的分布，以便更深入地认识样品的热解特性。图 3-20 所示为对制革污泥在氮气气氛中热解产生的逸出气体进行实时监测得到的 3D-FTIR 光谱图。

3.4.6.3 气相色谱-质谱联用技术（GC-MS）

气相色谱-质谱联用技术集聚色谱和质谱的优势，既可以实现快速检测，具备较强的定性能力，又可以拥有高的灵敏度和分离能力[38,41]。在 900℃温度下，GC-MS 与热裂解仪联用，能够实现对城市有机固废热解产生的物质的主要热解组分和分子量的定性

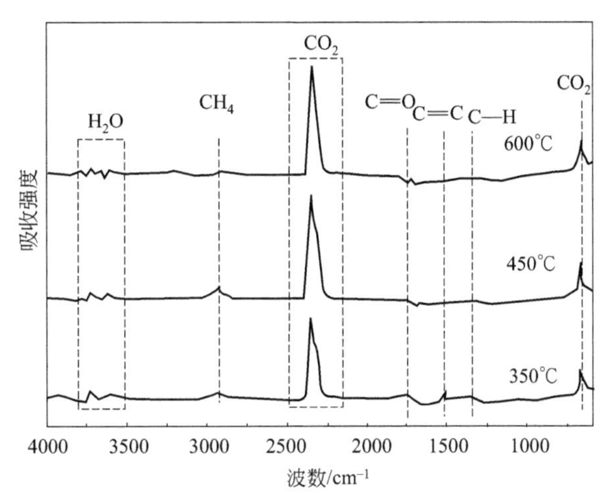

图 3-20 制革污泥在氮气气氛中热解产生的逸出气体的 3D-FTIR 光谱图[56]

分析。以厨余垃圾热解为例，900℃下厨余垃圾的热解产物种类繁多，主要包括烷酯类、酸类、烃类、烯烃类和酚等，具体的热解产物及分子量如表 3-4 所列[57]。通过对有机固废的热解产物进行 GC-MS 分析，对其热解机理的研究有帮助，有效地推动了城市垃圾的资源化利用。

表 3-4 900℃下厨余垃圾的热解产物[57]

热解产物	分子式	分子量
2-呋喃甲醛	$C_5H_4O_2$	96.08
β-D-吡喃葡萄糖	$C_6H_{12}O_6$	180.16
肉豆蔻酸	$C_{14}H_{28}O_2$	228.37
十五烷酸	$C_{15}H_{30}O_2$	242.22
邻苯二甲酸	$C_8H_6O_4$	166.13
十六碳烯酸	$C_{16}H_{30}O_2$	254.41
正十六烷酸	$C_{16}H_{32}O_2$	256.42
6-十八碳烯酸	$C_{18}H_{34}O_2$	282.46
十八烷酸	$C_{18}H_{36}O_2$	284.48
新植二烯	$C_{20}H_{38}$	278.52
十八烷	$C_{18}H_{38}$	254.30
二十三烷	$C_{23}H_{48}$	324.63
十八烷基乙烯基醚	$C_{20}H_{40}O$	296.53
21-二十二碳二烯	$C_{22}H_{42}$	306.57
十九烯	$C_{19}H_{38}$	266.51

焦油组分的定性分析方法主要是基于傅里叶变换红外光谱（FTIR)、液相色谱(LC)、气相色谱-质谱联用、分子束质谱（MBMS）等技术的结合[58,59]。美国 NREL 采用一种分子束质谱（MBMS）对焦油进行定性分析，将焦油组分按照初级、二级和三级焦油组分进行划分分析，可检测较宽的产物。Philip 等[60] 采用一种 GPC-GC 方法分析了某些废物裂解焦油和氢化产品，此法可以同时满足对焦油物质快速分析和组成变化实时监测的需求。采用 GC-MS 技术可对生物燃油进行定性和定量分析。

在一些生物质（如生物质焦油）的化学性质研究中，一般先对样品进行前处理，再运用 GC-MS 法分析[61]，前处理容易对实验结果产生一定的影响。采用样品不需经过前处理的 Py-GC-MS 分析生物质焦油，可以消除操作误差，使结果更为精确。Py-GC-MS 联用技术能够在线分析生物质（如稻壳[62]）催化裂解的液态产物，对其组成成分和含量进行定性和定量分析。因其具有样品用量少、预处理简单、可实现在线分析、分析速度快等优势，是一种值得推广的产物分析手段。国内学者运用 Py-GC-MS 对纤维素、木聚糖（半纤维素的模化物）和木质素生物质组分间在热解过程中的相互影响进行了研究[63,64]。

由图 3-21（书后另见彩图）可知，纤维素和木聚糖的热解产物种类相似，但纤维素主要的热解产物是糖类，而木聚糖主要的热解产物则是醛类和酸类。糠醛是木糖醇热解的特殊产物，而酮类（呋喃酮、羟基丙酮和丁烯酮）则是纤维素与木聚糖相同的热解产物。从图中还观察到纤维素能够促进木聚糖热解产物中醛类与酸类（主要是糠醛与乙酸）的生成。从图 3-22 可以看出纤维素的热稳定性强于木聚糖。

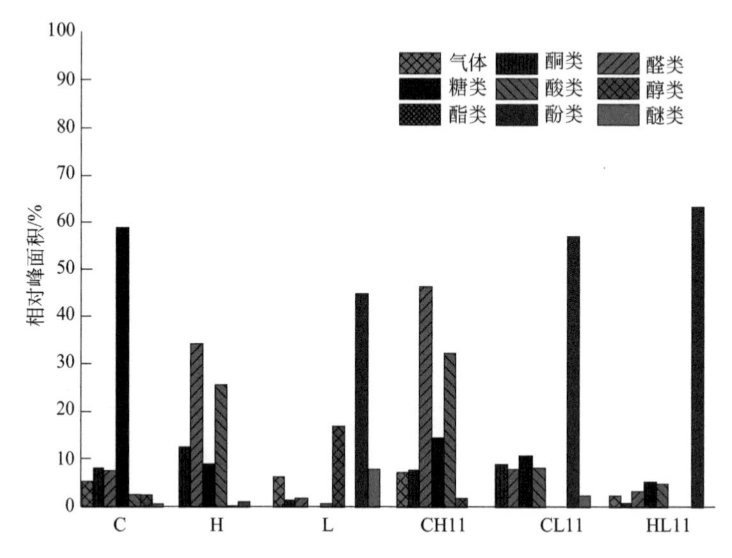

图 3-21　各组分在典型工况下热解的产物分布[64]

C—纤维素；H—木聚糖；L—木质素；CH11—纤维素与木聚糖 1∶1 混合；CL11—纤维素与木质素 1∶1 混合；HL11—木聚糖与木质素 1∶1 混合

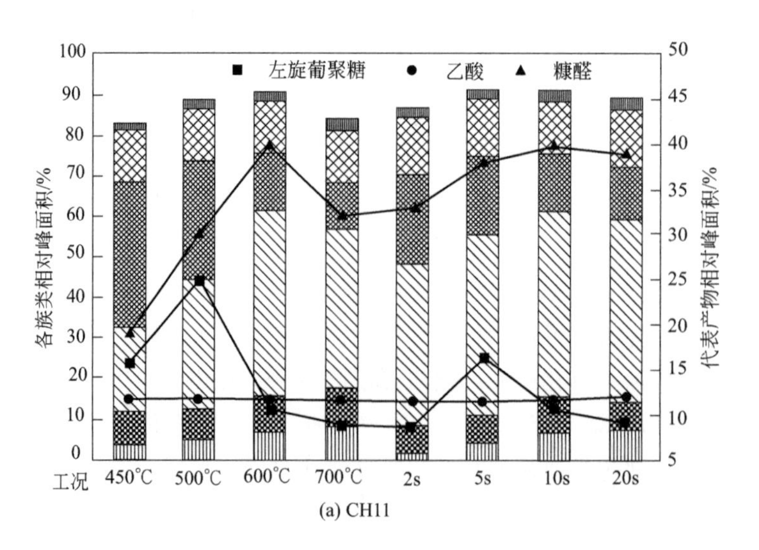

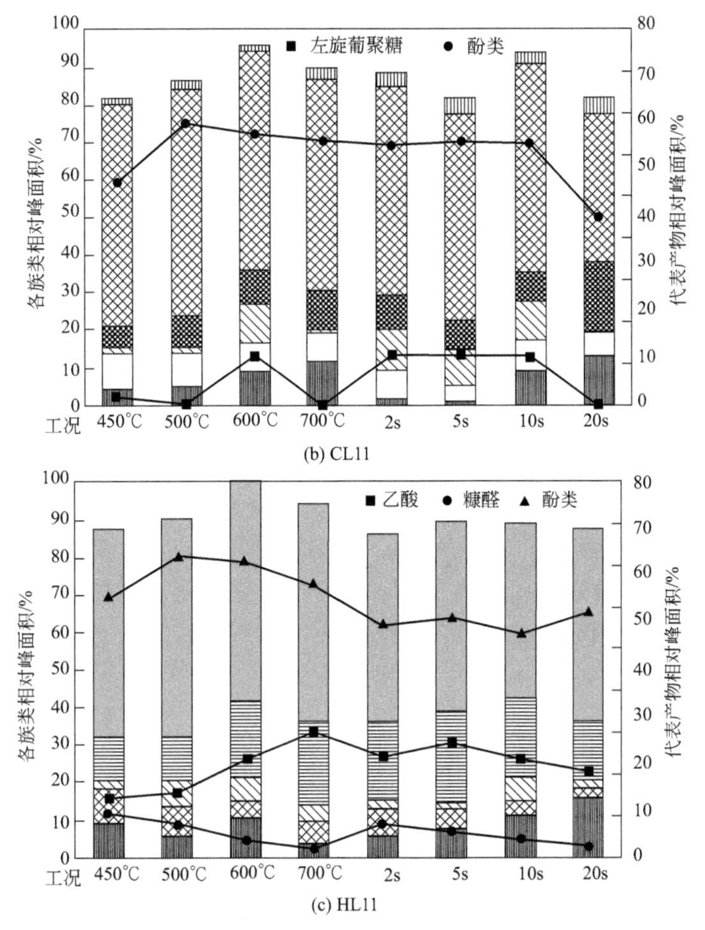

图 3-22 CH11、CL11、HL11 在不同工况下快速热解的产物分布[64]

综上，该节主要介绍了不同的质谱技术在有机废物方面的应用，主要内容为：GC-MS 在鉴定热解产物的分子式和分子量中的应用；液相-GC-MS 联用系统在生活垃圾热解焦油成分分析中的应用，该系统对其成分含量做出定性定量分析；TG-MS 技术在探究厨余垃圾和生物质热解过程以及主要气态产物种类中的应用；热重-红外-质谱技术在残煤热解过程中的应用，主要为热解产物的鉴定、定性和定量分析；热重-质谱（TG-MS）在分析木薯渣、玉米芯、花生壳、稻秆、稻壳和稻草等的热解特性以及整个过程的气态产物中的应用；同步辐射真空紫外光电离质谱结合其他质谱技术中的应用。近年来，随着质谱技术的快速发展，基于放电灯的真空紫外光电离质谱、液相色谱-质谱联用技术和固体热解/同步辐射真空紫外光电离质谱等新技术已被大量运用，但是无论何种质谱技术都具有自己的缺点，根据质谱仪的结构特点合理地进行联用，最大化地发挥质谱仪器的优势，乃是我们现在甚至未来一直要前进的方向。

3.4.6.4 同步辐射/放电灯光电离质谱技术

光电离质谱技术具有质量分辨率高、灵敏度高、易于解析、应用范围广、适应性强的特点，因而在一定意义上可以通过发展这种软电离技术推动质谱技术的应用和发展。目前，电子轰击电离源、激光光电离、真空紫外放电灯电离源和同步辐射真空紫外光电离源是国内外主要使用的光电离源。以下简单介绍几种应用较广的光电离质谱技术。

（1）固体热解-同步辐射真空紫外光电离质谱

目前生物质热解是国内外学术研究的热门课题之一，常规的商用质谱仪难以准确地完成热解产物的全面鉴定和测量。主要原因是常用的商用质谱仪虽然具有超高的灵敏度和分辨率，但其常用的70eV的电子轰击电离源容易产生大量的碎片离子峰，破坏物质结构，分析结果会受到碎片峰的强烈干扰，很难精确识别[65-68]。

真空紫外光电离质谱技术弥补了常规质谱技术的多数不足，适用于热解等动态反应体系的研究，可应用于煤及多种生物质气态热解产物的实时在线分析。该方法降低了分析的难度，可以完成热解物种的全面鉴定与测量，特别是自由基、同分异构体和PAHs等各种中间体[34,66]，在获得全面信息的同时还能很大程度上提高分析结果的准确性。低压生物质热解装置示意如图3-23所示。图3-23中，Ⅰ、Ⅱ分别是热解腔体和光电离腔体；Q_0、Q_1和Q_2分别是用于离子导入、离子选择和离子碰撞的四极杆，右边部分为反射式飞行时间质谱仪。

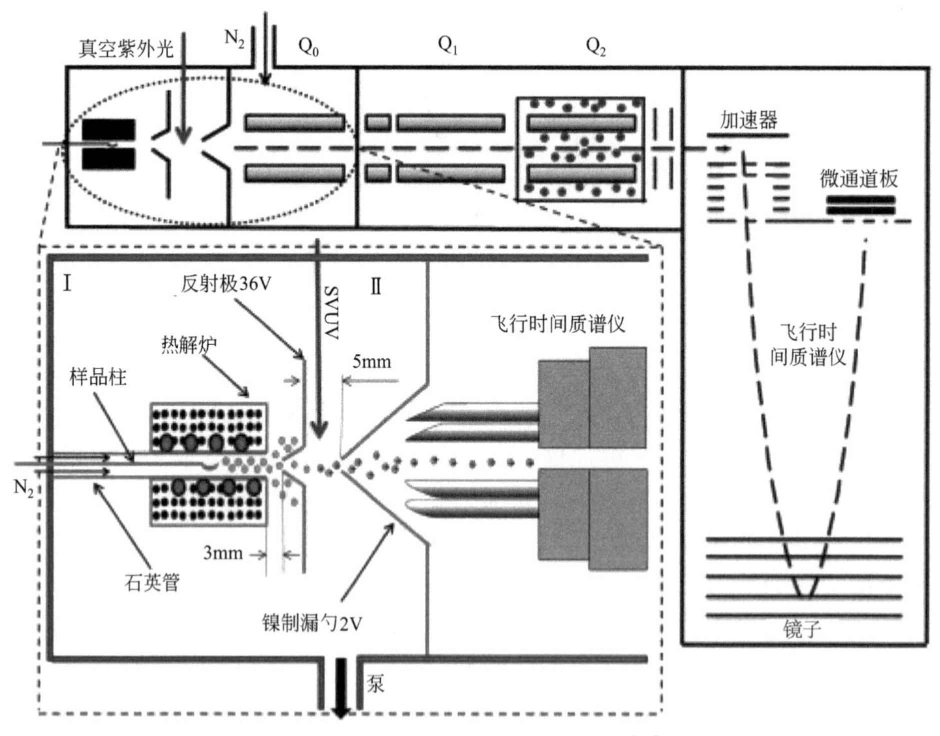

图3-23 低压生物质热解装置示意[34]

陈夏敏[67]利用该技术完成了松木某个热解温度下热解产物的在线分析，并实现了几乎所有的热解产物的鉴定与测量，如图3-24所示。将其与热重分析结合，既可研究稻壳、稻秆、棉麻织物的热解过程，又能直观地反映出各种热解产物的分布和形成时间，有助于更深入地推测和验证一些先前研究未涉及的重要反应机理。

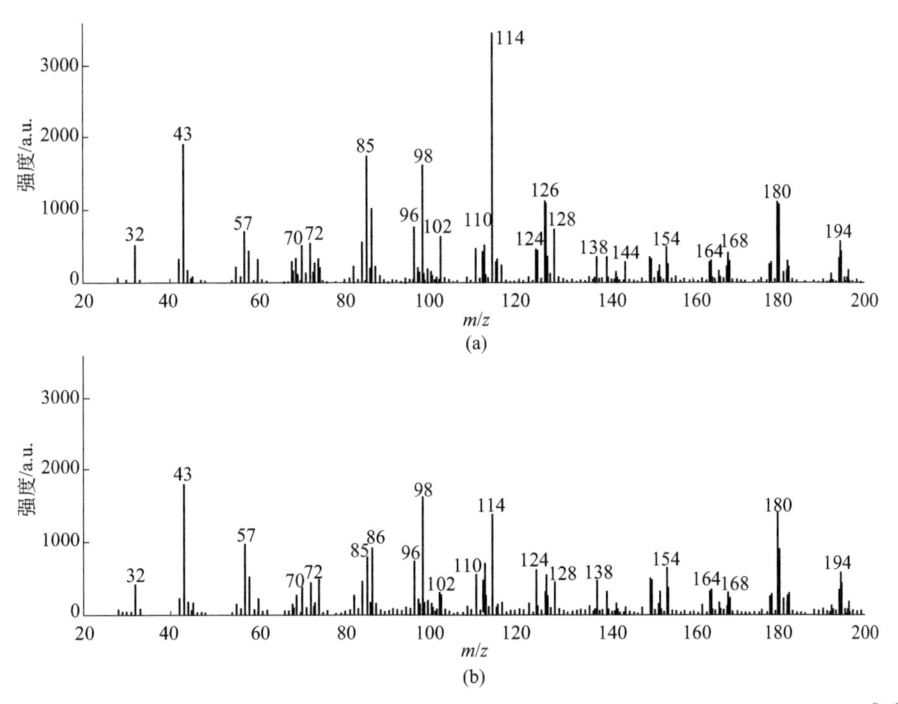

图 3-24 纯松木（a）和松木/Li_2CO_3 混合物（b）在 400℃下的热解产物光电离质谱图[67]

翁俊桀[47]利用同步辐射真空紫外光电离质谱对木质素、纤维素、半纤维素的低压热解行为进行了实时在线分析，系统地研究了这三种组分的热解行为，如图 3-25 所示，并结合气相色谱-质谱联用仪分析、红外光谱分析，加深了人们对其热解机理的认识。

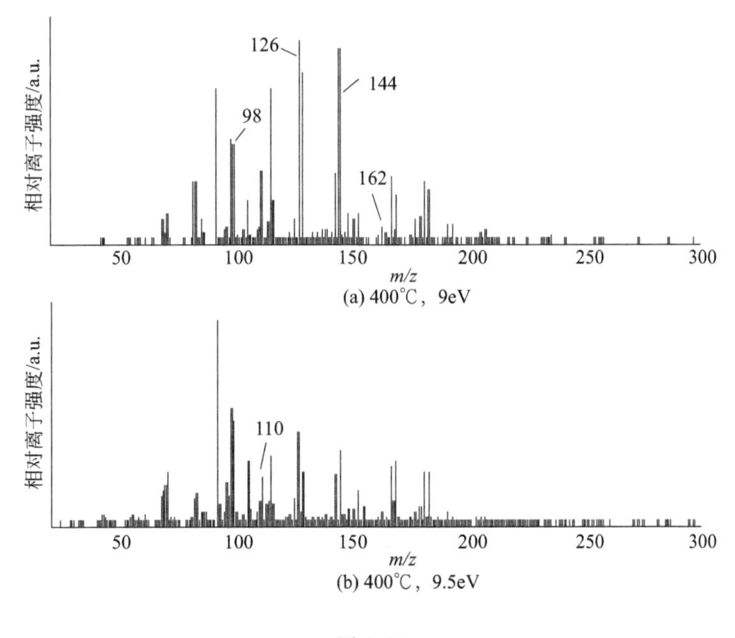

图 3-25

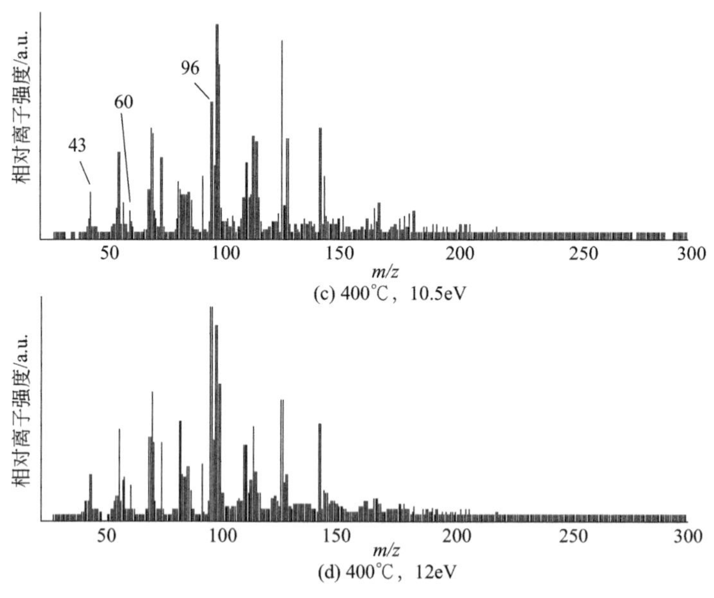

图 3-25　纤维素热解产物在热解温度为 400℃，不同光子能量下的质谱图[47]

（2）基于放电灯的真空紫外光电离质谱

真空紫外放电灯（图 3-26）的工作原理是利用电场或者磁场来激发气体放电，以此获得一个高于分子电离阈值的紫外光，放电灯真空紫外光电离源的出现拓宽了该仪器的使用范围，相较于同步辐射，放电灯的价格较为便宜。放电灯的组成包括放电灯管、真空密封元件、真空机组、射频线圈、电源及配气系统[68]。当前国际上光电离质谱所采用的放电灯类型见表 3-5。

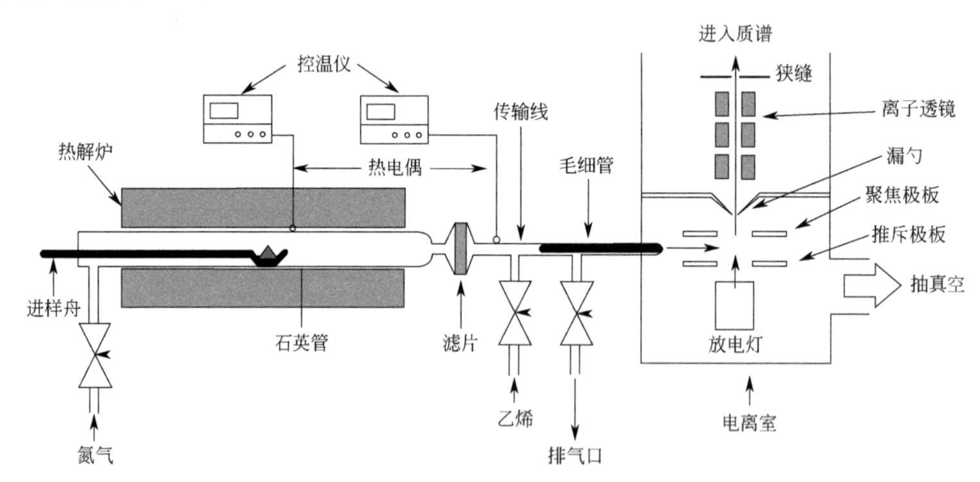

图 3-26　在线热解-光电离质谱结构示意[67]

表 3-5　国际上光电离质谱所采用的放电灯类型

研究小组	激发方式	中心波长/eV	质谱仪	应用领域
J. A. Syage[69,70]	微波放电	10.6	TOFMS,QITMS	有机分析
S. Tsuruga[71,72]	微波放电	10.2	IT-TOFMS	环境检测

续表

研究小组	激发方式	中心波长/eV	质谱仪	应用领域
J. Shu[73,74]	射频放电	10.0	TOFMS	环境检测
M. J. Northway[75]	射频放电	10.6	TOFMS	气溶胶
A. P. Bruins[76]	阴极放电	10.0	QMS	有机分析
L. Hua[77,78]	阴极放电	10.6	TOFMS	有机分析
R. Zimmermann[79,80]	电子轰击	9.8,10.6	QMS,TOFMS	环境检测

注：QITMS——四极杆离子阱质谱；IT-TOFMS——离子阱-分析时间质谱；QMS——四极杆质谱。

在环境检测方面，Liu 等[81]在 2016 年首次研制了一种基于射频无窗真空紫外灯的单光子电离源，设计了一套对垃圾焚烧炉的 pptv 级多氯联苯排放进行在线监测系统，并将其与飞行时间质谱联用，达到了超高灵敏度的要求，克服了传统真空紫外灯灵敏度的衰减和不足。

商用紫外放电灯，可在灯的内部充入氪气，使寿命长达上千个小时，相比于同步辐射真空紫外灯其价格便宜，操作方便。目前已成功应用到煤和生物质热解过程的检测中，其热解产物中大部分有机物能够被电离，满足了一定的分析需求。

然而，现在用的各类放电灯应用受到了很大的限制，因为它们只能产生特定波长范围内的真空紫外（VUV）光，并且具有较宽的光谱带和较差的能量分辨率。其应用的成功与否、范围宽窄和光电离源的性能有着很大的关系。要想促进光电离质谱技术的标准化和普及化，发展一种高通量、稳定性好、波长可调的光电离源是唯一途径。

Niu 等[82]选取有代表性的三种藻类，分别研究了蛋白质、脂质、木质纤维素等热解产物（图 3-27～图 3-29，书后另见彩图）。利用热解-低压光电离飞行时间质谱的实时在线分析特点，研究了藻类原料热解产物随温度以及随时间的变化曲线，基于实验结果，推断藻类中脂质、蛋白质和碳水化合物在热解条件下的化学途径，如图 3-30 所示（书后另见彩图）。

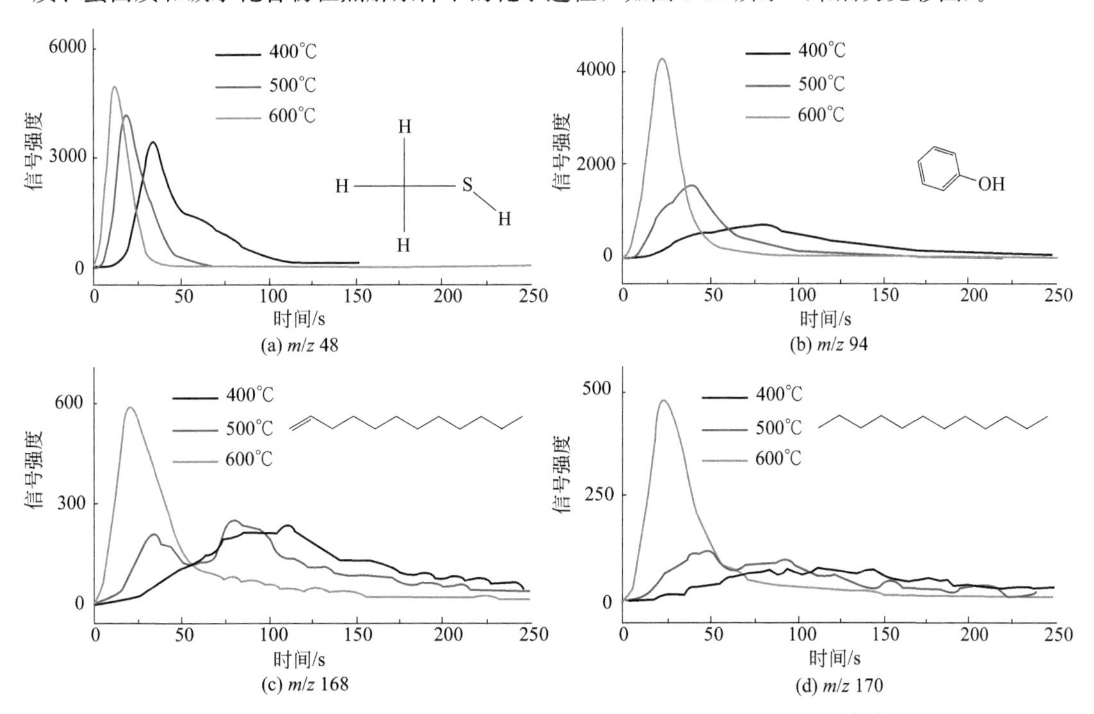

图 3-27　微藻在不同 m/z 下主要产物在 500℃时随时间变化谱[82]

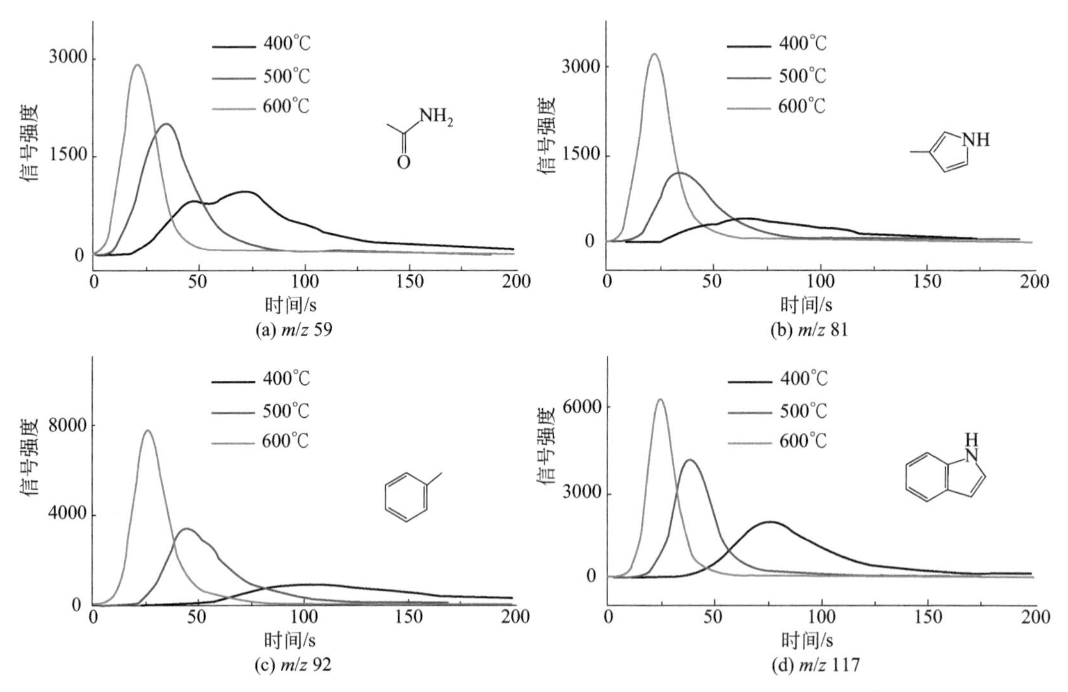

图 3-28 螺旋藻在不同 m/z 下主要产物在 500℃时随时间变化谱[82]

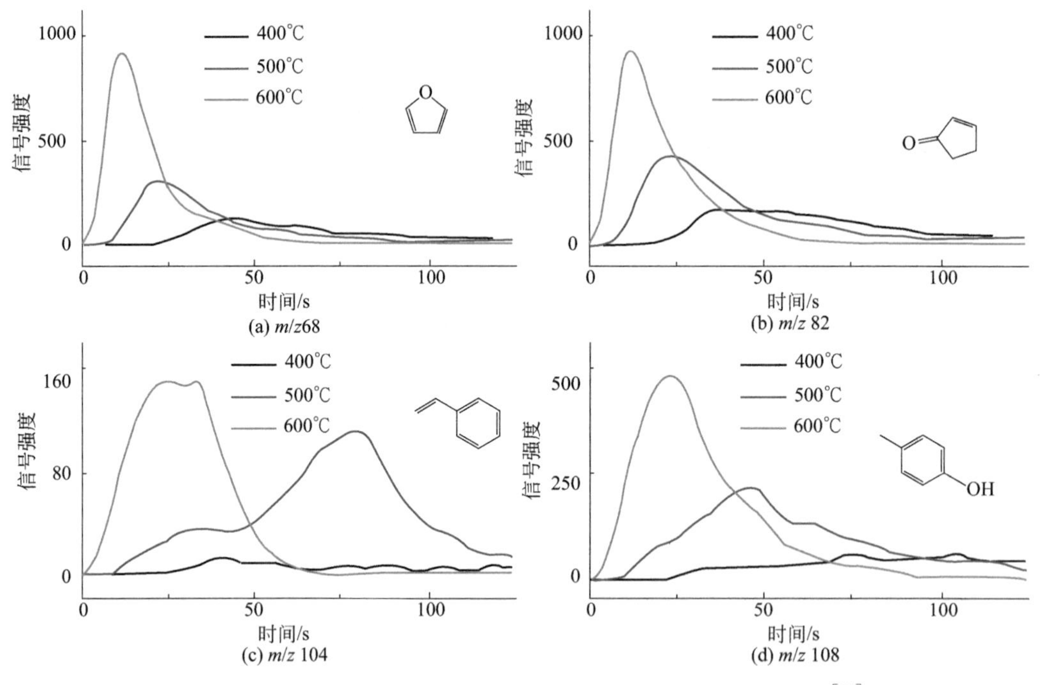

图 3-29 马尾藻在不同 m/z 下主要产物在 500℃时随时间变化谱[82]

(3) 在线近大气压光电离轨道离子阱质谱

在线近大气压光电离轨道离子阱质谱（on-line near-atmospheric pressure photoionization orbitrap mass spectrometry，nAPPI Orbitrap MS）（图 3-31）也是一种功能强大、灵敏度高的在线监测方法。该方法是生物质热解过程在线监测的有力工具，也用于

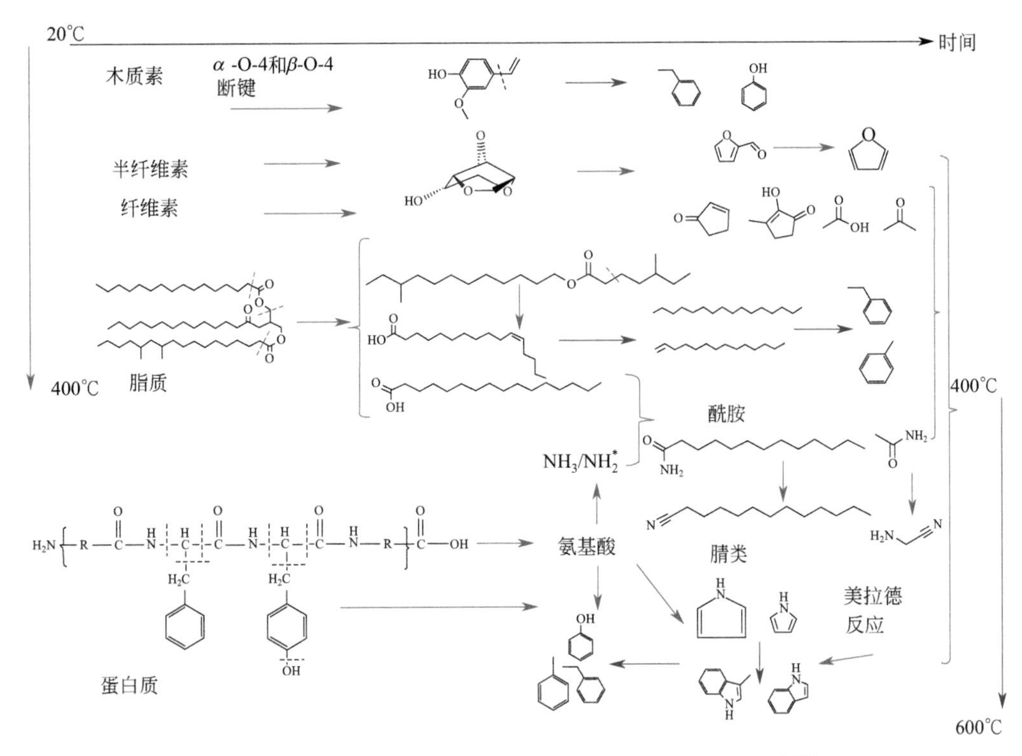

图 3-30 藻类中脂质、蛋白质和碳水化合物的化学途径[82]

催化转化过程的在线跟踪，多用于含氧生物质检测。但由于质谱库谱图数量缺乏，对质量峰的全面解析仍是一个很大的挑战[48]

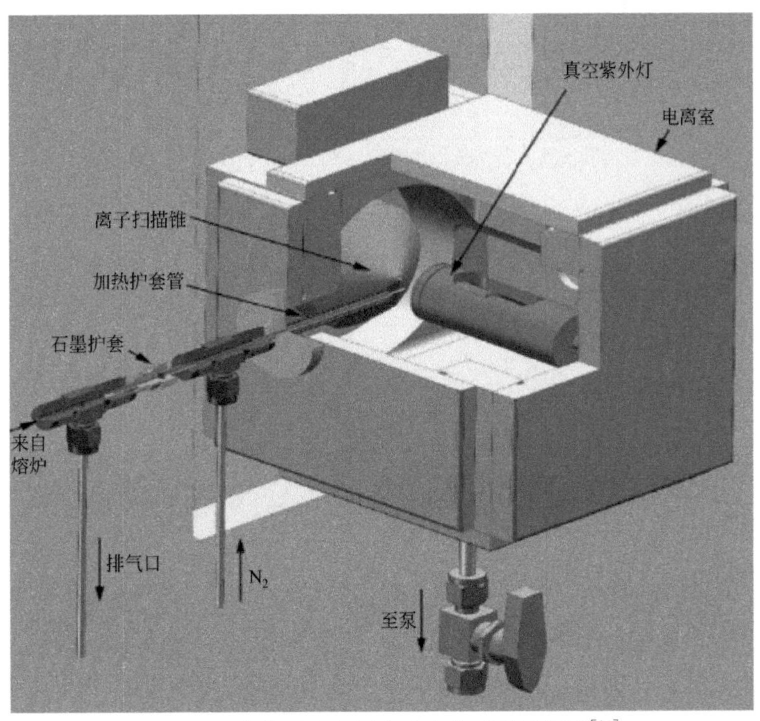

图 3-31 在线近大气压光电离轨道质谱剖面[83]

如图 3-32 所示（书后另见彩图），它是根据分子式的 O/C 和 H/C 摩尔比绘制而成的指定分子式强度的图像。

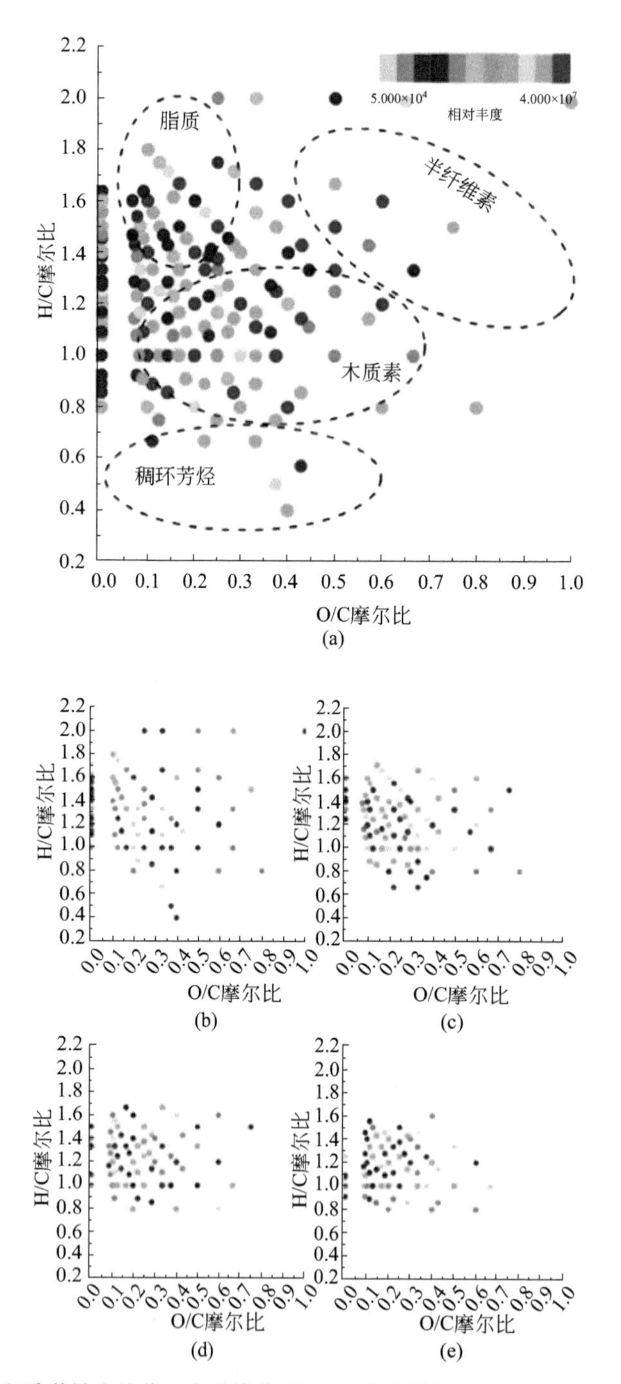

图 3-32 由累积质谱导出的范·克雷维伦图（a）及分别从 0.31min、0.64min、0.91min 和 2.01min 记录的质谱中得出的范·克雷维伦图（b）～（e）[83]

裂解产物中烃类化合物和含氧类 O_1～O_4 的等值线见图 3-33。

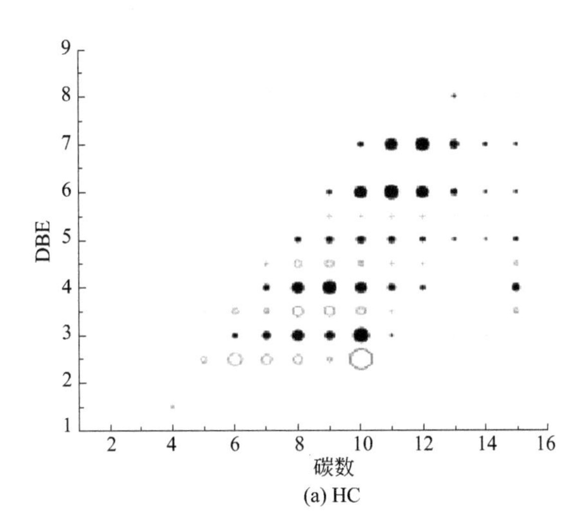

(a) HC

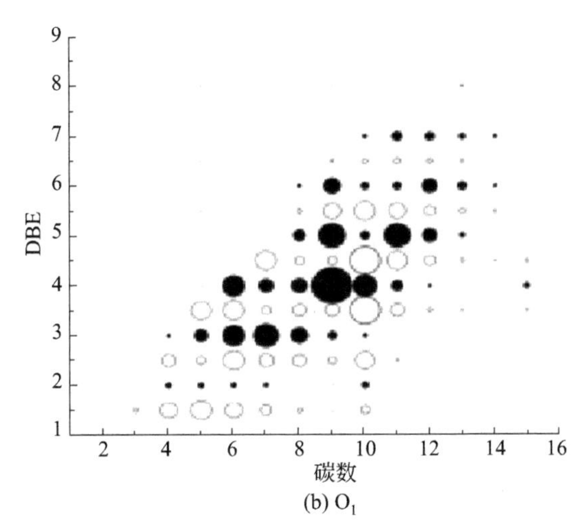

(b) O_1

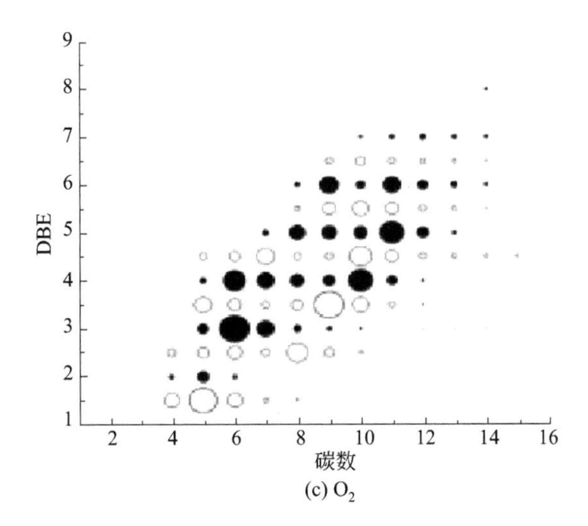

(c) O_2

图 3-33

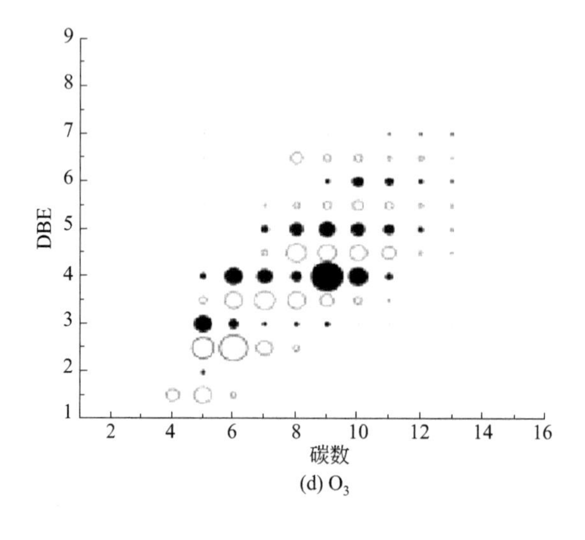

(d) O_3

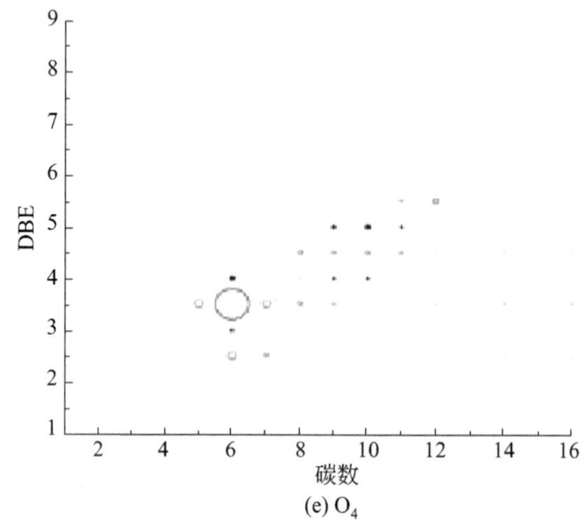

(e) O_4

图 3-33　裂解产物中烃类化合物和含氧类 $O_1 \sim O_4$ 的等值线[83]

●为分子离子；○为质子化离子 DBE（double bond equivalents）为双键相等数，如果分子或碎片的元素组成已知，可计算其不饱和度，包括环、双键和叁键，故称双键相等数，也称为不饱和度

3.5 其他分析方法介绍

3.5.1 X 射线衍射（XRD）

X 射线衍射是研究物质微观结构的主要方法，能准确测定物质的晶体结构，可定性和定量进行物相分析。目前在有机废物的热解气化研究中，常用 X 射线衍射来分析有机废物反应后的生物炭，通过对 XRD 图谱的分析来确定生物炭的晶型结构，有利于对生物炭进一步研究和应用[84]。

3.5.1.1 基本原理

物质世界 95%的固体物质都可看作是结晶态的，包括单晶和多晶，晶体是由原子规则排列成的晶胞组成[85,86]。“X射线是一种短波长的电磁波”这一发现有力地证明了晶体具有周期结构。因此，当一束单色X射线入射到晶体时，入射X射线波长与具有周期结构的原子间距处在同一数量级，X射线将透过晶体，产生可观测的衍射现象。晶体材料的物相种类和含量、晶格应力与应变、晶胞参数以及织构等信息，可以通过分析衍射峰的位置、形状和强度得到[85,86]。

X射线衍射仪由X射线发生器、测角仪、辐射探测器和辐射探测电路组成[85,86]。X射线衍射仪可根据获取物质衍射图使用的设备不同而分为照相法和衍射仪法两类。其中，衍射仪法具有稳定性强、分辨率高、多功能和自动化等特点，因而应用十分广泛。使用X射线衍射分析的样品形式多样，有粉末样品、块状样品、薄膜样品和纤维样品等，因而对于不同的样品要选用不同的制备方法。例如，粉末样品需满足晶粒细小、取向排列混乱的条件，所以需要先将样品在研钵中进行研磨至满足要求。定性和定量分析时对于颗粒的大小要求也不同，定性分析时颗粒粒径一般$<44\mu m$，定量分析时试样则研磨至$10\mu m$左右。对于块状样品，需先将样品表面研磨抛光，再用橡皮泥将样品固定在铝样品支架上，然后使用X射线衍射仪进行分析。

3.5.1.2 应用

X射线衍射广泛应用于材料分析中。它不仅可以用来进行高分子材料的物相分析及各种添加剂的检测，还可以对高分子材料的晶体结构如结晶度、微晶大小以及晶体取向等进行测定。王犇等[87]介绍了XRD用于固体催化剂的物相定性、定量分析、晶胞常数的测定，并研究了TiO_2/活性炭负载型光催化剂、Pd负载的SBA-15硅催化剂的XRD谱图。

3.5.2 X射线光电子能谱分析（XPS）

X射线光电子能谱主要用于固体表面成分分析，在单色X射线照射下，测量物质表面的光电子能谱来获取表面的化学成分、化学态、分子结构等信息。在研究有机废物中某一元素的赋存形态及转化过程时，可使用X射线光电子能谱分析样品及热解气化反应后的生物炭，通过光谱扫描确定该元素的形态分布[88]。

3.5.2.1 基本原理

X射线光电子能谱（X-ray photo-electron spectroscopy，XPS）分析以X射线为激发光源照射到样品表面，激发表面原子中能级不同的电子，使之成为自由电子，而后收集这些具有样品表面信息并有特征能量的电子，研究它们的能量分布，从而可以确定出样品的组成结构[89]。

XPS的原理基于光电效应，当一束X射线光子入射到固体表面，由于原子中不同能级上的电子结合能不同，在原子与光子的相互作用下，结合能小于光子能量的电子就会受激发射出，此时该电子的动能为光子能量与结合能的差值[89]。以该电子动能为横坐标、脉冲为纵坐标，得到该固体的光电子能谱图，然后材料近表面所含元素定性分析通过结合能进行，价态分析通过化学位移进行，定量分析通过强度信息进行[89]。

X 射线光电子能谱仪是用来表征材料表面元素及其化学状态的仪器，主要由 X 射线源，样品室，电子能量分析器和信息放大、记录系统等组成[89]。XPS 仪器对测试的样品没有特殊要求，固态、液态、气态样品均可进行检测分析，但处理方法有所不同[89]。气体样品一般可直接引入分析室进行测定。液体样品可直接检测，也可通过物理变化转化为气体或固体来检测。对于固体样品，可使用某种溶剂来溶解样品，然后采用浸渍法、涂层法等形成聚合物膜，待样品干燥后进行测定。若是粉末样品，则可直接将样品粘在样品托上，但应注意粉末的平整及覆盖均匀性。

3.5.2.2 应用

XPS 技术广泛用于检测超薄样品膜表面的化学信息及深度剖析其化学组分和化学态成像，鉴定无机物、有机物的组分等，主要包括无机化合物、合金、半导体、聚合物、元素价态分析及少量具有水合物相关结构的材料分析等，从而获得全面的高分辨率 XPS 数据。华中胜等[90]采用电镀法制备镀镍碳纤维，应用 X 射线光电子能谱（XPS）分析技术研究涂层中的化学成分、元素化学状态及其随镀层深度的变化，探究镍在纤维表面的沉积过程。

3.5.3 物理化学吸附仪（BET 比表面积）

比表面积是反映物质吸附能力和材料特性的一项参数。有机废物通过热解反应制备的生物炭是一种优良的吸附剂，通过测定其比表面积、孔径分布等能很好地反映生物炭的吸附能力。同时，催化剂也被用于提高有机废物的热解转化效率，而比表面积同样是衡量催化剂催化性能的一项指标。

3.5.3.1 基本原理

比表面积是单位质量物料具有的总面积，通常指固体材料，单位为 m^2/g。通常活性越大、比表面积越大的多孔物质，吸附能力越强。对材料的比表面积进行测定在如今的科研工作和工业生产中都非常重要。常用的测定固体材料比表面积的方法有 BET（Brunauer-Emmett-Teller）低温吸附法、电子显微镜法和气相色谱法等，其中 BET 比表面积测试可用于测定样品的比表面积、孔容和孔径分布，对于研究样品的性质具有重要作用。

利用 BET 低温吸附法测定样品的比表面积时，处于气体气氛中的样品在低温条件下其物质表面会发生物理吸附，一段时间后吸附会达到平衡，此时测得平衡时的吸附压力和吸附的气体量，由此则可得到吸附等温线。根据吸附等温线可以得到吸附剂表面单分子层饱和吸附量，吸附剂的比表面积的计算可根据每一吸附质分子在吸附剂表面的占有面积及吸附剂质量。

3.5.3.2 应用

比表面积可以对吸附剂的吸附能力进行直观显示，是工业吸附剂的重要性能之一。在制造吸附剂时，为了获得更强的吸附能力，应尽量增大比表面积。吸附剂的孔径、粒度和孔隙率等都对其比表面积有影响。此外，在工业生产中催化剂的选择和使用十分重要，催化材料的性能除与其化学成分有关外，还与比表面积有关。庞娅等[91]通过化学改性方式制备生物炭，原料是香蕉皮，将原料在高温下进行炭化，并采用物理化学吸附仪表征材料的结构和性能，探究不同改性条件下催化剂的吸附活性。为了大大提高催化剂的催化效果，催化剂的比表面积一般都很大，且为多孔物质，这能很好地增加催化剂与反应物质的接触面积。在研发和检验高效催化剂时，对其进行比表面积检测是必不可少的一步。比表面积检测在药物的净化、加工、混合和制片中也扮演着重要的角色，药品的有效期、溶解速率、药性等也依赖其比表面积和孔隙度。王彦竹等[92]制备了介孔二氧化硅纳米粒子，将其作为水难溶性药物的载体，以提高水难溶性药物的分散性及溶出度。并采用扫描电镜、物理化学吸附仪等分析了载体的外观形貌、比表面积和孔径分布，表明二氧化硅纳米粒子载体载药后能显著增加难溶性药物西洛他唑的溶出累积释放率，在提升难溶性药物溶出度方面有很好的应用前景。

3.5.4 紫外分光光度法

紫外分光光度法是利用物质分子吸收光谱区的辐射来进行测定的方法，取决于分子中价电子的分布和结合情况，通过紫外分光光度法可定性和定量测定大量的无机化合物和有机化合物。紫外分光光度计检测有机废物处理前后相关污染物的浓度，从而可以判断该方法对有机废物的处理程度。

物质中吸收了特定波长紫外可见光能量的分子和原子，其电子会发生能级跃迁，从而得到每种物质特有的、固定的吸收光谱曲线，依据特征波长处的吸光度高低来判定或测定物质含量，从而做出定性定量分析[93]。紫外分光光度计由光学、电光、光电、电子、数据处理和输出打印等系统组成[94]。紫外分光光度计操作简便，检测精度高，误差在2%左右，检测范围广，灵敏度高，识别性强，但在检测空气污染物时光度计不能检测气溶胶含量。

紫外分光光度计是大气、水质等环境检测的有效仪器，可以对污染物的种类、性质及所含元素的含量进行精确定性和定量分析。王红卫等[95]应用紫外分光光度法对水中的硝酸盐的氮含量、硝酸盐氮标准样品、加标回收率和标准曲线等进行测定。在大气检测方面，光度计可以检测二氧化氮、臭氧等气态物的含量，得到空气质量等级；光度计可以有效测定成分复杂的水体中的有机污染化合物含量，以及通过测定硝酸盐确定水体富营养化程度；其次光度计可以测出土壤中汞、铬等重金属元素的含量，从而掌握土壤的污染程度。此外，紫外分光光度计在农产品开发、食品质量检测、植物环境保护、农药及其残留物的含量检测等方面发挥了重要作用。光度计还可测定药品的紫外可见吸收光谱，通过对比确定药品样本是否符合标准。

3.5.5 原子吸收光谱法

原子光谱包括原子吸收光谱、原子发射光谱和原子荧光光谱。原子吸收光谱的原理是根据元素的原子对光源辐射的吸收程度来测定元素含量。当待测样品的原子蒸气吸收某一特定波长的光后，会选择性地吸收光源中同种元素发射的特征谱线，进而通过吸光度确定待测元素的量。火焰原子吸收光谱法和石墨炉原子吸收光谱法均被称为原子吸收光谱法，火焰原子化法精密度和重现性比石墨炉法高，但是石墨炉法的原子化率更高，灵敏度更高[96]。在对有机废物进行热处理时，首先应了解有机废物的组成，通过原子吸收光谱能快速且准确地测定出有机废物中的元素组成及含量。此外，原子吸收光谱可以对金属元素、部分非金属元素（如卤素、硫、磷等）以及部分有机化合物（如纤维素、葡萄糖、核糖核酸酶等）进行测定，因此原子吸收光谱法的分析范围非常广。

原子吸收光谱法的主要优点是选择性强、精准度高、测定方法较简单、样品的选择范围广、谱线稳定、抗干扰能力强、检测限低，但是在分析过程中不能同时分析多种元素，对于一些难溶的元素测定灵敏度较低[97]。

光源、原子化器、分光系统及检测系统是原子吸收光谱仪（又称原子吸收分光光度计）的主要组成部分。光源的功能是发射被测元素的共振辐射，其中，共振辐射的半宽度要远小于吸收线；辐射线的强度大，背景低于特征共振辐射强度的1%；辐射光的稳定性好；使用寿命长等是光源需要满足的基本要求。空心阴极放电灯是原子吸收光谱仪中最常用的，它能满足上述要求，是一种理想光源，使用待测元素制成阴极，在检测中应用最广。原子化器的功能是提供能量使试样干燥、蒸发和原子化。在原子吸收光谱分析中，检测过程的关键环节是被测元素的原子化，故原子化系统在整个装置中起着至关重要的作用。火焰法、石墨炉法、氢化物发生和冷蒸气技术等是实现原子化的主要方法。分光系统的作用是把待测元素的共振线和其他谱线分开，以便进行测定。在分光系统中，色散元件是最关键的部分，目前大部分使用光栅作为色散元件。光电倍增管（PMT）能将光子流转换为电信号，并将其放大，是在原子吸收光谱仪中最常用的检测器。

原子吸收光谱仪使试样蒸气被光源辐射出的含有待测元素特征谱线的光的基态原子吸收，通过观测辐射特征谱线光被削弱的程度来测定试样中待测元素的含量[98]。

原子吸收光谱法主要应用于化工、冶金、土壤监测、大气环境监测、水环境监测、食品检验、生化制药、临床医学等方面，包括钢铁、铜、铝等中的微量元素测定，化学液体中的元素测定，环境中污染物的测定等，可作为标准分析方法，为行业生产提供参考依据。李文文等[99]阐述了原子吸收光谱法在土壤环境监测时的土壤样品处理方式，提出了原子吸收光谱法在土壤分析中的应用条件，并分析了其优势条件，以期从根本上提升土壤环境监测水平。

3.5.6 原子荧光光谱法

原子荧光光谱法是原子光谱法的另一个重要分支，且具有原子吸收光谱法的优点，主要用于金属元素的测定。畜禽粪便、污泥、城市垃圾等有机废物中含有一定量的重金属元素，当以其为原料生产有机肥时这些重金属会被作物吸收进入食物链。原子荧光光谱法可用于检测有机物中的金属元素含量，避免金属元素过高对农业环境和人体带来重大的风险。

3.5.6.1 基本原理

原子荧光光谱法（AFS）原理是以原子在辐射能激发下发射的荧光强度进行定量分

析，是介于原子发射光谱法（AES）和原子吸收光谱法（AAS）之间的发射光谱分析法，所使用的仪器与原子吸收光谱法相近，激发光源、原子化器、分光系统和检测系统等是原子荧光的主要组成部分。

原子荧光光谱法的分析灵敏度高，抗干扰性强，样品的选择范围广，可多元素同时分析，检测限低，但是氢化物发生-原子荧光光谱分析法可测定的元素只有11种，存在局限性。

3.5.6.2 应用

在原子荧光光谱分析的基础上，Holak[100]于1969年发现了氢化物发生-原子荧光光谱分析法，该方法以独特的优点得到了更广泛的应用。黄种迁[101]综述了原子荧光光谱法在测定食品中多种微量有毒金属元素的应用。原子荧光光谱法主要应用在矿石等地质物料中的元素分析，人体组织和体液等生物样品中的元素分析，废水等环境样品及大气样品的元素分析，食品、药物中的元素分析，在环境监测和药物安全等领域起到了重要作用。

3.5.7 电化学分析

电化学方法是一种高效的废物处理手段，具有高能效、自动化程度高、设备简单且易于操作等优点。电化学处理有机废物是使污染物在电极上发生直接或间接电化学反应而得到转化，目前在对工业废水污泥的处理中较为常见，能有效破坏污泥中难降解有机物的结构，进而让污染物分解。

3.5.7.1 概述

电化学分析法（electrochemical analysis）是根据物质在溶液中的电化学性质来测定物质组成和含量的分析方法，也称电分析化学法。电化学分析法通常以在电化学池中所发生的电化学反应为基础，将试液作为化学电池的一部分，根据该电池的电阻、电导、电位、电流、电量或电流-电压曲线等参数与被测物质的浓度之间的关系而对被测物质进行测定。

电化学分析法具有较高的灵敏度和准确度，设备简单，但应用十分广泛，已成为食品、生物及相关部门广泛使用的一种检测方法。根据测量的电参数的不同，电化学分析法可分为电位分析法、电导分析法、极谱分析法、库仑分析法和伏安分析法等。其中，电位分析法是在电路中电流趋于零的条件下测定样品中pH值以及生物体中离子的成分。电导分析法具有快速、简单、不破坏样品的特点，是利用电解液的离子浓度变化时电导会随之发生变化的原理，通过测定溶液的电导值来求其中某一物质浓度的方法。极谱分析法定性和定量分析的原理是具有还原性或氧化性的物质在电解池中获得电流-电压曲线。

3.5.7.2 应用

孔继烈[102]综述了在中草药和中药复方制剂中的微量元素形态、含量分析中，电化学分析法与其他手段相比具有较高的灵敏度和较好的选择性。利用电化学分析法制成的化学电池用途十分广泛，可用于医疗、食品分析、工业生产、环境监测等领域。在生产过程中得到的许多化学品需要检测其 pH 值，通常可采用电位滴定法，使用两个不同的电极材料，一端电位电压不变，另一端电位随溶液中的离子浓度的变化而变化，当到达滴定终点时被检测成分的离子浓度发生急剧变化，指示电极电位突变。电导率是表征物体导电能力的物理量，同样可利用电化学性质的化学电池来检测样品的电导率。

3.5.8 同位素示踪技术

同位素示踪是通过同位素标记核素或同位素标记化合物跟踪研究相关物体运动过程及其规律的一种研究方法。同位素示踪可以研究有机废物热转化过程中某一元素或物质的生成反应机理/路径，如热解过程中某一有害元素的迁移规律，便于采取合适的控制手段减少相关污染的释放。

3.5.8.1 概述

原子核内质子数相同而中子数不同的一类原子互称为同位素，可分为放射性同位素（原子核不稳定，会自发衰变，如 ^{32}P 与 ^{33}P）和稳定性同位素（原子核结构稳定，不会发生衰变，如 ^{14}N 与 ^{15}N）[103]。同位素示踪技术（isotopic tracer technique）是利用示踪剂对各种物理、环境和材料多个领域中科学问题进行研究的技术。组成每种元素的稳定核素和放射性核素具有相同的理化性质，放射性同位素或经富集的稀有稳定同位素被广泛地用作示踪剂，对研究对象的客观状态及变化过程进行示踪[104]。

同位素标记方法可分为化学合成法、同位素交换法和生物化学法等[105]。标记化合物是含有示踪原子的化合物，其测定通常可借助放射性测量法、质谱测定法或中子活化测定法等。由于标记化合物的理化性质通常没有显著改变，可介入同类的化学反应，所以可用于探究化合物的运动与变化规律。

赫维西于 1912 年最早提出同位素示踪技术并凭借此项技术研究获得 1943 年诺贝尔化学奖。现代科学研究中，同位素示踪技术被广泛应用于农业、生物医学、环境科学和其他基础科学研究中，在反应过程分析鉴定中扮演越来越重要的作用。

3.5.8.2 应用

刘敏[105] 开发出一种以稳定同位素标记为依据的液相色谱-高分辨率质谱结合方法，实现了对环境中痕量苯甲酸类物质的分析。实验中，通过合成一对季铵型标记试剂，使标记反应由负离子模式改变为正离子模式，显著提高了苯甲酸类物质在 ESI 源中的离子化效率，增强了检测信号响应，从而提升了监测精度。杨海涛等[106]在 β-葡萄糖苷酶、葡萄糖氧化酶过氧化物酶的酶体系中，以带 ^{13}C 标记的松柏醇葡萄糖苷作为木质素前驱物，制备得木质素脱氢聚合物与木聚糖复合体。借助 FTIR、^{13}C NMR 等分析，论证了木质素与木聚糖连接结构。同位素标记与鉴定为研究结果提供了关键依据。

参考文献

[1] 陈厚，郭磊，李桂英．高分子材料分析测试与研究方法［M］．北京：化学工业出版社，2011.

[2] 唐仕荣．仪器分析实验［M］．北京：化学工业出版社，2016.

[3] 李建辉，徐宏坤，孙枫，等．TGA/SDTA851e热重分析仪影响分析的因素及常见故障排除［J］．分析仪器，2014(4)：108-111.

[4] Kan T，Strezov V，Evans T J. Lignocellulosic biomass pyrolysis：A review of product properties and effects of pyrolysis parameters［J］. Renewable and Sustainable Energy Reviews，2016，57（28）：1126-1140.

[5] 林宏飞，苏丽梅，徐国涛，等．塑料垃圾热解炼油技术的研究进展［J］．能源与节能，2018（3）：2-5，18.

[6] Wu J，Chen T，Luo X，et al. TG/FTIR analysis on co-pyrolysis behavior of PE，PVC and PS［J］. Waste Manag，2014，34（3）：676-682.

[7] 于雪斐，伊松林，冯小江，等．热解条件对农作物秸秆热解产物得率的影响［J］．北京林业大学学报，2009，31(S1)：174-177.

[8] Chiang W F，Fang H Y，Wu C H，et al. Pyrolisis kinetics of rice husk in different oxygen concentrations［J］. Journal of Environmental Engineering，2008，134（4）：316-325.

[9] Ding W，Zhang X，Zhao B，et al. TG-FTIR and thermodynamic analysis of the herb residue pyrolysis with in-situ CO_2 capture using CaO catalyst［J］. Journal of Analytical and Applied Pyrolysis，2018，134：389-394.

[10] 王煌平，张青，栗方亮，等．热解温度对畜禽粪便生物炭重金属特征变化的影响［J］．环境科学学报，2018，38（4）：1598-1605.

[11] Chen G，He S，Cheng Z，et al. Comparison of kinetic analysis methods in thermal decomposition of cattle manure by themogravimetric analysis［J］. Bioresource Technology，2017，243：69-77.

[12] 汪存东，谢龙，张丽华，等．高分子科学实验［M］．北京：化学工业出版社，2018.

[13] 卢汝梅，何桂霞．波谱分析［M］．北京：中国中医药出版社．2014.

[14] 王明智．傅里叶红外光谱仪（FTIR）的基本原理及其应用［J］．科技风，2014(6)：112-113.

[15] Petit T，Puskar L. FTIR spectroscopy of nanodiamonds：Methods and interpretation［J］. Diamond and Related Materials，2018，89：52-66.

[16] Doğan Ö M，Kayacan İ. Pyrolysis of low and high density polyethylene. Part Ⅱ：Analysis of liquid products using FTIR and NMR spectroscopy［J］. Energy Sources，Part A：Recovery，Utilization，and Environmental Effects，2008，30（5）：392-400.

[17] Nishiyama T，Tsukamoto I，Shirakawa Y，et al. Fourier transform infrared（FTIR）analysis of volatile compounds in expired gas for the monitoring of poisonings 1. Ethanol［J］. Pharmaceutical Research，2001，1（18）：125-128.

[18] Cai H，Liu J，Xie W，et al. Pyrolytic kinetics，reaction mechanisms and products of waste tea via TG-FTIR and Py-GC/MS［J］. Energy Conversion and Management，2019，184：436-447.

[19] Gao N，Li A，Quan C，et al. TG－FTIR and Py－GC/MS analysis on pyrolysis and combustion of pine sawdust［J］. Journal of Analytical and Applied Pyrolysis，2013，100：26-32.

[20] 陈玲红，陈祥，吴建，等．基于热重-红外-质谱联用技术定量分析燃煤气体产物［J］．浙江大学学报（工学版），2016，50(5)：961-996.

[21] 傅若农．色谱分析概论［M］．北京：化学工业出版社，2005.

[22] 孙传经．气相色谱原理与技术［M］．北京：化学工业出版社，1979.

[23] McNair H M，Miller J M，Snow N H. Basic Gas Chromatography［M］. 3rd ed. Hoboken：John Wiley & Sons，2019.

[24] 刘志娟，侯倩倩，张文申，等．气相色谱仪检定装置的使用方法［J］．化学分析计量，2017，26（1）：96-100.

[25] 李艳美，柏雪源，易维明，等．小麦秸秆热解生物油主要成分分析与残炭表征［J］．山东理工大学学报（自

然科学版)，2016，30（1）：1-4.

［26］ 张振华，汪华林，陈于勤，等．有机固体废弃物的热解处理研究［J］．环境污染与防治，2007，29（11）：816-819.

［27］ Mishra R K，Mohanty K. Pyrolysis of three waste biomass：Effect of biomass bed thickness and distance between successive beds on pyrolytic products yield and properties［J］. Renewable Energy，2019，141：549-558.

［28］ Mishra R K，Mohanty K. Thermocatalytic conversion of non-edible Neem seeds towards clean fuel and chemicals［J］. Journal of Analytical and Applied Pyrolysis，2018，134：83-92.

［29］ Xue Y，Kelkar A，Bai X. Catalytic co-pyrolysis of biomass and polyethylene in a tandem micropyrolyzer［J］. Fuel，2016，166：227-236.

［30］ Kim K H，Bai X，Rover M，et al. The effect of low-concentration oxygen in sweep gas during pyrolysis of red oak using a fluidized bed reactor［J］. Fuel，2014，124：49-56.

［31］ 张中英．高效液相色谱/共振瑞利散射在细胞分裂素、质子泵抑制剂和喷昔洛韦分析中的应用研究［D］．重庆：西南大学，2021.

［32］ Snyder L R，Kirkland J J，Dolan J W. 现代液相色谱技术导论［M］. 3 版．陈小明，唐雅妍，译．北京：人民卫生出版社，2012.

［33］ 方惠群，于俊生，史坚．仪器分析［M］．北京：科学出版社，2018.

［34］ 薛松．有机结构分析［M］．合肥：中国科学技术大学出版社，2012.

［35］ Bahng M K，Mukarakate C，Robichaud D J，et al. Current technologies for analysis of biomass thermochemical processing：A Review［J］. Analytica Chimica Acta，2009，651（2）：117-138.

［36］ 王理，刘志欣．电子轰击型离子源磁场方向的探讨［J］．质谱学报，1994，15（03）：28-31.

［37］ 赵巍，汪琦，刘海啸，等．热分析-质谱联用分析生物垃圾热解机理［J］．环境科学与技术，2010，33（05）：55-58.

［38］ 邱纯一，霍卫国，王子树，等．我国质谱分析三十年进展［J］．分析化学，1979，7(6)：470-481.

［39］ 武海英，薛勇，黄强，等．裂解气相色谱——质谱法研究生物质焦油热解特性［J］．河北建筑工程学院学报，2008，26（04）：83-85.

［40］ 齐飞．同步辐射真空紫外单光子电离技术及其应用［J］．中国科学技术大学学报，2007，37(4-5)：414-425.

［41］ Jaswal S S. Biological insights from hydrogen exchange mass spectrometry［J］. Biochim Biophys Acta，2013，1834（6）：1188-1201.

［42］ 吴性良，朱万森，马林．分析化学原理［M］. 2 版．北京：化学工业出版社，2010.

［43］ Assassi N，Tazerouti A，Canselier J P. Analysis of chlorinated，sulfochlorinated and sulfonamide derivatives of n-tetradecane by gas chromatography/mass spectrometry［J］. Journal of Chromatography A，2005，1071（1-2）：71-80.

［44］ 郑晓艳．液相色谱及液质联用技术在环境分析中的应用［J］．资源节约与环保，2016（08）：50.

［45］ Liu J，Bu J，Bu W，et al. Real-time in vivo quantitative monitoring of drug release by dual-mode magnetic resonance and upconverted luminescence imaging［J］. Angew Chem Int Ed Engl，2014，53（18）：4551-4555.

［46］ Uchimiya M，Orlov A，Ramakrishnan G，et al. In situ and ex situ spectroscopic monitoring of biochar's surface functional groups［J］. J Anal Appl Pyrol，2013，102：53-59.

［47］ 翁俊桀．同步辐射光电离质谱研究木材类生物质热解［D］．合肥：中国科学技术大学，2014.

［48］ 周程程，赵立欣，孟海波，等．生物质热解产物在线监测技术研究进展及发展方向［J］．沈阳农业大学学报，2017，48（04）：505-512.

［49］ 程起元，周留柱，孔祥和，等．飞行时间质谱仪中的超声分子束特性［J］．物理实验，2012，32（06）：9-12.

［50］ 陈文怡，胡明．TA-MS 联用研究城市生活垃圾的热解特性［J］．分析仪器，2013（04）：67-70.

［51］ Santos V O，Araujo R O，Ribeiro F C P，et al. Non-isothermal kinetics evaluation of buriti and inaja seed biomass waste for pyrolysis thermochemical conversion technology [J] . Biomass Conversion and biorefinery，2021.

[52] Gao Z，Li N，Chen M，et al. Comparative study on the pyrolysis of cellulose and its model compounds [J]. Fuel Processing Technology，2019，193：131-140.

[53] 徐姗楠，王爽，张喆，等 . TG-MS 联用分析海藻和稻壳的协同耦合热解机制 [J] . 太阳能学报，2018，39 (06)：1696-1703.

[54] 陈祥 . 基于热重—红外—质谱技术的煤热解产物定量分析研究 [D] . 杭州：浙江大学，2016.

[55] 万克记，邢耀文，刘雪景，等 . 基于 TG-GC-MS 系统的硫在煤热解过程中迁移研究 [J] . 煤炭技术，2015，34 (05)：304-306.

[56] 张宗惠，王芳，胡亚迪，等 . 制革污泥热解特性的研究——基于分布活化能模型和 TG-FTIR-MS 联用 [J] 皮革科学与工程，2022，32 (02)：14-20.

[57] 陈正华，王雪茜，孙军 . 城市垃圾热解产物的 GC-MS 分析 [J] . 能源工程，2015 (02)：60-63.

[58] Coulombe S，Sawatzky H. H. P. L. C. separation and G. C. characterization of polynuclear aromatic fractions of bitumen，heavy oils and their synthetic crude products [J] . Fuel，1986，65 (4)：552-557.

[59] Matsuzawa S，Garrigues P，Setokuchi O，et al. Separation and identification of monomethylated polycyclic aromatic hydrocarbons in heavy oil [J] . Journal of Chromatography A，1990，498：25-33.

[60] Philip C，Anthony R. Separation of coal-derived liquids by gel permeation chromatography [J] . Fuel，1982，61 (4)：357-363.

[61] Okamoto S，Honda T，Miyakoshi T，et al. Application of pyrolysis-comprehensive gas chromatography/mass spectrometry for identification of Asian lacquers [J] . Talanta，2018，189：315-323.

[62] 谢新苹，张晓东，陈雷，等 . Py-GC/MS 对稻壳催化裂解液体产物分析 [J] . 现代化工，2014，34 (05)：171-174.

[63] 马中青，马乾强，王家耀，等 . 基于 TG-FTIR 和 Py-GC/MS 的生物质三组分快速热解机理研究 [J] . 科学技术与工程，2017，17 (09)：59-66.

[64] 朱玲莉，仲兆平，王佳，等 . 基于 PY-GC/MS 的生物质组分间相互作用的热解实验 [J] . 化工进展，2016，35 (12)：3879-3884.

[65] 李庆成，董爱民，徐敬尧，等 . 木屑及生物质组分的温和转化 [J] . 安徽化工，2018，44 (01)：40-43.

[66] 孙韶波，翁俊桀，贾良元，等 . 真空紫外光电离质谱研究稻壳和稻秆的热解 [J] . 质谱学报，2013，34 (01)：1-7.

[67] 陈夏敏 . 在线光电离质谱研究 Li_2CO_3 对松木热解的影响 [D] . 合肥：中国科学技术大学，2017.

[68] 贾良元 . 若干光电离质谱新技术的发展与应用 [D] . 合肥：中国科学技术大学，2013.

[69] Syage J A，Hanning-lee M A，Hanold K A. A man-portable，photoionization time-of-flight mass spectrometer [J] . Field Analytical Chemistry & Technology，2000，4 (4)：204-215.

[70] Short L C，Cai S S，Syage J A. APPI-MS：Effects of mobile phases and VUV lamps on the detection of PAH compounds [J] . Journal of the American Society for Mass Spectrometry，2007，18 (4)：589-599.

[71] Kuribayashi S，Yamakoshi H，Danno M，et al. VUV single-photon ionization ion trap time-of-flight mass spectrometer for on-line，real-time Monitoring of chlorinated organic compounds in waste incineration Flue Gas [J] . Analytical Chemistry，2005，77 (4)：1007-1012.

[72] Tsuruga S，Suzuki T，Takatsudo Y，et al. On-line monitoring system of P5CDF homologues in waste incineration plants using VUV-SPI-IT-TOFMS [J] . Environmental Science & Technology，2007，41 (10)：3684-3688.

[73] Gao S，Zhang Y，Li Y，et al. A comparison between the vacuum ultraviolet photoionization time-of-flight mass spectra and the GC/MS total ion chromatograms of polycyclic aromatic hydrocarbons contained in coal soot and multi-component PAH particles [J] . International Journal of Mass Spectrometry，2008，274 (1)：64-69.

[74] Shu J，Gao S，Li Y. A VUV photoionization aerosol time-of-flight mass spectrometer with a RF-powered VUV

lamp for laboratory-based organic aerosol measurements [J] . Aerosol Science and Technology, 2008, 42 (2): 110-113.
[75] Northway M J, Jayne J T, Toohey D W, et al. Demonstration of a VUV Lamp Photoionization Source for Improved Organic Speciation in an Aerosol Mass Spectrometer [J] . Aerosol Science and Technology, 2007, 41 (9): 828-839.
[76] Robb D B, Covey T R, Bruins A P. Atmospheric pressure photoionization: An ionization method for liquid chromatography-mass spectrometry [J] . Analytical Chemistry, 2000, 72 (15): 3653-3659.
[77] Wu Q, Hua L, Hou K, et al. A combined single photon ionization and photoelectron ionization source for orthogonal acceleration time-of-flight mass spectrometer [J] . International Journal of Mass Spectrometry, 2010, 295 (1): 60-64.
[78] Hua L, Wu Q, Hou K, et al. Single photon ionization and chemical ionization combined ion source based on a vacuum ultraviolet lamp for orthogonal acceleration time-of-flight mass spectrometry [J] . Analytical Chemistry, 2011, 83 (13): 5309-5316.
[79] Mühlberger F, Wieser J, Ulrich A, et al. Single photon ionization (SPI) via incoherent VUV-excimer light: Robust and compact time-of-flight mass spectrometer for on-line, real-time process gas analysis [J]. Analytical Chemistry, 2002, 74 (15): 3790-3801.
[80] Saraji-Bozorgzad M R, Eschner M, Groeger T M, et al. Highly resolved online organic-chemical speciation of evolved gases from thermal analysis devices by cryogenically modulated fast gas chromatography coupled to single photon ionization mass spectrometry [J] . Analytical Chemistry, 2010, 82 (23): 9644-9653.
[81] Liu W, Jiang J, Hou K, et al. Online monitoring of trace chlorinated benzenes in flue gas of municipal solid waste incinerator by windowless VUV lamp single photon ionization TOFMS coupled with automatic enrichment system [J] . Talanta, 2016, 161: 693-699.
[82] Niu Q, Wang J L, Cao C C, et al. Comparative study of different algae pyrolysis using photoionization mass spectrometry and gas chromatography/mass spectrometry. Journal of Analytical and Applied Pyrolysis, 2021, 155: 105068.
[83] Zhou Z Y, Chen X M, Ma H, et al. Real-time monitoring biomass pyrolysis via on-line photoionization ultrahigh-resolution mass spectrometry [J] . Fuel, 2019, 235: 962-971.
[84] 林珈羽，童仕唐．生物炭的制备及其性能研究 [J] ．环境科学与技术，2015，38 (12)：54-58.
[85] 解其云，吴小山．X 射线衍射进展简介 [J] ．物理，2012，41 (11)：727-735.
[86] 杨新萍．X 射线衍射技术的发展和应用 [J] ．山西师范大学学报 (自然科学版)，2007，21 (1)：72-87.
[87] 王犇，黄科林，孙果宋，等．XRD 分析——在固体催化剂体相结构研究中的应用 [J] ．大众科技，2008，(12)：109-111.
[88] 黄兆琴，张乃文，刘霞．稻壳生物炭的制备及性质表征 [J] ．广州化工，2018，46 (12)：40-43.
[89] 刘世宏，王当憨，潘承璜．X 射线光电子能谱分析 [M] ．北京：科学出版社，1988.
[90] 华中胜，姚广春，马佳，等．碳纤维表面镍镀层的 XPS 分析 [J] ．中国有色金属学报，2011，21 (1)：165-170.
[91] 庞娅，江源康，廖沛涵．香蕉皮生物炭的制备及其吸附催化性能分析 [J] ．资源节约与环保，2018，203 (10)：23-24.
[92] 王彦竹，孙立章，宋爱华，等．介孔二氧化硅纳米粒的制备及对载药与药物溶出度的影响 [J] ．沈阳药科大学学报，2012，29 (4)：6.
[93] 黄莉．掌握紫外光光度计的使用原理和方法 [J] ．民营科技，2015(5)：25.
[94] 晏健荣．基于物联网平台的紫外可见分光光度计自动测量系统研究 [D] ．上海：东华大学，2017.
[95] 王红卫，赵新鲜，张晶．紫外分光光度计测定水中硝酸盐氮方法的探讨 [J] ．水利技术监督，2007 (4)：4-5.
[96] 李丽．原子吸收光谱法检测红葡萄酒中金属离子 [D] ．郑州：河南科技大学，2010.
[97] 康崇鑫．对原子吸收、发射光谱分析法的理解及讨论 [J] ．计量技术，2013 (9)：25-29.

[98] 刘文博．动物源食物中有害重金属残留分析测定方法的研究 [D]．北京：北京化工大学，2011.
[99] 李文文，刘倩，郑雪，等．原子吸收光谱法在土壤环境监测中的应用效果分析 [J]．环境与可持续发展，2016，41 (6)：2.
[100] Holak W. Gas-sampling technique for arsenic determination by atomic absorption spectrophotometry [J]. Analytical Chemistry，1969，41 (12)：1712-1713.
[101] 黄种迁．原子荧光光谱法在测定食品中有毒金属元素的应用 [J]．台湾农业探索，2013，123 (4)：61-65.
[102] 孔继烈．现代电化学分析技术在中药研究领域中的应用与前景 [J]．化学进展，1999，11 (3)：300.
[103] 周闽湘，袁章军．同位素在生物学中的应用 [J]．生物学教学，2008 (4)：71-73.
[104] 王妍，李建宏．基于 STEM 的“生活污水处理工程”生物学活动设计 [J]．生物学教学，2018，43 (8)：77-79.
[105] 刘敏．稳定同位素标记法结合 LC-MS 分析环境中苯甲酸类污染物 [D]．大连：大连理工大学，2018.
[106] 杨海涛，谢益民，范建云，等．^{13}C 同位素标记法研究木质素与木聚糖的连接 [J]．林产化学与工业，2007，27 (1)：11-14.

第4章

热解气化反应器

热解气化反应器（热解气化炉或者热解气化反应釜）是热解气化系统的核心设备，主要可以分为固定床热解气化反应器、流化床热解气化反应器、旋风床热解气化反应器、携带床热解气化反应器四大类。从应用角度而言，主要是以固定床热解气化反应器和流化床热解气化反应器两大类为主。

4.1 固定床热解气化反应器

所谓固定床反应器，是指气流在流经炉内物料层时，相对于气流来说物料处于静止状态，因此称作固定床。固定床热解气化反应器的结构特征是由一个容纳原料的炉膛和一个承托固体原料的炉栅组成。根据反应器内气流运动方向的不同，固定床热解气化反应器又可分为上吸式、下吸式和开心式三种类型[1]。

4.1.1 上吸式固定床热解气化反应器

上吸式固定床热解气化反应器的结构与工作原理如图 4-1 所示。反应器主体一般被加工成圆筒形，最上面是加料口，往下依次是炉膛、炉栅和灰室。气化过程中原料由加料口进入，在重力作用下下落，从上到下依次经过干燥层、热解层（裂解层）、还原层和氧化层 4 个反应区，发生一系列反应，转变为燃气，由上面的出气口排出，而气化后剩余的灰渣则通过炉栅落入灰室，并需定期从出灰口掏出[1]。

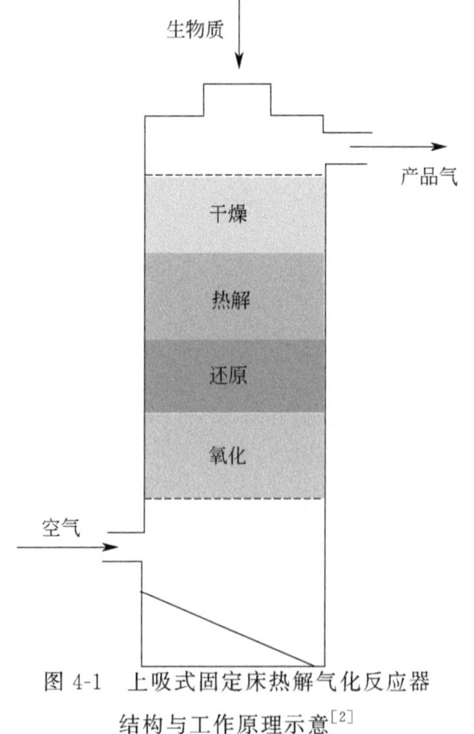

图 4-1 上吸式固定床热解气化反应器结构与工作原理示意[2]

上吸式固定床热解气化反应器的工作原理如下。气化反应所需的能量来自原料与气化剂在氧化区发生的氧化反应。由风机吹入的空气首先在经过灰渣层时被预热，然后与炽热的炭发生氧化反应产生 CO 和 CO_2，同时释放出大量的热量。氧化区的温度也得以维持在1000℃以上。气化剂在氧化区被消耗，产生的高温CO和CO_2气体向上流动进入还原区。在还原区，CO_2与炭和水蒸气发生吸热的还原反应产生CO和H_2，同时将还原区的温度降到700～900℃。气流继续上升，所携带的热量促进原料热裂解，裂解反应产生的挥发分与CO、H_2等一起继续往上流动，而裂解后产生的炭则下落进入还原区和氧化区参与氧化和还原反应。经过裂解区的气体还有很高的温度，与上面的原料进一步发生热交换，将原料加热干燥的同时使得自身的温度下降到200～300℃，同时也将干燥过程中产生的大部分水蒸气携带出反应器。

上吸式固定床热解气化反应器具有如下几方面优势。

① 反应器结构简单，操作简便。

② 运行能耗低。上吸式固定床热解气化反应器的燃气与热流保持相同方向，可节省用在鼓风方面的能量消耗。

③ 燃气灰分含量少，燃气向上流动，上层物料起到了一定的过滤作用，降低了燃气中的灰分含量。

④ 热效率较高。这一方面是因为氧化区位于反应器的最下层，从而有较为充足的O_2供应以保障炭的充分燃烧；另一方面由于还原层产生的高温燃气所携带的热量在经过裂解区和干燥区时被利用，所以燃气的出口温度较低，在300℃以下，从而降低燃气带出热量产生的热损失。此外，炉栅由于受到空气的冷却，所以工作比较可靠。

焦油含量高是上吸式固定床热解气化反应器最突出的问题，这主要是由于燃气中夹带的焦油并未经过高温段而直接排出炉外导致的。焦油的脱除是气化技术发展的瓶颈问题，所以这成为了限制其应用的主要因素，需要对焦油处理予以重视。上吸式固定床热解气化反应器还存在的其他问题，如结渣、原料“架桥”等。

原则上讲，上吸式固定床热解气化反应器可用于气化各类生物质原料，但特别适用于木材等堆积密度较大的原料，也适用于处理水分含量高的原料，水分含量可高达50%。此外，由于焦油问题，该类反应器一般用在粗燃气不需要冷却和净化就可以直接使用的场合。一般情况下，上吸式固定床热解气化反应器在微正压下运行，由鼓风机将气化剂吹入反应器内，根据反应器的结构和运行条件的不同，其气化强度一般在100～300kg/（m^2·h）之间变化。由于反应器的燃气出口与进料口的位置很接近，所以为了防止燃气泄漏，必须采取密封措施，同时进料多采用间歇进料的方式。

4.1.2 下吸式固定床热解气化反应器

下吸式固定床热解气化反应器的结构与工作原理如图4-2所示。下吸式固定床热解气化反应器主体一般也被加工成圆筒形，而且上部为双层结构，形成外腔和内胆，最上面是加料口，往下依次是炉膛、喉部、炉栅和灰室。气化过程中原料由加料口进入，在重力作用下下落，从上到下依次经过干燥层、裂解层、氧化层和还原层4个反应区，发生一系列反应，转变为燃气，气化后剩余的灰渣则通过炉栅落入灰室，并定期从出灰口排出[1]。

在下吸式固定床热解气化反应器中，物料的运动方向为自上而下。首先在上部的干燥区内脱水变干。干燥区内的温度在300℃左右，热量主要通过热辐射和传导由外腔和内胆中热气体传入。干燥后的原料进入下部的裂解区在较高的温度下（500～700℃）发生热裂解反应，释放出挥发分，同时产生热解炭。这些产物下移进入氧化区，一部分炭

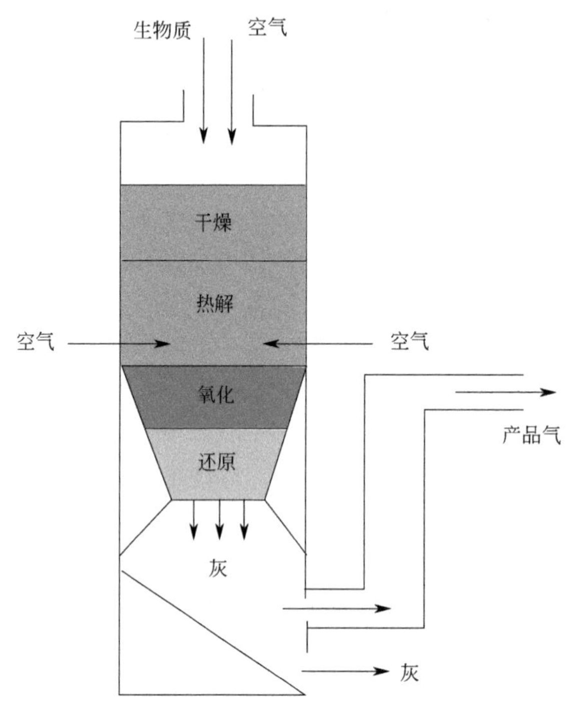

图 4-2 下吸式固定床热解气化反应器结构与工作原理示意[2]

在挥发分和气化剂的作用下发生放热的氧化反应，使氧化区的温度维持在 1000～1200℃。另有一部分炭和挥发分继续向下移动进入还原区，在还原区炭与 CO_2 反应生成 CO，与水蒸气反应生成 H_2 和 CO 等燃气成分；此外，在该反应区还会发生 CO 转换反应，还原区的温度为 700～900℃。还原反应过程中产生的灰渣落入下面的灰室，产生的燃气则由外腔降温后排出反应器。

喉部设计是下吸式固定床的显著的特点。一般用孔板或缩径来形成喉部。喉部的工作原理为：由喷嘴进入喉部的气化剂与裂解区产生的炭发生氧化反应，释放热量，并在喉部形成高温氧化区。物料向下运动离开喉部的下部和中心时，由于注入的氧化剂已经在氧化区被消耗尽，炽热的炭和裂解区产生的挥发分在此部位进行还原反应，产生 CO 和 H_2 等可燃气体。同时，借助喉部氧化区形成的高温环境，部分焦油发生裂解反应，生产小分子的可燃气体。

下吸式固定床热解气化反应器的优点主要体现在以下 3 个方面。

① 燃气中焦油含量低。热解过程中形成的焦油会经过高温的氧化区而发生裂解反应，部分转化为小分子气体，降低焦油排放。

② 结构简单。由于其有效层高度几乎不变，所以工作稳定性好。

③ 操作方便。下吸式固定床热解气化反应器通常在微负压条件下运行，有利于连续稳定进料。

下吸式固定床热解气化反应器的不足之处在于：

① 由于燃气流动方向和热气流方向相反，所以燃气从反应器中吸出消耗能量多。

② 由于燃气最后经灰渣层和灰室吸出，致使燃气中灰分含量高，且灰分和焦油混在一起黏结在输气管壁和阀门等部位易引起堵塞。

③ 燃气出口温度较高，引起能量损失增加。

下吸式固定床热解气化反应器适合气化含水率低的大粒径物料，或者含水率低的大粒径物料和少量粗糙颗粒相混的物料[含水量小于30%(质量分数)]，不适合处理高灰分含量的物料，其最大气化强度为500kg/(m^2·h)。

4.1.3 开心式固定床热解气化反应器

开心式固定床热解气化反应器的结构与工作原理如图4-3所示。该反应器是下吸式固定床的一种特殊形式，只是没有缩口，以转动炉栅代替了高温喉管区，其炉栅中间向上隆起，绕其中心垂直轴做水平回转运动，防止灰分阻塞炉栅，保证气化的连续进行[1]。

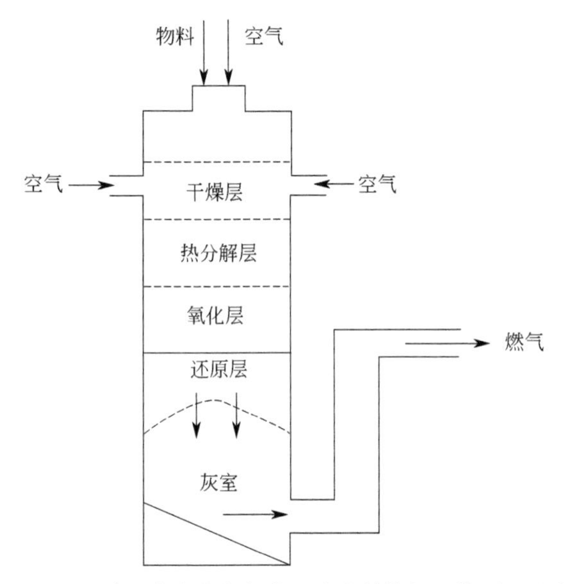

图4-3 开心式固定床热解气化反应器结构与工作原理示意[1]

我国首创了这种反应器类型，大大简化了下吸式固定床热解气化反应器。其特点是：物料和空气自炉顶进入炉内，空气能均匀进入反应层，反应温度沿反应截面径向分布一致，最大限度利用了反应截面；气固同向流动，有利于焦油的裂解，燃气中焦油含量低；结构简单，加料操作方便。目前一些稻谷加工厂仍在运用该技术进行发电。

4.2 流化床热解气化反应器

流化床热解气化反应器基于燃料和惰性床层均处于流态化的原理，流化介质通常为水蒸气、氧气及它们的混合气体。在流化介质的作用下，颗粒物料运动速度达到或高于初始流化速度后，固体颗粒会悬浮于流体床层中，表现为流化态[3,4]。该装置利用返混特性，可将原料颗粒与已气化组分充分混合。二氧化硅为最常见的惰性床层材料。但为解决气化焦油问题，采用以橄榄石、玻璃珠、白云石等具有催化特性的材料作为床层也成为近年来的发展趋势。与固定床相比，流化床对原料灰分的要求不高，且原料颗粒与气化剂在炉内可以充分接触、均匀受热，气化反应速率和气体产率较高[1]。

流化床可增强燃料颗粒间的传热、改善气化过程、在近等温条件下进行。流化床反应器的运行温度取决于床层材料的熔点，一般设定为800～900℃，温度较固定床反应器低，只有在添加催化剂后反应过程才会达到化学平衡。气体停留时间短也是未达到化学平衡的另一个原因。因此，流化床气体产物中烃类化合物占比小于固定床。由于其合理的设计和优良的性能，流化床热解气化反应器十分适合用于规模生产，也适用于不同粒径的原料颗粒[5]。

流化床反应器中可加入添加剂以促进焦油转化。Chen 等[6] 在一个小规模流化床上进行生物质气化实验，选择白云石、菱镁矿和橄榄石作为添加剂，可使焦油转化率高于50%。Corella 等[7] 研究表明，当产气中焦油含量不高于 $2mg/m^3$ 时，镍基催化剂能使产气中焦油转化率达到99%以上。生物质本身含有的碱金属及气化产生的生物质灰对焦油也有裂解作用[8]。而像草藤、杏仁壳、稻秆、秸秆等含有较多灰分和碱金属的生物质材料，会在床层材料或原料自身灰分中存在二氧化硅的条件下形成共晶，颗粒相互黏结、形成较大团块，最终导致失流。因此，流化床反应器需要定期清洗[9]，同时也需要采用合理的解决措施。例如，在流化床中添加煅烧后的石灰石可能会提高共晶的熔点，使高温条件下的气化时间延长。但若流化床中石灰石浓度低、保留时间短，则处理效果不显著。在流化床中添加煅烧石灰石可使原料在较高温度（900℃以上）停留一段时间后降低团聚的可能性，延长床层寿命[10,11]。

流化床热解气化反应器具有原料多样、传热速率快、对气化介质要求适中、炉内温度均匀及气化效率高等优点，但也会产生焦油和粉尘，会因此降低气化燃气品质，而且长时间运行也易导致原动机等设备出现故障[12]。

根据流化程度和床层高度，流化床热解气化反应器可分为鼓泡流化床和循环流化床两类，以下分别做具体介绍[5]。

4.2.1 鼓泡流化床

鼓泡气化床由 Fritz Winkler 在1922发明，1930年在德国正式商业化推广，为目前已知的最早的商用流化床。曾长期应用于煤炭气化，目前也用作中型生物质气化反应器［<25MWth（兆瓦热能）］。根据操作条件不同，鼓泡流化床可分为低温型和高温型两类，可在常压或高压条件下运行。鼓泡流化床的建造及操作简单，适用于不同原料在常压或高压条件下的氧气或水蒸气等气化介质中气化，惰性床层材料为砂砾、白云石等，构造如图4-4所示。

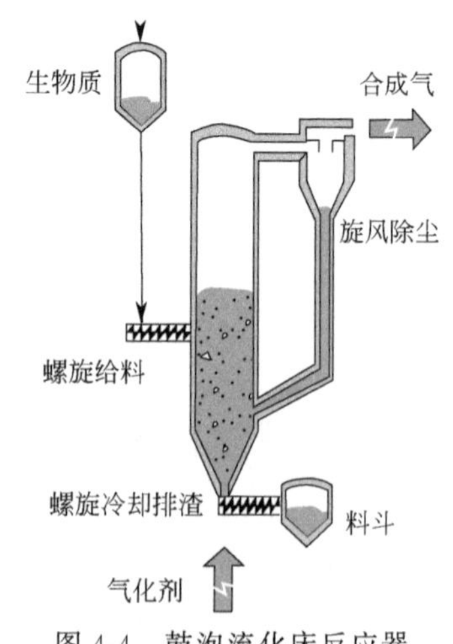

图4-4 鼓泡流化床反应器结构与工作原理示意[13]

通常，生物质粉碎筛分至10mm以下，在热床层中随气化介质运动，气流在鼓泡流化床反应器中的流动速度通常低于1m/s，产物中的固体颗粒物随气流运动时在旋风分离器中与气体组分分离，并收集至流化床底部，气体产物从流化床上方进行收集。大部分转化反应在鼓泡床内进行，降低了焦油转化程度。煤炭气化时床层温度一般保持在980℃以下，生物质气化时温度一般在900℃以下，以避免飞灰熔融、团聚。设备可在850℃的平均温度下运行，但由于原料颗粒易相互黏结，颗粒间接触面积减小，鼓泡流化床的碳转化率低于循环流化床。气化介质可分两阶段供应：第一阶段供给量仅需满足流化床保持气化反应温度设置的要求；第二阶段需将残留的生物质焦和烃类化合物转化为可燃气[14]。

高温温克勒流化床反应器是煤炭和褐煤高温高压气化的典型鼓泡流化床气化反应器，如图4-5所示。该设备由德国Rheinbraun AG公司开发，在飞灰熔点以下采用加压工艺，以提高碳转化率。第一阶段流化床内部保持在1.0MPa、800℃左右的条件，避免飞灰熔融；第二阶段供应过量气化介质使内部温度提高至大约1000℃，以降低甲烷及其他烃类化合物产量。该反应器的主要特点是：

① 原料适应性广，可广泛适用于褐煤等劣质煤种、生物质、固体废物等原料的气化。

② 结构简单，易于操作，运行可靠。

③ 焦油等副产物含量少，气化效率高[15]。

总体来说，与传统的低温流化床相比，高温温克勒流化床生产的气化燃气品质更佳。虽然高温温克勒流化床最初为煤炭气化而开发，但它也适用于城市固体废物（MSW）等生物质原料。

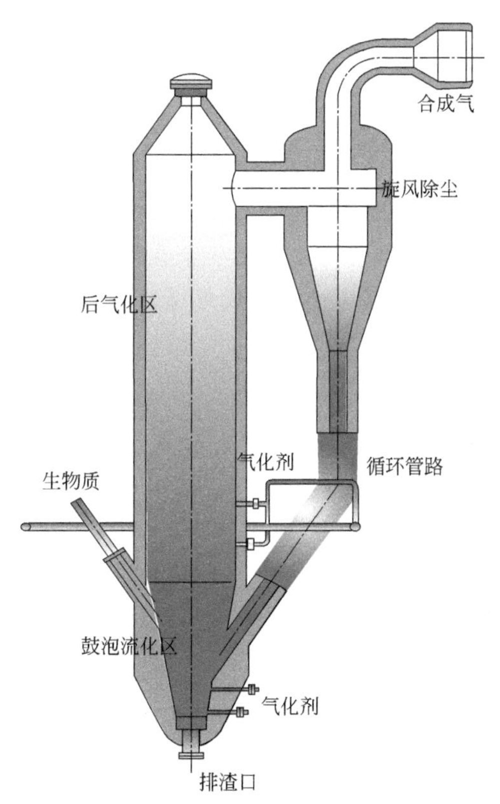

图4-5 高温温克勒反应器结构与工作原理示意[16]

4.2.2 循环流化床

循环流化床的结构组成通常包括立管、旋风分离器和固体回收装置，如图 4-6 所示。

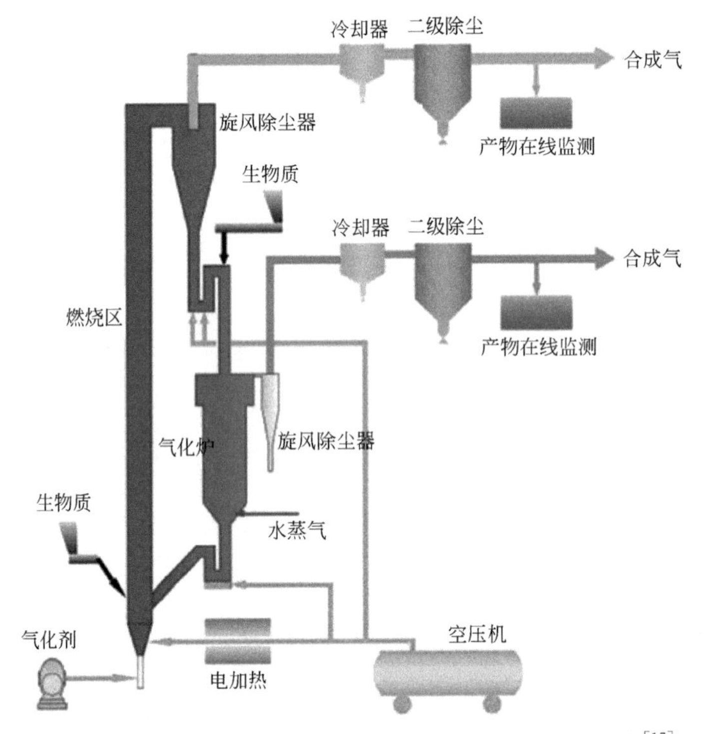

图 4-6 循环流化床系统（空气）反应器结构与工作原理示意[17]

鼓泡流化床与循环流化床外观相似，但两者在流体动力学上具有明显差异。如果鼓泡流化床被隔板隔开，当气体流量不同时固体颗粒会循环至另一侧，即内循环，如图 4-7（a）、（b）所示。在工业应用中，通常会至少选用一个在循环流化状态下运行的独立反应器。当两个反应器之间用虹吸式回路连接时构成外循环流化床系统，如图 4-7（c）所示，可有效分离各反应器中的气相产物。

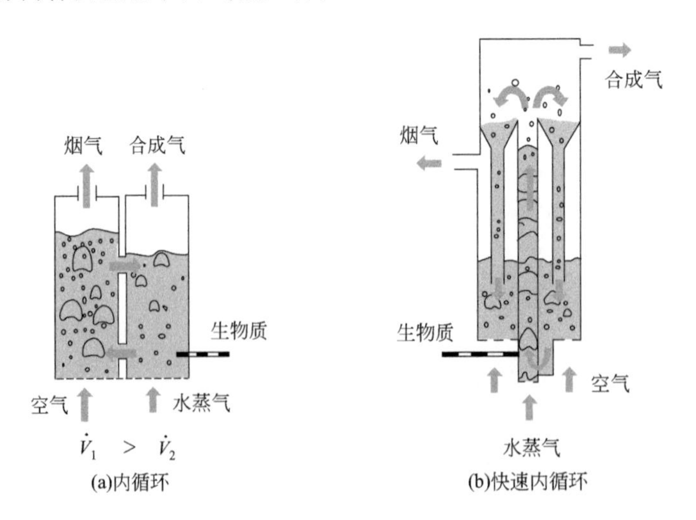

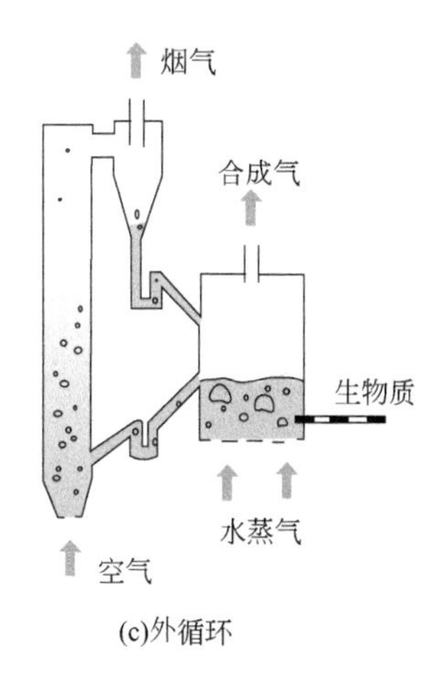

(c)外循环

图 4-7 内、外循环流化床气化反应器示意[18]

在循环流化床中，生物质颗粒分布在整个立管内部，使气体及细小颗粒具有较长的停留时间。根据原料等实际情况，循环流化床工作温度设定在 800～1000℃，气态产物经旋风分离器分离，固体颗粒被高速气流夹带捕获并返回反应器床层底部，可有效提高碳转化率。设备内部必须保持较大的固体循环率及流化速度，以确保反应器保持这种特殊的流体力学特性，该流化床适用于 3～10m/s 的气体流速。与鼓泡流化床相比，循环流化床各单元横截面产能量有所提高，但此类气化装置同样存在焦油和飞灰问题。鼓泡式和循环式流化床在增压条件下运行，可提高成品产量[18]，其中循环流化床主要应用于锅炉、造纸、水泥、发电等行业。

4.3 其他热解气化反应器

4.3.1 回转窑反应器

回转窑反应器最初被应用于水泥产业，后因其广泛的物料适应性（各种尺寸及形状的固体、液体和气体废物）和操作简单、控制方便等优点，成为废物热解的主要炉型之一[19]。回转窑最主要的特点是它的主体部分——圆筒可以旋转并且倾斜角度可以在一定范围内调节，通常倾斜角设定为 1°～4°。回转窑（图 4-8）的主要部件包括进料装置、滚筒、加热装置、产品收集装置、密封装置等。在运行时，物料由给料机从斜上方入口处投入滚筒，在滚筒倾斜和转动的作用下，物料逐渐沿着轴线方向往出料口移动。在移动的同时，物料旋转并充分混合，实现热质交换。反应后，反应产物和渣料由尾部出料口排出。通常情况，回转窑反应器可分为外热式和内热式。内热式回转窑的物料在窑体内完成燃烧，热量大多集中在内部，且高温烟气与助燃空气进行热交换可提高空气温度，有助于降低能量损耗。外热式回转窑是指利用外部热源对反应器的外壁进行加热，进而间接提升物料的温度。通常来说，回转窑加热方法对于气体、物料和壁面传热方式影响较小。内热式回转窑通常用于煅烧、冶金、水泥、垃圾焚烧等工艺。外热式回转窑可以保证内部气氛的均一性，因此对反应产物具有较高要求或对反应气氛有较高要求的情况，多数使用外热式回转窑。

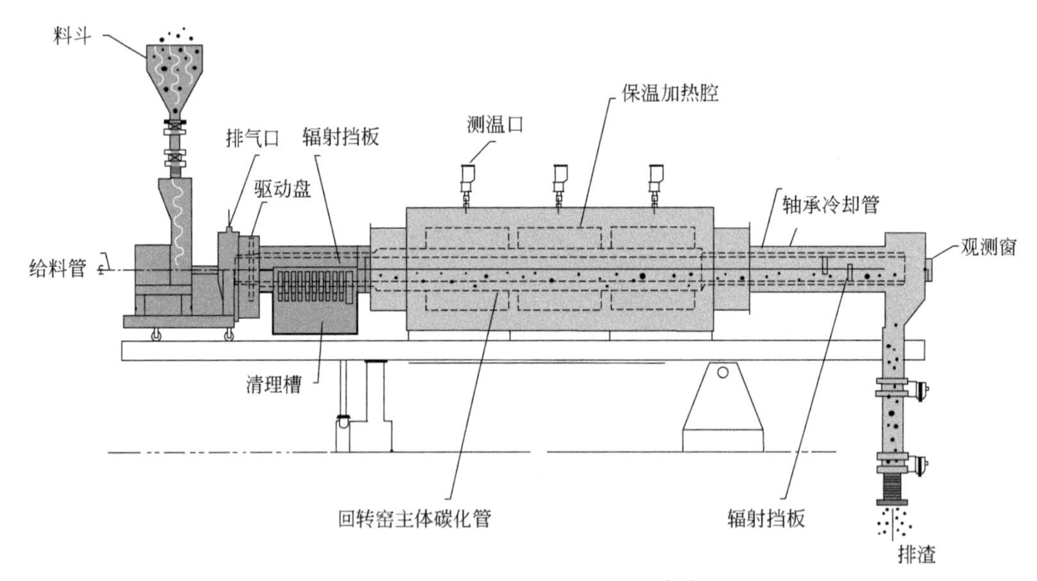

图 4-8 典型回转窑热解器示意[20]

相对于固定床反应器，回转窑反应器有以下优点。

① 传热传质效率高。滚筒的不断旋转促进了滚筒内物料的混合，增强了反应物料在热解过程中的传热传质效率；

② 反应过程易于调节。通过调节回转窑的倾角和转速可以控制反应物在滚筒内的停留时间，进而有效地控制反应物料在回转窑内的反应进程。

③ 进料方便。回转窑可以连续进料，方便进行大批量热解反应，同时可以减少反应过程中污染物的排放。

④ 原料要求低。回转窑反应器可以处理的物料比较丰富，不仅可以热解固体物料，同时也可以热解液体或者泥浆类物料[21]。

回转窑的内部通常装有耐火砖，以防止热量的散失，保证了回转窑具有良好的保温性能，并且回转窑内空间较大可以同时热解不同种类的原料，因此人们越来越多地在回转窑内进行有机固废，如废旧轮胎、生物质原料等的热解。黄景涛[22] 利用回转窑在450～650℃范围内开展了废旧轮胎的热解实验，探究废旧轮胎在回转窑中的运动特性和传热特性，并对热解产物的产率和产品组成做了全面的分析。其研究结果显示，随着热解温度的升高，半焦产率先降低后升高，在550℃时达到最大值，焦油产率在500℃达到最大值，气态产物产率随着温度升高而升高，回转窑热解得到的轮胎热解油性质与原油相似。陆王琳[23] 利用回转窑在550℃下热解废旧轮胎，探究焦、焦油和气态产物的产率，并且对热解油中的轻质和中质馏分油做了详细的表征，得到了其元素、官能团和化学族组成等性质。

总体来看，回转窑反应器可适应各类有机固废，其产生木炭和生物油的能力与流化床热解器相近。除热解外，回转窑反应器还常用作医疗废弃物等危险废物的焚烧处理设施。根据《全国危险废物和医疗废物处理设施建设规划》要求，应优先采用对废物种类适应性强的回转窑焚烧技术处理危废。

4.3.2 旋转锥反应器

旋转锥反应器最初于1989年在荷兰特文特大学的一项博士课题中开发，最初的反应器每小时可处理10kg生物质原料[24]。1994～1996年逐步开展后续相关研究，旨在开发完全热集成实验室设备及催化热解技术。荷兰的BTG集团（Biomass Technology Group B. V.）最先掌握相关热解技术[25]。随着相关研究的展开，逐渐形成了示范基地及商业化产品，最先运行的是BTG与我国沈阳农业大学合作研发的50kg/h试验装置[25]。

旋转锥形反应器的整体结构如图4-9所示，它的特点是采用离心力来移动生物质。在反应过程中，载热砂在砂箱中预热，生物质颗粒与过量的载热砂一同进入旋转锥的底部。在生物质颗粒与载热砂的混合物沿着反应器的高温内壁螺旋向上传送过程中，生物质原料发生热解反应，载热砂经过反应器后流入下方的另一个砂箱中。生物质热解产生的气体流经旋风分离器再进入冷凝器，其中的可凝组分形成生物油。相关研究结果表明，实验室规模的旋转锥形反应器在温度600℃、滞留时间1s的条件下，三相产物的产率分别为生物油60%、热解气25%、热解炭15%[26]。

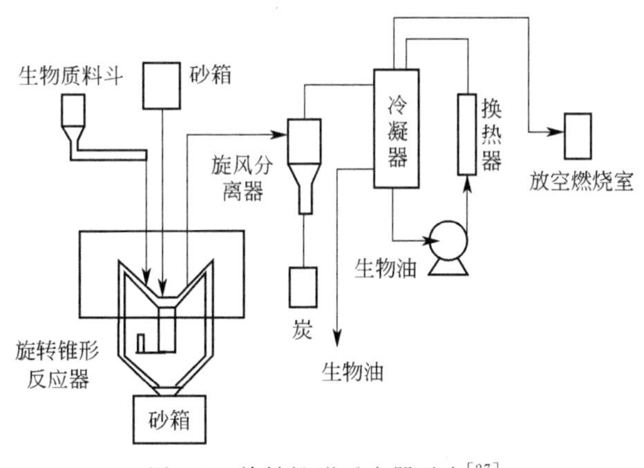

图4-9 旋转锥形反应器示意[27]

4.3.3 烧蚀反应器

烧蚀热解是生物质快速热解技术中研究较为广泛的方法之一，其主要作用机制为生物质颗粒在高压之下，以极高的速率（＞1.2m/s）掠过温度超过600℃的热反应器表面，进而发生热解反应[25]，它的特点是能够对较大颗粒的生物质原料进行热解[27]。根据此热解技术，英国阿斯顿大学设计并建造了一台结构新颖的烧蚀板式热解反应器，如图4-10所示，以实现以木材为原料的高产油率热解进程。该反应器已投入运行，进料速率3kg/h，生物油产量可达原料干重的80%，目前仍在进行更大规模的研发[25]。

同样根据烧蚀热解技术原理，美国国家可再生能源实验室研发了涡旋烧蚀反应器，运行规模已达36kg/h，生物油产率为55%[28]。如图4-11所示，该反应器是通过载气带动生物质颗粒以切线的方向加速进入反应管，并由于离心作用与高温管壁接触进行烧蚀热解，生物油在生物质颗粒与管壁间产生并迅速蒸发离开反应器，随后在液体收集系统中进行收集[25,28]。

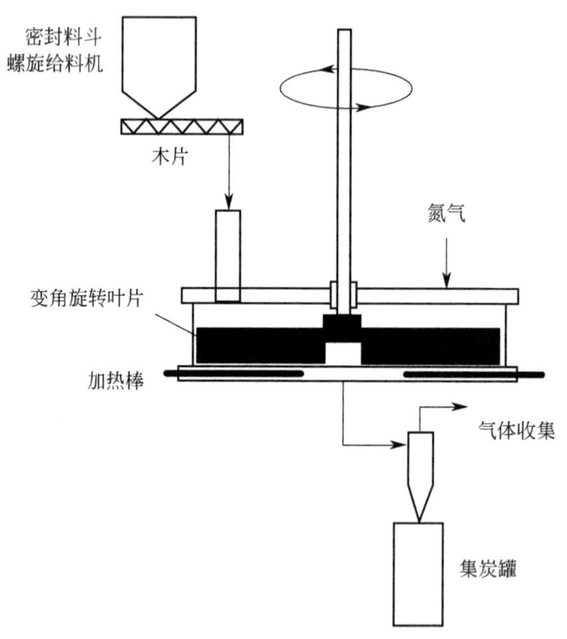

图 4-10 阿斯顿大学烧蚀反应器示意[25]

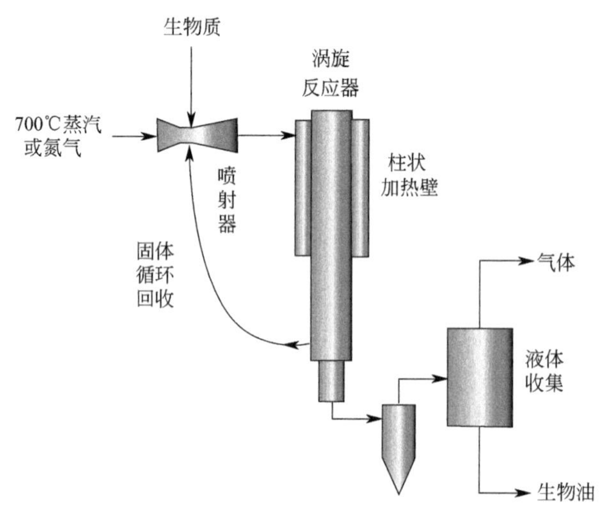

图 4-11 NREL 涡旋烧蚀反应器示意[28]

4.3.4 携带床反应器

携带床反应器又称气流床或夹带床反应器，其整体结构如图 4-12 所示。携带床反应器原用于煤粉气化过程，后因其气化强度高的特点而被应用于生物质、塑料等混合固废的热解气化过程。生物质原料（<1mm）和气化剂以并流的方式引入气化炉中，颗粒在高于其灰熔点的温度下进行燃烧和气化反应，既增大了气化反应速度又提高了生物质炭转化率，从而增强气化能力。携带床反应器的运行压强通常为 25～30Pa、运行温度为 1300～1500℃，火焰温度一般可达 2000℃以上，因此焦油、氮硫化物、氰化物等污染物均可得到充分转化，最终得到纯度较高的燃气产品[29]。

携带床反应器的排渣方式为液态排渣，在气化过程中气流中夹带大量的灰分，通过

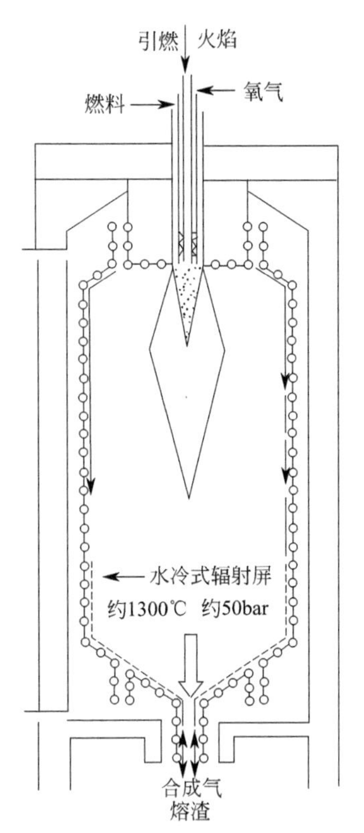

图 4-12 携带床反应器示意[31]

(1bar=10^5Pa)

灰分颗粒之间的相互碰撞作用，炉渣逐渐结团长大，从气流中分离或黏结到炉膛管道上，最终以熔融状态排出气化炉。由于是液态排渣，气化炉的操作温度通常在流动温度(FT)以上，并且受原料灰熔点的影响。灰熔点越高，要求的气化温度也就越高，最终导致气化耗氧量增加，经济性略有下降，同时导致系统部件寿命缩短，工艺投资和维护的费用增加[30]。

参考文献

[1] 陈冠益，马文超，颜蓓蓓．生物质废物资源综合利用技术［M］．北京：化学工业出版社，2015.

[2] 袁振宏，吴创之，马隆龙．生物质能利用原理与技术［M］．北京：化学工业出版社，2006.

[3] Daizo K，Levenspiel O D. Fluidization engineering［M］. Oxford，UK：Butterworth Heinemann，1991.

[4] Basu P. Combustion and gasification in fluidized beds［M］. Boca Raton，USA：CRC Press，2006.

[5] Siedlecki M，Jong W，Verkooijen A. Fluidized bed gasification as a mature and reliable technology for the production of bio-syngas and applied in the production of liquid transportation fuels—A review［J］. Energies，2011，4（3）：389-434.

[6] Chen H P，Li B，Yang H P，et al. Experimental investigation of biomass gasification in a fluidized bed reactor［J］. Energy & Fuels，2008，22（5）：3493-3498.

[7] Corella J，Alberto O，Aznar P. Biomass gasification with air in fluidized bed：reforming of the gas composition

with commercial steam reforming Catalysts [J] . Industrial & Engineering Chemistry Research, 1998, 37 (12): 4617-4624.

[8] Sonyama N, Okuno T, Masek O, et al. Interparticle desorption and re-adsorption of alkali and alkaline earth metallic species within a bed of pyrolyzing char from pulverized woody biomass [J] . Energy & Fuels, 2006, 20 (3): 1294-1297.

[9] Miles P, Miles J, Baxter L, et al. Alkali deposits found in biomass power plants-a preliminary investigation of their extent and nature [M] . Cole, United States: Summary report for National Renewable Energy Laboratory, 1995.

[10] Turn S, Kinoshita C, Ishimura D, et al. The fate of inorganic constituents of biomass in fluidized bed gasification [J] . Fuel, 1998, 77 (3): 135-146.

[11] Olivares A , Aznar M, Caballero M. Biomass gasification: produced gas upgrading by in-bed use of dolomite [J] . Industrial & Engineering Chemistry Research, 1997, 36 (12): 5220-5226.

[12] Proll T, Rauch R, Aichernig C. Fluidized bed steam gasification of solid biomass performance characteristics of an 8 MWth combined heat and power plant [J] . International journal of chemical reactor engineering, 2007, 5 (1): 1398-1417.

[13] Karl J, Proell T. Steam gasification of biomass in dual fluidized bed gasifiers: A review [J] . Renewable and Sustainable Energy Reviews, 2018, 98: 64-78.

[14] Prabir B. Biomass gasification and pyrolysis: practical design and theory [M] . Cambridge, United States: Academic Press, 2010.

[15] 刘镜远．高温温克勒煤气化技术近况 [J] . 煤化工, 1986 (2): 82-84.

[16] Krause D , Herdel P , Stroehle J , et al. HTW-gasification of high volatile bituminous coal in a 500 kWth pilot plant [J] . Fuel, 2019, 250: 306-314.

[17] Guan H , Fan X , Zhao B , et al. An experimental investigation on biogases production from Chinese herb residues based on dual circulating fluidized bed [J] . International Journal of Hydrogen Energy, 2018, 43 (28): 12618-12626.

[18] Olofsson G. Reduction of ammonia and tar in pressurized biomass gasification [J] . Office of Scientific & Technical Information Technical Reports, 2002.

[19] 李水清，李爱民，严建华，等．生物质废弃物在回转窑内热解研究——Ⅰ．热解条件对热解产物分布的影响 [J] . 太阳能学报，2000, 21 (4): 333-340.

[20] Boateng A. Rotary K. The Rotary kiln evolution and phenomenon [J] . Rotary Kilns (Second Edition), 2016: 1-11.

[21] 吴渊清．回转窑设备特性及其在煤/生物质共热解中的应用 [D] . 天津：天津大学，2018.

[22] 黄景涛．废轮胎回转窑热解工艺中试试验研究 [D] . 杭州：浙江大学，2002.

[23] 陆王琳．废轮胎回转窑热解油油品分析及加氢精制研究 [D] . 杭州：浙江大学，2007.

[24] Wagenaar B. The rotating cone reactor [D] . Enschede, Netherlands: University of Twente, 1994.

[25] Bridgwater A, Peacocke G. Fast pyrolysis processes for biomass [J] . Renewable & Sustainable Energy Reviews, 2000, 4 (1): 1-73.

[26] 吴创之，马隆龙．生物质能现代化利用技术 [M] . 北京：化学工业出版社，2003.

[27] 林木森．国外生物质快速热解反应器现状 [J] . 能源化工，2010, 31 (5): 34-36.

[28] Bridgwater A. Renewable fuels and chemicals by thermal processing of biomass [J] . Chemical Engineering Journal, 2003, 91 (2): 87-102.

[29] Karel S, Michael P, Miloslav H, et al. Pretreatment and feeding of biomass for pressurized entrained flow gasification [J] . 2009, 90 (4): 629-635.

[30] Ren J, Cao J, Zhao X, et al. Recent advances in syngas production from biomass catalytic gasification: A critical review on reactors, catalysts, catalytic mechanisms and mathematical models [J] . 2019, 116: 109426.

[31] 曹小伟．生物质气流床气化特性及半焦气化动力学研究 [D] . 杭州：浙江大学，2007.

第5章 模拟软件与设计方法

热解气化工艺的性能受许多因素影响，包括原料、工艺设计和操作参数等。因此，需要根据实验数据和/或使用热解气化过程的数学模型来设计反应器。实验方法最为可靠，但如与数值模拟结合使用可更清晰了解热解气化炉内的物理和化学现象。在实际应用中，无论是基础研究还是热解气化的研发，数值模拟都发挥着关键作用。可靠的模型可精准地预测热解气化炉性能随原料、运行参数的变化规律，为实际操作提供定性和定量的信息。数值模拟在优化现有热解气化炉的操作参数、深入了解操作参数之间的关系以及解释数据趋势方面优势显著。此外，数值模拟与实验探索相比，其时间成本和经济成本也具有优势。

对热解气化过程进行数值模拟，涉及传热传质、多相流体动力学以及多种非均相和均相化学反应。本章主要阐述不同热解气化模型的特点、建模方法及其在工艺设计中的应用。

5.1 热解气化模型概述

5.1.1 热解气化过程建模的意义

有机废物热解气化过程建模指应用基本定律，并结合热解气化过程中涉及的流动、燃烧、化学反应、传热等知识，将研究对象以数学模型表示，并进行数值计算。随着计算机运算能力的迅速提高，热解气化实际应用范围和规模的不断扩大，数值模拟在其设计生产过程中发挥愈加重要的作用。

影响热解气化产物质量和性能的参数可分为原料特性参数、反应器操作参数和反应器结构参数三类。其中热解气化工艺的设计中三类参数均有涉及，而热解气化过程控制主要涉及操作参数。虽然实验方法是优化这些参数的可靠方式，但花费的成本往往较高。此外，由于实验过程的高成本，不可能探索所有的参数空间来找到最优参数，因此，采用数值模拟作为辅助工具，以高效、经济的方式优化参数逐渐被人们所关注。

数值模型的原理是建立影响参数与热解气化产物之间的关系。热解气化模型按时间特性可分为稳态模型和动态模型两类。稳态模型可以为反应器在各种设计工况下的运行提供准确的结果，对于研究不同工况下热解气化的稳态输出和评价热解气化工艺设计结果具有重要价值。动态模型的输出主要为一维结果，否则计算量将非常大，但是动态模型有许多优点，可用于优化设备启动和关闭，研究高负荷变化率下的设备瞬态运行，以及评估热应力部件的寿命消耗。

探索热解气化设备最佳运行工况的经济和时间成本较高的情况下，数值模拟的工具作用突显[1]，尤其是以下几种工况。

① 热解气化是一系列复杂的化学反应和物理过程，气化剂、温度、加热速率、停留时间等对气、液、固产物分布影响显著，热解气化的基础研究离不开数值模拟[2]。

② 设计人员及工程师可利用现有运行数据对试运行或运行中的热解气化设备工况进行数值模拟优化，为操作提供定性指导，明晰操作工况参数作用机制及预测危险或不利工况[3,4]。

③ 现代热解气化发展趋于高温、高压，目前对这些极端工况尚未大规模推广应用，数值模拟能以较低的成本对收益及风险进行预测[5]。

目前许多研究者对热解气化开展数值模拟研究，但对不同类型模型进行归纳和总结的研究工作很少见。本书将从模型概述、模型建立方法和应用案例三部分对有机废物热解气化模型进行详细、系统的介绍。

5.1.2 热解气化模型的分类及特征

从建模原理的角度来看，热解气化模型包括理论模型与经验模型两大类。其中，理论模型从物理化学过程的本质出发，凝练物理化学变化中的客观规律，从而形成量化的数学表达；经验模型从物理化学过程的结果出发，在不探究反应本质的条件下构建特定输入参数与输出结果间的定量关联。具体而言，热解气化领域常见的理论模型包括动力学模型、网络模型、热力学平衡模型等，而经验模型以人工神经网络模型为主。目前，也有较为前沿的研究将理论模型与经验模型结合构成半理论-半经验模型，从而获取更好的模型预测精度，但此类模型相关的报道与应用仍然较少。

从应用形式的角度来看，热解气化模型又可以分为热解模型、气化模型及其基础上的商业软件。其中，热解模型重点针对热解过程进行模拟，由于热解是气化的基础与核心，因此热解模型侧重于对反应原理本质进行解析；气化模型重点针对气化过程进行模拟，既关注动力学角度的反应速率调控，也关注热力学角度的转化率与产物分布调控；而在上述模型基础上，目前已有CFD、ASPEN PLUS、MATLAB等商业模拟软件，方便用户直接使用。表5-1、表5-2和表5-3分别对热解模型、气化模型、商业模拟软件的优势与不足进行了分析。

表5-1 不同生物质热解模型的优势与不足[5]

动力学模型	
优势	不足
(1)热解过程用总反应速率表示，以确定集总产物的产率； (2)不需要广泛的结构数据； (3)所需的动力学参数可以通过实验获得，使用简单的分析技术，如TGA、FTIR、MS等	(1)只有经典的集总动力学模型才能模拟生物质热解过程的结构变化； (2)在预测焦油，焦炭和挥发性气体的产量方面效果较差； (3)需要依赖不同操作条件下的大量实验数据来计算动力学参数； (4)仅适用于特定范围的数据

续表

网络模型	
优势	不足
(1)适用于预测热解过程焦油、焦炭和轻质气体的产率； (2)考虑热解过程基本现象，即交联、碎裂； (3)可确定结构变化，即不稳定的桥键断裂、烧焦的桥键稳定和新的桥键形成	(1)模型的输入数据对于不同的原料具有高度特异性； (2)如要构建完善的物质传输机制与分子反应路径，所需计算机计算力极高； (3)仅考虑纤维素、半纤维素和木质素，没有考虑无机物对热解的影响
机理模型	
优势	不足
(1)适用于仅在分子水平上确定热解机理； (2)适用于研究无机物对热解的影响	(1)主要关注气相反应； (2)主要关注模型化合物； (3)不考虑组分之间的交互作用； (4)由于复杂的反应，纤维素热解的确切机理仍然是未知的

表 5-2　不同生物质气化模型的优势与不足[4]

动力学模型	
优势	不足
(1)更真实的流程描述； (2)涉及广泛的过程操作信息； (3)适用于气化炉设计和改进	(1)没有考虑所有可能的过程反应； (2)模型反应系数和动力学常数不固定； (3)模型依赖于气化炉设计； (4)难以实现在线过程控制
热力学平衡模型	
优势	不足
(1)独立于气化炉类型和设计或特定的操作条件范围； (2)可用于预测不同操作参数下的气化炉性能；简单易行，收敛快速	(1)仅描述固定气化过程； (2)不提供有关气化过程的见解

表 5-3　商业模拟软件的优势与不足[3]

MATLAB	
优势	不足
(1)成熟的商业工具包； (2)程序语言入门简单； (3)功能拓展性强	(1)程序语言为解释型语言，代码执行速度偏低； (2)程序代码的封装性偏差
CFD(计算流体力学)	
优势	不足
能够以网格化方式模拟传热传质细节，方便对反应器结构进行优化	网格划分所需的人力及传热传质计算所需的计算机计算力高，进行高精度计算耗时极长
ASPEN PLUS	
优势	不足
有丰富的数据库和模型，操作简单	软件功能以工艺设计为主，难以对反应过程及反应器进行精细模拟

5.1.3 热解气化模型的应用及发展

固体废物热解气化模型起源于煤的热解气化。1970 年，傅维标等[6] 提出了煤热解的单方程模型，但方程中的动力学参数 E、K 在煤种变化时，其改变很大，使模型的应用受到限制。此后，研究人员不断探索煤粉热解模型，将其成功应用于煤粉在流化床、固定床、气流床等设备上不同工况下的热解反应过程分析。煤气化模型的研究始于 20 世纪 70 年代[7]，目前从最初的热力学平衡模型发展至一维、二维甚至三维模型，通过气化模型可以获得煤气化过程各参数变化，同时对优化煤的气化参数具有重要意义。

在煤的热解气化模型基础上，20 世纪 90 年代，固体废物热解气化模型在国内外发展起来。1996 年，阴秀丽等[8] 以实验为基础，根据化学动力学等相关知识，结合原料特性，建立了生物质循环流化床气化炉的数学模型。1998 年，Semino 等[9] 开发了流化床反应器生物质热解模型。早期建模以动力学模型为主，后逐渐发展至多种建模方式。结合 CFD 与 Aspen plus 等商用软件，固体废物热解气化模型已经广泛应用于实际工程，例如垃圾焚烧发电厂、生物质快速热解气化燃烧发电技术等。

目前，随着计算机与软件技术的发展，以人工神经网络为代表的经验模型呈现出迅猛的发展态势，越来越多的研究者发现经验模型在预测精度上的优势。然而，经验模型的不可解释性引发了对模型可靠性的质疑，因此寻求经验模型的机理解释、将经验模型与理论模型结合进行耦合建模成为目前热解气化模型领域的重要研究方向。

5.2 热解气化模型

5.2.1 热解模型

5.2.1.1 动力学模型

明晰热解反应机理对掌握生物质的热解过程具有重要意义，因此，近半个世纪以来，研究者将热解反应近似为一个整体过程[10]。但实际上，评价热解反应过程参数对物质转化率影响的重要方面是热解动力学，了解热解动力学的反应过程和机理、反应速度及难易程度，能给生物质热化学转化工艺的研究开发提供重要的数据支持[11]。

（1）速率常数

动力学方程中的速率常数 k 与温度 T 有非常密切的关系，19 世纪末 Arrhenius 和 Van't Hoff 等提出了一系列的 k-T 关系式。这些关系式中，有一些纯粹是经验公式，其中 Arrhenius 通过模拟平衡常数-温度关系式的形式所提出的 k-T 关系式最为常用：

$$k=A\exp\left(-\frac{E}{RT}\right) \tag{5-1}$$

式中 k——反应速率常数，min^{-1}；

A——指(数) 前因子，是指热解过程中分子之间撞击的频率，可以表示高温状态下 k 的最大值，min^{-1}；

E——表观活化能，表示物质反应所需的热量，与热解开始温度紧密相关，kJ/mol；

R——摩尔气体常数，8.314×10^{-3}kJ/(mol·K)；

T——热力学温度，K。

再结合非均相反应的动力学方程：

$$\frac{\mathrm{d}\alpha}{\mathrm{d}t}=kf(\alpha) \tag{5-2}$$

式中 α——t 时刻生物质样品已反应的分数，即转化率；

t——分解时间，min；

$f(\alpha)$——微分形式动力学机理函数，$f(\alpha)$的形式由反应类型或者反应机制决定，可以假设函数 $f(\alpha)$只与转化率α 有关，而与温度 T 和时间t 无关。

转化率α 定义如下：

$$\alpha=\frac{100-w}{100-w_{\infty}} \tag{5-3}$$

式中 w——任意温度下试样的质量分数；

w_{∞}——反应最终温度时试样残重分数。见图 5-1。

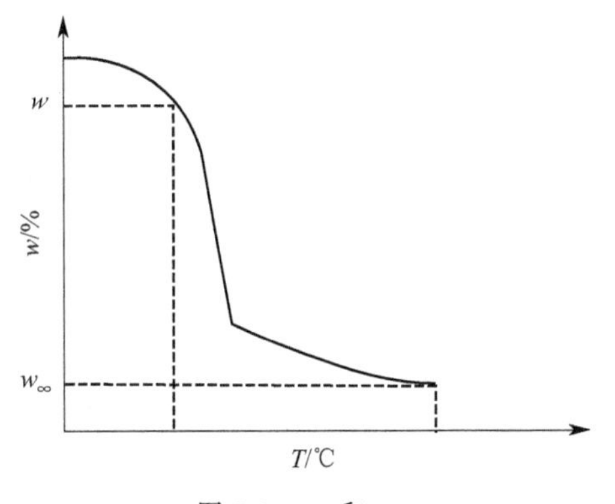

图 5-1 w 和w_{∞}

定义加热速率β 为：

$$\beta=\frac{\mathrm{d}T}{\mathrm{d}t} \tag{5-4}$$

将式(5-2) 和式(5-4) 代到式(5-1) 中得到非均相体系在非等温条件下的常用的动力学方程：

$$\frac{\mathrm{d}\alpha}{\mathrm{d}T}=\frac{A}{\beta}\exp\left(-\frac{E}{RT}\right)f(\alpha) \tag{5-5}$$

动力学研究的目的就在于求解出能描述某反应的上述方程中的“动力学三因子”(kinetic triplet) E、A 以及 $f(\alpha)$。

(2) 动力学模式(机理)函数

动力学模式函数体现了物质反应速度与α 之间所依照的某种函数关系，代表了反应的机理，它相应的积分形式被定义为：

$$G(\alpha)=\int_0^{\alpha}\frac{\mathrm{d}\alpha}{f(\alpha)} \tag{5-6}$$

20 世纪 20 年代后期学者建立了非均相反应动力学，式(5-6) 中 $G(\alpha)$及 $f(\alpha)$的表达式如表 5-4 所列。即便这些动力学模式方程可以对大部分固体物质的反应过程做出基础的解释，然而因为非均相反应的繁杂性、试样粒径的大小、形态的不规则性、堆积的不规则性以及物质的物理和化学性质的多样性，导致这类形式与确切的反应过程之间不可能完全相同。

表 5-4 常规固体反应动力学模式函数

模式	符号	$G(\alpha)$	$f(\alpha)$
一级化学反应	F1	$-\ln(1-\alpha)$	$(1-\alpha)$
二级化学反应	F2	$(1-\alpha)^{-1}-1$	$(1-\alpha)^2$

续表

模式	符号	$G(\alpha)$	$f(\alpha)$
三级化学反应	F3	$\frac{(1-\alpha)^{-2}-1}{2}$	$(1-\alpha)^2$
一维扩散	D1	α^2	$\frac{1}{2\alpha}$
三维扩散	D3	$[1-(1-\alpha)^{\frac{1}{3}}]^{\frac{1}{2}}$	$6(1-\alpha)^{\frac{2}{3}}[1-(1-\alpha)^{\frac{1}{3}}]^{\frac{1}{2}}$

(3) 热分析动力学方法

热分析动力学方法包括等温法、单个扫描速率以及多重扫描速率的非等温法[12]。等温法常常选取模式配合法（model fitting method），即实验结果与动力学模式有关系。速度常数 k 与 $f(\alpha)$、$G(\alpha)$隔离分开，随后采取两步法计算动力学三个未知因数。单个扫描速率的非等温法是指在同一速度下获得一条 TA 曲线的动力学分析方法。此方法使动力学方程的微分或者积分方程很好地排列和组合，从而获取不同样式的线性方程，随后试着将不同样式下的微分形式 $f(\alpha)$或积分形式$G(\alpha)$代进去，直到拟合结果的相关系数 R 最接近 1。多重扫描速率的非等温法是指用不同加热速率下测得的多条 TA 曲线来进行动力学分析的方法。

早在 20 世纪 20 年代就有学者运用热分析的方法对物质反应的动力学进行研究和解释，但直到 20 世纪 50 年代才作为一种科学又全面的方法得到应用。人们在热分析技术的帮助下能够在变温、常温或者线性升温的条件下对固态物质的反应动力学进行科学解释，建立“非等温动力学”（non-isothermal kinetics）。非等温动力学是热分析动力学的重要内容，因为一条非等温的热分析曲线里包括了多条等温曲线的内容，减少了工作量。以下两个方程在研究和工业领域常用于热分析动力学。

微分式：

$$\frac{d\alpha}{dT}=\frac{A}{\beta}\exp\left(-\frac{E}{RT}\right)f(\alpha) \tag{5-7}$$

积分式：

$$G(\alpha)=\int_0^T \frac{A}{\beta}\exp\left(-\frac{E}{RT}\right)dT=\frac{AE}{\beta R}P(u) \tag{5-8}$$

式中，$P(u)$称为温度积分，其形式如下：

$$P(u)=\int_0^u -\frac{\exp(-u)}{u^2}du \tag{5-9}$$

式中，$u=\frac{E}{RT}$；$P(u)$在数学上无解析解，只能得近似解。

以上两种方法各有其利弊：微分法不涉及难求解的温度积分的误差，但热重试验通过数值方法计算得到的 DTG 曲线影响因素复杂；积分法的问题则是式(5-9) 在数学上无解析解，以及由此提出的种种近似方法都会有不同程度的偏差[13]。

5.2.1.2 网络模型

热解也称为脱挥发分（用于从煤中除去挥发物的术语）。脱挥发分通常涉及分子水平的部署和再聚合反应[14,15]，其机制[16,17] 可分为 4 个阶段，如图 5-2 所示。这 4 个阶段是网络模型的基础。

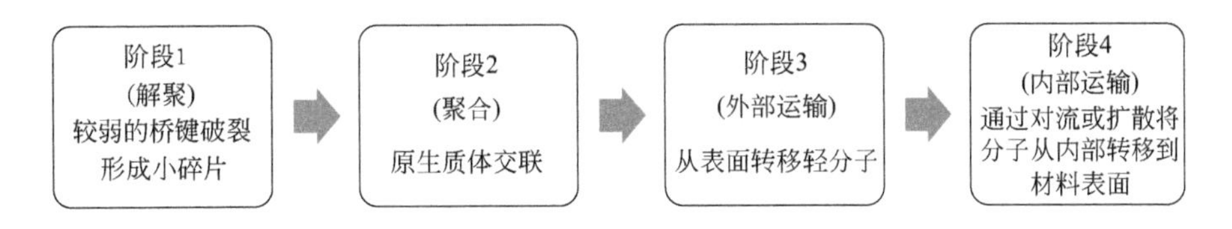

图 5-2 网络模型的脱挥机理

网络模型首次提出也是用于煤的脱挥发分，然后改进用于生物质热解。煤炭脱挥发分网络模型的概括与分析可通过文献[17,18]阅读获取。网络模型考虑了热解过程原料的详细结构变化，因此网络模型也被称为结构模型。生物质的典型网络模型是生物质-官能团-解聚、蒸发与交联（Bio-FG-DVC）模型[19]，生物质-FLASHCHAIN（Bio-FLASHCHAIN）模型和生物质-化学渗透脱挥发分（Bio-CPD）模型[20,21]。这些模型的共同点在于都是用简化的生物质化学和网络统计学描述了焦油前驱体的生成，但在网络几何形状、断桥和交联化学、热解产物、传质假设以及统计方法上各有不同。

（1）生物质网络的定义

生物质热解建模开始于生物质大分子结构的表征，其基于生物质的三种基本成分，即纤维素、半纤维素和木质素。这些组分的结构如图 5-3 所示[22]。

对于网络模型，结构是基于蒙特卡罗或渗透点阵理论的统计技术定义的。Serio 等[23]使用蒙特卡罗计算 Bio-FG-DVC 模型。该模型针对木质素热解，因为木质素的结构类似于煤。典型的木质素大分子网络由具有分子量分布的“l”单体链组成，这些单体链通过交联连接，如图 5-4 所示。然而，对于渗滤理论，使用 Bethe 点阵，游离单体的数量可以表示为配位数和键位被破坏的概率的函数。由于 Bethe 点阵的使用，对于生物质组分而言，渗滤统计比蒙特卡罗更为可取。二维和三维阵列的统计特性非常复杂，因此发展了伪点阵（Bethe 点阵）提供解析解。配位数定义了每个簇中可能的桥的数目，对晶格的特性起着重要的作用。在 Bio-FG-DVC 模型中，Bethe 点阵配位数通常为 2（$\sigma+1$）[24]。

在 Bio-FLASHCHAIN 模型中，生物质表示为纤维素和木质素组分的链共聚物，其配位数为 $\sigma+1=2$。这些链片段的大小可以从单体到无限长链不等[25]。而用于 Bio-CPD 模型的大分子网络通常是具有与其结构相对应的配位数的点阵。具有配位数 $\sigma+1=3$ 的 Bethe 点阵的三角形的示例在图 5-5 中示出。

（2）生物质几何表征

结构参数是三种网络模型的输入参数之一，其是原料特定参数，完全取决于生物质的类型。这些参数包括配位数、初始桥联数、单体分子量、不稳定桥联的初始分数、烧焦桥联、单簇分子量、侧链分子量等。包括芳香核在内的参数仅针对煤炭而规定，对生物质原料不起任何作用[26]。采用 py-FIMS、核磁共振、SEM/X-射线等不同的实验技术可确定其结构参数。

对于木质素的 Bio-FG-DVC 模型的实现，重要的参数是单体分子量（M_{avg}）、交联分子量（M_c）、标准差（σ）、低聚物长度（Q）和每克交联度（m_o）。Serio 等[23]讨论了上述参数的确定方法。Bio-FLASHCHAIN 模型有三个重要的基本结构参数，即桥、脱水桥和碳链。对于 Bio-CPD 模型，这些参数基于生物质的三个组成部分，即纤维素、

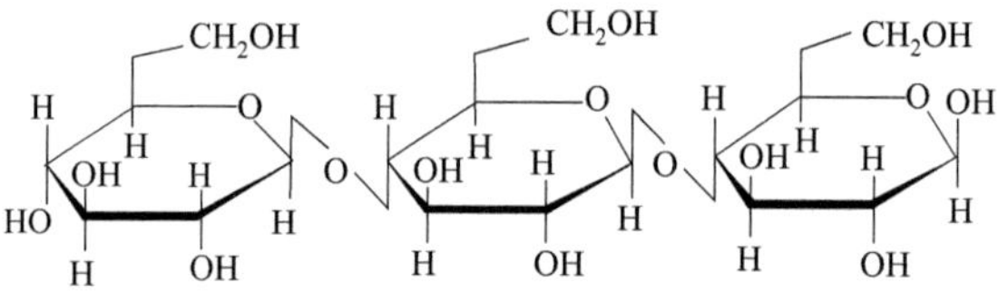

(a)纤维素

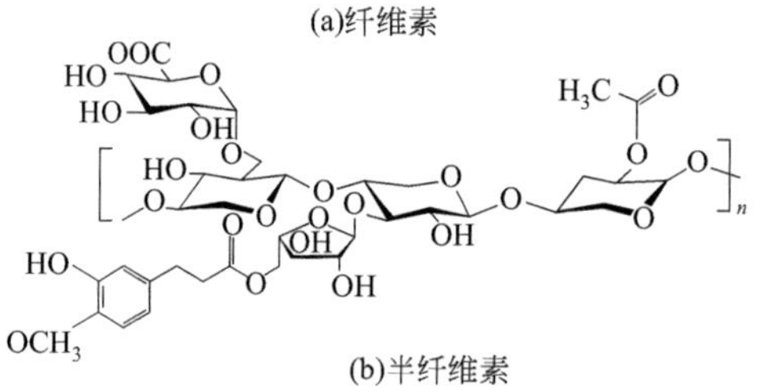

(b)半纤维素

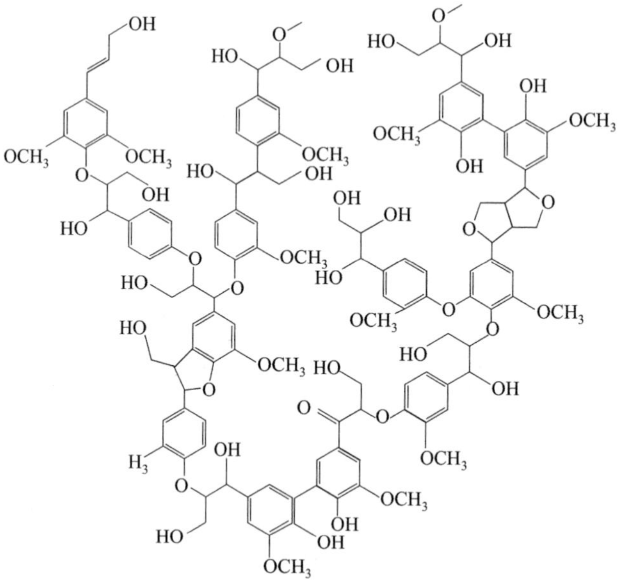

(c)木质素

图 5-3 生物质主要组分的结构[22]

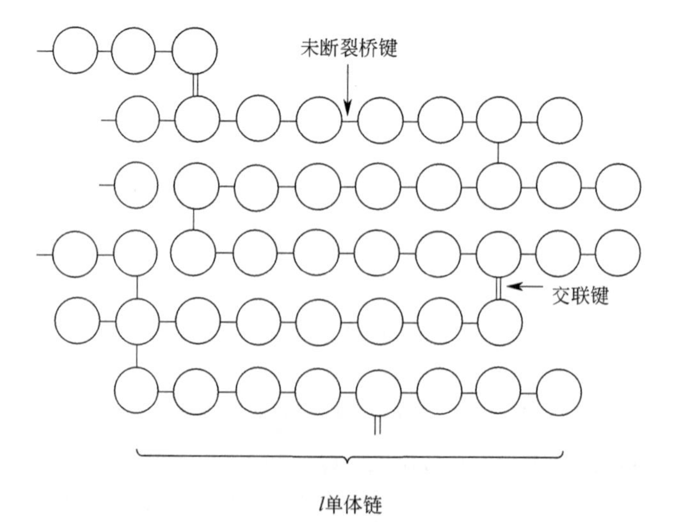

图 5-4 蒙特卡罗模拟用大分子网络[24]

半纤维素和木质素。由于纤维素和半纤维素的结构被认为是类似的，所以它们的基本单位都是固定的碳和附着的氢。木质素具有与低阶煤相同的结构，因此木质素的基本单元是松柏醇、香豆醇和芥子醇，如图 5-6 所示[27]。

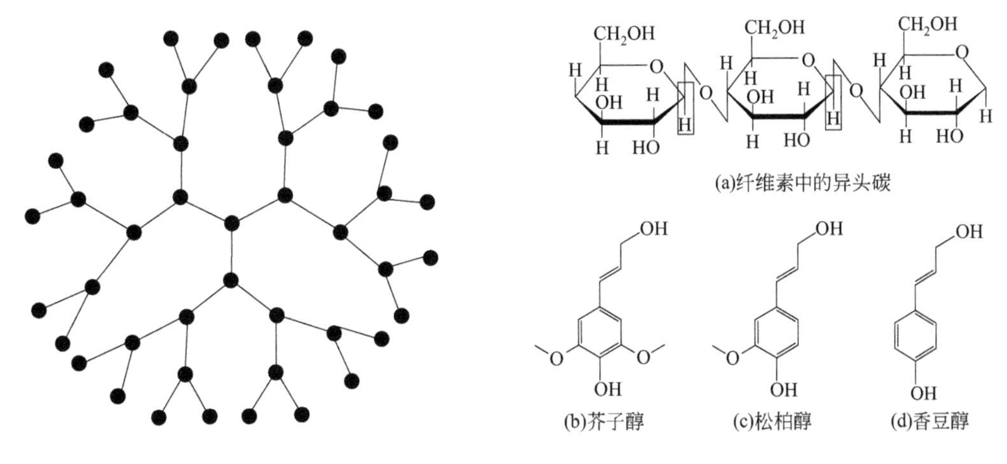

图 5-5　Bethe 点阵结构（$\sigma+1=3$）

图 5-6　Bio-CPD 模型中使用的纤维素和木质素的基本单位[27]

这些参数对于不同的原料有不同的值，其中一些参数如表 5-5 所列。最初，生物质没有先进的表征工具（核磁共振数据），这些参数基本上是基于生物质组分的结构假设而得[28]。在最近的研究中这些参数可通过核磁共振技术确定[29]。

表 5-5　不同生物质原料的结构参数[30]

结构参数	原料				
	木屑			黑液	绿河油页岩
	纤维素	半纤维素	硬木木质素		
团簇分子量 M_{Wcl}	81.0	77.5	208	297	776
侧链的分子量 M_δ	22.7	21.5	39	37	131
完整桥的初始部分 p_0	1.0	1.0	0.71	0.71	0.5
配位数，$\sigma+1$	3.0	3.0	3.5	3.6	5.0
碳桥的初始部分，c_0	0.0	0.0	0.0	0.0	0.0

（3）反应机理

1）Bio-FG-DVC 模型

Bio-FG-DVC 模型由 FG 子模型和 DVC 子模型两部分组成。FG 子模型认为官能团的分解生成气体产物，DVC 子模型则通过断桥、交联和焦油形成来描述生物质网络的解聚。

Bio-FG-DVC 模型基于以下观点：

① 官能团分解生成气体；

② 大分子网络分解生成生物质塑性体和焦油；

③ 网络配位数决定生物质塑性体的分子量分布；

④ 生物质中可供氢限制了桥键断裂，桥键断裂限制了生物质大分子的解聚；

⑤ 交联反应伴随生成 CO_2 和 CH_4，它们控制着大分子的再固化反应；

⑥ 焦油生成速率受传质控制，轻质焦油分子经蒸发后逸出，其速率正比于焦油组分的蒸气压和气体产率。

据此，DVC 模型可以确定焦油、半焦的数量和分子量分布，FG 模型则可以描述气体的逸出过程及焦油和半焦的官能团组成，其中气体生成过程可以用一级反应来描述。Serio 等[23] 对 FG 模型做了进一步的假设：

① 大部分官能团独立分解生成轻质气体；

② 桥键热分解生成了焦油前驱体，前驱体本身也有其代表性的官能团组成；

③ 为使自由基稳定，焦油、轻质烃以及其他组分相互竞争生物质中的可供氢，一旦内部供氢耗尽，焦油和轻质烃类（除 CH_4 外）便不再生成；

④ 焦油和半焦的官能团以相同的速率继续热解。

DVC 模型为焦油生成提供了统计基础。DVC 模型假定键断裂为单一的亚乙基型断键，它的活化能在一定范围内连续分布。断键时需要消耗生物质中的可供氢来使自由基稳定。模型认为生物质是芳香环簇由强桥或弱桥连成的二维网络，芳香簇的分子量服从高斯分布。每个簇上有一定的初始交联点数用来连接一定长度的低聚物，从而使交联点间的分子量与实验值一致。为使不相连的外在分子同抽提收率相对应，需选择不同的长度。可断裂桥（即亚乙基桥）的数目与可供氢的值要相对应。有了以上的各个参数，可确定原生物质中低聚物的分子量分布。DVC 模型最初用蒙特卡罗法来分析断键、耗氢和蒸发过程，后来也开始使用渗透理论，只是在个别概念上稍有修正。

2）Bio-FLASHCHAIN 模型

Bio-FLASHCHAIN 模型的基础分别是能量分布链模型（DISCHAIN）、能量分布阵模型（DISARAY）、FLASHTWO 闪蒸模拟的化学动力学和大分子构象。它对官能团、氢的抽出、可供氢的反应和传质阻力均不予考虑。在 Bio-FLASHCHAIN 模型中，生物质是芳香核线性碎片的混合物，芳香核由弱键或稳定键两两相连，芳香核中的碳数由 C-NMR 测得。碎片末端的外围官能团完全是脂肪性的，是非冷凝性气体的前驱体。由概率论可以描述最初及热解期间每种连键、外围官能团和各种尺寸碎片的比例。原生物质中已断桥的比例决定了可抽提物的数量。

在热解时，不稳定桥或者解聚使碎片尺寸缩小，或者缩合为半焦连键，同时将相连的外围官能团以气体形式释放。双分子反应也能生成半焦连键和气体，不过只限于生物质塑性体碎片与其他碎片之间的反应，因为只有最小的生物质塑性体碎片才有足够的流动性。多数半焦连键由缩聚而成，说明发生了内部芳环的重排。焦油只能由最小的生物质塑性体以平衡闪蒸的方式生成。因断裂和缩聚，桥不断消耗，生成较小碎片的过程受到抑制；与此同时，因生成焦油和双分子再化合反应，生物质塑性体碎片也不断消耗。假定煤塑性体最大碎片的挥发性可忽略不计，那么当单体平均分子量为 275～400 时，生物质塑性体的分子量上限为 1400～2000，中间物的分子量上限为 2800～4000。在 Bio-FLASHCHAIN 模型中，大分子碎片的断裂用渗透链统计学模拟，中间体和较小的生物质塑性体碎片的断裂则用带均一速率因子的总体平衡来描述，其中包括四个状态变量，即不稳定桥、半焦连键、外围官能团和芳香核，它们的数值由元素分析得出。

Bio-FLASHCHAIN 模型用到断桥、自发缩聚、双分子再化合与外围官能团脱除 4

种脱挥发分化学反应。断桥反应和缩聚反应的活化能具有一定形式的分布函数，双分子再化合反应为二级反应，外围官能团的脱除为一级反应。

3）Bio-CPD 模型

Bio-CPD 模型用化学结构参数来描述生物质结构，用渗透统计方法描述焦油前驱体的生成，其根据为无限生物质点阵中已断开的不稳定桥数。渗透统计学以 Bethe 点阵为基础，用配位数和完整桥的分数来表述。该模型的特点为：

① 生物质依赖性输入参数由 NMR 测得；

② 渗透点阵统计方法确定焦油分子结构分布、轻质气体前驱体总数以及半焦分数；

③ 不稳定桥断裂活化能用 Solomon 等提供的数据[18]；

④ 轻质气体的生成用一套官能团模型反应的加权平均来描述；

⑤ 处于气液平衡的有限碎片用闪蒸过程来描述，这一过程的速率要快于断键速率；

⑥ 生物质塑性体重新连为半焦基体的过程用交联机理来解释。

Bio-CPD 模型将生物质看作是由桥连接的芳环网络。反应首先从不稳定桥的断裂开始，所生成的反应性中间物或者重新连接到活性中心上，形成半焦化的稳定桥，或者通过与氢反应，使断开的活性中心稳定化并生成两个侧链，最终通过反应生成轻质气体。总反应路线如图 5-7 所示。

图 5-7 中 L 为不稳定连接键；k 为生成速率；g 为轻质气体；中间产物 L^* 可以用稳态近似法来估计。由侧链生成速率 k_δ 和半焦生成速率 k_c 的比值可以衡量 L^* 的竞争反应性。

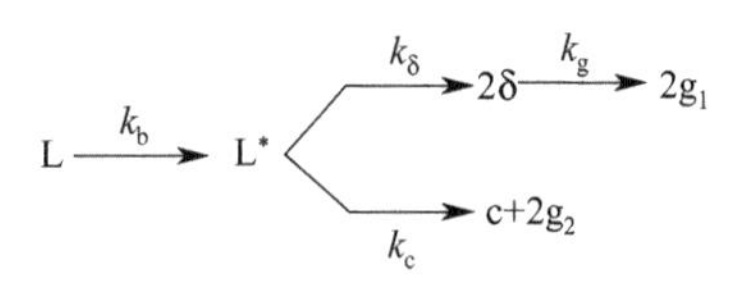

图 5-7 Bio-CPD 模型总反应路线[18]

Bio-CPD 模型使用了通用的蒸气压表达式来描述焦油的生成，用交联机理解释生物质塑性体重新连接到无限基体上的过程。它一共用到了 9 个动力学常数和 5 个生物质结构参数，最终气体收率可以由结构参数推算出来。对于化学结构参数，生物质种类，其参数值也不同。早期的 Bio-CPD 模型通过焦油和总挥发物的曲线拟合得到各个化学结构参数值，目前在大多数情况下由固态 NMR 数据即可直接测得所有化学结构参数。此外，由于从生物质塑性体生成焦油的过程可以用拉乌尔定律处理为气液平衡过程，而蒸气压系数的确定又与 Bio-CPD 模型无关，这就意味着对绝大多数生物质而言，仅仅根据原生物质的 NMR 表征结果，不必进行热解实验，便可以预测焦油和轻质气体的收率与分子量。

（4）网络模型总结

前面部分讨论的网络模型基本上是针对特定的材料，并且由于结构限制而仅用于少数材料。然而，它们仍然为生物质热解产物预测了准确的结果。本部分论述旨在突出网络模型的所有功能，并总结未来应用需要关注的领域。表 5-6 给出了这些模型的总结。

表 5-6　总结网络模型的关键点

模型	加热速率	矿物质的影响	粒子间的相互作用	未来工作
Bio-FG-DVC	加热速率低	对整个生物质及其组成部分单独使用，但未考虑矿物的影响	已被使用到整个生物质和纯木质素。成分间的相互作用被忽略了	应包括二次反应、矿物效应、物种间相互作用和升温速率效应

续表

模型	加热速率	矿物质的影响	粒子间的相互作用	未来工作
Bio-FLASHCHAIN	加热速率高	实现了对生物质两组分的催化作用，还包括灰分的催化作用	只有纤维素和木质素被认为是原料，忽略了半纤维素和其他成分	了解键断裂和交联反应的化学性质
Bio-CPD	适用于较低和较高的加热速率	纤维素、半纤维素和木质素的模型忽略了矿物质和灰分含量	分别预测模型化合物的产物产率	利用包括无机物在内的整个生物质模型及生物质组分之间的相互作用

5.2.1.3 机理模型

机理模型揭示了生物质热解的机理，包括所有反应路径和所形成的组分。这类模型并没有集中起来解释基本反应。不同的研究者已经努力揭示了生物质热解机理，但对于这类模型可获得的文献数据并不多[31,32]。

分子水平上的机理模型通常基于分子力学法和第一性原理法两种不同的方法。为了模拟物理和化学相互作用，使用的不同方法如图 5-8 所示。经典分子动力学和 Car-parrinello 分子动力学被分别用于分子力学法和第一性原理法。

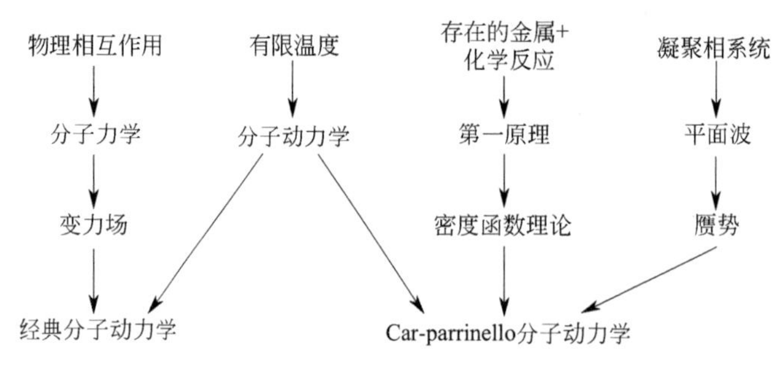

图 5-8 分子水平方法模拟物理和化学相互作用[33]

对于生物质的复杂结构，第一性原理方法或密度泛函理论更为适用。Zhang 等[34]用密度泛函理论研究以纤维三糖为模型化合物的纤维素脱水，结果表明羟基的位置对纤维素脱水有重要作用。这项工作进一步扩展到探索吡喃环断裂的机制[35]。由于典型的生物质包含数千种物种，因此实际上不可能在建模中包含所有这些物种。研究者们关注的是纤维素和其他主要生物质组分的热解机理，而不是整个生物质的热解机理。

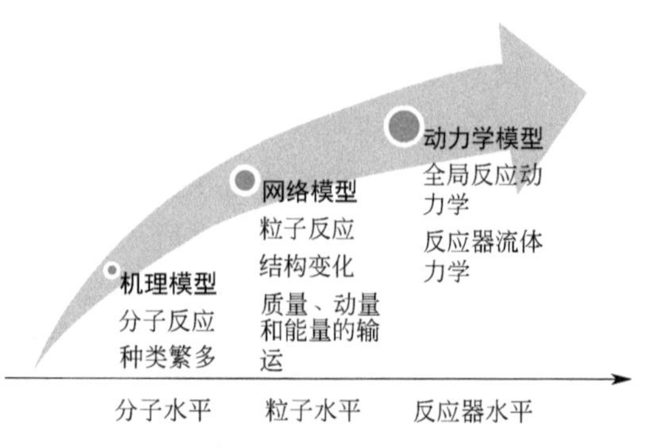

图 5-9 不同尺度水平的生物质热解模型

本章所讨论的三种模型有助于理解三种不同模型尺度下的生物质热解过程，并有助于多尺度模型的进一步发展。机理模型在分子水平上提供了对反应机理的理解，网络模型有助于理解粒子尺度上的热、质量和组分输运，动力学模型可以耦合到反应器流体动力学，如图 5-9 所示。

5.2.2 气化模型

5.2.2.1 动力学模型

动力学模型用于预测气化炉在有限时间（或流动介质中的有限体积）内获得的气体产量和产物组成。动力学模型可以预测给定操作条件和气化炉结构下气化炉内气体成分和温度的分布以及气化炉的整体性能。

动力学模型同时考虑了气化炉内气化反应动力学和气化炉反应器的流体动力学。如果完全转化所需的停留时间较长（在反应温度较低时反应速度很慢），则动力学模型所考虑的内容变得很重要。因此，与平衡模型相比，在相对较低的工作温度下动力学模型更为合适和准确。

动力学模型包括反应动力学和反应器流体动力学。反应动力学涉及床层流体动力学与质量和能量平衡的知识，以获得给定操作条件下气体、焦油和煤焦的产量，反应器流体动力学涉及物理混合过程的知识。

动力学模型是精确和详细的，但计算量很大。可以注意到，模型的复杂性和尺寸随着模型的期望输出而增加，即系统的更详细分析涉及更详细的反应动力学和/或反应器流体动力学。然而，通过在不同的化学反应类别内进行简化假设，可以降低模型的复杂性，但必须仔细评估简化程度，使其与模型的最终目标保持一致[36]。

（1）系统描述

生物质气化的一般方程是：

$$CH_xO_y + wH_2O + mO_2 + zN_2 \longrightarrow n_1H_2 + n_2CO + n_3H_2O + n_4CO_2 + n_5CH_4 + n_6N_2 + n_7C \tag{5-10}$$

式中，CH_xO_y 是生物质的化学式；w、m 和 n_i 是各种组分的物质的量；下标 x 和 y 是根据生物质原料的元素分析确定的（例如，$x=1.4$、$y=0.59$ 表示木材）。

下吸式气化炉和流化床气化炉中的生物质气化过程非常相似，生物质经历了一系列热化学转化过程——热解、燃烧和还原。基本这些过程都发生在不同的反应区。例如，燃烧热解（FP）区、炭还原（CR）区和惰性炭区在分层下吸式气化炉中。FP 区的燃烧反应比 CR 区的气化反应快得多，因此 CR 区的总生物质气化速率由动力学控制。

（2）初始条件

生物质进入高温 FP 区，在那里转化为炭和挥发物。挥发物与氧化剂反应时发生燃烧。FP 区的热解燃烧过程由放热反应控制，在放热反应中生物质转化为炭、CO_2 和 H_2O。假设部分挥发物在 FP 区裂解为 CH_4，然后从 FP 区生成的产物进入 CR 区，在 CR 区吸热反应。将裂解燃烧过程中产生的热能转化为 H_2、CO 等可燃气体中的化学能，离开 FP 区的产物的浓度为反应物在 CR 区的初始浓度。因此，在 CR 区，H_2 和 CO 的初始值为零，N_2 的量保持不变。

连续性指示 $t=0$ 时（即当反应物进入 CR 区时）：

$$n_{1,0}=0;n_{2,0}=0;n_{6,0}=z$$

$$n_{4,0}+n_{5,0}+n_{7,0}=1 \tag{5-11}$$

$$2n_{3,0}+4n_{5,0}=x+2w \tag{5-12}$$

$$n_{3,0}+2n_{4,0}=y+w+2m \tag{5-13}$$

式中，$n_{i,0}$ 是 CR 区中组分 i ［如式(5-10) 中所示］的初始物质的量；m 是当量比 (ER) 的函数；w 可根据生物质含水率 w_t 计算。需要一个额外的关系式来求解式(5-11) ～式(5-13)，假设如下：

$$n_{3,0}=\lambda n_{4,0}+w \tag{5-14}$$

式中，λ 表示水蒸气和二氧化碳之比。若假设 FP 区产生相同物质的量的 CO_2 和 H_2O (除了来自原料和注入水蒸气中的水分外)，则 $\lambda=1.0$。

(3) 还原区的化学反应

CR 区的温度范围为 700～900℃。在 900℃以下，传质和孔隙扩散比化学反应快得多，因此速率控制因素是化学动力学。在 CR 区发生以下反应：

① $C+CO_2 = 2CO$

② $C+H_2O = H_2+CO$

③ $C+2H_2 = CH_4$

④ $H_2O+CH_4 = CO+3H_2$

表面反应 a 和 b 涉及单气体分子。采用 Langmuir-Hinshelwood 机理：

$$A+S \rightleftharpoons A\cdot S(\text{快})$$

$$A\cdot S \longrightarrow \text{产品}(\text{慢})$$

式中，A 表示气体分子；S 表示表面活性剂；A · S 表示吸附分子。

表面反应 c 和 d 涉及两个气体分子。采用 Langmuir-rideal 机理：

$$A+S \rightleftharpoons A\cdot S(\text{快})$$

$$A\cdot S+B \longrightarrow \text{产品}(\text{慢})$$

式中，B 表示与吸附分子 A · S 反应的另一种气体分子。由于这些表面反应涉及几种气体，因此会发生竞争性吸附。反应 a 的速率方程可以根据 Langmuir-Hinshelwood 机理来表述：

$$-v_{+a}=\frac{k_a K_4 C_T p_4}{(1+\sum K_i p_i)} \tag{5-15}$$

式中，$\sum K_i p_i=K_1 p_1+K_2 p_2+K_3 p_3+K_4 p_4+K_5 p_5+K_6 p_6$；$v_{+a}$ 为反应 a 的正向反应速率；p_i 为气体组分 i 的分压；K_i 为组分 i 的吸附常数；C_T 为炭表面总活性位点；k_a 是反应 a 的正向反应速率常数。

根据化学平衡，通过扩展式(5-15) 将反向反应速率包括在内，可以得到净反应速率。因此，反应 a 的净反应速率可以表示为：

$$-v_a=\frac{k_a K_4 C_T\left(p_4-\frac{{p_2}^2}{K_{p,a}}\right)}{1+\sum K_i p_i} \tag{5-16}$$

式中　$K_{p,a}$——反应 a 的平衡常数。

气体种类 i 的分压 p_i 可由以下公式确定：

$$p_i=\frac{n_i}{P_n} \tag{5-17}$$

式中　$P_n=\frac{1}{p}\sum_{i=1}^{6} n_i$；

p——气化炉内的压力。

假设 CR 区的炭粒为大小均匀的球形，所有的炭粒在还原过程中均以相同的速率收缩。炭表面的活性位点与表面积成正比，它们可以由以下方程确定：

$$C_{\mathrm{T}}=\frac{72k_{\mathrm{s}}}{\rho d_{\mathrm{p}}}\left(\frac{n_{7,0}}{n_7}\right)^{\frac{1}{3}}n_7 \tag{5-18}$$

式中　ρ——炭密度；

k——单位炭表面积上活性位点的物质的量；

d——炭球的初始直径。

将等式(5-17) 和式(5-18) 代入式(5-16) 中可以得到：

$$-v_{\mathrm{a}}(N)=k_{\mathrm{a,a}}\frac{n_4-\dfrac{n_2{}^2}{(P_nK_{\mathrm{p,a}})}}{\sum\left(K_i+\dfrac{1}{p}\right)n_i}\left(\frac{n_{7,0}}{n_7}\right)^{\frac{1}{3}}\frac{n_7}{\rho d_{\mathrm{p}}} \tag{5-19}$$

式中，$k_{\mathrm{a,a}}=72k_{\mathrm{s}}k_{\mathrm{a}}K_4$ 是表观速率常数；而 v_{a} 写为 $v_{\mathrm{a}}(N)$，以强调其值取决于 N $(=n_1, n_2, \cdots, n_7)$。

同样，反应 b、c 和 d 的速率方程为：

$$-v_{\mathrm{b}}(N)=k_{\mathrm{a,b}}\frac{n_3-\dfrac{n_2n_1}{(P_nK_{\mathrm{p,b}})}}{\sum\left(K_i+\dfrac{1}{p}\right)n_i}\left(\frac{n_{7,0}}{n_7}\right)^{\frac{1}{3}}\frac{n_7}{\rho d_{\mathrm{p}}} \tag{5-20}$$

$$-v_{\mathrm{c}}(N)=k_{\mathrm{a,c}}\frac{n_1{}^2-\dfrac{n_5P_n}{K_{\mathrm{p,c}}}}{P_n\sum\left(K_i+\dfrac{1}{p}\right)n_i}\left(\frac{n_{7,0}}{n_7}\right)^{\frac{1}{3}}\frac{n_7}{\rho d_{\mathrm{p}}} \tag{5-21}$$

$$-v_{\mathrm{d}}(N)=k_{\mathrm{a,d}}\frac{n_3n_5-\dfrac{n_2n_1{}^3}{(P_n{}^2K_{\mathrm{p,d}})}}{P_n\sum\left(K_i+\dfrac{1}{p}\right)n_i}\left(\frac{n_{7,0}}{n_7}\right)^{\frac{1}{3}}\frac{n_7}{\rho d_{\mathrm{p}}} \tag{5-22}$$

式中　$v_i(N)$——净反应速率，i 代指 b，c，d；

$K_{\mathrm{p},i}$——平衡常数，i 代指 b，c，d；

$k_{\mathrm{a},i}$——反应 i 的表观速率常数，i 代指 b，c，d。表观速率常数是前指数因子 A_i 和指数因子的产物，根据阿伦尼乌斯方程：

$$k_i=A_i\exp\left(-\frac{E_{ai}}{RT}\right)_{a,i} \tag{5-23}$$

式中　R——通用气体常数；

E_{ai}——反应 i 的活化能；

T——CR 区的热力学温度。

以下微分方程适用于 CR 区的反应。

$$\frac{\mathrm{d}n_1}{\mathrm{d}t}=-v_{\mathrm{b}}(N)+2v_{\mathrm{c}}(N)-3v_{\mathrm{d}}(N) \tag{5-24}$$

$$\frac{dn_2}{dt}=-2v_a(N)-v_b(N)-v_d(N) \tag{5-25}$$

$$\frac{dn_3}{dt}=v_b(N)+v_d(N) \tag{5-26}$$

$$\frac{dn_4}{dt}=v_a(N) \tag{5-27}$$

$$\frac{dn_5}{dt}=-v_c(N)+v_d(N) \tag{5-28}$$

$$\frac{dn_7}{dt}=v_a(N)+v_b(N)+v_c(N) \tag{5-29}$$

由上述方程可以推断出，产气的组成取决于气化炉的压力 p 和温度 T、生物质含水率 w_t（包括原料和注入水蒸气中的水分），当量比（ER）、氧气中的氮气量 z，炭的粒径 d_p 和停留时间 t 等：

$$N=f(p,T,w_t,\mathrm{ER},z,d_p,t) \tag{5-30}$$

5.2.2.2 热力学平衡模型

热力学平衡（TE）模型计算与气化炉设计无关，可用于分析固体材料成分或工艺参数的影响。虽然气化炉内可能无法达到化学或热力学平衡，但这种模型为设计人员提供了对所需产品最大可实现产量的合理预测。然而，TE 模型不能预测流体动力学、几何参数（如流化速度）或设计变量（如气化炉高度）的影响。化学平衡可通过以下方式确定：

① 平衡常数（化学计量法）。

② 吉布斯自由能的最小化（非化学计量法）。

化学计量模型是基于对一组独立反应的平衡常数的评估，这些独立反应与吉布斯自由能有关。基于此方法的模型示例将在本书的后面部分显示。非化学计量平衡建模方法，通常被称为“吉布斯自由能最小化方法”，是在直接最小化反应吉布斯自由能的基础上发展起来的。利用不同的算法都可以得到平衡模型方程的解。然而，不管选用哪种计算方法都可产生相似的结果[37]。一般来说，平衡模型比较容易实现，收敛速度更快[38]。

热力学平衡模型主要考虑了以下简化假设：

① 无限的停留时间，使反应有足够的时间发生；

② 没有关于反应途径和裂解区中间体形成的信息；

③ 假设混合均匀，温度和压力均匀；

④ 所产生的气体中没有氧气；

⑤ 氮气被认为是惰性气体；

⑥ 假设为稳态；

⑦ 忽略势能和动能；

⑧ 离开气化炉的气体只有 H_2、CO、CO_2、CH_4、H_2O 和 N_2 几种；

⑨ 氧化剂（空气）足以转化生产气体中的所有碳；

⑩ 焦油存在于气态中；

⑪ 忽略了灰对能量平衡方程的贡献；

⑫ 气相的理想气体行为；

⑬ 热力学平衡状态下气化温度不随时间变化；

⑭ 忽略了对环境的热损失，即气化炉被认为是绝热的。

由于上述假设，纯平衡模型在一定条件下会产生较大的误差。相对较低温度下模型会高估 H_2 和 CO 产量以及低估 CO_2、CH_4、焦炭和焦油的产量。

在开发气化模型时，第一步是定义代表气化过程的方程组。方程的数目被定义为未知数的函数。在反应物一侧，未知物仅为氧化剂，而在产物一侧未知物即为产物[39]。

在下述内容中，关于方程组的定义，将提出不同的化学计量平衡和非化学计量平衡的方法和条件，这些方程组通常都是基于全局气化反应开发的。

(1) 化学计量模型

如前所述，在化学计量方法中，预测气体成分的算法受到不同种类气体之间化学平衡的影响。为了讨论这一问题，1mol 生物质在空气中的气化过程可以用以下全局气化反应来表示：

$$CH_xO_y + wH_2O + m(O_2 + 3.76N_2) \longrightarrow$$
$$n_1H_2 + n_2CO + n_3H_2O + n_4CO_2 + n_5CH_4 + n_6N_2 \tag{5-31}$$

式中，$n_1 \sim n_6$ 是化学计量系数；CH_xO_y 代表生物质原料，x、y 代表生物质原料中一个碳原子数对应的氢和氧原子数；w 代表生物质中的含水量（摩尔分数）。所有这些量都可以从元素分析中得到。

下面给出了 C、H、O 和 N 的物料平衡方程：

$$C: n_2 + n_4 + n_5 = 1 \tag{5-32}$$

$$H: 2n_1 + 2n_3 + 4n_5 = x + 2w \tag{5-33}$$

$$O: n_2 + n_3 + 2n_4 = y + w + 2m \tag{5-34}$$

$$N: n_6 = 3.76m \tag{5-35}$$

模型公式的下一部分是平衡常数的定义。在这一步中，必须特别注意选择独立的化学反应。从计算的角度来看，独立性概念是相关的。如果有一个非独立的反应组，模型将计算重复信息。当一个反应组可以写成至少两个其他反应组的组合时，就会发生这种情况。确定独立组合的最重要气化反应是布杜厄德反应、吸热水煤气反应、放热甲烷生成反应、水煤气变换反应和甲烷重整反应。有十种可能的组合，八种组合是独立的，两种组合是不独立的。两个独立的平衡反应足以模拟气化过程，例如甲烷生成反应和水煤气反应；这两个气化反应的平衡常数为：

$$K_1 = \frac{n_5}{n_1^{\ 2}}\left(\frac{P}{n_{tot}P_0}\right)^{-1} \tag{5-36}$$

$$K_2 = \frac{n_4 n_1}{n_2 n_3} \tag{5-37}$$

这两组方程（质量平衡和平衡常数）可以同时求解，以获得稳定状态下的产气组分，即通过解方程式(5-32)～式(5-37) 来求解 6 个未知数（$n_1 \sim n_6$），从而得到给定当量比下所产气体的组成和产量。

下面的公式(5-38)为能量平衡方程，从中可以得到气化温度，同时考虑过程是绝热的。

$$\sum_{i=1}^{N} n_i\left[h_{f,i}^{0}+\Delta H_{298}^{T}\right]_{i,\mathrm{rea}}=\sum_{i=1}^{N} n_i\left[h_{f,i}^{0}+\Delta H_{298}^{T}\right]_{i,\mathrm{pro}} \tag{5-38}$$

因此，考虑到生物质与空气的反应，方程式(5-31)和方程式(5-38)可以表示为：

$$\begin{aligned}&h_{f,\mathrm{bio}}^{0}+w\left(h_{f,\mathrm{H_2O}}^{0}+h_{\mathrm{vap}}\right)+mh_{f,\mathrm{O_2}}^{0}+3.76mh_{f,\mathrm{N_2}}^{0}=\\&n_1h_{f,\mathrm{H_2}}^{0}+n_2h_{f,\mathrm{CO}}^{0}+n_3h_{f,\mathrm{H_2O}}^{0}+n_4h_{f,\mathrm{CO_2}}^{0}+n_5h_{f,\mathrm{CH_4}}^{0}+n_6h_{f,\mathrm{N_2}}^{0}+\\&\Delta T\left(n_1c_{p,\mathrm{H_2}}+n_2c_{p,\mathrm{CO}}+n_3c_{p,\mathrm{H_2O}}+n_4c_{p,\mathrm{CO_2}}+n_5c_{p,\mathrm{CH_4}}+n_6c_{p,\mathrm{N_2}}\right)\end{aligned} \tag{5-39}$$

由于 $h_{f,\mathrm{O_2}}^{0}$、$h_{f,\mathrm{N_2}}^{0}$ 和 $h_{f,\mathrm{H_2}}^{0}$ 在环境温度下为0，式(5-39)可简化为：

$$\begin{aligned}&h_{f,\mathrm{bio}}^{0}+w\left(h_{f,\mathrm{H_2O}}^{0}+h_{\mathrm{vap}}\right)=\\&n_2h_{f,\mathrm{CO}}^{0}+n_3h_{f,\mathrm{H_2O}}^{0}+n_4h_{f,\mathrm{CO_2}}^{0}+n_5h_{f,\mathrm{CH_4}}^{0}+n_6h_{f,\mathrm{N_2}}^{0}+\\&\Delta T\left(n_1c_{p,\mathrm{H_2}}+n_2c_{p,\mathrm{CO}}+n_3c_{p,\mathrm{H_2O}}+n_4c_{p,\mathrm{CO_2}}+n_5c_{p,\mathrm{CH_4}}+n_6c_{p,\mathrm{N_2}}\right)\end{aligned} \tag{5-40}$$

式中，$h_{f,i}^{0}$、h_{vap} 和 $c_{p,i}$ 分别代表不同化学物质的生成焓、水的蒸发焓和比热容。$\Delta T=T_{\mathrm{gas}}-T_{\mathrm{amb}}$ 指气化温度和生物进料温度之间的温差。

方程组一般采用迭代 Newton-Raphson 法求解，但也有其他可能性。化学计量平衡模型的流程如图5-10所示。

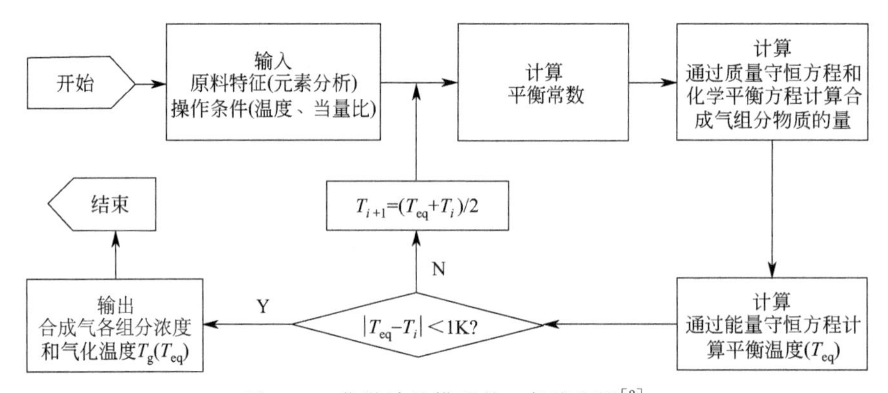

图5-10 化学计量模型的一般流程图[2]

(2) 非化学计量模型

非化学计量平衡建模方法涉及系统吉布斯自由能的最小化[5]。这种方法被称为非化学计量，因为除了假定的全局气化反应，没有任何具体的化学反应，因此只有元素组成一个输入需要，可通过元素分析获得。因此，非化学计量模型尤其适用于气化系统中可能发生的所有反应不完全确定的情况。由于该方法是基于反应物的原子平衡，特殊情况下，如具有未知的分子式生物质也可以处理。

包含 N 种气化产物的总吉布斯自由能可表示为：

$$G_{\mathrm{tot}}=\sum_{i=1}^{N} n_i\Delta G_{fi}^{0}+\sum_{i=1}^{N} n_iRT\ln\left(\frac{n_i}{\sum n_i}\right) \tag{5-41}$$

式中，ΔG_{fi}^{0} 是在常压下物质 i 的标准吉布斯自由能。方程(5-41)需解出未知值 n_i，以使 G_{tot} 最小化，n_i 服从单个元素的总质量平衡。对于每个元素 i，可得到：

$$\sum_{i=1}^{N} a_{ij} n_i = A_j, \qquad j=1,2,3,\cdots,k \tag{5-42}$$

式中，A_j——反应混合物的第 j 种元素的原子总数；

a_{ij}——1mol i 物质中第 j 种元素的原子数。

尽管存在将吉布斯自由能最小化的几种可能方法，但拉格朗日乘子法可产生最令人满意的结果[38]，因此此处考虑该方法。

拉格朗日函数（L）是通过拉格朗日乘数 $\lambda_j=\lambda_1$，…，λ_k 形成的，可以定义为：

$$L = G_{\text{tot}} - \sum_{j=1}^{K} \lambda_i \left(\sum_{i=1}^{N} a_{ij} n_i - A_i \right) \tag{5-43}$$

将方程(5-43)除以 RT，并令偏导数为零，可以找到极值点：

$$\left(\frac{\partial L}{\partial n_i} \right) = 0 \tag{5-44}$$

最后，将方程式(5-43)中的G_{tot}值替换为其偏导数，吉布斯自由能可表示为：

$$\left(\frac{\partial L}{\partial n_i} \right) = \frac{\Delta G_{f,i}^{0}}{RT} + \sum_{i=1}^{N} \ln\left(\frac{n_i}{n_{\text{tot}}} \right) + \frac{1}{RT} \sum_{j=1}^{K} \lambda_i \left(\sum_{i=1}^{N} a_{ij} n_i \right) = 0 \tag{5-45}$$

方程（5-45）可以用 i 行的矩阵表示，并且可以通过一些迭代方法同时求解。

图 5-11 所示的算法需要给定一个过程温度。因此，在第一次迭代中，给定了一个初始假设温度，并用于估计气体组分。

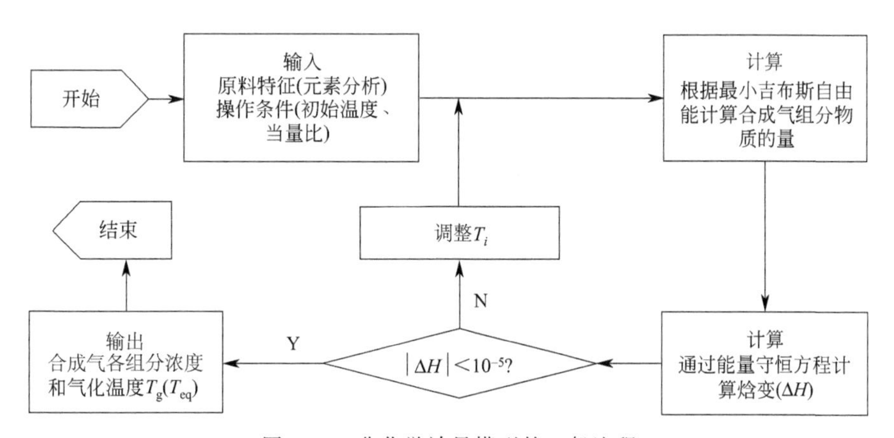

图 5-11　非化学计量模型的一般流程

5.2.3　人工神经网络与模拟软件

5.2.3.1　人工神经网络

人工神经网络（ANN）具备学习能力和描述非线性特性，近年来，在模式识别、信号处理、函数逼近和过程仿真等领域应用比较广泛。生物质热解气化过程是强非线性热力学过程，利用人工神经网络，对给定的输入和输出，忽略热解气化机理、反应器结构与流体力学特性可以很容易得出生物质热解气化过程的模型，从而对实际热解气化设备进行参数预测和控制系统优化。与热力学平衡和动力学建模方法相比，人工神经网络模型需要较少的气化专业领域知识。

ANN 借用人类和动物大脑的特征来识别数据中的模式。它实现了从输入参数到输出参数的映射关系。图 5-12 显示了 ANN 模型的拓扑结构，x_i 代表输入参数，y_i 代表输出参数，不同颜色的圆圈代表网络的“神经元”。ANN 由三种类型的层组成，即输入层、隐含层和输出层。借助于激活函数、权重和偏置矢量，输入信号从输入层通过隐含层传输到输出层。关于人工神经网络的介绍详见文献[40]。

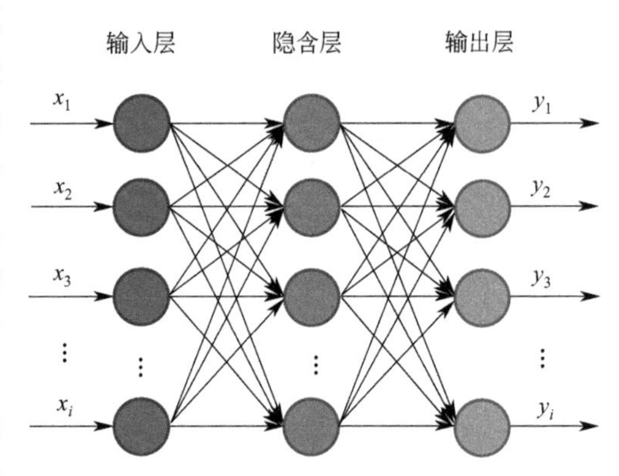

图 5-12　ANN 拓扑结构示意

在生物质热解和气化的过程中，有许多因素使得结果产生变化。例如原料的类型与含水量、气化介质的预热温度与类型、颗粒的当量比与进料量、反应时的流化率、热解和气化炉的结构（如配气板形状，进料位置）以及尺寸与飞灰的二次循环等。可挑选上述影响因素作为 ANN 的输入参数，输入参数不宜过多，否则会影响 ANN 收敛性，同时宜挑选互相独立的输入参数，以使模型相对比较简单和实用。

参考机器学习领域的经验数据，在隐含层层数与每层之间的神经元的数量选取的问题上，一般是选取 3 层网络便能解决大部分问题，换句话说，对于一般简单的数据集，隐藏层数量设置通常为 1～2 即可。随着层数越深，理论上拟合函数的能力增强，效果会更好，但是实际上更深的层数可能会带来过拟合的问题，同时也会增加训练难度，使模型难以收敛。在模型训练的具体步骤方面，首先，将样品数据划分为两部分，一部分为训练集，另一部分为测试集。先通过训练集对模型以喂食数据的方式训练网络模型；当模型形成之后，通过将测试集输入训练好的模型，以此通过对比实际值与预测值之间的误差来观察训练模型的好与坏。人工神经网络一般都是先从较少的神经元数量开始试触，然后通过增加隐藏层的神经元数量，再不断地重复训练和测试，直到训练和预测误差都小于预定的值，则证明训练的模型具有较好的普适性。

ANN 预测的准确程度依赖于训练样本的多少和分布，训练样本越多样本分布越均匀，进而通过模型预测出来的结果准确率会越高。因此若生物质气化炉具有较为丰富的样本数据，通过上述方法建立一个关于生物质气化炉的预测模型是完全可以成立的。

5.2.3.2　模拟软件

模拟软件多可分为工艺流程模拟软件和计算流体力学（CFD）模拟软件。在建立给定生物质热解气化过程的数学模型（动力学模型、热力学平衡模型等）并进行验证后，工艺流程模拟软件可利用建立的数学模型预测或模拟生物质气化热解系统的性能。其优势是当涉及模拟一个完整的热解气化工艺流程时，由于其涉及数百个方程和变量的复杂性，模拟软件可使用流程模拟器在合理的时间内根据不同的操作条件以最小的工作量评估流程性能。数学模型是流程模拟器的组成部分，用户可以在这里开发过程流程图并提供所需的输入数据。

工艺流程模拟软件是稳态模拟，忽略过程特性随时间的变化，而计算流体力学模拟软件是通过将累积项加入守恒方程（即质量、能量和动量平衡）来计算过程的时间特性的动态模拟。计算流体力学的优势是描述了过程在实时变化中的特性，而这对于过程控制是必不可少的。

可用于模拟生物质热解气化的稳态工艺流程模拟软件包括 Aspen Plus、PETRONAS iCON、IPSEpro、HYSYS、SuperPro Designer、Pro/II、ChemCad 等。动态计算流体力学模拟软件包括 MATLAB、ANSYS Fluent、ANSYS CFX、CFD2000 等。

（1）Aspen Plus

Aspen Plus 是大型通用流程模拟系统，源于美国能源部 20 世纪 70 年代后期在麻省理工学院（MIT）组织的会战，开发新型第三代流程模拟软件。该项目称为“过程工程的先进系统”（advanced system for process engineering，ASPEN），并于 1981 年底完成。1982 年为了将其商品化，成立了 AspenTech 公司，并称之为 Aspen Plus。它包括 56 种单元操作模型，含 5000 种纯组分、5000 种二元混合物、3314 种固体化合物、4000 个二元交互作用参数的数据库、电解质专家系统，具有数据整定、设计规定、工厂操作及灵敏度分析、过程优化等功能。其流程模型能够用于一个工厂的生命周期的每个阶段，例如过程开发、过程设计和工厂操作等。

1）产品特点

① 产品具有完备的物性数据库。Aspen Plus 拥有最适用于工业、最完备的物性系统，其物性模型和数据就是得到准确可靠模拟结果的关键。现在为了规范其物性计算方法，大型公司正逐渐采用 Aspen plus 系统，并将其与自己的工程计算软件进行穿插融合使用。

Aspen Plus 也是 DECHEMA 数据库接口和唯一获得许可的软件。该数据库收集了世界上最完整的液液平衡与气液平衡数据，共收集了 25 万多套数据。用户可以通过 Aspen Plus 系统与自己的相关物性数据进行连接。

② 产品线比较长，集成能力很强。

③ 整个模拟系统中最为核心的部分是同时将序贯（SM）模块和联立方程（EO）两个算法整合在一个工具中。它的工作原理是通过 SM 算法对流程收敛计算的初值进行输入，再结合联立方程算法的使用，这样就对大型流程计算的收敛速度有了非常明显的提升。换句话说，这就可以解决以往收敛困难的流程计算的问题，从而大大缩短了工程师花费在此的计算时间。

④ 其结构完整，除组分、物性、状态方程外，还包含了精馏模型、多塔模型以及适用于气/液系统的单元操作模块。

⑤ 具有模型与流程分析功能，能提供一套功能强大的模型分析工具，最大化工艺模型的效益，如收敛分析、灵敏度分析、案例研究、设计规定能力、数据拟合和优化功能等。

2）产品功能

Aspen Plus 具有以下优势：a. 它可以优化工程师的工作量；b. 采用简单的设备模型和初步设计流程；c. 回归检验数据；d. 通过使用全面的设备参数与搭建的模型进行物料/能量平衡的准确计算；e. 确定主要设备的尺寸；f. 整个工艺装置的网络优化。

结合 Aspen Plus offline 和 Aspen RT opt 可以得知，Aspen Plus 支持基于模型复杂工况下的工艺流程。它可以理解为是一个简洁的单工厂流程，也可以理解成是由多个工程师开发和维护的大型工厂流程。其中的模型多层模块和功能可以使开发和维护更加容易。

在工程能力方面，Aspen Plus 提供了单元操作模型和装置流程模拟。这些已经经过 20 多年经验的验证和数以百万计例子的证实，以及在整个过程的研发、生产生命周期等方面中其已经提供了巨大经济效益。

3）Aspen Plus 中的反应器模块

① 化学计量反应器（RStoic）：具有规定反应程度和转化率的化学计量反应器模型。适用于反应动力学不明确或不重要，但化学计量数和反应程度是已知的反应器。

② 收率反应器（RYield）：对于化学计量和反应动力学不确定或不重要但产率分布已知的反应器，具有指定产率的反应器模型。

③ 平衡反应器（REquil）：适用于化学平衡和相平衡同时发生的反应器。

④ 自由能最小的平衡反应器（RGibbs）：通过吉布斯自由能最小实现化学和相平衡，对固体溶液和气-液-固系统计算相平衡。

⑤ 连续搅拌釜式反应器（RCSTR）：模拟连续搅拌釜式反应器，釜内达到理想混合，可模拟单相、两相、三相的体系，并可处理固体。

⑥ 活塞流反应器（RPlug）：模拟活塞流反应器，反应器内完全没有返混，可模拟单、两、三相的体系，只能处理动力学控制反应。可模拟换热夹套。

⑦ 间歇反应器（Rbatch）：模拟间歇或半间歇的反应器，釜内达到理想混合。自动估计加料和辅助时间，提供缓冲罐，实现与连续过程的连接。

图 5-13 为 Nikoo 和 Mahinpey[41] 在同时考虑流体动力学和反应动力学的条件下，

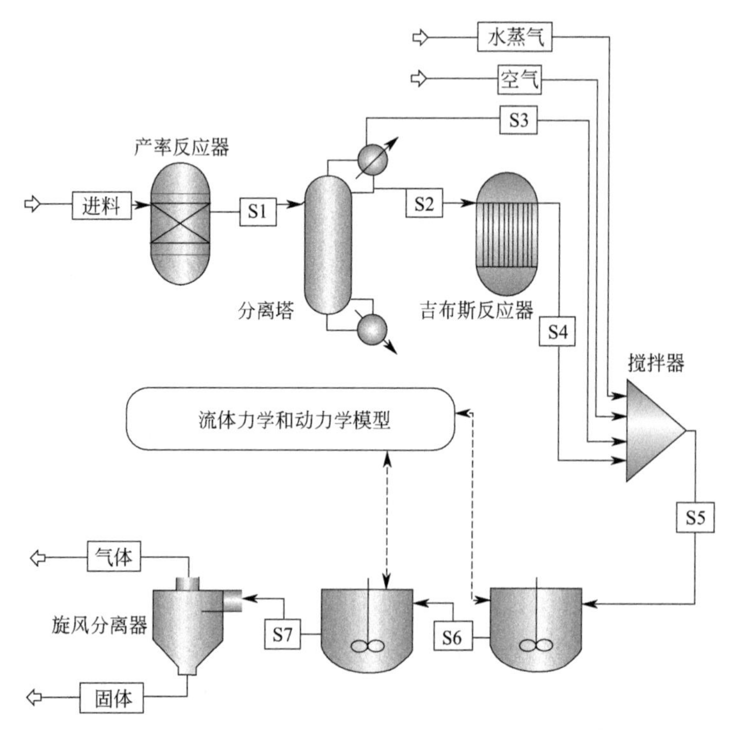

图 5-13 一种流化床气化的 Aspen Plus 模拟流程[41]

利用 Aspen Plus 中的连续搅拌釜式反应器开发的，可预测常压下流化床气化炉稳态性能模拟流程图。

（2）CFD（computational fluid dynamics）

① CFD 利用计算数值计算方法来模拟和分析流体流动、传热和相变、化学反应和多相流动等现象。生物质热解气化装置中的热解气化反应过程有大量的物理化学现象，包括流体动力学、化学反应、热交换等，CFD 可用于模拟生物质在一个过程中的运动和相互作用。流化床，在理解生物质分子的演化过程中扮演着重要的角色。数字 CFD 模拟方法可以提供关于局部流动和变换的准确信息，如速度分布、压力分布、温度分布、组分浓度分布等，并且在很多情况下可以提供准确的定量预测，而研究方法一般只能提供以上参数的平均值[42,43]。

② CFD 通过求解基于质量、热量和动量守恒方程的控制方程组来预测流体流动、传热、化学反应和其他相关现象。在方程的求解中采用了多种数值方法，其中应用最为广泛的数值方法是离散化方法，包括有限差分法、有限元法和有限体积法，有限体积法是目前 CFD 模型中最常用的方法，其具有易于理解、编程和多功能性的特点。

③ CFD 可应用于生物质热解气化设备内流动和传热研究，国内外许多研究人员致力于研究生物质的热解特性和动力学模型，主要是非等温动力学过程，选取的样本包括农作物秸秆、森林废物、木材等。一般来说，CFD 分析的结果可用于新设计概念的研究、详细产品开发、故障排除。此外，CFD 建模还具有节约成本、省时、安全和易于扩展等优点。

5.2.4 热解气化模型研究进展

5.2.4.1 热解模型研究进展

（1）动力学模型

自 20 世纪 70 年代后期，国内外许多研究人员致力于研究生物质的热解特性和动力学模型，主要是非等温动力学过程，选取的样本包括农作物秸秆、森林废物、木材等。

全局单组分反应模型是最简单的，因为人们认为生物质可以通过单个热解反应转化为焦炭和挥发物。Cordero 等[44] 采用单组分全局反应模型阐释了处于氮气条件下的橡木热解现象。以动力学参数和是否满足动力学补偿效果作为评价标准，分析判断模型是否有效。实验结论证明一级反应模型适用于等温动力学过程。一阶相互作用模型、二阶相互作用模型和对称参数球面相互作用模型在非对称动力学模拟中的作用几乎相同。

Bilbao 等[45] 进行了木质纤维素材料在空气气氛下的非等温热解失重实验，将热解过程划分为四个阶段（192～292℃、292～320℃、320～370℃、370～468℃）。运用单组分全局反应方程对其进行动力学剖析，发现每个阶段的动力学未知因素都不相同。

Reina 等[46] 对三种不同类型的废木材（木材、旧家具和旧托盘）进行了等温和非等温过程热失重试验。整个热解失重过程可分为三个步骤（升温速率对表观动力学常数的影响分析、化学组成对表观动力学常数的影响分析，以及含水率对表观动力学常数的影响分析），根据全局动力学对这三个环节进行模拟计算。

Zabaniotou 等[47] 采用俘样反应器研究了橄榄树剩余物的快速热解动力学，利用了单组分全局反应模型来计算质量损失和气体的演化。

单组分全局反射实体模型只能直观地模拟生物质燃料在热失重整体类别中的个人行为，而不能准确反映各组分对热解失重的危害。因此，许多学者基于生物质燃料热解失重规律和热解特性，明确提出了多分量全局反射实体模型。

Font 等[48] 对含 $CoCl_2$ 和不含 $CoCl_2$ 的杏仁壳的热解进行了动力学研究，将杏仁壳视为两个独立的成分，创造了双重“伪成分”的力量。学习实体模型，计算两个组分的主要动力学参数。

文丽华等[49] 基于生物质燃料组分分解反应的假设，建立了多组分反应动力学实体模型，并依据花梨木的实验数据得到了纤维素和木质纤维素催化裂解动力学的主要参数。利用该模型对杉木和水曲柳的热失重行为进行模拟，得到了与试验结果较为吻合的计算结果。

胡松等[50] 利用非线性最小二乘法，在不限定反应级数的前提下回归三组分模型动力学参数（活化能、指前因子、反应级数）。通过对比计算结果，得出的结论是：从数学层面来说，现有的方程都能够很好地解释热解现象。

Orfão 等[51] 对松树、桉树和松树树皮在惰性（氮气）或氧化（空气）气氛下的热解行为进行了研究，采用三组分全局动力学模型来模拟木质素的热解过程，并得出木质素的活化能为 36.7kJ/mol。

（2）网络模型

网络模型很好地解释了热解机理，其发展的基础是结构变形，结构变形随原料类型的变化而变化。利用网络模型可以准确地确定焦炭、焦油和挥发物的产率。

Chen 等[24,52] 研究了 6 种不同的生物质材料，并用 TG-FTIR 对其进行了分析。用实验数据测定了 3℃/min、30℃/min 和 100℃/min 三种不同升温速率下挥发物的产率和官能团的数量。用 Bio-FG-DVC 模型预测了 1000K/s 升温速率下的挥发分。图 5-14 显示了 30℃/min 升温速率下从 Bio-FG-DVC 预测的不同气态物质和焦油的产率。

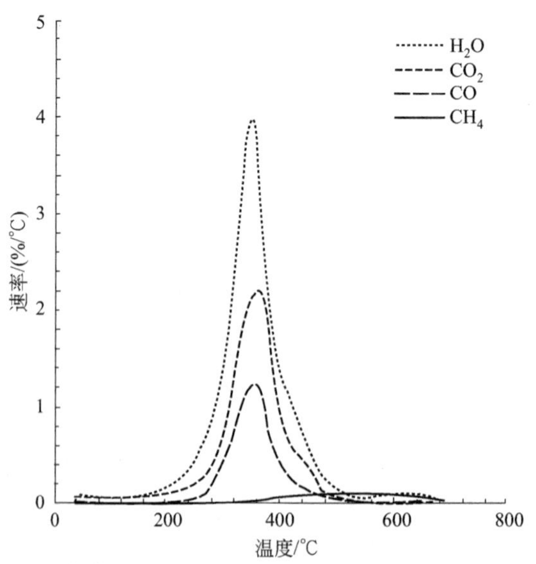

(a)气体产物产生速率(H_2O、CO_2、CO、CH_4)的变化规律

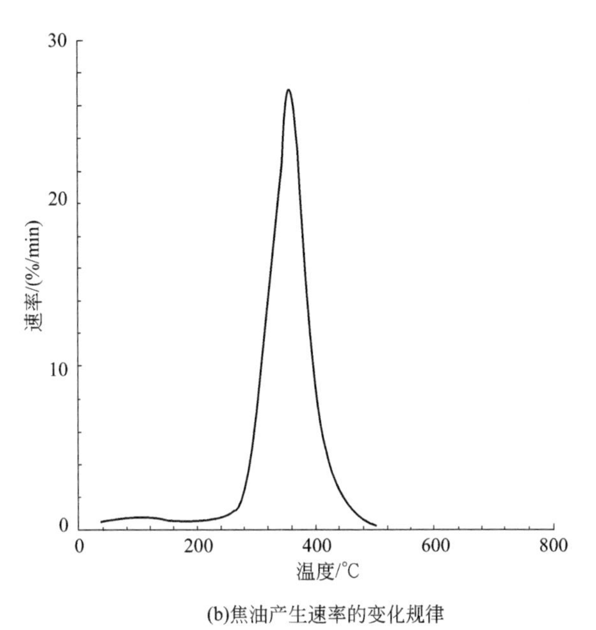

(b)焦油产生速率的变化规律

图 5-14　根据 30℃/min 升温速率下从 Bio-FG-DVC 模型预测的产品产率[52]

Niksa 利用 Bio-FLASHCHAIN 模型预测了甘蔗渣、山毛榉、白桦和桉树等不同生物原料的热解产物产率。实验数据用于预测输入参数，然后将这些参数用于模型中，以预测焦炭、焦油和气体的产量[19]。模型计算的甘蔗渣在 1000K/s 和 0.1MPa 压力下的总失重和焦油产率的脱挥结果如图 5-15 所示。Bio-FC 模型能够在离实验数据点较近的地方预测总失重和 550℃以上的焦油产率。

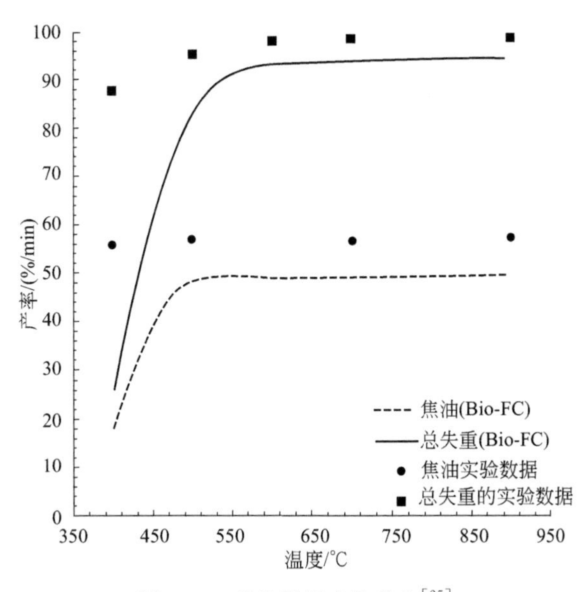

图 5-15　蔗渣脱挥产物分布[25]

Lewis 和 Fletcher[27] 利用 Bio-CPD 模型预测了锯末热解产率，并将结果与平焰燃烧实验所得的实验数据进行了比较。在不同条件下对不同生物量的 Bio-CPD 模型进行了研究。在各种情况下，对纤维素、半纤维素、木质素、硫酸盐木质素、黑液、木聚糖、葡甘聚糖等单组分采用Bio-CPD模型，并将预测的焦油、煤焦和煤气的热解产率与文献中的不同实验数据进行了比较。实验结果与模拟结果吻合较好。从实验数据[53]获得的木聚糖和葡甘聚糖的热解产物产率与Bio-CPD模型预测的比较如图5-16所示。除了生物量，Bio-CPD模型的计算也扩展到了绿河油页岩[29,54]。在现有的各种网络模型中，Bio-CPD模型由于所需的输入参数比其他模型少而受到了更多的关注。

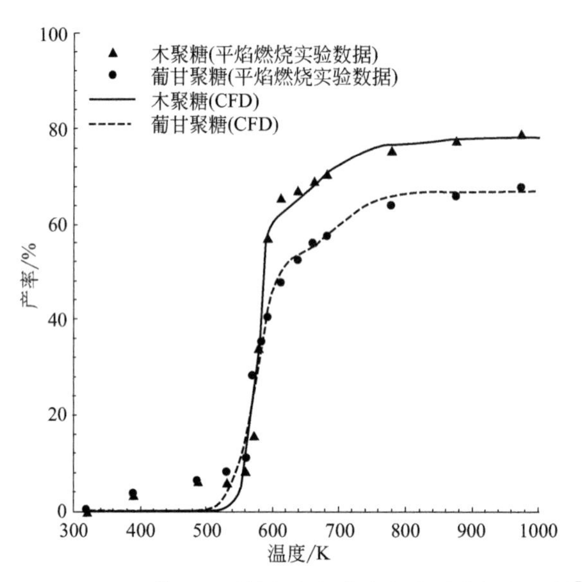

图5-16 Bio-CPD模型预测热解产物产率与实验数据的比较[30]

(3) 机理模型

机理模型能很好地解释热解机理，但这些模型包括分子动力学、CPMD和蒙特卡罗等复杂而费时的技术。目前，机理模型大多建立在理论研究的基础上，用于纤维素、半纤维素、木质素等模型化合物的研究，但对生物质的机理模型的开发仍需要更多的关注。

Vinu和Broadbelt[55]提出了一个机理模型。从葡萄糖基碳水化合物中生成左旋葡聚糖包括中链糖苷键的断裂和左旋葡聚糖从链末端的解压两个步骤。提出了4种反应方案：a. 纤维素转化为左旋葡聚糖和葡萄糖；b. 糖醛和低分子量产物（LMWPs）的形成；c. 葡萄糖转化为一系列中间产物；d. 低分子量产物转化为乙二醛、乙醛、3-氧代丁醛、甲醛和焦炭。纤维素转化为左旋葡聚糖和葡萄糖的第一反应方案如图5-17所示。该模型跟踪了99个单独反应中的大量纤维素物种和40个低分子量水溶液，并随时间演化。模型结果与Patwardhan等[56]的实验结果进行了比较，预测的产品收率与实验数据吻合较好。

Zhou等[57]利用基本步骤和各自的动力学参数建立了一个机理模型，预测了342个反应中的103种物种，其中包括纤维素链和低分子量产物的反应。利用基于DFT的机理模拟方法，揭示葡萄糖、纤维二糖、麦芽糖、纤维素和左旋葡萄糖的快速热解机理。然后，使用不同温度下快速热解和不同碳水化合物的实验数据验证了研究中建立的模型。该模型能够预测实验结果中未定量的主要产物（左旋葡萄糖醛酸、5-羟甲基糠

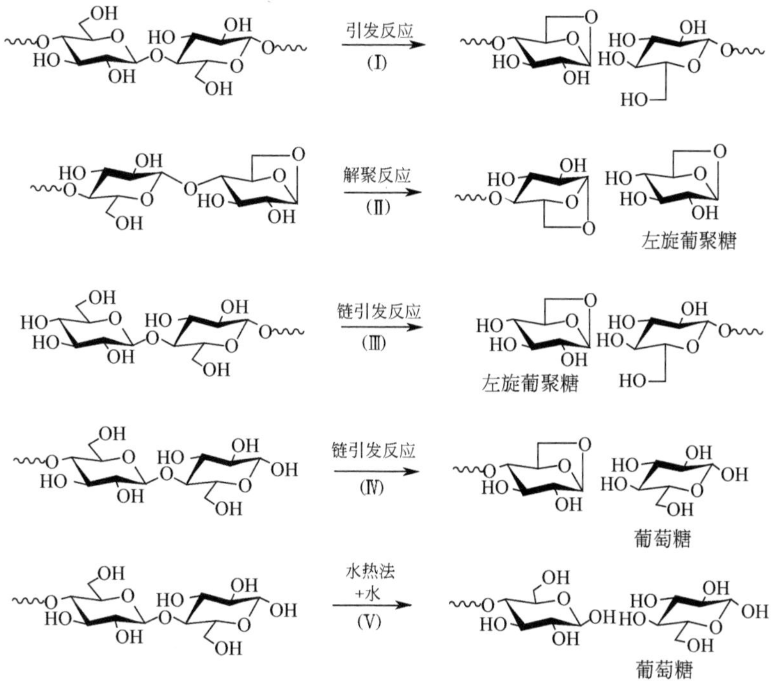

图 5-17 通过糖苷键裂解和水解形成左旋葡聚糖和葡萄糖的机理[55]

醛、乙醇醛、煤焦、CO、CO_2、H_2O 和甲基乙二醛)、次要产物(左旋葡萄糖醛酸、糠醛、丙酮、二羟丙酮、丙烯醛)和其他一些热解产物。除产物收率外,还用机理模型预测了反应时间。例如,纤维素热解过程中左旋葡聚糖的生成需要 1.75s。Broadbelt 等[32] 对葡萄糖基碳水化合物快速热解的机理模型进行了广泛的研究。利用密度泛函理论方法和隐式溶剂,比较了自由基和离子中间体形成的可能性,发现了一种协同反应机制,它比先前提出的机制更有利,而且与实验结果更吻合。

为了更好地理解葡萄糖作为纤维素热解分子模拟的起点,Mettler 等[58] 研究了链长影响,得出了一个更为成熟的葡萄糖热解化学原理。左旋葡聚糖是纤维素热解的主要产物之一,在熔融生物质中存在时会被还原,这一点通过仅对左旋葡聚糖的实验和左旋葡聚糖的实验与果糖共热解的实验进行了验证[59]。

研究者们已经对生物质模型化合物的热解机理进行了广泛的研究,但这一方法还需要进一步发展才能完全揭示生物质整体热解的复杂机理。

5.2.4.2 气化模型研究进展

(1)动力学模型

动力学模型精确地描述了气化炉内的动力学转换机理[60-63]。基于反应器流体动力学和几何学,这些模型呈现出从零维(搅拌槽)到一维(活塞流)、二维或三维的日益复杂化:更详细的系统需要更多的动力学和流体动力学细节[64]。Fiaschi 和 Michelini[61] 基于零维模型开发了用于生物质气化的一维双相动力学模型。研究表明,质量转移最先发生,当温度稳定时表面反应动力学逐渐趋于主导。Halama 和 Spliethoff[62] 构建三维模型模拟夹带床褐煤气化,重点是炭粒子反应的综合建模。采用具有内在反应动力学的有效因子方法解释孔隙和边界层扩散限制。这是一种新的高温孔隙结构模型，具体描述了表面积、直径、密度、孔隙率和平均孔径，将反应方式和炭转化函数的颗粒引入。为了模拟固定床污水污泥和生物质共气化，Ong 等[63] 根据已发布的用于气化的几种动力学模型构建了一种新模型。比较建模结果与实验数据，新模型具有相对较高的预测精度，进一步研究了操作参数的影响规律。Adeyemi 和 Janajreh[60] 认为迄今为止发表的用于煤和生物质在夹带床共气化上的平衡模型尚无定论，因此他们提出了更为详细的动力学模型，考虑水分释放、脱挥发分、挥发性燃烧和焦炭气化等过程，模型计算结果与实验结果吻合。

数学模型可以用不同的实验数据进行验证，Giltrap 等做了一些关于论证动力学模型准确性的研究[65]，他们测试了先前开发的生物质气化动力学模型[66] 并发现了所做假设中存在的问题，即遗漏了热解和裂解反应，这些反应过高预测了 CH_4 并且无法准确预测 H_2。这些差异是由于假设 O_2 仅与焦炭反应而忽略了 CH_4 燃烧。

（2）热力学平衡模型

热力学平衡模型具有可预测产物的最大可实现产量的优点。尽管模型较为简单，但热力学模型准确性相对较低。这是因为热力学平衡需要无限时间使反应物在低气化温度下转化为产物，这影响了化学平衡，因此影响了吉布斯自由能的最小化[4]。但是，由于模型独立于气化炉的设计，更多地关注实际操作参数，而不需要任何关于转换机理的知识，热力学模型在很多实际场合更适用。模型可以进一步分为化学计量模型和非化学计量模型，这取决于它们是基于平衡常数还是基于吉布斯自由能最小化[8,65]。

Silva 和 Rouboa[67] 使用热力学双阶段模型来评估氧浓度对生物质气化的影响，得出的结论是：氧含量更高时，能量和㶲效率均有改善。此外研究中采用碳边界点和响应方法来评估其他变量的参数。Li 等[68] 开发了一种基于自由能最小化的非化学计量模型，用以检验几种气化炉的性能。由于碳转化通常由非平衡因子控制，因此必须基于动力学模型或经验基础来考虑，进而提出动力学修正的平衡模型。除 CH_4 外，模型预测与测量的气体组分含量相当，并且很好地估算了碳转化效率。Mendiburu 等[69] 也报道了这种方法可用于固定反应器中的生物质气化。研究者使用非化学计量平衡模型。该模型可对吉布斯自由能进行最小化约束，同时考察生物质表观气化速率动力学，实现效率计算。对于不同的木质生物质，具有良好的准确性。

尽管气化炉内部无法达到化学和热力学平衡，但 Bhavanam 和 Sastry[70] 使用平衡模型对三种不同固体废物气化合成气产量和成分进行了合理预测。这项工作的局限之一是无法模拟流体动力学或几何参数，如流化速度或气化炉尺寸。Xiang 等[71] 评估了生物质和煤在热力学平衡框架内的共气化，提出了一种新的解耦工艺，其中原料首先燃烧（产生热能）然后气化（产生可燃气体）。因此，该模型被分为两个子模型，每个子模型也分为两个阶段（热解和燃烧、焦化气化和生物质气化）。总体模拟结果与通过双流化床获得的结果吻合。因为较少的颗粒移动到气化炉上，因此该方法具有降低焦油含量的优点，还具有很强的灵活性。Jarungthammachote 和 Dutta[72] 使用基于最小化吉布斯自由能的平衡模型比较常规和改进的喷射床气化炉。观察到模拟数据与实验数据存在显著偏差，尤其是对于 CO 和 CO_2 组分含量。因此，考虑通过碳转化的影响来修正该模型。改进后，模拟数据与实验数据的结果更为接近。但是该模型没有为喷射床气化过程提供准确的过程参数，其过度预测了该反应器中产生的合成气的加热速率。作者提出，或许动力学模型更适合处理这种情况。Prins 等[73] 使用热力学平衡模型比较了不同气化系统的热力学效率，研究证明气化反应的动力学限制影响了气化炉的效率。在另一项研究[74] 中，作者修改所开发的热力学平衡模型，用以预测固定床中的合成气成分，该模型基于平衡常数，必须考虑多重因素来提高其性能。在模型改进之后，模型用不同的文献报道实验数据进行验证，结果证明是准确的。Huang 和 Ramaswamy[75] 也研究了相同类型的反应器。Karmakar 和 Datta[76] 使用流化床的化学计量模型预测了生物质气化产生的 H_2。研究证明提高温度和水蒸气含量实现了更高的 H_2 产率，但仅在更高的温度下实现了更高热值的合成气，这一结论可由模型精准预测。Zainal 等[77] 开发了固定床气化炉的化学计量模型，在仅提供所研究生物质的元素分析结果下，其能够合理地预测所产生的合成气的热值。该研究团队测试了不同的生物质原料对模型的适应性。

5.2.4.3 人工神经网络与模拟软件研究进展

(1) 人工神经网络（ANN）

人工神经网络（ANN）是基于生物学中神经网络的基本原理，在理解和抽象了人脑结构和外界刺激响应机制后，以网络拓扑知识为理论基础，模拟人脑的神经系统对复杂信息处理机制的一种数学模型。ANN 不提供分析过程结果，只提供结论数值结果[8,64]。该模型是依靠系统的复杂程度，调整内部大量节点（神经元）之间相互连接的权值，以便更快地优化所需参数或期望结果的集合，例如合成气组成。

Baruah 等[78] 建立了一个 ANN 模型模拟固定床中的生物质气化，使用一组 18 种不同的文献数据预测合成气成分，并用实验数据训练神经网络。最终气体组分的模拟数据和实验数据遵循线性回归曲线，它们之间具有高度一致性。该模型还与“训练集”中的实验数据进行了比较，并显示出良好的一致性。增加数据库以及其他生物质物种的更多实验结果可使该模型进一步发展，扩展其应用范围。该模型准确预测了四种主要的合成气成分（CO、H_2、CH_4 和 CO_2），这项研究是人工神经网络对实验室规模气化贡献的仅有的几篇文献之一。尽管气化温度仍然是 CO 和 H_2 预测的最重要变量，但所有测试变量（原料 C、H、O 含量，水分，灰分，气化温度）都显示出对合成气组分的显著影响。Puig-Arnavat 等[79] 提出了两种不同的流化床 ANN 模型，一种用于鼓泡床，另一种用于循环床，两种模型用于预测生物质气化合成气组分。尽管发现不同的变量对不同流化床具有不同的影响，但在两种情况下均可获得高度一致性的实验数据。生物质原料特征在循环床中对气化结果的影响较鼓泡床更强烈，而当量比输入被证明是循环床中最重要的变量，但在鼓泡床中不是。Li 等[80] 开发了一种 ANN 模型评估流化床中生物质气化，评估一些变量（如加热速率和气化炉长度）对 H_2 生成和效率的影响。已证明气化炉高度与 H_2 产率具有直接关系，因为它促进了反应速率，从而有助于产生更多富含 H_2 的合成气。由于较高的加热速率促使较高的焦炭转化率和焦油裂解率，加热速率也显示出显著的影响。Xiao 等[81] 提出了一种 ANN 方法研究流化床中的城市固体废物气化。在不同温度下模拟不同的固体废物（从纸张到厨房垃圾、塑料和纺织品）气化。训练和验证模型的相对误差分别低于 15% 和 20%，这使模型具有可行性。同样，作者建议扩展训练样本集以获得更准确的结果，使该方法能够应用于更广泛的原料。Pandey

等[82]通过神经网络评估了流化床中的MSW气化，使用9个输入和3个输出参数来训练模型，以评估产气低位热值和合成气产量。Pandey等提出了一个新颖的程序流程图，其中网络构建基于“是或否”事件序列。这是一种有效的方法，可以优化模型设计。实验结果和模拟结果吻合良好，这表明该模型可预测类型相似的气化炉性能。但如果输入或输出参数变化，就需要调整模型。

上述研究证明ANN增强了预测结果的准确性，实现了与实验值和模拟值之间的高度一致性。然而，只有当有足够的数据用以校准和评估所提出的ANN模型时才可考虑使用神经网络方法[8]。

(2) 计算流体力学（CFD）软件

计算流体力学（CFD）是一种基于质量守恒、动量守恒、物料守恒和能量守恒的热解气化模拟方法[8]。这一方法在流化床中应用尤为广泛。在流化床中，热解反应发生在气化炉内的较低温度处，传热不足和焦油产量高是主要问题。CFD提供了反应器内温度分布和组分浓度的相关信息，结合反应器的流体力学知识，可以对合成气产量进行高准确度的预测。通常采用Euler-Lagrange方法对流化床进行建模，将离散固相视为颗粒流，而将气相视为连续介质。Klimanek等[83]采用稠密离散相模型（DDPM）模拟了煤流化气化炉内颗粒相的流动。采用有限速率化学模型模拟煤颗粒表面的非均相反应，采用有限速率和涡流耗散模型模拟均相气相反应。Xue和Fox[84]提出一个时间步长自适应方法，用于流化反应器中进行的生物质气化研究，旨在为系统实现更高的稳定性和效率。Gao等[85]使用Euler-Lagrange方法评估流化床反应器中的生物质气化，将标准的K-epsilon模型应用于连续相，将离散相模型应用于生物质颗粒相。采用有限速率/涡流耗散模型计算均相反应速率，而非均相反应采用本征反应速率模型。Ku等[86]使用了相同的方法、原料和反应器类型，对温度、蒸汽/碳摩尔比、过量空气比、生物质类型和粒径等参数进行了模拟。数值计算结果与实验结果吻合较好，与文献中的数据吻合较好。同一作者后来在流化床气化炉中进行了类似的研究，计算结果也与文献[87]中的实验数据吻合较好。

尽管Euler-Lagrange流态被认为是最适合流化床的流态，但是有一些文献对Euler-Euler方法在这类反应器中的应用进行了研究。Couto等[88]基于颗粒流动力学理论，采用Euler-Euler方法建立了生物质气化过程的数值模型，对模型进行了验证，研究运行的结果与实验结果吻合较好。Couto等[88]还研究了富氧条件对气化温度、蒸汽与生物质比（SBR）和最终合成气组成的影响，并利用模型进行了准确预测。同一研究小组对城市固体废物也发表了类似的研究[89]。尽管存在一些偏差，但模拟结果与实验结果之间取得了合理的一致性，这些偏差可能是由元素组成、密度、结构、水分、所用原料的非均质性等造成的。然而，通过对热解过程建模的修正，并考虑温度、进料速率和当量比，有可能获得准确的化学合成和燃料应用的合成气成分[90]。Ismail等[91]用Euler-Euler方法进行模拟，验证了含水率对生物质转化效率和热值的影响。当当量比较高时，这种影响会减弱。在随后的工作中，Ismail在流化床的中试装置中测试了桃核和芒属植物的气化结果。研究证明，更高的温度有利于增加CO的含量和减少焦油的产生[92]。Monteiro等[93]使用Euler-Euler方法评估半工业化气化厂生物质产生的合成气，以描述固相和气相的质量交换、动量和能量的传输。模拟结果与实验结果吻合良好，较高的温度有助于提高合成气质量和生物质转化效率，同时降低焦油产量，而较高的当量比则有相反的效果，但转化效率除外。Thankachan 等[94] 开发了一个 Euler-Euler 模型模拟流化反应器中的生物质气化，该模型采用标准的 K-epsilon 方法模拟三相的湍流，并采用颗粒流动力学理论模拟反应器内的颗粒运动。用涡流耗散和阿伦尼乌斯扩散反应速率分别测定了均相反应和非均相反应的反应速率，实验结果与数值结果吻合较好。

（3）Aspen Plus

Aspen Plus 热解气化模型在煤炭转化方面应用较多，在生物质热解气化方面工作并不多。随着生物质热解气化研究不断深入，一些研究人员开始利用 Aspen Plus 建立生物质热解气化模型。

Mansaray 等[95-97] 用 Aspen Plus 模拟了一台流化床稻壳气化炉，建立了两个热力学模型：一个是单室模型，忽略了流化床气化炉的水动力复杂性，采用了整体平衡法；另一个是双室模型，可在气化炉中呈现出复杂的水动力条件。该模型能够预测反应器的温度、气体组成、气体高位热值以及不同运行条件（包括床高、流化速度、当量比、流化气体中的氧浓度和稻壳含水率等）下的总碳转化率。由于生物质中挥发性物质较多，且流化床中生物质反应速率动力学较为复杂，作者忽略了焦炭气化，并假设生物质气化遵循吉布斯平衡。模型中考虑的反应有热解、部分燃烧和气化。核心温度、边界温度、出口温度、可燃气体组分摩尔分数和产气高位热值的预测与实验数据吻合较好，总碳转化率的相关性不是很好。实验和预测的总碳转化率之间的差异归因于采样过程中的不确定性。

Mathieu 和 Dubuisson[98] 使用 Aspen Plus 对流化床木材气化过程进行模拟。该模型以最小吉布斯活化能为基础，分别进行热解、点火、Boudouard 反应和气化全过程。作者进行了分析，得出以下结果：a. 气体温度存在一个临界值，当温度高于该临界值时加热将不再合理；b. 有一个最好的氧指数，压力对加工技术的高效率只有轻微的影响。

Mitta 等[99] 将 Aspen Plus 应用于应用环境和蒸汽的流化床轮胎气化模型，并应用了位于加泰罗尼亚技术大学（UPC）有机化学工程学院的气化测试设备的认证结果。将其气化模型分为干燥、脱挥/热解和气化/燃烧三个不同阶段。图 5-18 显示了模型的 Aspen Plus 流程图。原料进料时，第一步是加热和干燥颗粒。一个“RStoic”控制模块被用于模拟这种瞬态干扰。由于轮胎中挥发物含量高，作者考虑了其转化过程中的挥发步骤。这种脱挥过程，即快速热解机制，产生挥发性气体、焦油和焦炭。“RYield”模块用于模型的热解/脱挥部分。假设挥发性有机化合物的总产值相当于通过类似分析确定的孕母燃料的挥发性有机化合物成分。整个气化过程中的灰分从“RGibbs”模块中去除。该模型采用整体平衡法，忽略了气化炉的水动力多样性。虽然气化炉创造了高碳钢氮化合物燃料、尼古丁和植物脂肪，但为了减少模型的多样性，它们被认为是非平衡物质。因此，CH_4 是计算中唯一考虑的烃类化合物。模型的所有结果都已标准化，因此它们不会受到尼古丁的伤害。假设轮胎中的硫主要转化为 H_2S，并假设它是一个稳定的标准。该模型能够预测在各种工作条件下（包括进料的流速、组成和温度以及操作压力和温度）产生的气体组成。

越来越多的人利用 Aspen Plus 对生物质的气化过程进行建模。Robinson 和 Luyben[100] 提出了一个近似气化炉模型，可用于 Aspen Plus 动力学的动态分析。

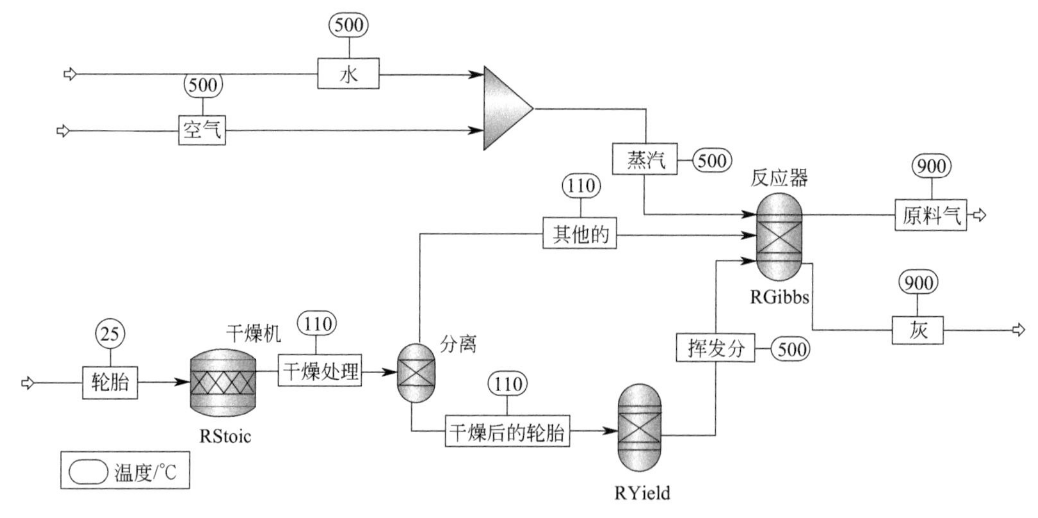

图 5-18 Aspen Plus 用于流化床轮胎气化过程的模拟图[99]

他们以 Aspen Plus 库中的高分子烃类化合物作为类似燃料，并明确提出类似模型来模拟主要的宏观经济热、流、组分和压力动力学。Doherty 等[101] 建立了循环流化床模型，研究了当量比、温度、气体加热水平、生物质燃料水分和蒸汽引入对胀气、发热和气化效率的危害。Van der Meijden 等[102] 还使用 Aspen Plus 作为建模工具，量化了三种不同气化炉（气流床气化炉、恒温床气化炉和循环流化床气化炉）生产合成气的总体工艺效率的差异。

5.3 基于热解气化模型设计案例分析

生物质热解气化工艺设计是优化热解气化系统环境、经济效益，实现清洁能源生产的关键步骤[103]。工艺设计提供了产物的组分、产率、操作条件和反应器的基本尺寸等。典型的工艺设计从设计变量出发，并结合气化炉内的质量平衡和能量平衡方程，设计过程中必须使用一些参数的经验值。然而，这种经验总是在特定的设计环境中（例如设备类型、应用场景、性能要求）获得，因此因情况而异。此外，反应器设计的性能依赖于设计问题的特性，并且随着人们对热解气化功能的要求越来越高，任何一组设计变量都不再具有广泛的适用性。由于半经验法的设计过程缺少对设计效果的精准预测，因此设计具有很大的不确定性。因此，传统设计方法难以找到最佳设计方案。开发可模拟所有运行条件并预测热解气化产物质量和产率的数学模型，可避免运行多个实际实验来优化每个热解气化参数，提高效率并减少资源浪费。

随着热解气化模型的发展，越来越多的设计者利用热解气化模型进行工艺设计。热解气化模型建立了设计变量与设计目标之间的关系，可大致分为白箱模型和黑箱模型两类。

① 白箱模型是建立在反应器内的物理燃烧和传输方程的基础上的，主要模型有动力学模型和热力学平衡模型。通过工艺性能的等值线图可实现多目标需求的设计，但等高线的绘制需要模拟需要大量的工况，这意味着需要大量的计算量。此外，开发物理模

型需要大量实际运行参数作为模型输入，这在设计阶段是难以实现的。

② 黑箱模型完全是基于数据驱动的，模型使用历史数据预测未来气化产物。越来越多的数据被监控和收集，使得从历史数据中学习热解气化反应过程模型并使用这些模型进行预测成为可能。常用的黑箱模型包括 ANN、支持向量机和随机森林。黑箱模型在热解气化工艺设计中的应用还处于起步阶段，其原因主要是反应设计初期难以获得热解气化温度等准确的黑箱模型输入参数。

典型的利用数学模型或相关模拟软件的热解气化工艺设计主要包括模型建立与验证、参数分析、确定设计结果三个步骤[103-106]，本节通过两个具体案例进行介绍。

5.3.1 基于理论模型的热解气化工艺设计

5.3.1.1 案例概述

设计对象为流化床气化炉，气化生物质原料特征如表 5-7 所列。

表 5-7 生物质原料特征[106]

元素分析(质量分数)/%		工业分析(质量分数)/%	
C	50.30	水分	8.0
H	6.17	挥发分	69.8
O	37.40	固定碳	20.1
N	0.69	灰分	2.1
其他	5.44		

设计变量为气化当量比（ER）和蒸汽生物质比（SBR，kg/kg）。设计变量范围：0.2≤ER≤0.6，0≤SBR≤1.5。

设计目标为产气低位热值（LHV_{syn}）、热效率（η_e）、净热效率（$\eta_{e,net}$）、H_2/CO 摩尔比（Φ_{HC}）。

5.3.1.2 模型建立与验证

在选择模型时应考虑模型是否包含所有设计变量和设计目标，其他模型参数是否已知，同时，应对建立的模型进行预测精度验证，以保证设计结果的可靠性。本设计案例使用文献[106] 中建立的空气-蒸汽生物质气化（ASBG）模型，具体模型细节这里不再赘述。如图 5-19 所示，对于合成气组分（H_2、CO、CO_2、CH_4），ASBG 模型与实验数据的相关系数为 0.8961，预测精度较高，对于合成气低位热值 LHV_{syn}，相关系数为 0.6910。ASBG 模型低估了 LHV_{syn}，这主要归因于低估了 CH_4 的组分含量，CH_4 具有比 H_2 和 CO 更高的发热量。

5.3.1.3 参数分析

热解气化参数对合成气产量和质量起着至关重要的作用，充分掌握它们的变化是每个建模与设计研究非常重要的阶段。热损失 45%的自热气化温度（T）如图 5-20 所示。在 ER=0.2 和 SBR=0 时，T=705℃。随着 SBR 的增加，应提供额外的热量使 T 保持在 700℃。相反，由于燃烧热的影响，温度随 ER 的增加而升高。自热温度范围（700℃<T<830℃）位于 ER 和 SBR 较窄的区域，其中 T 变化较大。

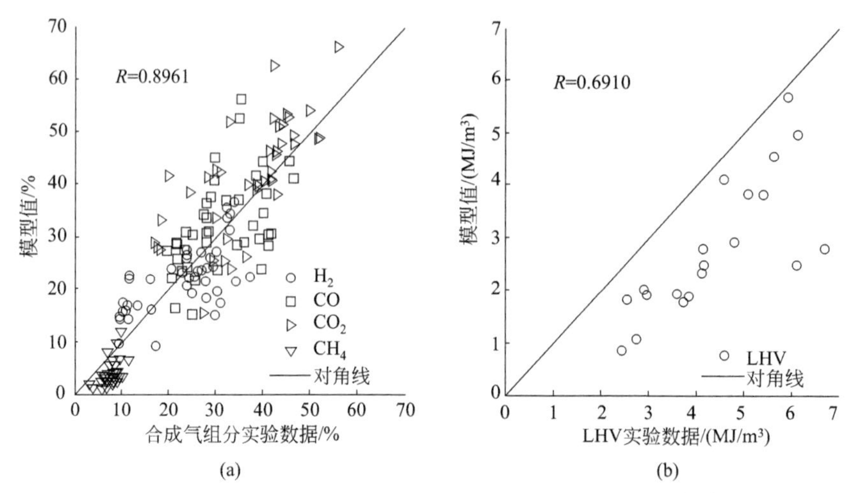

图 5-19 合成气组分（不含水和 N_2）、LHV_{syn} 对比图[106]

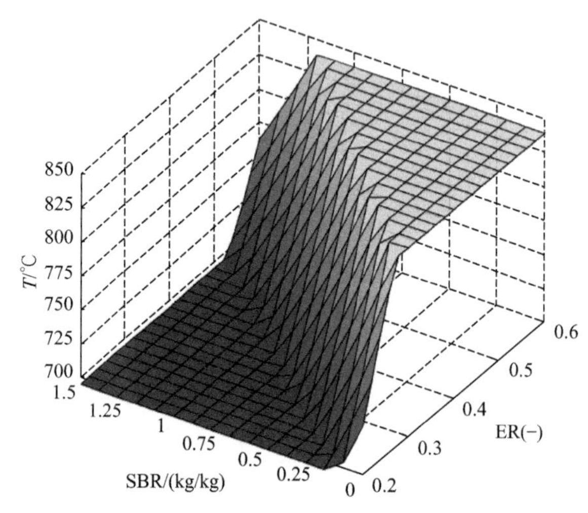

图 5-20 不同 ER 和 SBR 下的自热温度范围[106]

不同 ER 和 SBR 下产气的组成如图 5-21 所示。在 700～830℃的自热气化温度范围

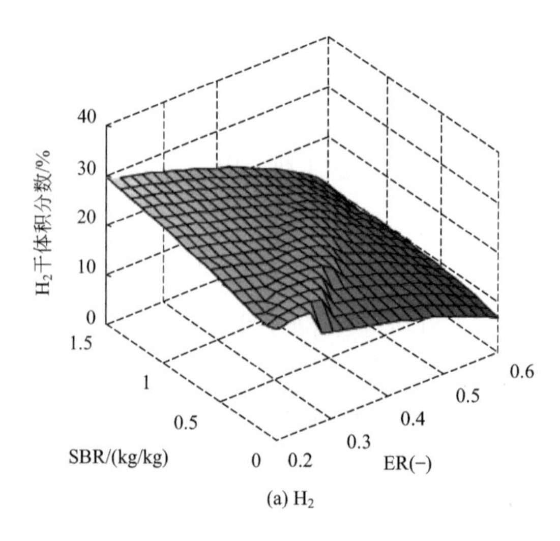

(a) H_2

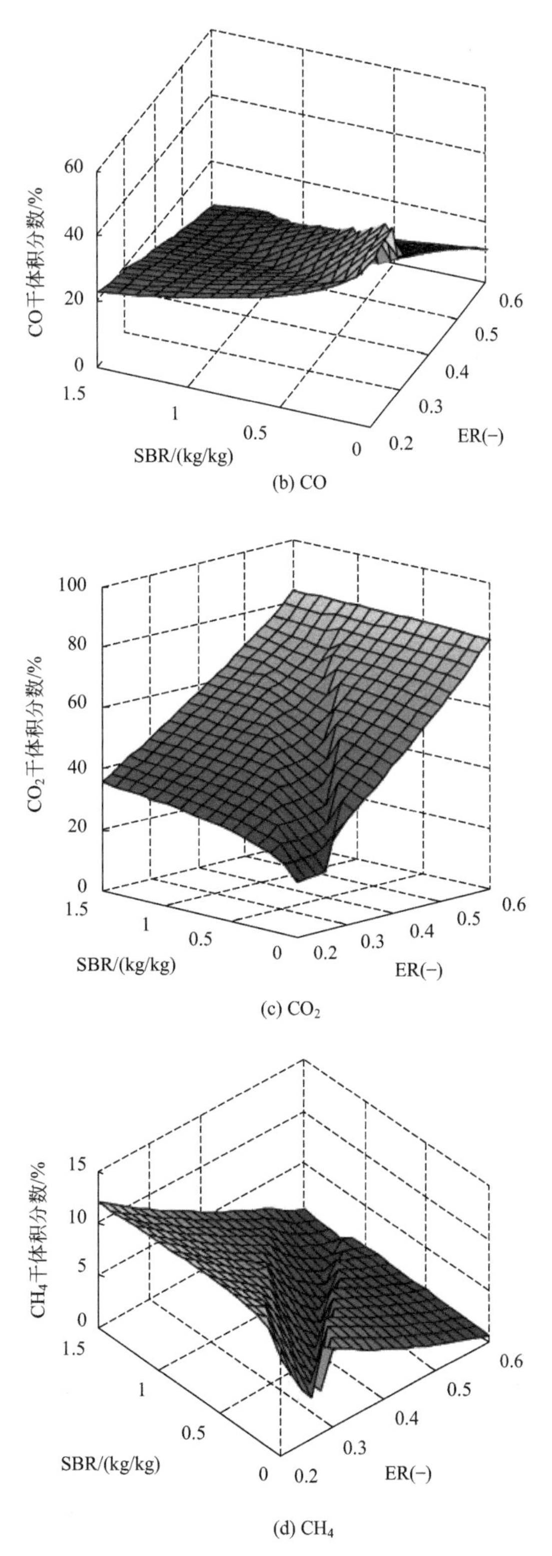

图 5-21　不同 ER 和 SBR 下的产气组分[106]

内，观察到组分急剧的变化。随着 T 的增加，H_2 和 CO 的组分增加，而 CO_2 和 CH_4 的组分减少。当 T 恒定时，ER 从自热区上升，促进了碳和氢的氧化。因此，H_2、CO、CH_4 的组分减少，CO_2 的组分明显增加。与 ER 相比，SBR 对组分的影响较小。虽然在生物质气化中蒸汽参与比例并不高，但蒸汽在一定程度上激活了水气相转移的反应。因此，提高 SBR 导致 H_2 和 CO_2 的提高，如图 5-21(a) 和 (c) 所示。随着 SBR 的增加，CO 的组分降低。值得注意的是：在 $T=830$℃ 的自热区边界处，由于 T 和 ER 的影响在该边界处发生了冲突，所以 H_2 和 CO 组分的最大值出现在该边界处。

图 5-22(a) 为合成气在不同 ER 和 SBR 下的 LHV_{syn}。当 ER 为恒定值时，LHV_{syn} 随温度的升高略有升高，而随着 ER 的升高而降低。其原因是随着 ER 的增加，N_2 和 CO_2 的量增加。SBR 对 LHV_{syn} 的影响不显著。随着 SBR 的增加，LHV_{syn} 值下降缓慢。在 ER=0.2 和 SBR=0 时，LHV_{syn} 的最大值为 5.6MJ/m^3。如果考虑 C_2H_n 的组成，实际的 LHV_{syn} 将高于现值。

产气率（Q_{yield}）如图 5-22(b) 所示。ER 的增加导致合成气体积的增大，主要是由于合成气中 N_2 的增加。由于 Q_{yield} 是在不考虑含水率的情况下计算的，所以 SBR 对 Q_{yield} 的影响不显著。如前所述，随着 SBR 的增加，水气相转移反应得到促进，Q_{yield} 略有增加。Q_{yield} 的最大值（4.4m^3/kg）出现在 ER=0.6 和 SBR=1.5 处。

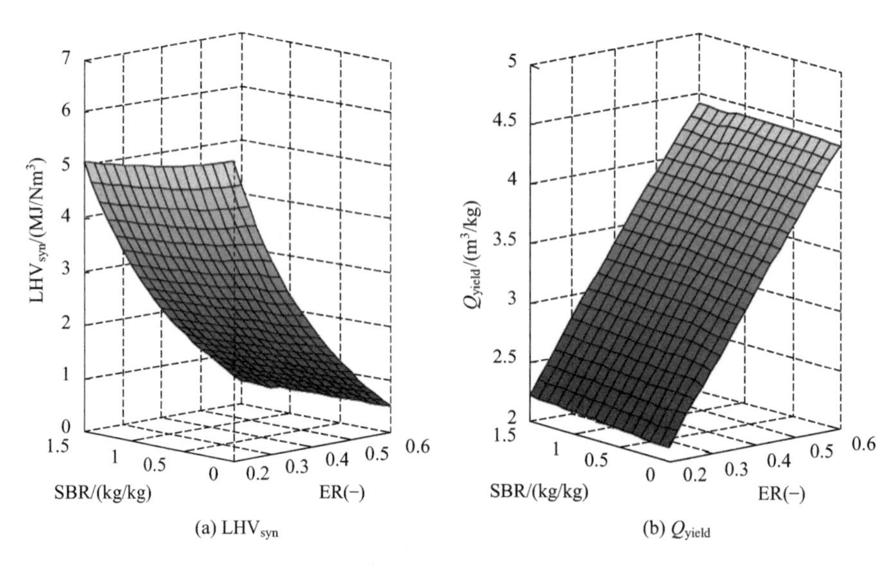

图 5-22　不同 ER 和 SBR 下的 LHV_{syn} 和 Q_{yield}[106]

如图 5-23 所示，热效率（η_e）和净热效率（$\eta_{e,net}$）具有与 LHV_{syn} 相似的趋势。SBR 对 $\eta_{e,net}$ 的影响比 η_e 大。η_e 的最大值（0.61）位于 ER=0.2 和 SBR=0 处。当 SBR 从 0 增加到 1.5，ER=0.2 时，$\eta_{e,net}$ 从 0.61 变化到 0.47。

5.3.1.4　设计方案确定

对于确定最终设计结果的方法，目前应用较多的是计算所有工况，选择最佳设计工况[104]，或通过大量模拟数据绘制设计目标等值线图，从图中找出符合要求的设计变量

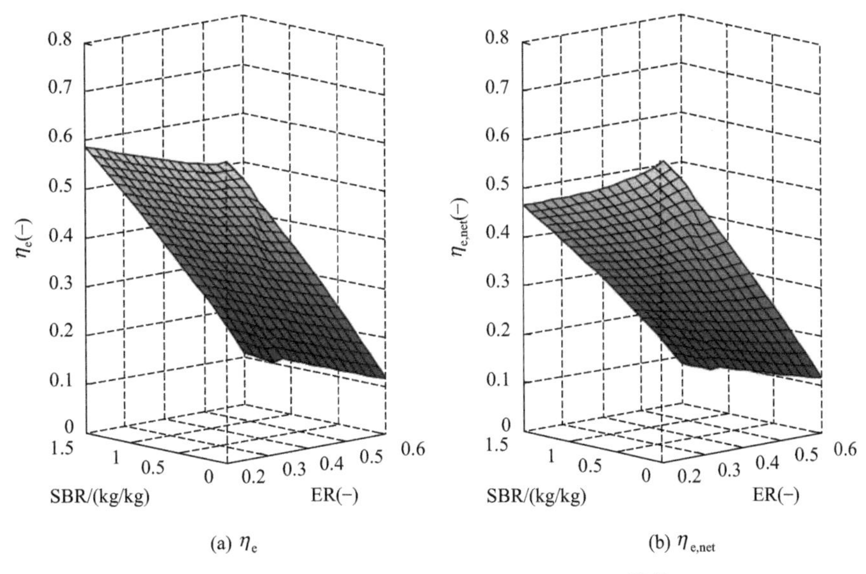

(a) η_e　　　　(b) $\eta_{e,net}$

图 5-23　不同 ER 和 SBR 下的 η_e 和 $\eta_{e,net}$[106]

值或范围[105,106]。本例采用更为直观地绘制等值线图的方法来确定设计结果。

图 5-24 为工艺性能指标（设计目标）的等值线图。700℃$<T<$830℃范围内的自热气化区由两条加粗的黑线表示。若要求 $LHV_{syn}\geqslant 3MJ/m^3$，$\eta_e\geqslant 0.5$，$\eta_{e,net}\geqslant 0.5$，$\Phi_{HC}\leqslant 0.75$，则图中阴影区域为本例的有效操作区域，可用于发电或合成气产热，设计变量范围为 0.2≤ER≤0.3，0≤SBR≤0.3。

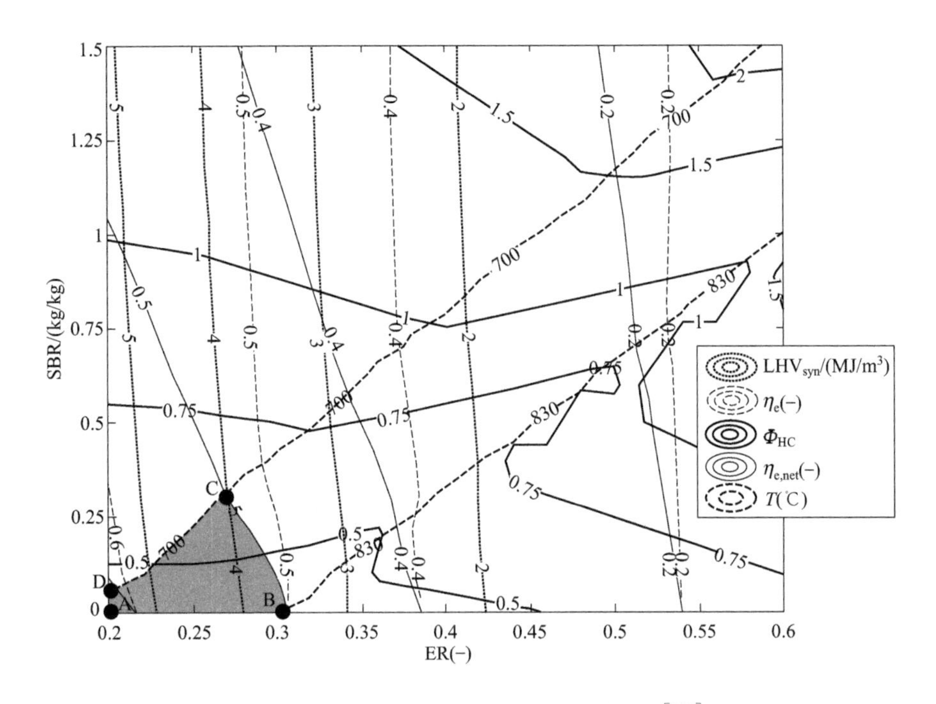

图 5-24　性能评估等值线和有效操作区域[106]

5.3.2 热解气化半经验模型与气化炉反向设计

5.3.2.1 案例概述

设计对象为200kW鼓泡流化床气化炉，气化原料为木屑、稻壳和秸秆，气化剂为空气。所选生物质的特征如表5-8所列。

表5-8 设计案例中生物质的元素分析和工业分析[107]

生物质种类	元素分析(质量分数)/%					工业分析(质量分数)/%				LHV_{bm}① /(MJ/kg)
	C	H	O	N	S	Ash	VM	FC	MC	
木屑	46.2	5.1	35.4	1.5	0.06	1.3	70.4	17.9	10.4	18.81
稻壳	45.8	6.0	47.9	0.3	—	0.8	73.8	13.1	12.3	13.36
秸秆	36.57	4.91	40.7	0.57	0.14	8.61	64.98	17.91	8.5	14.6

① LHV_{bm}：生物质低位热值。

设计变量包括气化炉内径、气化炉高度、原料粒径和当量比。气化炉内径和高度是气化炉生产的重要尺寸参数。原料粒径对生物质气化过程的整体效率有很大的影响。当量比是影响生物质气化的主要操作参数，对产气组分、产气热值、气化效率、焦油产率方面均有较大影响。

设计目标包括产气热值（LHV_{syn}）、产气率（Q_{yield}）和气化效率（cold gas efficiency，CGE）设计目标可以选择上述三个目标中的一个或两个或全部，因此每种原料共有7个设计案例，三种原料共21个设计案例。

5.3.2.2 模型建立

对于定工况下的生物质气化稳态过程，常用TE模型和ANN模型进行建模。TE模型计算收敛快，适用于各种原料和工艺参数，可预测气化合成气的最大产量，但TE模型假设气化反应无限长时间，达到平衡状态，往往与实际运行情况不符，因此会产生较大误差。ANN模型以不同尺寸气化炉和运行工况数据作为建模所需样本，预测更加精准，但由于模型无物理意义，因此模型输入参数“气化温度”在气化炉设计阶段无法获取，使模型的应用受到限制。文献［108］基于两模型的特点和不足，提出生物质气化稳态热力学-神经网络（thermodynamic-artificial neural network，T-ANN）模型，下面对本设计案例使用的TE模型、ANN模型和T-ANN模型进行逐一介绍。

TE模型采用化学计量方法，具体建模过程可参考5.2.2.2部分相关内容。ANN模型的详细信息见表5-9。ANN模型的训练与测试所需的数据集包含了166个不同实验工况的数据，涉及多种生物质原料，其中，训练集（数据集A）包含128个样本，测试集（数据集B）包含38个样本，比例约为3∶1。将生物质原料粒径、水分（moisture content，MC）、灰分（ash）、C%、H%、O%、气化炉高度、气化炉内径、当量比（equivalence ratio，ER）和气化温度（T_g）作为ANN模型的输入，合成气中CO、CO_2、H_2和CH_4的浓度作为模型输出。其中“气化温度”由TE模型输出的平衡温度提供，其他参数为已知参数。固定碳（fixed carbon，FC）和挥发分（volatile matter，VM）被视为因变量。此外，由于本研究主要关注生物质能源化利用方面，因此没有考虑原料中氮和硫的含量，因为它们对合成气热值的影响很小。详细的样本数据和建模过程参考文献 [108]。

表 5-9　ANN 模型优化的细节

编号	项目	细节
1	网络类型	BP 神经网络
2	训练函数	Levenberg-Marquardt 函数
3	自适应学习函数	动量梯度下降法
4	性能函数	平均绝对百分比误差
5	传递函数	双曲正切函数
6	数据集	数据集 A(训练)，数据集 B(测试)
7	输入层单元数	10
8	输出层单元数	1
9	隐藏层数	1
10	隐藏层单元数	试错试验
11	训练次数	1000 次

TE 模型可以根据理论平衡计算气化温度，但其气化产物预测结果难以适应反应器和气化条件的变化。相比之下，ANN 模型可根据不同输入提供更加准确的预测结果，但在实际应用中难以确定输入参数——气化温度。因此，提出了一种将 TE 模型和 ANN 模型耦合的新模型（T-ANN 模型）。该模型采用 ANN 模型代替原 TE 模型中的平衡方程，以 TE 模型每次迭代计算出的平衡温度作为 ANN 的输入参数。T-ANN 模型的流程如图 5-25 所示，计算过程如下：

① 将生物质特性（元素分析、工业分析和原料粒径）、操作参数（ER）和气化炉的结构参数（炉高和炉内径）输入进 T-ANN 模型中。

② ANN 模型利用已知输入参数和 TE 模型计算的平衡温度（在第一次迭代前为假设值）来计算合成气各组分的体积分数。

③ 通过同时求解质量守恒和气体体积分数方程式(5-46)，可得到各气体组分的物质的量。

$$c_i=\frac{n_i}{n_{H_2}+n_{CO}+n_{CO_2}+n_{CH_4}+n_{N_2}} \tag{5-46}$$

式中　c_i——干燥合成气组分的体积分数；$i=H_2$、CO、CO_2、CH_4 和 N_2。

④ 利用能量守恒方程计算平衡温度。

⑤ 如果本次迭代与前一次迭代的平衡温度差的绝对值小于或等于 1K，则停止迭代过程，并输出合成气各组分的体积分数和平衡温度，否则，用两次迭代的平衡温度的平均值作为新的平衡温度，返回步骤②。

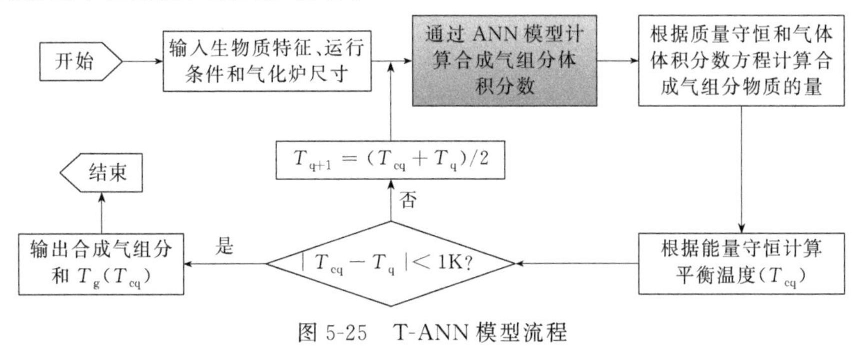

图 5-25　T-ANN 模型流程

上述模型在python3.7.3编程环境中实现，基于Keras平台搭建了生物质气化稳态过程ANN模型，基于Scipy平台搭建了TE模型和T-ANN模型。

5.3.2.3 模型性能评价

（1）预测精度评价

为了评价建立的模型的预测性能，我们采用了以下3个评价指标。

① 平均绝对百分比误差（mean absolute percentage error，MAPE），表示预测值与实验值的相对绝对值偏差，定义如式(5-47)所示：

$$\mathrm{MAPE}=\frac{1}{N}\sum_{j=1}^{N}\left|\frac{Y_j^{\mathrm{pred}}-Y_j^{\mathrm{exp}}}{Y_j^{\mathrm{exp}}}\right|\times 100\% \tag{5-47}$$

② 均方根误差（root mean square error，RMSE），表示数据在零偏差附近的离散度，对异常值更敏感。定义如式(5-48)所示：

$$\mathrm{RMSE}=\sqrt{\frac{\sum_{j=1}^{N}(Y_j^{\mathrm{pred}}-Y_j^{\mathrm{exp}})^2}{N}} \tag{5-48}$$

③ 决定系数（R^2），衡量模型对实验数据的适配性。R^2值越接近于1，模型对实验数据的拟合越好。定义如式(5-49)所示：

$$R^2=1-\frac{\sum_{j=1}^{N}(Y_j^{\mathrm{pred}}-Y_j^{\mathrm{exp}})^2}{\sum_{j=1}^{N}(Y_j^{\mathrm{pred}}-Y_{\mathrm{ave}}^{\mathrm{exp}})^2} \tag{5-49}$$

式中 N——样本数；

Y_j^{pred}——第j个样本的预测值；

Y_j^{exp}——第j个样本的实验值；

$Y_{\mathrm{ave}}^{\mathrm{exp}}$——实验值的平均值。

选取数据集A和B来检验所建立的TE、ANN和T-ANN模型的性能。气化温度是预测气化产物的重要工艺参数，图5-26显示了两种不同模型的预测气化温度的比较。未修正的TE模型在预测气化温度方面存在较大误差，而T-ANN模型对低气化温度和高气化温度都具有较高的预测精度。

两种模型对气化温度预测的评价指标如表5-10所列。三个评价指标（MAPE、RMSE和R^2）表明，与TE模型相比，T-ANN模型具有更好、更可靠的预测性能。TE模型预测误差较大的主要原因是理想化学平衡下气化温

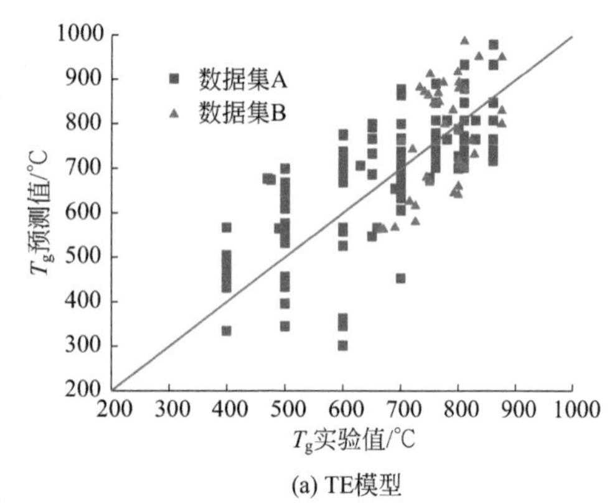

(a) TE模型

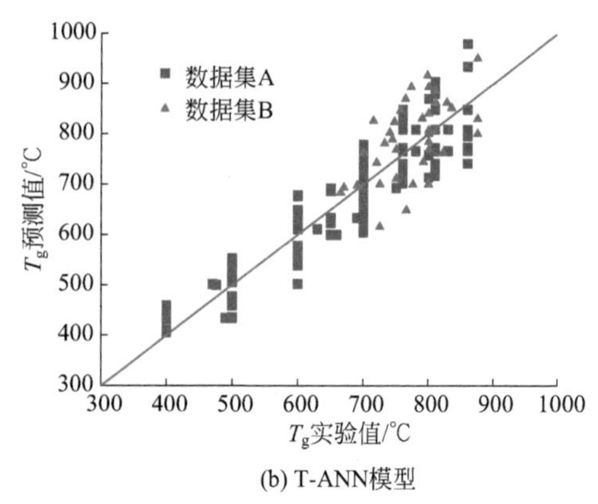

(b) T-ANN模型

图5-26 两种不同模型预测气化温度的比较

度的计算与实际情况不符。同时，如果没有实验条件，平衡常数是无法修正的。T-ANN模型通过ANN模型使计算条件尽可能地符合实际情况。与气化温度有关的误差也会影响不同模型对气化产物的预测。

表 5-10 TE 和 T-ANN 模型预测气化温度的评价指标

评价指标	TE 模型		T-ANN 模型	
	数据集 A	数据集 B	数据集 A	数据集 B
MAPE/%	14.62	12.61	6.72	7.20
RMSE	116.1880	104.3676	50.5956	66.1754
R^2	0.4544	0.2584	0.8591	0.3119

图 5-27 显示了不同模型的预测气化产物的比较。45°线上更多的聚类点表明，T-ANN 模型具有最佳的预测性能，而 TE 模型的预测性能最差。为了对模型进行定量评价，表 5-11 列出了 TE、ANN 和 T-ANN 模型对气化产物预测的评价指标。

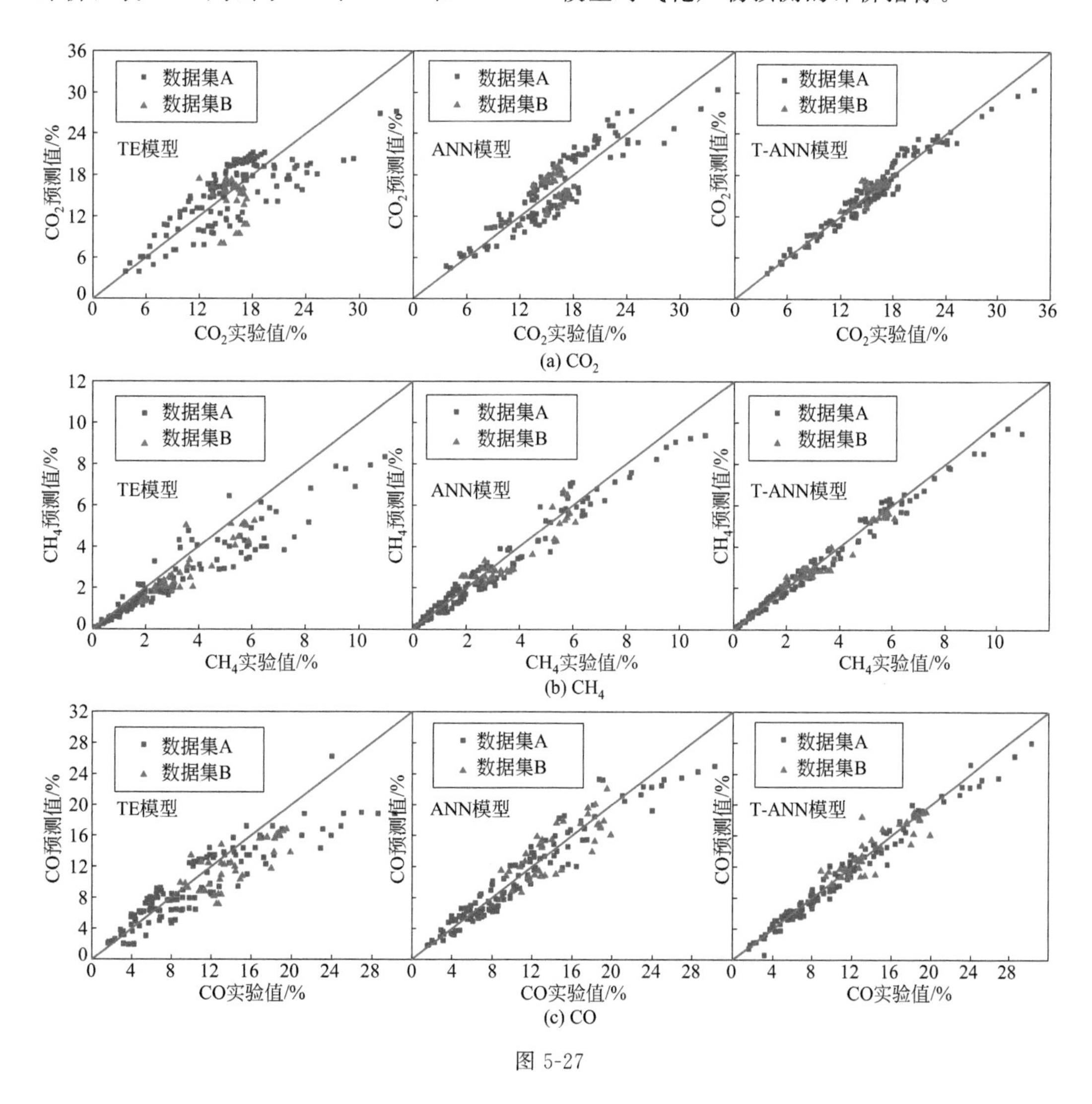

图 5-27

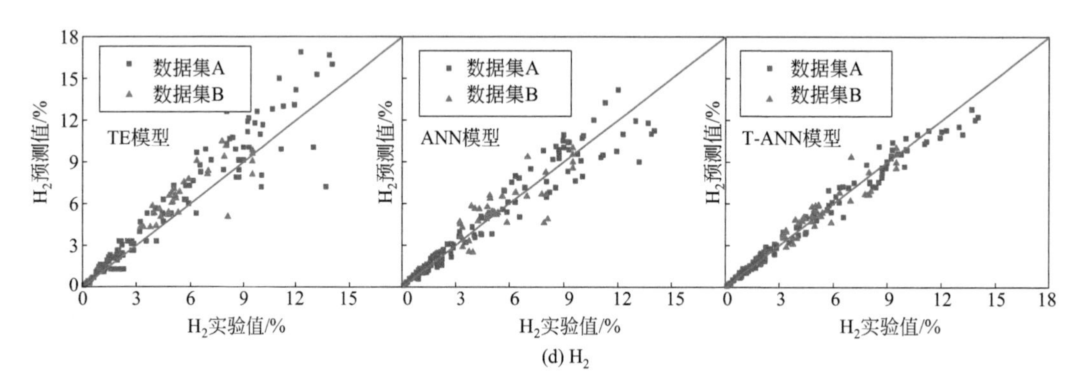

(d) H_2

图 5-27　不同模型预测气化产物的比较

表 5-11　预测 TE、ANN 和 T-ANN 模型气化产物的评价指标

气化产物	评价指标	TE 模型		ANN 模型		T-ANN 模型	
		数据集 A	数据集 B	数据集 A	数据集 B	数据集 A	数据集 B
CO_2	MAPE/%	18.05	17.39	13.53	14.18	6.52	5.07
	RMSE	3.3076	3.6381	2.3176	2.3133	1.2225	1.0777
	R^2	0.6212	0.0283	0.8242	0.0211	0.9478	0.3897
CH_4	MAPE/%	25.08	22.41	16.51	16.73	9.64	9.72
	RMSE	1.1017	0.8534	0.5185	0.6174	0.3358	0.3846
	R^2	0.9032	0.8570	0.9607	0.8105	0.9848	0.9318
CO	MAPE/%	20.54	19.35	13.83	14.63	8.64	8.54
	RMSE	2.8954	3.1766	1.6624	2.2050	1.0185	1.6696
	R^2	0.8135	0.5738	0.9267	0.6114	0.9743	0.7438
H_2	MAPE/%	24.57	23.90	16.46	17.87	10.67	11.94
	RMSE	1.4948	1.4620	0.9771	1.2217	0.5757	0.7831
	R^2	0.9126	0.7348	0.9381	0.6351	0.9807	0.8406

由表 5-11 可知，TE 模型的 MAPE 值一般大于 17%，对于数据集 A 中 CH_4 和 H_2，预测 MAPE 值分别高达 25.08%和 24.57%，结果表明简单的理想化模型不能很好地描述气化产物与生物质原料特性及气化工艺参数之间的复杂关系。

ANN 和 T-ANN 模型的预测性能优于 TE 模型，其中 T-ANN 模型的性能最优，4 种气化产物的预测 MAPE 值最低，对于 CO_2、CH_4 和 CO，预测的 MAPE 值小于 10%，对于 H_2，预测 MAPE 值小于 12%。ANN 模型的预测性能优于 TE 模型，尤其是对 CH_4 和 CO 的预测，而对 CO_2 和 H_2 的预测效果则不如 T-ANN 模型。ANN 模型的预测 MAPE 值在 13.53%～17.87%之间。

其他统计参数也表明，T-ANN 模型预测数据与实际数据高度吻合。例如，在数据集 B 中，对于 CO_2、CH_4、CO 和 H_2 的预测，T-ANN 模型的预测 RMSE 值分别为 1.0777、0.3846、1.6696 和 0.7831，R^2 分别为 0.3897、0.9318、0.7438 和 0.8406，在三个模型中，T-ANN 模型的预测 RMSE 值最低，R^2 最高，具有最佳的预测性能。

(2) 鲁棒性验证

为了进一步评估所开发模型的鲁棒性，图 5-28 显示了三个模型预测样本数据的相

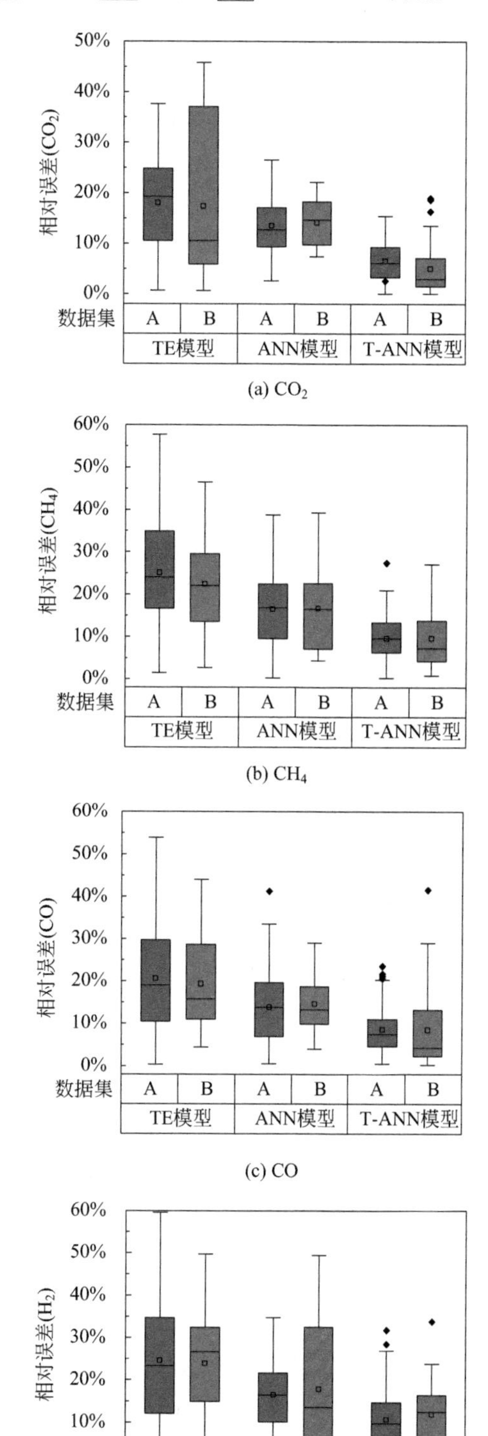

图 5-28　三种模型预测样本数据的相对误差分布

对误差分布。相对误差定义为预测值与实验值之间的绝对误差除以实验值。从模型的总体相对误差分布来看，TE 模型的相对误差最大，其次是 ANN 模型和 T-ANN 模型。大部分样本的 TE、ANN 和 T-ANN 模型的相对误差分别在 20%、15%和 10%以内。从不同数据集的相对误差分布来看，两组数据集在 TE 模型预测 CO_2 和 ANN 模型预测 H_2 时的相对误差分布存在较大差异。T-ANN 模型对不同气化产物预测的相对误差分布在不同的数据集中是相似的。从模型的预测鲁棒性来看，T-ANN 模型对气化产物的预测效果优于 TE 模型和 ANN 模型。

T-ANN 模型在预测气化产物方面优于 TE 模型和 ANN 模型，主要是由于以下 3 个原因。

① TE 模型作为一个理想的理论模型，假定气化反应达到了热力学平衡，同时忽略了一些气化反应影响因素的作用，例如气化炉的结构和原料的粒径。因此，其预测结果大多与实际情况不符。

② 作为一种经验模型，ANN 模型是建立在实际数据基础上的。由于模型没有物理意义，很难在 ANN 输入变量中确定气化温度，进而影响了它的预测精度。

③ T-ANN 模型是一个由理论模型和经验模型耦合而成的半经验模型。利用 ANN 模型对 TE 模型中的平衡假设进行修正，TE 模型为 ANN 模型提供了输入变量值（气化温度），同时耦合模型对气化反应影响因素的考虑也更加全面。此外，T-ANN 模型还保留了 TE 模型的简易性和 ANN 模型高精度的特点。

5.3.2.4 参数分析

了解不同输入变量对模型输出的影响，有助于优化模型，提高模型的性能。Garson[109] 提出一种借助 ANN 模型的连接权值得到的敏感性分析方程。Garson 方程用连接权值的乘积来计算输入变量对输出变量的影响程度或者相对贡献值。公式(5-50) 中给出了适用于当前 ANN 拓扑结构的 Garson 方程。

$$I_k=\frac{\sum_{l=1}^{m}\left(\frac{|W_{l,k}^1|}{\sum_{k=1}^{10}|W_{l,k}^1|}\times|W_{l,k}^2|\right)}{\sum_{k=1}^{10}\left\{\sum_{l=1}^{m}\left(\frac{|W_{l,k}^1|}{\sum_{k=1}^{10}|W_{l,k}^1|}\times|W_{l,k}^2|\right)\right\}}\tag{5-50}$$

式中 k——输入变量；

l——隐藏层神经元；

I_k——第 k 个输入变量对输出变量的相对影响；

$W_{l,k}^1$——第 k 个输入变量对第 l 个隐藏层神经元的权重；

$W_{l,k}^2$——第 l 个隐藏层神经元对输出层的权重；

m——神经元个数。

TE、ANN 和 T-ANN 模型在气化产物预测中所涉及的气化参数的类型和精度不同，因此，定量研究气化参数对气化产物的相对影响可以进一步解释三种模型的不同预测性能。控制变量法主要研究一个或两个参数对气化过程的影响，而对多个气化参数的相对影响研究较少。在本研究中，考虑了10个参数，分别为原料粒径、水分、灰分、$C\%$、$H\%$、$O\%$、炉高、炉内径、当量比和气化温度，并建立ANN模型，利用基于神经网络权值矩阵的Garson方程［式(5-50)］评估输入变量对输出变量的相对影响。

图5-29显示了每种输入变量对每种气化产物（CO_2、CH_4、CO和H_2）的相对影响（书后另见彩图）。可以观察到，大多数输入变量对每种气化产物都有明显的影响（5%～15%）。与其他9个输入变量相比，气化温度对4种气化产物的影响最大（>15%）。因此，对气化温度的预测误差是造成TE模型和ANN预测气化产物误差较大的重要原因。此外，与ANN模型和T-ANN模型相比，TE模型没有考虑原料粒径、灰分和气化炉尺寸的影响，因此预测误差最大。

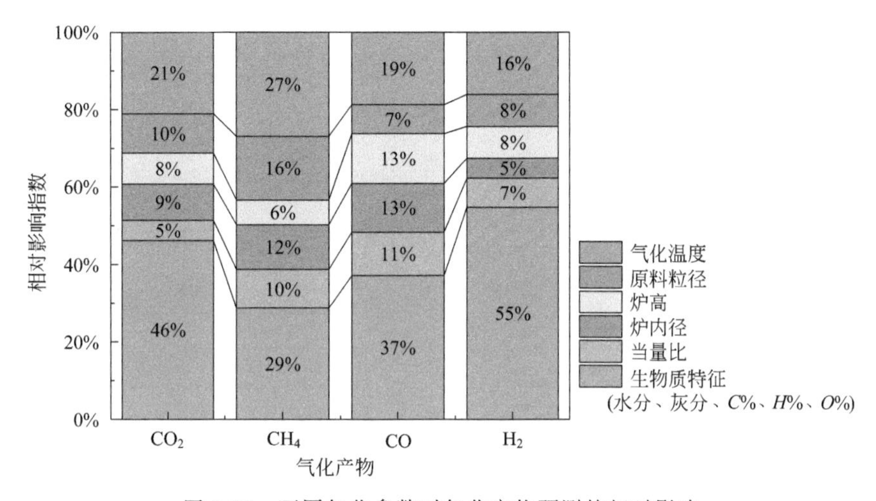

图5-29 不同气化参数对气化产物预测的相对影响

5.3.2.5 设计方法比较

(1) 半经验方法

半经验设计是工程中常用的设计方法，首先根据设计经验确定一些设计变量，然后根据能量平衡和经验准则，通过半经验公式得到其他设计变量。具体方法见文献[110]。最终的设计目标值需要通过实验或仿真得到。本章采用T-ANN模型来确定设计目标值。

(2) 反向设计方法

目前生物质气化工艺设计方法可归纳为“由因及果”的正向设计法，即在设计过程中，根据设计变量值确定相应的设计目标值，如半经验法。然而，由于气化反应的复杂性和设计参数的非线性，以及在正向设计过程中缺乏对目标结果的反馈和优化调整，往往难以获得预期的结果。为了使生物质气化系统达到理想的工艺性能，最好的方法是从设计目标出发，因此天津大学陈冠益团队[108]提出生物质气化工艺反向设计理念。反向设计理念基于“倒果求因”的逆向思维，即在设计过程中，根据设计目标值确定相应的设计变量值。实现反向设计的关键在于：a. 建立设计目标与设计变量间的映射关系；b. 确定适当的反向设计方法。

T-ANN模型可建立设计目标与设计变量间的映射关系，启发式算法是一种非梯度的智能优化算法，能够用于求解单目标与多目标优化问题，本案例选取启发式算法中的非支配排序遗传算法Ⅱ（non-dominated sorting genetic algorithm-Ⅱ，NSGA-Ⅱ），将其与 T-ANN 模型有机结合，提出生物质气化工艺反向设计方法。NSGA-Ⅱ的计算原理可参考文献［108］。

反向设计流程如图 5-30 所示，输入为能量需求和设计目标，输出为优化的设计变量。反向设计方法的设计和优化过程分为 5 个步骤：

① NSGA-Ⅱ在设计变量取值范围内随机生成初始种群。

② 通过 NSGA-Ⅱ进行交叉和突变操作以产生后代，合并父代和子代。

③ 采用 T-ANN 模型对气化产物进行预测，计算出设计目标值。

④ 采用非支配排序法和拥挤距离排序法选择新一代个体。

⑤ 如果达到收敛准则，停止迭代过程，根据综合评价指标（F_{CEI}）选择最佳设计参数，否则返回步骤②。

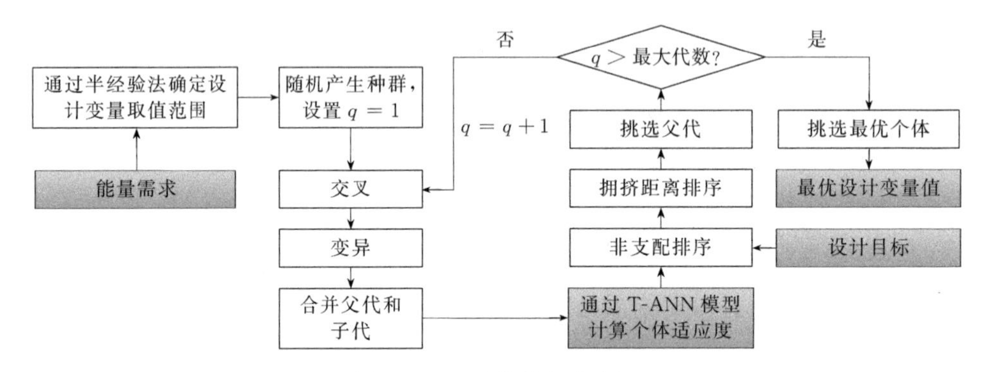

图 5-30　反向设计方法流程

F_{CEI} 为不同的设计目标值的加权和，根据 F_{CEI} 的排序得到最优设计变量值。F_{CEI} 的计算如式(5-51) 所示：

$$F_{\mathrm{CEI}}=\begin{cases}0.6f_{\mathrm{S1}}+0.2f_{\mathrm{U1}}+0.2f_{\mathrm{U2}}\text{，单目标}\\0.4f_{\mathrm{S1}}+0.4f_{\mathrm{S2}}+0.2f_{\mathrm{U1}}\text{，双目标}\\0.33f_{\mathrm{S1}}+0.33f_{\mathrm{S2}}+0.33f_{\mathrm{S3}}\text{，三目标}\end{cases}\tag{5-51}$$

式中　$f_{\mathrm{S}j}$——选定的设计目标（$j=1,2,3$）；

$f_{\mathrm{U}j}$——未选定的设计目标（$j=1,2,3$）。

由于设计目标的单位和量级不同，在计算 F_{CEI} 值之前需对设计目标进行归一化处理。

反向设计过程中使用的 NSGA-Ⅱ参数如表 5-12 所列，包括种群规模、进化代数、交叉概率和变异概率。

表 5-12　NSGA-Ⅱ参数取值

参数	取值
种群规模	80
进化代数	50
交叉概率	0.8
变异概率	0.1

设计方法在python3.7.3编程环境中实现，其中NSGA-Ⅱ采用Geatpy软件包。

(3) 设计结果对比

采用式(5-52) 计算反向设计与半经验设计结果的相对差异，结果如图5-31所示(书后另见彩图)。

$$相对差异=\frac{f_{j,\mathrm{inve}}-f_{j,\mathrm{semi\text{-}empi}}}{f_{j,\mathrm{semi\text{-}empi}}} \tag{5-52}$$

式中 $f_{j,\mathrm{inve}}$——反向设计的设计目标；

$f_{j,\mathrm{semi\text{-}empi}}$——半经验设计的设计目标，$j=1,2,3$，分别对应产气热值、产气率和气化效率。

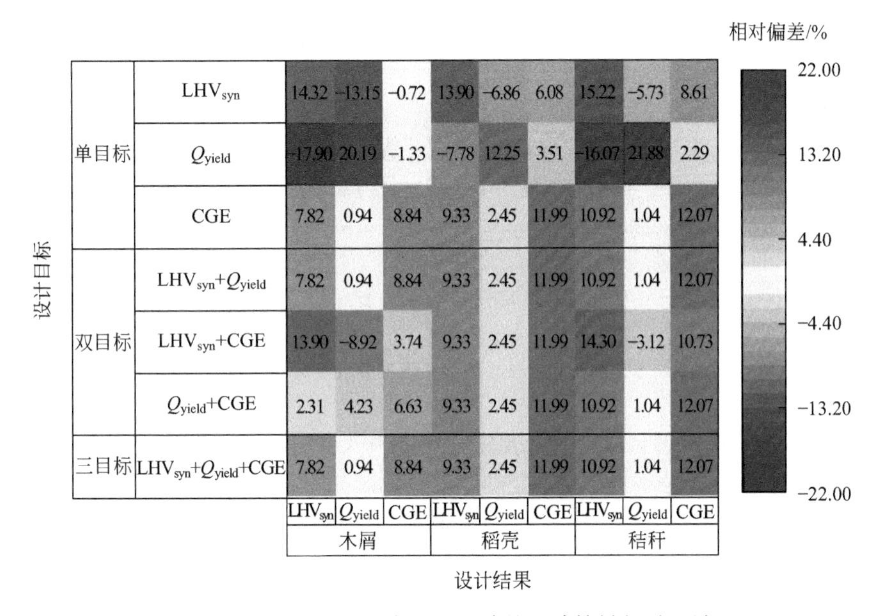

设计目标		木屑 LHV$_{syn}$	木屑 Q_{yield}	木屑 CGE	稻壳 LHV$_{syn}$	稻壳 Q_{yield}	稻壳 CGE	秸秆 LHV$_{syn}$	秸秆 Q_{yield}	秸秆 CGE
单目标	LHV$_{syn}$	14.32	−13.15	−0.72	13.90	−6.86	6.08	15.22	−5.73	8.61
	Q_{yield}	−17.90	20.19	−1.33	−7.78	12.25	3.51	−16.07	21.88	2.29
	CGE	7.82	0.94	8.84	9.33	2.45	11.99	10.92	1.04	12.07
双目标	LHV$_{syn}$+Q_{yield}	7.82	0.94	8.84	9.33	2.45	11.99	10.92	1.04	12.07
	LHV$_{syn}$+CGE	13.90	−8.92	3.74	9.33	2.45	11.99	14.30	−3.12	10.73
	Q_{yield}+CGE	2.31	4.23	6.63	9.33	2.45	11.99	10.92	1.04	12.07
三目标	LHV$_{syn}$+Q_{yield}+CGE	7.82	0.94	8.84	9.33	2.45	11.99	10.92	1.04	12.07

图5-31 反向设计与半经验设计的设计结果相对差异

红色为反向设计方法更优，蓝色为半经验设计方法更优

从图5-31可以看出，设计目标的数量对反向设计的设计结果有显著的影响，当设计目标数为2或3时反向设计相比半经验设计具有明显的优势；当设计目标数为1时，反向设计的优势较小。

总体来看，反向设计得到的结果中，产气热值平均提升6.95%，产气率平均提升1.9%，气化效率平均提升8.3%。值得注意的是，如果只关注与设计目标相对应的气化性能指标，不考虑其他气化性能指标，反向设计的设计结果都优于半经验设计。由此可见，采用NSGA-Ⅱ进行反向设计时，对于设计目标的设计结果是令人满意的，但设计目标之外的气化性能指标可能会被忽略。同时，F_{CEI}中各气化性能指标的权重也是影响设计结果的重要因素。设计目标越多，各气化性能指标的权重之差越小，权重的影响就越小。对于不同生物质种类的设计结果，从图5-31可以看出反向设计和半经验设计的设计结果的相对差异是相似的。

参考文献

[1] Patra T K, Sheth P N. Biomass gasification models for downdraft gasifier: A state-of-the-art review [J]. Renewable and Sustainable Energy Reviews, 2015, 50: 583-593.

[2] Puig-Arnavat M, Bruno J C, Coronas A. Review and analysis of biomass gasification models [J]. Renewable and Sustainable Energy Reviews, 2010, 14 (9): 2841-2851.

[3] Ahmed T Y, Ahmad M M, Yusup S, et al. Mathematical and computational approaches for design of biomass gasification for hydrogen production: A review [J]. Renewable and Sustainable Energy Reviews, 2012, 16 (4): 2304-2315.

[4] Baruah D, Baruah D C. Modeling of biomass gasification: A review [J]. Renewable and Sustainable Energy Reviews, 2014, 39: 805-815.

[5] Basu P, Basu P. Biomass gasification and pyrolysis: practical design and theory. [J]. Comprehensive Renewable Energy, 2010, 25 (2): 133-153.

[6] 傅维标，张燕屏，韩洪樵，等．煤粉挥发份析出规律的研究 [J]. 工程热物理学报，1988 (02): 177-182.

[7] 王雪．固定床气化反应模型综述 [J]. 能源技术与管理，2016, 41 (04): 13-15, 61.

[8] 阴秀丽，徐冰，吴创之，等．生物质循环流化床气化炉的数学模型研究 [J]. 太阳能学报，1996 (01): 1-8.

[9] Semino D, Tognotti L. Modelling and sensitivity analysis of pyrolysis of biomass particle in a fluidised bed [J]. Computers & Chemical Engineering, 1998, 22: 699-702.

[10] 于娟，章明川，沈铁，等．生物质热解特性的热重分析 [J]. 上海交通大学学报，2002, 36 (10): 1475-1478.

[11] 黄元波，郑志锋，蒋剑春，等．核桃壳与煤共热解的热重分析及动力学研究 [J]. 林产化学与工业，2012, 32 (2): 30-36.

[12] 孙保民，信晶，尹书剑，等．烟煤与无烟煤掺混热解特性及动力学研究 [J]. 电站系统工程，2013 (6): 37-39.

[13] 刘辉．生物质热解实验及动力学研究 [D]. 长沙：长沙理工大学，2008.

[14] Zhang L, Xu C, Champagne P. Overview of recent advances in thermo-chemical conversion of biomass [J]. Energy Conversion & Management, 2010, 51 (5): 969-982.

[15] Wan K, Wang Z, Yong H, et al. Experimental and modeling study of pyrolysis of coal, biomass and blended coal-biomass particles [J]. Fuel, 2015, 139: 355-364.

[16] Solomon P R, Fletcher T H, Pugmire R J. Progress in coal pyrolysis [J]. Fuel, 1993, 72 (5): 587-597.

[17] Borah R C, Ghosh P, Rao P G. A review on devolatilization of coal in fluidized bed [J]. International Journal of Energy Research, 2011, 35 (11): 929-963.

[18] Solomon P R, Hamblen D G, Yu Z Z. Network models of coal thermal decomposition [J]. Fuel, 1990, 69 (6): 754-763.

[19] Niksa S. Predicting detailed products of secondary pyrolysis of diverse forms of biomass [J]. Proc. Combust. Inst., 2000, 28: 2727-2733.

[20] Serio M A, Wójtowicz M A, Chen Y, et al. A Comprehensive Model of Biomass Pyrolysis: Final report [C]. Advanced Fuel Reseacrh Inc, 1997.

[21] Sheng C, Azevedo J L T. Modeling biomass devolatilization using the chemical percolation devolatilization model for the main components [J]. Proceedings of the Combustion Institute, 2002, 29 (1): 407-414.

[22] David Martin A, Wettstein S G, Dumesic J A. Bimetallic catalysts for upgrading of biomass to fuels and chemicals [J]. Chemical Society Reviews, 2012, 41 (24): 8075-8098.

[23] Serio M A, Charpenay S, Bassilakis R, et al. Measurement and modeling of lignin pyrolysis [J]. Biomass & Bioenergy, 1994, 7 (1-6): 107-124.

[24] Chen Y, Charpenay S, Jensen A, et al. Modeling of biomass pyrolysis kinetics [J]. Symposium on Combus-

tion, 1998, 27 (1): 1327-1334.

[25] Niksa S. bio-FLASHCHAIN® theory for rapid devolatilization of biomass 1. Lignin devolatilization [J]. Fuel, 2019, 263: 116649.

[26] Smith K L, Smoot L D, Fletcher T H, et al. The Structure and Reaction Processes of Coal [J]. Springer Chemical Engineering, 1994, 34 (4): 244.

[27] Lewis A D, Fletcher T H. Prediction of Sawdust Pyrolysis Yields from a Flat-Flame Burner Using the CPD Model [J]. Energy & Fuels, 2013, 27 (2): 942-953.

[28] Xia C, Cai L, Zhang H, et al. A review on the modeling and validation of biomass pyrolysis with a focuson product yield and composition [J]. Biofuel Research Journal, 2021, 29: 1296-1315.

[29] Fletcher T H, Barfuss D, Pugmire R J. Modeling Light Gas and Tar Yields from Pyrolysis of Green River Oil Shale Demineralized Kerogen Using the CPD Model [J]. Energy & Fuels, 2015, 29 (8): 4921-4926.

[30] Fletcher T H, Pond H R, Webster J, et al. Prediction of tar and light gas during pyrolysis of black liquor and biomass [J]. Energy & Fuels, 2012, 26 (26): 3381-3387.

[31] Burnham A K, Zhou X, Broadbelt L J. Critical review of the global chemical kinetics of cellulose thermal decomposition [J]. Energy & Fuels, 2015, 29 (5): 2905-2918.

[32] Mayes H B, Broadbelt L J. Unraveling the reactions that unravel cellulose [J]. Journal of Physical Chemistry A, 2016, 116 (26): 7098-7106.

[33] Mushrif S H, Vasudevan V, Krishnamurthy C B, et al. Multiscale molecular modeling can be an effective tool to aid the development of biomass conversion technology: A perspective [J]. Chemical Engineering Science, 2015, 121: 217-235.

[34] Zhang M, Geng Z, Yu Y. Density functional theory (DFT) study on the dehydration of cellulose [J]. Energy & Fuels, 2011, 25 (6): 2664-2670.

[35] Zhang M, Geng Z, Yu Y. Density functional theory (DFT) study on the pyrolysis of cellulose: The pyran ring breaking mechanism [J]. Computational & Theoretical Chemistry, 2015, 1067: 13-23.

[36] Ranzi E, Dente M, Goldaniga A, et al. Lumping procedures in detailed kinetic modeling of gasification, pyrolysis, partial oxidation and combustion of hydrocarbon mixtures [J]. Progress in Energy & Combustion Science, 2001, 27 (1): 99-139.

[37] Rodrigues R, Secchi A R, Marcílio N R, et al. Modeling of biomass gasification applied to a combined gasifier-combustor unit: equilibrium and kinetic approaches [J]. Computer Aided Chemical Engineering, 2009, 27 (09): 657-662.

[38] Lan C, Lyu Q, Qie Y, et al. Thermodynamic and kinetic behaviors of coal gasification [J]. Thermochimica Acta, 2018, 666: 174-180.

[39] Adnan M A, Hossain M M. Co-gasification of Indonesian coal and microalgae-A thermodynamic study and performance evaluation [J]. Chemical Engineering and Processing-Process Intensification, 2018, 128: 1-9.

[40] 高隽. 人工神经网络原理及仿真实例 [M]. 北京: 机械工业出版社, 2007.

[41] Nikoo M B, Mahinpey N. Simulation of biomass gasification in fluidized bed reactor using ASPEN PLUS [J]. Biomass & Bioenergy, 2008, 32 (12): 1245-1254.

[42] 张锴, BRANDANI, Stefano. 循环流化床生物质气化炉内计算流体动力学模拟——鼓泡流化床内改进的颗粒床模型 [J]. 燃料化学学报, 2005, 33 (1): 1-5.

[43] 张鹏威, 肖军, 沈来宏. 基于 Fluent 软件的生物质气化模拟研究 [J]. 生物质化学工程, 2012, 46 (2): 1-6.

[44] Cordero T, Rodríguez-Maroto J M, García F, et al. Thermal decomposition of wood in oxidizing atmosphere. A kinetic study from non-isothermal TG experiments [J]. Thermochimica Acta, 1991, 191 (1): 161-178.

[45] Bilbao R, Mastral J F, Aldea M E, et al. Kinetic study for the thermal decomposition of cellulose and pine sawdust in an air atmosphere [J]. Journal of Analytical & Applied Pyrolysis, 1997, 39 (1): 53-64.

[46] Reina J, Velo E, Puigjaner L. Thermogravimetric study of the pyrolysis of waste wood [J]. Thermochimica

Acta，1998，320 (1-2)：161-167.

[47] Zabaniotou A A，Kalogiannis G，Kappas E，et al. Olive residues (cuttings and kernels) rapid pyrolysis product yields and kinetics [J]. Biomass and Bioenergy，2000，18 (5)：411-420.

[48] Font R，Marcilla A，E Verdú，et al. Thermogravimetric kinetic study of the pyrolysis of almond shells and almond shells impregnated with $CoCl_2$ [J]. Journal of Analytical & Applied Pyrolysis，1991，21 (3)：249-264.

[49] 文丽华，王树荣，骆仲泱，等．生物质的多组分热裂解动力学模型 [J]. 浙江大学学报（工学版），2005，39 (2)：247-252.

[50] 胡松，AndreasJess，向军，等．基于不同三组分模型解析生物质热解过程 [J]. 化工学报，2007，58 (10)：2580-2586.

[51] Orfão JJM，Antunes F，Figueiredo J L. Pyrolysis kinetics of lignocellulosic materials—three independent reactions model [J]. Fuel，1999，78 (3)：349-358.

[52] Chen Y，Charpenay S，Jensen A，et al. Modeling biomass pyrolysis kinetics and mechanisms [J]. Fuel and Energy Abstracts，1997，38 (4)：241.

[53] Alén R，Rytkönen S，Mckeough P. Thermogravimetric behavior of black liquors and their organic constituents [J]. Journal of Analytical & Applied Pyrolysis，1995，31 (94)：1-13.

[54] Solum M S，Mayne C L，Orendt A M，et al. Characterization of Macromolecular Structure Elements from a Green River Oil Shale，I. Extracts [J]. Energy & Fuels，2014，28 (1)：453-465.

[55] Vinu R，Broadbelt L J. A mechanistic model of fast pyrolysis of glucose-based carbohydrates to predict bio-oil composition. [J]. Energy & Environmental Science，2012，5 (12)：9808-9826.

[56] Patwardhan P R，Satrio J A，Brown R C，et al. Product distribution from fast pyrolysis of glucose-based carbohydrates [J]. Journal of Analytical & Applied Pyrolysis，2009，86 (2)：323-330.

[57] Zhou X，Nolte M W，Shanks B H，et al. Experimental and Mechanistic Modeling of Fast Pyrolysis of Neat Glucose-Based Carbohydrates. 2. Validation and Evaluation of the Mechanistic Model [J]. Industrial & Engineering Chemistry Research，2014，53 (34)：13290-13301.

[58] Mettler M S，Paulsen A D，Vlachos D G，et al. The chain length effect in pyrolysis：bridging the gap between glucose and cellulose. [J]. Green Chemistry，2012，14 (5)：1284.

[59] Mettler M S，Paulsen A D，Vlachos D G，et al. Pyrolytic conversion of cellulose to fuels：levoglucosan deoxygenation via elimination and cyclization within molten biomass. [J]. Energy & Environmental Science，2012，5 (7)：7864-7868.

[60] Adeyemi I，Janajreh I. Modeling of the entrained flow gasification：Kinetics-based ASPEN Plus model [J]. Renewable Energy，2015，82 (73)：77-84.

[61] Fiaschi D，Michelini M. A two-phase one-dimensional biomass gasification kinetics model [J]. Biomass & Bioenergy，2001，21 (2)：121-132.

[62] Halama，Spliethoff. Numerical simulation of entrained flow gasification：Reaction kinetics and char structure evolution [J]. Fuel Processing Technology，2015，138：314-324.

[63] Ong Z，Cheng Y，Maneerung T，et al. Co-gasification of woody biomass and sewage sludge in a fixed-bed downdraft gasifier [J]. Aiche Journal，2015，61 (8)：2508-2521.

[64] Safarian S，Unnpórsson R，Richter C. A review of biomass gasification modelling [J]. Renewable and Sustainable Energy Reviews，2019，110：378-391.

[65] Giltrap D L，Mckibbin R，Barnes G R G. A steady state model of gas-char reactions in a downdraft biomass gasifier [J]. Solar Energy，2003，74 (1)：85-91.

[66] Wang Y，Kinoshita C M. Kinetic model of biomass gasification [J]. Solar Energy，1993，51 (1)：19-25.

[67] Silva V，Rouboa A. Optimizing the gasification operating conditions of forest residues by coupling a two-stage equilibrium model with a response surface methodology [J]. Fuel Processing Technology，2014，122 (6)：163-169.

[68] Li X, Grace J R, Watkinson A P, et al. Equilibrium modeling of gasification: a free energy minimization approach and its application to a circulating fluidized bed coal gasifier [J]. Fuel, 2001, 80 (2): 195-207.

[69] Mendiburu A Z, Jr J A C, Zanzi R, et al. Thermochemical equilibrium modeling of a biomass downdraft gasifier: Constrained and unconstrained non-stoichiometric models [J]. Energy, 2014, 71 (2): 624-637.

[70] Bhavanam A, Sastry R C. Modelling of solid waste gasification process for syngas production [J]. Journal of Scientific & Industrial Research, 2013, 72 (72): 611-616.

[71] Xiang X, Gong G, Ying S, et al. Thermodynamic modeling and analysis of a serial composite process for biomass and coal co-gasification [J]. Renewable & Sustainable Energy Reviews, 2018, 82: 2768-2778.

[72] Jarungthammachote S, Dutta A. Equilibrium modeling of gasification: Gibbs free energy minimization approach and its application to spouted bed and spout-fluid bed gasifiers [J]. Energy Conversion & Management, 2008, 49 (6): 1345-1356.

[73] Prins M J, Ptasinski K J, Janssen F J J G. From coal to biomass gasification: Comparison of thermodynamic efficiency [J]. Energy, 2007, 32 (7): 1248-1259.

[74] Jarungthammachote S, Dutta A. Thermodynamic equilibrium model and second law analysis of a downdraft waste gasifier [J]. Energy, 2007, 32 (9): 1660-1669.

[75] Huang H, Ramaswamy S. Modeling Biomass Gasification Using Thermodynamic Equilibrium Approach [J]. Applied Biochemistry and Biotechnology, 2009, 154 (1-3): 14-25.

[76] Karmakar M K, Datta A B. Generation of hydrogen rich gas through fluidized bed gasification of biomass [J]. Bioresource Technology, 2011, 102 (2): 1907-1913.

[77] Zainal Z A, Ali R, Lean C H, et al. Prediction of performance of a downdraft gasifier using equilibrium modeling for different biomass materials [J]. Energy Conversion and Management, 2001, 42 (12): 1499-1515.

[78] Baruah D C, Baruah D, Hazarika M K. Artificial neural network based modeling of biomass gasification in fixed bed downdraft gasifiers [J]. Biomass and Bioenergy, 2017, 98: 264-271.

[79] Puig-Arnavat M, Hernández J A, Bruno J C, et al. Artificial neural network models for biomass gasification in fluidized bed gasifiers [J]. Biomass and Bioenergy, 2013, 49: 279-289.

[80] Li Y, Yan L, Yang B, et al. Simulation of biomass gasification in a fluidized bed by artificial neural network (ANN) [J]. Energy Sources, Part A: Recovery, Utilization, and Environmental Effects, 2018, 40 (5): 544-548.

[81] Xiao G, Ni M J, Chi Y, et al. Gasification characteristics of MSW and an ANN prediction model [J]. Waste Management, 2009, 29 (1): 240-244.

[82] Pandey D S, Das S, Pan I, et al. Artificial neural network based modelling approach for municipal solid waste gasification in a fluidized bed reactor [J]. Waste Management, 2016, 58: 202-213.

[83] Klimanek A, Adamczyk W, Katelbach-Woźniak A, et al. Towards a hybrid Eulerian-Lagrangian CFD modeling of coal gasification in a circulating fluidized bed reactor [J]. Fuel, 2015, 152: 131-137.

[84] Xue Q, Fox R O. Reprint of: Multi-fluid CFD modeling of biomass gasification in polydisperse fluidized-bed gasifiers [J]. Powder Technology, 2014, 254 (254): 187-198.

[85] Gao X, Zhang Y, Li B, et al. Model development for biomass gasification in an entrained flow gasifier using intrinsic reaction rate submodel [J]. Energy Conversion & Management, 2016, 108: 120-131.

[86] Ku X, Li T, Løvås T. Eulerian-lagrangian simulation of biomass gasification behavior in a high-temperature entrained-flow Reactor [J]. Energy & Fuels, 2014, 28 (8): 5184-5196.

[87] Ku X, Li T, Løvås T. CFD-DEM simulation of biomass gasification with steam in a fluidized bed reactor [J]. Chemical Engineering Science, 2015, 122: 270-283.

[88] Couto N, Silva V, Monteiro E, et al. Using an Eulerian-granular 2-D multiphase CFD model to simulate oxygen air enriched gasification of agroindustrial residues [J]. Renewable Energy, 2015, 77: 174-181.

[89] Couto N, Silva V, Monteiro E, et al. Numerical and experimental analysis of municipal solid wastes gasification process [J]. Applied Thermal Engineering, 2015, 78 (78): 185-195.

[90] Couto N D, Silva V B, Monteiro E, et al. Assessment of municipal solid wastes gasification in a semi-industrial gasifier using syngas quality indices [J]. Energy, 2015, 93: 864-873.

[91] Ismail T M, El-Salam M A, Monteiro E, et al. Eulerian - Eulerian CFD model on fluidized bed gasifier using coffee husks as fuel [J]. Applied Thermal Engineering, 2016, 106: 1391-1402.

[92] Ismail T M, Abd E M, Monteiro E, et al. Fluid dynamics model on fluidized bed gasifier using agro-industrial biomass as fuel [J]. Waste Management, 2017, 73: 476-486.

[93] Monteiro E, Ismail T M, Ramos A, et al. Assessment of the miscanthus gasification in a semi-industrial gasifier using a CFD model [J]. Applied Thermal Engineering, 2017, 123: 448-457.

[94] Thankachan I, Rupesh S, Muraleedharan C. CFD Modelling of Biomass Gasification in Fluidized-Bed Reactor Using the Eulerian-Eulerian Approach [J]. Applied Mechanics & Materials, 2014, 592-594: 1903-1908.

[95] Mansaray K G, Al-Taweel A M, Ghaly A E, et al. Mathematical Modeling of a Fluidized Bed Rice Husk Gasifier: Part I-Model Development [J]. Energy Sources, 2000 (22): 83-98.

[96] Mansaray K G, Ghaly A E, Al-Taweel A M, et al. Mathematical modeling of a fluidized bed rice husk gasifier: Part Ⅱ-model sensitivity [J]. Energy Sources, 2000, 22 (2): 167-185.

[97] Ergüdenler A, Ghaly A E, Hamdullahpur F, et al. Mathematical modeling of a fluidized bed straw gasifier: Part Ⅲ—model verification [J]. Energy Sources, 2000, 19 (10): 1099-1121.

[98] Mathieu P, Dubuisson R. Performance analysis of a biomass gasifier [J]. Energy Conversion & Management, 2002, 43 (9): 1291-1299.

[99] Mitta N R, Ferrer-Nadal S, Lazovic A M, et al. Modelling and simulation of a tyre gasification plant for synthesis gas production [J]. Computer Aided Chemical Engineering, 2006, 21 (21): 1771-1776.

[100] Robinson P J, Luyben W L. Simple dynamic gasifier model that runs in aspen dynamics [J]. Industrial & Engineering Chemistry Research, 2008, 47 (20): 7784-7792.

[101] Doherty W, Reynolds A, Kennedy D. The effect of air preheating in a biomass CFB gasifier using ASPEN Plus simulation [J]. Biomass & Bioenergy, 2009, 33 (9): 1158-1167.

[102] Meijden C M V D, Veringa H J, Rabou L P L M. The production of synthetic natural gas (SNG): A comparison of three wood gasification systems for energy balance and overall efficiency [J]. Biomass & Bioenergy, 2010, 34 (3): 302-311.

[103] Yan W, Shen Y, You S, et al. Model-based downdraft biomass gasifier operation and design for synthetic gas production [J]. Journal of Cleaner Production, 2018, 178: 475-493.

[104] Xiong Q, Yeganeh M M, Yaghoubi E, et al. Parametric investigation on biomass gasification in a fluidized bed gasifier and conceptual design of gasifier [J]. Chemical Engineering and Processing-Process Intensification, 2018, 127: 271-291.

[105] Ngo S I, Nguyen T D B, Lim Y, et al. Performance evaluation for dual circulating fluidized-bed steam gasifier of biomass using quasi-equilibrium three-stage gasification model [J]. Applied Energy, 2011, 88 (12): 5208-5220.

[106] Lim Y, Lee U. Quasi-equilibrium thermodynamic model with empirical equations for air-steam biomass gasification in fluidized-beds [J]. Fuel Processing Technology, 2014, 128: 199-210.

[107] Alauddin Z A B Z, Lahijani P, Mohammadi M, et al. Gasification of lignocellulosic biomass in fluidized beds for renewable energy development: A review [J]. Renewable and Sustainable Energy Reviews, 2010, 14 (9): 2852-2862.

[108] Yan B, Zhao S, Li J, et al. A conceptual framework for biomass gasifier design using a semi-empirical model and heuristic algorithm [J]. Chemical Engineering Journal, 2021, 427: 130881.

[109] Garson G D. Interpreting neural-network connection weights [J]. AI Expert, 1991, 6: 47-51.

[110] Gómez E O, Lora E S, Cortez L A B. Constructive features, operation and sizing of fluidized-bed gasifiers for biomass [J]. Energy for Sustainable Development, 1995, 2 (4): 52-57.

第6章 典型热解气化工艺设计及污染物控制

6.1 农林废物热解气化技术与工艺

6.1.1 农林废物组分特性及分布状况

6.1.1.1 农林废物组分特性

农林废物是指农林业生产、加工和利用过程中排出的各种废料，主要由纤维素、半纤维素和木质素组成，可分为农业废物和林业废物两大类。农业废物包括以下几种。

① 农业生产废物（如秸秆、枯枝、落叶、杂草等）；

② 畜牧业废物（如牧畜和家禽排泄物、脱落毛发、畜栏垫料等）；

③ 农产品加工废物（如米糠、甘蔗渣、花生壳等）；

④ 从事农业生产人员排放的生活废物（如排泄物、生活垃圾等）。

林业废物主要包括以下几种。

① 森林抚育和间伐期废物（如零散木材、残枝、落叶等）；

② 木材加工和采运过程废物（如锯末、木屑、刨花等）；

③ 林业产品加工过程废物（如果壳、果核等）[1]。

常见的三大农林废物是指农作物秸秆、畜禽粪尿和林木剩余物。

农林废物在化学组成、物理性质的特点如下[2]。

① 元素组成上除C、O、H三种元素的含量高达65%～90%外，还富含N、P、K、Ca、Mg、S等多种元素（表6-1）。

表6-1 典型农林废物元素分析

农林废物种类	元素分析(质量分数)					参考文献
	C	H	O	N	S	
玉米秸秆	41.885%	5.264%	39.32%	1.978%	0.305%	[3]
园林杂草	39.7%	4.9%	51.6%	0.3%	—	[4]
畜禽粪便(牛粪)	40.5%	4.6%	41.3%	3.4%	0.3%	[5]
松木锯末	47.94%	6.24%	45.56%	0.15%	0.12%	[6]
杉木枯枝	44.27%	5.09%	33.39%	0.52%	0.06%	[7]

② 化学组成既包括天然高分子聚合物及其混合物，如纤维素、半纤维素、淀粉、木质素等，也包括天然小分子化合物，如氨基酸、生物碱、单糖、激素、抗生素、脂肪酸等。

③ 物理性质表现为表面密度较小、韧性大、抗拉、抗弯、抗冲击能力强等特点。

6.1.1.2 农林废物分布状况

据我国农业农村部数据显示，全国秸秆的年产量约 9 亿吨，其中未被回收利用的秸秆产量约为 2 亿 t。林业生产过程中产生的植物废物的年产量超过 20 亿吨，但有效利用比低于 30%[8]。农业秸秆、林业及木材加工废物的可利用资源量分别大约相当于 2 亿吨和 3 亿吨标准煤[9]。2021 年，我国农作物秸秆综合利用率为 90%，其中秸秆肥料化利用率为 51.2%，饲料化利用率为 20.20%，燃料化利用率为 13.79%，基料化利用率为 2.43%，原料化利用率为 2.47%。在农作物秸秆肥料化利用中，主要以直接还田为主，占比达 39%左右，农作物秸秆堆肥处理占比为 12%左右[10]。

由于目前我国尚无农林废物的统计数据，上述秸秆产量、林业废物等数据是根据农作物产量等相关统计数据估算而得。三大农林废物产量估算方法如下所述。

(1) 农作物秸秆产量估算

农作物秸秆数量估算常用方法有三种，即草谷比法、副产品比重法和收获指数法，通用的计算公式如式(6-1) 所示：

$$W_S = W_P \times S_G \tag{6-1}$$

式中 W_S——农作物秸秆产量，万吨；

W_P——农作物经济产量，万吨；

S_G——农作物草谷比或农作物副产品比重。

草谷法直观且易于理解，因此最为常见。该方法的关键在于农作物草谷比系数的确定。草谷比系数是通过田间试验与观测获得的经验数值，由于农作物地区、品种的不同，草谷比可能略有差异，但基本相同。毕于运[11] 利用文献考证法，对我国各类农作物的草谷比进行了详细的考证，并给出了较为系统完善的草谷比体系，如表 6-2 所列。

表 6-2 农作物草谷比系数表[11]

项目		数值	项目		数值
1	水稻	0.95	12	油菜	2.7
	早稻	0.68	13	芝麻	2.8
	晚稻	1.00	14	胡麻	2.0
2	小麦	1.30	15	向日葵	2.8
3	玉米	1.10	16	其他油料	2.0
4	谷子	1.40	17	棉花	5.0
5	高粱	1.60	18	黄红麻	1.9
6	其他谷物	1.10	19	苎麻	6.5
7	大豆	1.60	20	大麻(线麻)	3.0
8	杂豆	1.60	21	亚麻	1.1
9	马铃薯	0.96	22	其他麻类	1.9
10	甘薯	0.63	23	烟草	1.6
11	花生	1.50	24	瓜菜	0.1

（2）畜禽粪尿产量估算

畜禽主要指养殖的猪、牛、羊、家禽（鸡、鸭）等。通用的畜禽粪尿产量估算公式如式(6-2)[12] 所列：

$$畜禽粪尿量=(畜禽出栏量或年末存栏量)\times 日排泄系数\times 饲养周期 \tag{6-2}$$

在估算时根据畜禽养殖用途的不同选取出栏量或存栏量计算。一般而言，肉用类畜禽采用其出栏量进行计算；役用、蛋奶和繁殖用途的畜禽采用其存栏量进行计算，如猪的粪尿量按出栏量计算；奶牛、役用牛、羊、马、骡、蛋鸡等的粪尿量按年末存栏量计算；肉鸡及其他禽类的粪尿量按出栏量计算。畜禽饲养周期和常见畜禽粪便排泄系数如表 6-3 所列。

表 6-3 常见畜禽粪便排泄系数及饲养周期表[12]

种类	粪/(kg/d)	粪 /(kg/a)	尿/(kg/d)	尿/(kg/a)	饲养周期/d
牛	20	7300	10	3650	365
猪	2	398	3.3	656.7	199
羊	2.6	950	—	—	365
鸡	0.12	25.2	—	—	210
鸭	0.13	27.3	—	—	210

（3）林木剩余物产量估算

林木剩余物分为三大类：

① 林木“三剩物”，即林木采伐剩余物、造材剩余物和木材加工剩余物；

② 林木抚育间伐物；

③ 废旧木材回收。其中，林木抚育间伐物为主要林木剩余物。

抚育间伐是对未成熟的森林定期重复地伐去部分林木，以促进后备资源的培育，并兼获部分木材的经营措施。每年抚育间伐物数量计算如式(6-3) 所示[13]：

$$F_{抚育间伐}=\sum_{i=1}^{n}\sum_{j=1}^{m}(F_{ij}y_{ij}\alpha_{ij}+T_{ij}x_{ij}\beta_{ij}) \tag{6-3}$$

式中 $F_{抚育间伐}$——统计地域范围的林木抚育间伐物数量，10^4 t；

F_{ij}——第 i 区内第 j 种林地面积，10^4 hm^2；

i——统计地域范围内的区域数，如 1、2、3、…、m；

j——统计地域范围内的用材林、薪炭林、防护林……，共 m 种林地；

y_{ij}——第 i 区内第 j 种林地的产柴率（单位面积年产柴量），kg/hm^2；

α_{ij}——第 i 区内第 j 种林地的可取柴面积比重（取柴系数）；

T_{ij}——第 i 区内第 j 种四旁树数量，万株；

x_{ij}——第 i 区内第 j 种四旁树的产柴率（单位数量四旁树年产柴率），kg/株；

β_{ij}——第 i 区内第 j 种四旁树可取材数量比重（取柴系数）。

结合全国森林资源清查数据，运用此公式可估算全国及各省（市、自治区）的林木抚育间伐物数量。

根据上述公式及相关统计数据，利用“众数区间值等距离三段式”方法确定农林废物的分级标准，见表6-4。可将全国31个省级行政区农林废物按总量及分布密度进行划分，如表6-5所列。

表6-4 全国农林废物总量及分布密度分级标准表[14]

项目	高	中	低
农林废物总量/10^4t	≥7018	3982～7018	≤3982
农林废物分布密度/(kg/hm^2)	≥3787	2225～3787	≤2225

表6-5 我国31个省级行政区农林废物分布[14]

农林废物分布密度	农林废物总量		
	高数量	中数量	低数量
高密度	河南、山东、江苏、安徽、河北、湖北、广西	辽宁	海南、天津、重庆
中密度	湖南	吉林、广东、江西	上海、福建、浙江、北京
低密度	云南、四川、黑龙江、内蒙古	新疆	贵州、山西、宁夏、陕西、甘肃、青海、西藏

6.1.2 农林废物热解气化技术原理

农林废物热解气化是指在隔绝或者仅提供有限空气且较高温度的反应条件下，农林废物中的纤维素、半纤维素、淀粉、木质素、氨基酸、生物碱、单糖、激素、抗生素、脂肪酸等有机物质受热分解为CO、CH_4、H_2、C_2H_2等小分子挥发性气体，进而得到生物炭、焦油、可燃气体等产物的工艺过程。

按照升温速率的不同，生物质热解气化工艺可分为慢速热解（0.01～2℃/s）或称为干馏炭化、常速热解（<10℃/s）、快速热解（100～1000℃/s）及闪速热解（>1000℃/s）。慢速热解一般用于直取木炭或进一步制成活性炭，常速热解得到热解气、焦油和炭三种产物，快速热解的主要产物是热解油或称生物质油，其工艺要点是极快速地加热和气相产物极快速地冷却。通过这种瞬间的反应将质量分数60%～70%的生物质转化为生物质油。

根据热解温度的不同，农林废物热解气化可分为低温热解、中温热解、高温热解，其中低温热解反应温度区间500～700℃，热解产物主要是焦油，中温热解在700～1000℃的范围内进行，主要用于生产中热值燃气，高温热解的反应区间为1000～1200℃，主要用于生产高强度的冶金焦[15]。

6.1.3 农林废物热解气化工艺流程

农林废物热解气化反应流程如图6-1所示，以空气、蒸汽或氧气为气化剂，经过破碎加工和干燥处理的农林废物作为原料进入气化炉发生气化反应。生成的粗煤气部分可送入蒸汽锅炉燃烧供热或者发电，部分可送入洗涤塔净化为纯净燃气，可用于民用、发电，也可进行二次转化合成氨、甲醇及燃料等[16]。

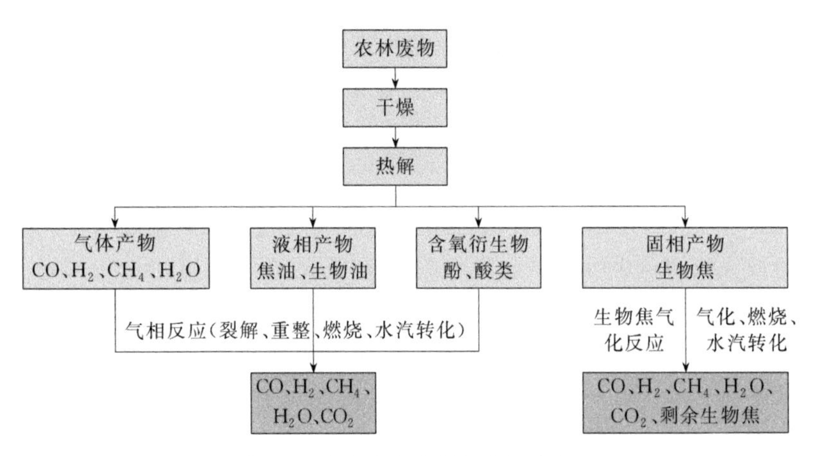

图 6-1 农林废物热解气化反应流程

根据运行参数不同，气化过程可分为生物质干燥、热解、氧化、还原等阶段。各工艺应在其最佳条件下进行，以获得更优质的终产物。气化过程中的重要工艺参数如表 6-6 所列。此外，气化过程中原料的生物化学性质会极大地影响其气化效率和最终应用。

表 6-6 气化过程中重要工艺参数表

参数	影响
当量比	当量比影响气化过程及终产物。当量比高，则焦油产量低；但过高的当量比又会降低合成气的热值。由于水煤气的转化反应，蒸汽-生物质比值增大，则产氢率增加、焦油裂解率增加。当量比一般设定在0.2～0.4
含水率	平衡含水率表现为相对湿度的强函数和空气温度的弱函数。含水率同样影响着气化过程及终产物品质。含水率过高，则生物质热解气化速率降低
空塔速度	空塔速度低，则热解气化过程延长，焦炭、焦油产量增加；而空塔速度高，则由于进行快速热解过程，生物炭产量下降。同时，由于空塔速度高、生物质停留时间短，焦油裂解不充分，焦油产量高。因此，空塔速度一般控制在 0.4～0.6m/s
气化温度	气化温度高，则有利于高碳含量的生物质转化为可燃气，同时降低焦油含量。但研究表明氢气产率随气化温度的上升呈现先增大后降低的趋势，因此需控制气化温度，以获得最优的氢气产率
气化剂	终产物很大程度上取决于气化剂种类。空气为气化剂时，会由于氮气稀释合成气浓度使得合成气热值降低。蒸汽-氧气为气化剂时，合成气热值适中。而蒸汽-空气为气化剂时，产氢率增加、体系能耗降低
停留时间	停留时间影响焦油的形成及其组成。停留时间延长，则单环或双环含氧芳香烃含量下降，而三环或四环芳香烃增多

6.1.4 农林废物热解气化污染物控制

6.1.4.1 NO_x、 SO_x 控制

农林废物主要元素组成为 C、H、O、N、S 及 P、K、Ca、Mg 等，N、S 等成分经过热化学转化会形成 NO_x、NH_3、HCN、SO_x 等污染物。研究表明，烘焙预处理有利于减少气化过程中含 N 前驱物的生成；生物质解耦气化有望实现高效率、低污染物排放、高产品质量、多联产及广谱燃料适应性的多目标优化。N_2 是唯一无污染的含氮物质，理论上有两种方法可降低农林废物热解气化过程中 NO_x 的生成量：a. 在热解前和热解过程中控制反应条件或添加催化剂使 N 最大程度地转化为 N_2；b. 利用热解产生的 HCN、NH_3 还原半焦氧化得到的 NO_x 并生成 N_2[17]。实际工艺中应用最多的是喷淋

塔或洗涤器等传统冷气处理方式，借助含氮污染物在水中较高的溶解度，可实现对于 NH_3 等污染物99%以上的脱除效率。目前也有采用酸洗等方式脱除含氮污染物工艺研究，采用稀释的酸溶液，可实现对于 NH_3 浓度为200mL/m^3 的气化合成气95%以上的氨去除效率。

S元素的脱除可采用在热解气化过程中添加固硫剂的方式，使之稳定化在以固态形式存在的炉渣或飞灰中，也可对气化燃气进行干/湿式冷气脱硫法进行彻底净化。干冷气脱硫法最大的瓶颈在于燃气必须冷却到40℃以下，冷却过程不仅带来系统显热损失，也会导致投资增多，运行费用提高。对于湿式冷气处理法，常用物理或化学吸收的方法，借助氨水溶液、碱盐以及一些有机溶剂，可实现对于含硫气体的清洁处理。常用的吸附硫的吸收剂及应用介绍见表6-7。

表6-7 气化燃气含硫污染物脱除技术[18]

吸收剂	原理	去除效率/%	典型工艺控制条件	排出气体品质/(mL/m^3)	评价
甲基二乙醇胺(MDEA)	化学吸收	H_2S:98～99 CO_2:≤30	温度:30～35℃ 压力:≤2.94MPa	H_2S:10～20	设备投资低;处理温度适中
Selexol工艺	物理吸附	H_2S:99 CO_2:可变	温度:4～7℃ 压力:6.87MPa	H_2S:<30	设备投资较MDEA高;与克罗斯脱硫法结合可取得较高效率
Rectisol工艺	物理吸附	H_2S:99.5～99.9 CO_2:98.5	温度:35～60℃ 压力:8.04MPa	H_2S:<0.1 CO_2:<10	投资最高;效率与选择性最高

6.1.4.2 焦油

(1) 焦油的定义、分类与形成过程

生物质气化过程不可避免地产生各类杂质，包括颗粒物、焦油等有机杂质，也包括 H_2S、HCl、NH_3、碱金属等无机杂质。焦油是一种黑色的、浓稠的、具有高度黏性的液体，是有机杂质中分子量较大的部分，易于在气化炉的低温区域或者气化燃气的末端利用装置发生冷凝而沉积。在过去几十年中，关于焦油的定义众说纷纭，综合来说，焦油可以定义为一种产生于生物质阴燃、炭化或气化热解过程的具有刺激性气味的深褐色液体类物质，其分子量或沸点大于苯，在气化反应中更多是指燃气中可冷凝的非永久性气体，且通常情况下其主要成分为芳香烃类化合物。

通常将焦油的组成分为混合重量焦油和有机化合物单体两类。混合重量焦油是指在标况下气化液体产物蒸发后的残留物，包括多种有机化合物。但由于在蒸发过程中轻质焦油散逸，因此混合重量焦油并不等同于焦油整体。有机化合物单体常混于气相产物中，常用气相色谱法予以鉴别。

在热化学转化反应中，生物质燃料首先需经历干燥和热解阶段，这个阶段伴随着生物质燃料挥发分的迅速脱出，此时产生的主要产物为永久性气体、一级焦油、二级焦油和初级生物质焦。在生物质颗粒外部，热解产生的气体会与氧气发生局部燃烧反应，并进一步产生焦。生成的焦继续发生气化反应，并通过复杂的气相反应体系生成新的气体产物。

研究表明，焦油的形成主要依赖于以下两个核心路径：一是木质素脱挥发分过程直接形成芳香类产物，进而转化为焦油；二是中间产物氢剥离与乙炔加成形成焦油。温度、压力、升温速率、气化当量比（ER）等对气化焦油的产量与成分均有影响。例如在固定床气化实验中，焦油成分组成随着温度的升高而减少，焦油产量随当量比的增加而降低。停留时间对焦油产量影响不大，但对焦油成分组成有影响。随着停留时间的增加，焦油中含氧有机物占比下降，除苯和萘以外的单环、双环化合物占比下降，三环、四环化合物占比增加。

（2）焦油的脱除方法

焦油脱除方法通常分为初级脱除和二级脱除两种方法。

初级脱除方法也称为炉内除焦方法，可降低气相产物中焦油含量，无需二级反应器，可在气化炉内部进行脱除。以上吸式固定床炉内除焦技术为例，顶端开放式气化装置较封顶式的焦油产量低，且开放式焦油回燃装置对焦油裂解效果显著。在工艺上，冷却可大大降低气相产物中焦油含量。

二级脱除方法使用炉外装置脱除焦油，可将气化燃气中的焦油含量降低至可接受水平。二级脱除方法分为湿式脱除和干式脱除（又称热气净化）两种方法，其中气体净化技术又根据工艺温度的不同分为冷处理和热处理两种。冷处理工艺通常在近室温的条件下进行，因此其具有价格低廉，工艺方便可靠的优势。热处理工艺通常在400～1300℃的条件下进行，其具有更高的能量效率，但工艺成本相对较高。

1）湿式脱除

湿式脱除方法采用水洗的方式脱除气化燃气中的焦油和颗粒物等杂质，常见的脱除装置有水洗塔和文丘里洗涤器等。湿式脱除设备的出气口温度通常为35～60℃，因此冷凝物需在处置前进行一定程度的预处理，同时也带来了一定的热损失。由于采用了水洗的方式，湿式脱除方法对焦油和颗粒物等杂质的脱除效果非常明显，但与此同时产生的大量废水难以处理，引发了新的环境问题。

2）干式脱除

干式脱除（又称热气净化）是指通过高温对焦油进行热解，实现燃气净化的方法。在高温条件下，焦油分子会发生二次反应，裂解成小分子气体或缩聚成焦炭，减少气相产物中焦油组分的含量。研究表明：焦油的二次裂解通常发生在高达1000℃的高温条件下，因此干式脱除对设备耐热性的要求较高；并且二次反应也加剧了焦炭的生成，导致烟尘含量增加。

化学催化裂解是一种可有效降低裂解温度的焦油脱除方法。除催化剂外，通入空气和水蒸气也可以在一定程度上提高裂解效率，同时减少积碳，延长催化剂的使用寿命。不同催化剂的催化特性以及对产物的选择性有较大的区别，例如镍基催化剂通常具有较高的催化效率，但与此同时强催化能力也带来了易积碳的负面特点；沸石负载铈催化剂既可抑制焦油的生成，同时还具备一定程度的抗积碳能力，是目前备受关注的催化剂之一。

综上所述，热解和催化裂解虽然存在一些缺陷，但仍是焦油脱除的主要手段。热解需要在高温下进行，因此设备运营和维护成本增加；催化裂解虽然可以在较低温度下进行，但也存在催化剂易失活等不足。天津大学陈冠益教授团队最新开发利用微波加热技术对焦油实现炉外催化裂解，取得了较好的实验效果[19]。在微波辐射的条件下实现了对焦油模化物的彻底裂解，并通过能量核算，计算得到微波设备的耗能只占生物质气化产能总量的3%，体现出较好的经济效益和实际可行性，为焦油问题的彻底解决提供了新的思路。

6.1.4.3 碱金属及碱土金属问题的控制

农林类生物质在其生长过程中，能够吸取环境中的部分无机营养元素（K、Na、Ca、Mg、Cl、S、P、Si等），保证其代谢过程正常进行；在收割和加工的过程中也会造成一些无机元素的掺入。因而，相比于煤、石油、天然气等常规的化石燃料以及垃圾等废物，农林废物中的碱金属（主要是K、Na等元素）及碱土金属（主要是Ca、Mg等元素）含量相对较高[20]。

在农林废物热解气化利用过程中，碱金属及碱土金属（AAEMs）性质活跃，与废物中的Si元素较易产生化学作用形成具有碱性的硅酸盐颗粒，形成的硅酸盐颗粒可以在炉排、炉墙等受热面发生黏结，从而形成结渣[21]。同时碱金属也与床料发生反应形成熔点较低的共晶化合物，出现颗粒团聚现象。AAEMs在高温条件下容易与Cl、S等元素发生反应产生氯化盐、硫酸盐、氯化氢等具有挥发性的物质，容易对锅炉设备造成高温腐蚀；同时在低温处的换热面易发生冷凝，引起换热面的低温腐蚀[22]。另外，碱金属在孔道处容易发生沉积堵塞，会阻碍气流的流通，从而使透平的运行效率下降，严重时会引起息炉停机等问题。碱金属在未被完全冷凝下来时会随着合成气被送入燃气轮机，会造成燃气轮机叶片发生腐蚀，并使燃气轮机的热效率下降，严重时还会对燃气轮机的安全运行造成巨大影响[23]。

另外，一些研究表明AAEMs会导致生物质热化学转化反应的催化剂中毒。AAEMs含量过高会影响一些生物质热化学转化副产品的性能。Liu等[24]指出，如果生物油中AAEMs的含量相较多时，AAEMs就会在生物油产品的储存、运输等过程中促进生物油成分发生聚合反应，使得生物油的无机化学性质发生变化。因此，农林废物热解气化过程中AAEMs的问题非常值得关注。

一些研究者针对此问题，提出几种解决办法，目前水洗或酸洗的预处理方法是降低AAEMs成分含量、提升高温利用环境下生物质燃料性能的重要的方法。常用的淋洗主要包括水淋洗、硫酸淋洗、乙酸淋洗、硝酸淋洗、盐酸淋洗、氢氟酸淋洗等[25,26]。农林废物中大部分的K、Na和Cl呈水溶性，因此水淋洗可以去除这部分水溶性的AAEMs，但对于不溶于水的AAEMs（如大部分Ca和Mg盐）效果较差。酸淋洗尤其是强酸淋洗方法能显著地脱除水溶性和非水溶性的AAEMs组分，但样品中包含的部分可溶于酸的碳烃类化合物、半纤维素、纤维素等成分也会被淋洗掉[27,28]，损坏样品物理化学结构，进而影响生物质的热化学转化特性。然而，大量研究结果表明，农林废物中AAEMs对其热化学转化过程具有明显的催化作用[29,30]。脱挥发分过程中产生的炭中检测到了大量AAEMs，它们有助于降低其气化温度，从而提高反应活性[31,32]；在气-气和气-固转化反应中，气相AAEMs也会对挥发分的重整起催化作用[33]。研究表明，K是最主要的内在催化物质，而Ca在水蒸气气化过程中的催化活性较高[34]。煤与生物质混合气化就是利用生物质高AAEMs含量的特点[35]。因此，在农林废物热化学转过化过程中有必要综合考虑碱金属及碱土金属的腐蚀与催化影响。

6.1.5 农林废物热解气化炉设计

6.1.5.1 热解气化炉设计要点

农林废物热解气化炉需达到以下技术要求[36]：

① 气化强度高；

② 炉体寿命长；

③ 可处理一定含水率的物料；

④ 产生的尾气和炉渣需进行无害化处理，达到国家环保要求；

⑤ 增加自动控制，尽可能减少人工操作；

⑥ 安全稳定运行；

⑦ 结构简单，便于制造和维护；

⑧ 设备制造和运维成本适中。

将设计需求细分层次化后，如图 6-2 所示。

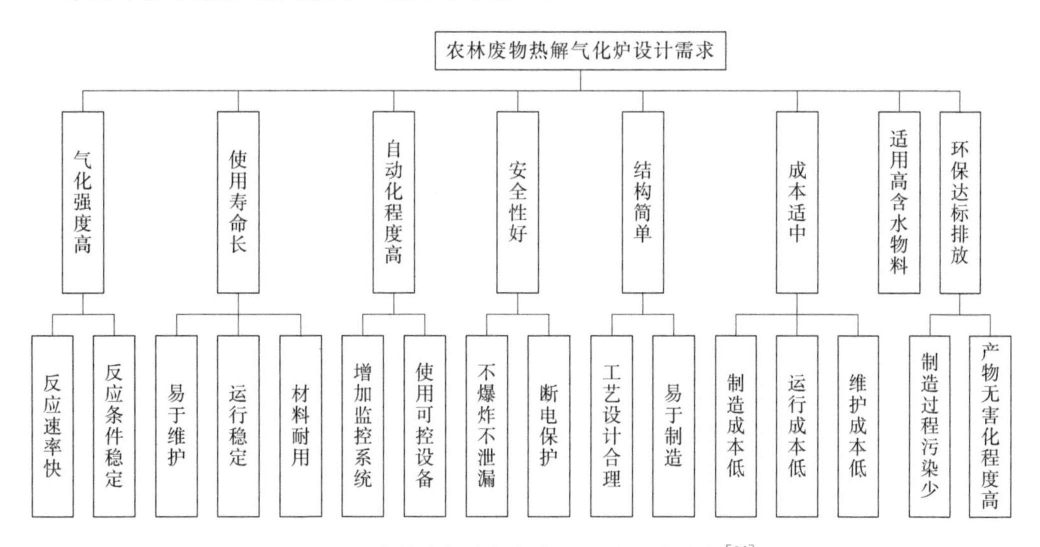

图 6-2 农林废物热解气化炉设计需求分析[36]

6.1.5.2 热解气化炉设计流程

（1）进料系统

物料稳定输送至热解气化炉内是保证系统正常运行的前提条件，采用螺旋推进的方式可以确保物料稳定输送。进料部件主要由进料斗和螺旋进料器组成。进料斗通常呈上大下小、上方下圆的形状，其垂直于气化炉主体的轴线，便于物料靠重力作用流向螺旋进料器进料口。农林废物在进料过程中会产生传送阻力，因此可选用低转速和大力矩的减速电机与给料螺旋杆连接以提高较强的传送力[36]。

（2）炉体

气化炉的设计和制造应满足操作方便、维护简单、安全美观和不产生环境污染等要求。

1）炉体设计

炉体金属结构及受热部分的设计、制造，应考虑其膨胀、灼烧、氧化蠕变的影响。炉体结构分为带夹套和不带夹套两种。带夹套的结构和强度按常压容器的要求设计，使用的材料和质量应符合表 6-8 规定。

表 6-8　炉体材料和质量要求[37-39]

零件名称	设计温度	材料	标准	主体焊缝形式
炉体内筒节	夹套水饱和温度＋110℃	20g	GB 713	纵焊缝为双面焊
炉体外筒节	夹套水饱和温度	Q235A	GB/T 3274	不限制
内侧封头	夹套水饱和温度＋110℃	20g	GB 713	内侧封头与内筒节焊缝为双面焊

夹套组焊后，焊缝经外观检验合格后应进行水压试验；试验压力为 0.2 MPa，加压后保持 30 min，检查所有焊缝不得有渗漏。设备焊接前预热温度推荐≥200℃，焊缝消氢（DHT）300～350℃，且保温≥2～4h[37]。

不带夹套结构的炉体，材料采用 Q235A，材质应符合 GB/T 3274 的规定。

热解气化炉最高使用温度一般不超过 1100℃，承压外壁面温度要求为：当无风、环境温度小于或等于 25℃时，炉墙外壁非接口处壁面温度不超过 75℃，人孔门、手孔、旋风分离器进出口及返料口等接口部位壁面温度不超过 80℃[40]。

2）主要结构尺寸的确定

① 喉部。气化强度 [kg/(h·m^2)] 计算如式(6-4) 所示：

$$气化强度=\frac{每小时生物质消耗量}{喉部截面积} \tag{6-4}$$

由于生物质物料的堆密度、粒度相差较大，将显著影响物料在炉内的驻留时间，这就要求气化炉因物料不同而选用差别较大的气化强度。对于堆密度较小或粒度较小的物料，其炉内驻留时间短，气化强度应相应减小；反之，应增大气化强度。一般气化强度推荐值为 500～2000kg/(h·m^2)[41]。

② 喷嘴。喷嘴中空气流速计算如式(6-5) 所示：

$$v=\frac{GV_{气}}{3600n\pi r^2} \tag{6-5}$$

式中　G——生物质消耗量，kg/h；

v——喷嘴中的空气流速，m/s；

$V_{气}$——气化所需空气量，m^3/h；

n——喷嘴个数；

r——喷嘴半径，m。

喷嘴中空气流速推荐值为 15～20m/s，根据计算出的理论空气量及喉部几何尺寸确定喷嘴的半径及数量。在结构允许的条件下，较多的喷嘴有利于空气和物料良好混合，但也增大了阻力，增加了风机负荷[41]。

(3) 炉排

炉排铸件材料应符合设计文件要求，无裂缝、无砂眼，表面光滑。炉排的材料及质量应符合表 6-9 要求。

表 6-9 炉排材料和质量要求[37,38,42]

炉排形式	成型	材料(牌号)	标准
宝塔形炉排	铸造	RTCr2	GB/T 9437
台阶形炉排	板材	20g	GB 713
锯齿条形炉排	铸造	RTCr2	GB 9437

(4) 排灰装置

湿式排灰盘、炉排应转动平稳、无卡滞。干式排灰阀件、灰斗应满足不漏灰尘、烟气的要求，干式排灰装置中的阀件、灰斗材料及质量要求应符合表 6-10 要求。

表 6-10 干式排灰装置中的阀件、灰斗材料和质量要求[37,38,43,44]

零部件名称	设计温度/℃	材料(牌号)	标准
阀芯	400	45	GB/T 699
阀座	400	3Cr13	JB/T 6398
灰斗	150	20g	GB 713

6.2 生活垃圾热解气化技术与工艺

城市生活垃圾（municipal solid waste，MSW）简称为城市垃圾、生活垃圾或者垃圾等，又称城市固体废物[45]，主要包括在人类活动或者为人类活动提供服务的活动中形成的固体废物，以及法律、行政法规中明确规定为城市生活垃圾的固体废物，例如居民生活中的垃圾、商业中的垃圾、集贸市场中的垃圾、街道中的垃圾、公共场所中的垃圾、机关、学校、厂矿等单位中的垃圾（工业废渣及特种垃圾等危险固体废物除外）。

我国生活垃圾产量逐年增加，根据统计年鉴，近年来我国城市生活垃圾的清运量和无害化处理量可以用表 6-11 来说明。

表 6-11 2016～2020 年我国城市生活垃圾清运量和无害化处理量统计表[46]

指标	2020 年	2019 年	2018 年	2017 年	2016 年
生活垃圾清运量/万吨	23511.7	24206.2	22801.8	21520.9	20362.0
生活垃圾无害化处理量/万吨	23452.3	24012.8	22565.4	21034.2	19673.8
生活垃圾卫生填埋无害化处理量/万吨	7771.5	10948.0	11706.0	12037.6	11866.4
生活垃圾焚烧无害化处理量/万吨	14607.6	12174.2	10184.9	8463.3	7378.4

生活垃圾热解气化的原理是在无氧或缺氧的氛围中，垃圾中包含的有机成分大分子会吸热发生分解，从而形成小分子气体、焦油和残渣的过程。该技术不仅做到垃圾无害化、减量化和能源化处理，而且在一定程度上解决了垃圾焚烧生成的二噁英类物质危害问题，因而逐渐成为一种发展前景广阔的垃圾处理技术。

6.2.1 生活垃圾分布状况及组分特性

6.2.1.1 生活垃圾分布状况

生活垃圾成分十分复杂，且受到不同因素的综合影响，例如居民生活条件、经济水平、地理位置、文化习俗、能源结构等。因此世界各地的生活垃圾成分差异明显，从而导致其处理方式以及相关工艺、设施规划均有区别。对生活垃圾的分布情况以及组分特性的研究尤为重要，可以提高垃圾处理效率、节约能源、保护环境。

根据《生活垃圾采样和分析方法》（CJ/T 313—2009），我国生活垃圾分为厨余、纸、橡塑、纺织、木竹、灰土、砖瓦陶瓷、玻璃、金属、其他、混合这 11 种垃圾类别，如表 6-12 所列。其中，属于有机组分的有厨余、纸、橡塑、纺织、木竹这五种组分，灰土、砖瓦陶瓷、玻璃为无机组分。

表 6-12　生活垃圾物理组成分类表[47]

序号	类别	说明
1	厨余类	各种动、植物类食品(包括各种水果)的残余物
2	纸类	各种废弃的纸张及纸制品
3	橡塑类	各种废弃的塑料、橡胶、皮革制品
4	纺织类	各种废弃的布类(包括化纤布)、棉花等纺织品
5	木竹类	各种废弃的木竹制品及花木
6	灰土类	炉灰、灰砂、尘土等
7	砖瓦陶瓷类	各种废弃的砖、瓦、瓷、石头、水泥块等块状制品
8	玻璃类	各种废弃的玻璃制品
9	金属类	各种废弃的金属、金属制品(不包括各种纽扣电池)
10	其他	各种废弃的电池、油漆、杀虫剂等
11	混合类	粒径小于 10mm 的、按照上述分类比较困难的混合物

垃圾的组分随着城市规模、城市居民生活水平的变化也在不断变化。一方面我国城市生活垃圾的产量持续上升，另一方面垃圾的结构也发生了显著的变化。表 6-13 详细地列出了我国近年部分城市和村镇生活垃圾成分分布情况。由表可知，在早些时候，由于种种原因，南北方城市垃圾的性质与结构有一定的区别，但是近些年来，随着我国各地的经济发展迅速，产业结构差异逐渐缩小，无论在南北方还是大小城市，垃圾结构变化呈现一致化的趋势：有机物（废纸、塑料、木质和纤维等）持续增加，灰土类无机物逐渐降低，生活垃圾的热值显著增加。这为我国垃圾的处理以及资源最优化利用创造了有利条件。

表 6-13　中国部分城市与农村生活垃圾成分比例表[48]　　单位：%

地区	类别	厨余类	纸张类	橡塑类	纺织类	木竹类	灰土类	砖瓦陶瓷类	玻璃类	金属类	其他类
北京	城市	53.96	17.64	18.67	1.55	3.08	2.15	0.57	2.07	0.26	0.05
	村镇	26.28	3.94	5.48	1.16	3.05	57.47	1.5	0.90	0.16	0.06
沈阳	城市	59.77	7.85	12.85	3.61	2.52	2.23	3.11	5.40	2.01	0.64
	村镇	4.43	0.08	0.14	0.13	0.19	94.00	0.03	0.97	0.03	0
上海	城市	72.49	6.01	13.79	2.14	1.88	0	0.28	3.09	0.24	0.09
	村镇	50.00	2.00	5.00	5.00	10.00	3.00	15.00	15.00	0	0
杭州	城市	61.52	7.18	14.52	2.01	1.31	9.13	1.49	1.94	0.81	0.12
	村镇	43.71	8.13	14.48	3.73	4.10	11.98	5.46	4.96	0.62	3.07

续表

地区	类别	厨余类	纸张类	橡塑类	纺织类	木竹类	灰土类	砖瓦陶瓷类	玻璃类	金属类	其他类
合肥	城市	48.33	13.08	20.19	3.38	3.37	4.94	3.25	2.66	0.82	0
	村镇	28.26	17.85	23.65	2.59	5.74	13.72	5.93	2.13	0.14	0
青岛	城市	69.00	9.50	8.40	3.00	0.30	6.30	0.30	2.20	0.90	0.10
	村镇	32.80	3.20	5.40	1.30	0.90	39.20	14.50	2.30	0.20	0.20
海南白沙	城市	47.44	5.94	12.46	1.92	0	0	6.53	2.84	2.56	20.31
	村镇	54.12	10.76	10.10	0.18	2.98	0	20.8	5.00	0.53	14.53
四川泸州	城市	59.60	10.30	16.80	1.80	2.87	5.50	0	1.60	1.53	0
	村镇	57.55	8.35	8.30	0.47	6.95	7.31	0.50	2.55	0.67	7.38
拉萨	城市	20.45	23.74	14.84	4.50	2.76	22.83	0	4.73	5.12	1.03
	村镇	12.77	10.73	20.77	5.91	10.26	33.12	2.04	1.83	1.54	1.02

6.2.1.2 生活垃圾的物理性质

垃圾是一种由多种物质构成的不均匀混合物，与单一物质并不一样，由于垃圾的内部结构以及外部特征并不一定，因而垃圾没有特定的物理性质。其物理参数会随每种组分的物理特性以及组分的具体含量的变化而变化。一般而言，城市生活垃圾的物理特性一般包括容重、含水率、空隙率以及粒度尺寸。

（1）容重

城市生活垃圾容重（bulk density）是指在自然堆积状态下，单位体积垃圾的质量，以 kg/m^3 或 t/m^3 表示。容重是衡量生活垃圾在自然条件下密实程度的物理量。根据垃圾的结构组分以及运输处理方式的差异，又可进一步细分为自然容重、垃圾车装载容重和填埋容重。垃圾组分中有机成分多少直接影响容重的大小。一般情况下，我国城市生活垃圾自然容重为 $250\sim550kg/m^3$，呈现出大中城市垃圾容重较小，中小城市垃圾容重较大的特点。近年来，由于城市经济水平发展迅速，能源结构向电气化方向发展，各城市生活垃圾的结构组分也随之发生了变化，主要表现在：有机物含量增加，垃圾容重迅速下降，可燃物含量增多，垃圾的低位热值明显呈上升趋势。可见，随着生活水平的不断提高，城市生活垃圾的容重呈现不断降低趋势。垃圾容重是垃圾的重要特性之一，对于垃圾的处理方式、运输垃圾的承载方式、填埋垃圾的场所的垃圾沉降以及地基稳定程度、边坡稳定程度具有很大的参考价值和指导意义。目前主流的容重计算方法是将垃圾样品以自然堆积的状态置于容量不变的容器中，并称重、计算出垃圾的质量与容器的容积之比，具体计算公式如下：

$$d=\frac{W_2-W_1}{V} \tag{6-6}$$

式中 d——容重，kg/m^3；

V——容器的容积，m^3；

W_1——容器质量，kg；

W_2——自然堆满垃圾后的总质量，kg。

(2) 含水率

含水率（moisture content）是指生活垃圾中含水质量与垃圾质量的百分比，用质量分数（%）表示，也可称为水分。垃圾中的水分又可分为外在水分和内在水分。外在水分指的是物理吸附于垃圾表面的水分，通过挤压、重力等作用可将其排出。内在水分存在于构成垃圾的化学成分的分子结构中，呈结晶状态，或者是化学吸附的水分与垃圾中的水分，因无法使用重力、挤压的方式排出而称为内在水分，一般可借助高温挥发将其排出。

一般情况下垃圾水分的测量可经二步法测定。

第一步，外在水分（M_f）的测量。取一定量的垃圾，升温至70～80℃干燥至恒重，垃圾减轻的质量占垃圾总质量的百分数即为外在水分。

第二步测量内在水分（M_{in}），将第一步干燥后的垃圾破碎至3 mm以下，在105～110℃干燥至恒重，垃圾减轻的质量占垃圾质量的百分数为内在水分。

垃圾的全水分（M_{ar}）可按下式计算：

$$M_{ar}=M_f+M_{in}\times(1-M_f) \tag{6-7}$$

也可以一步法直接测得垃圾的全水分而不需测定外在水分和内在水分：取一定量的垃圾，在105～110℃干燥至恒重，测得的质量损失占垃圾总质量的百分比为垃圾的全水分。

含水率主要取决于垃圾组成、季节变化和天气条件等因素。垃圾的含水率直接影响垃圾填埋、堆肥、分选以及燃烧或热解的正常进行，同时含水率的大小直接影响垃圾处理的难易程度。根据研究分析，垃圾中动植物含量和无机物含量这两个因素主要影响垃圾含水率：当动植物成为垃圾中的主要成分时垃圾的含水率会增加；反之含水率减小。

此外，含水率也直接影响垃圾的热值，从而决定垃圾的处理方式。水分的存在会导致垃圾热值、锅炉传热效率降低，从而增加排烟损失。入炉的垃圾中含有的水分越多，那么燃烧时水汽化带走的热量就越多。按照理论计算，1kg水汽化需要吸收2500kJ左右的热量，垃圾含水率每降低10%，焚烧热值就会提高250kJ/kg。实际研究表明，热值随含水率变化的幅度较理论水平更高。另外，含水率也会影响垃圾生物分解速度。因此，含水率可以间接影响垃圾的处理方式，如决定是通过焚烧还是生物分解来处理。

由此可见，水分的多少在一定程度上决定了垃圾处理的难易程度。故为了充分去除水分，垃圾一般需要在存储坑存放一段时间后再进入热解气化炉。另一方面，含水率与垃圾填埋场渗滤液的产生直接相关，故进一步对含水率进行深入研究具有十分重要的意义。李晓东等[49] 在收集分析我国部分城市生活垃圾调查数据的基础上，得出我国大部分城市生活垃圾含水率为40%～60%。垃圾内不同组分含水率是不同的，表6-14为城市生活垃圾中各组分含水率的典型值。从表中可以看出，各组分的含水率以厨余类最高，达到70%，而纸类、废木类和纺织类是易吸水物质，与其他垃圾混合后，含水率也较高。

表 6-14 城市生活垃圾不同组分含水率表[50]

组分	含水率范围/%	典型值/%	组分	含水率范围/%	典型值/%
厨余	50～80	70	皮革类	8～12	10
废纸类	4～10	6	废木料	10～40	20
塑料	1～4	2	玻璃类	1～4	2
纺织品	6～15	12	渣土类	2～12	8
橡胶	1～4	2	其他	15～40	30

(3) 空隙率

空隙率（voidage）被定义为垃圾中物料之间空隙的体积除以垃圾堆积体积，它的大小表征垃圾通风能力的强弱，并与垃圾的体积、质量相互关联。容重较小的垃圾，其空隙率一般比较大，空隙率越大，物料和物料中的空隙就越大，物料间通风面积也越大，物料之间的空气流动阻力就会越小，垃圾的通风越畅通。因此，空隙率被广泛用于求解堆肥供氧通风以及焚烧炉内垃圾强制通风的阻力计算及通风机参数的确定。

空隙率的决定因素包括物料尺寸、物料强度和含水率等。物料的尺寸越小，空隙数就会越多，物料的结构强度就会越好，空隙平均容积也会越大，这些都可以导致垃圾空隙率的提高。水分可以填充物料中存在的空隙，因而会影响物料的结构强度，只是空隙率降低了。

(4) 粒度尺寸

粒度尺寸（particle size）是指垃圾不同成分的尺寸大小，在垃圾进行资源回收时是一个重要参数指标，尤其在进行机械筛分、磁选和风选时影响到分选的质量。然而在实际情况中，生活垃圾中不同组分的粒度差别明显，造成了垃圾分选困难，同时也引起了城市垃圾综合处理工艺的处理问题。可见，分析研究城市生活垃圾的粒度分布特征是提高垃圾再利用效率、改进综合处理工艺的关键因素之一。

6.2.1.3 生活垃圾的化学特性

为了更充分地利用城市生活垃圾，节约能源和保护环境，在了解生活垃圾的具体构成组分及其物理特性的基础上，还应该进一步了解生活垃圾的化学特性，只有将化学特性和物理特性有机地结合起来全方位分析垃圾的基本特性，才能更好地利用生活垃圾。化学特性的主要特征参数包括元素分析（元素组成）、工业分析表征（挥发分、灰分、可燃分等）、垃圾的灰熔点、热值等指标。

(1) 元素分析

受自然环境、气候变化等自然因素的影响，城市生活垃圾并不是由单一物质构成的，而是由多种物质混合而成，从本质上来说，垃圾中的每一种物质的化学组分及其自己的性质决定了生活垃圾的化学特性。其次，城市生活垃圾的化学组分也与其具体结构息息相关。从堆肥处理方面对垃圾组成元素分类，垃圾中的主要组成元素包括常量元素、微量元素和有毒元素三大类。

① 常量元素（亦称营养元素）：碳（C）、氢（H）、氧（O）、氮（N）、磷（P）、钾（K）、钠（Na）、镁（Mg）、钙（Ca）等。

② 微量元素：硅（Si）、锰（Mn）、铁（Fe）、钴（Co）、镍（Ni）、铜（Cu）、锌（Zn）、铝（Al）等。

③ 有毒元素：铅（Pb）、汞（Hg）、镉（Cd）、砷（As）等。考虑到生活垃圾中的硫（S）、氯（Cl）元素在燃烧的时候会产生对环境和人体有害的大气污染物，因而通常也将硫和氯两种元素归为垃圾中的有害元素。

用不同方法对生活垃圾进行处理，要求不同，各种元素对垃圾的化学特性的影响程度也不相同。例如，在焚烧垃圾（即受热、分解）的时候，主要作用的元素为碳（C）、氢（H）、氧（O）、氮（N）、硫（S）、氯（Cl），其他的元素可忽略不计。在实际的堆肥过程当中，若各种元素的成分及含量均已确定，也常用碳氮比（C/N）、碳磷比（C/P）来表征垃圾的元素特性。由于这两个参数对堆肥的进程和成品的肥效有很大影响，在堆肥处理时，需要严格控制这两个参数的大小。

碳（C）是构成生活垃圾中各种有机物质的主要元素，也是主要的可燃元素。垃圾中的一部分碳与氢、氧、硫等元素结合成有机物，在受热的时候从垃圾中析出成为挥发分；另外一部分则呈单质，称为固定碳。挥发分含量越多，垃圾越容易燃烧。碳元素在各种环境条件下发生不同程度的氧化反应，放出大量的热量。1kg碳完全燃烧可以放出约32866kJ热量，是垃圾燃烧发热量的主要来源。碳元素完全燃烧的热化学反应式为：

$$C+O_2 = CO_2+32866kJ/kg$$

如果1kg的碳发生不完全燃烧，生成一氧化碳（CO），只能放出约9270 kJ的热量，反应式为：

$$2C+O_2 = 2CO+9270kJ/kg$$

在城市生活垃圾中，一部分氢和氧结合成稳定的化合物水，另一部分氢则主要以烃类化合物形式存在于挥发分当中。生活垃圾中氢元素虽然含量并不多，但氢却是垃圾中发热量最高的可燃元素。1kg氢气完全燃烧（此时燃烧产物为H_2O）可以放出约120370kJ热量（除去水的汽化潜热后剩下的热量）。其化学反应式为：

$$2H_2+O_2 = 2H_2O+120370kJ/kg$$

氢（H）的燃烧特点是极易着火，燃烧十分迅速，故而氢的含量越大，垃圾就越容易着火和燃尽。

垃圾中碳与氢的测定有许多种方法，其中最经典的分析方法为燃烧法（重量法），国际上通常采用这个方法来测量碳、氢含量。在预先灼烧的燃烧舟中放入已定量分析的垃圾样品，将燃烧舟放入燃烧管中，在氧气氛围下调节温度至850℃，使垃圾样品完全燃烧，使碳与氢完全转化为H_2O和CO_2。分别用不同的吸收剂吸收生成的水和二氧化碳，然后根据吸收剂增重来计算出垃圾中的碳、氢含量。目前主要用无水氯化钙、无水过氯酸镁或浓硫酸来吸收生成的水，用碱石棉、碱石灰或氢氧化钾溶液来吸收生成的二氧化碳。然后根据吸收剂的增重分别计算出垃圾中的碳、氢含量。

氧（O）和氮（N）都是垃圾中的不可燃元素，不能燃烧。绝大部分的氧和氮与其他元素（碳、氢等）结合储存在垃圾的有机物当中，氧、氮元素的存在会导致垃圾的发热量降低。少量的氧元素以游离态的形式存在，可以起到助燃的作用。氮的含量较少，但从环境方面考虑是一种有害元素，例如在垃圾的焚烧或者降解的过程中会产生对环境有害的氨、氰化氢等气体。在氧气量充分的情况下，高温焚烧垃圾则会使有机物分解生成热力型氮氧化物，该氮氧化物对人和植物以及大气环境都具有非常大的危害。另一方面，从堆肥的角度而言，氮元素是一种非常有用的元素和养分，在很大程度上影响了堆肥的最终效果，氮损失会导致后续利用价值降低，同时反过来会进一步污染大气环境和造成资源的浪费。

在实际工业当中，一般采用开氏法或者半开氏法测量垃圾中氮元素的含量。垃圾样品在混合催化剂存在的条件下，用浓硫酸对垃圾进行消化沸腾处理，垃圾中的碳、氢元素被氧化成二氧化碳和水，同时存在于各种有机物质中的氮元素经过复杂的高温分解反应，转化为氨态氮，之后与浓硫酸反应，生成硫酸氢铵。然后加入过量的混合碱溶液，破坏蒸馏。用硼酸吸收蒸馏产物，使氨排出。最后用标准酸溶液滴定，计算出生活垃圾的氮元素含量。

生活垃圾中氧元素的常规测量方法是待测试出垃圾中其他主要元素（碳、氢、氮等）的含量，用差减法得到氧元素的含量；同时，一些新的测试方法也在研究试用当中。需要注意的是：由于在测量其他元素时存在一定误差，故用差减法得到的氧元素含量通常是不准确的，甚至误差可能很大。

硫（S）是一种有害元素。相较于硫在煤中的含量（一般不超过2%，个别高达8%～10%），硫在垃圾中含量相对很低，可以以三种形式和其他元素结合存在，即有机硫（与碳、氢、氧等元素结合成复杂化合物）、黄铁矿（FeS_2）和硫酸盐硫（如$CaSO_4$、$MgSO_4$、$FeSO_4$等）。其中有机硫、黄铁矿由于均能燃烧，也称之为可燃硫或者挥发硫，而硫酸盐硫不能燃烧，应当计入灰分。在温度不高的情况下，硫会和重金属形成稳定的金属硫化物。1kg硫完全燃烧生成二氧化硫（SO_2），可以放出9040kJ的热量，其化学反应式为：

$$S+O_2 = SO_2+9040kJ/kg$$

在硫的燃烧产物中，一部分二氧化硫进一步被氧化成三氧化硫（SO_3），而三氧化硫溶于水，生成硫酸，具有很大的危害性，会对焚烧设备造成强烈腐蚀，同时容易结渣，对企业造成巨大的经济损失。

艾氏卡法被认为是测定垃圾中硫含量的标准方法。其基本原理是：把垃圾样品与艾氏卡试剂（简称艾氏剂，由氧化镁与无水碳酸钠按照质量比2∶1配制而成）混合均匀后缓慢加热，待垃圾中的硫元素全部转化为硫酸盐时，以$BaCl_2$作为沉淀剂将硫酸根离子转化为硫酸钡沉淀。然后根据硫酸钡的质量求解出垃圾样品中硫元素的含量。除此之外，常用于测量垃圾中硫元素含量的方法还有原子光谱法等其他方法。

氯（Cl）元素在垃圾中属于微量元素，但考虑到其有毒性，故而将其归为有毒元素。垃圾中含有的氯元素主要来自厨余垃圾和塑料类制品（PVC）等，其中大量有机氯元素在受热降解时会产生具有强腐蚀性的氯化氢，产生的氯化氢不仅会引起酸雨等大气污染问题，而且会损坏金属装置，严重地影响了能源的利用与环境的安全。此外，甚至产生二噁英类物质（PCDDs/PCDFs），造成日趋严重的二次污染问题。目前，二噁英问题已经引起了许多国家的高度重视，不难看出，深入研究氯元素在有机物质中的行为可以更好地指导实际应用，降低大气污染。

目前氯元素含量测定方法众多，由于氯元素在垃圾中结合形式多而复杂，因而每种测量方法都有其适用范围和一定的局限性，在实际测量当中必须结合具体特点选择合适的测定方法。目前国际上主要的分析方法都是通过各种不同处理手段将固态垃圾中的氯元素转化为氯离子，最后进行滴定测量。基于这种思路的方法有高温燃烧水解-电位滴定法、氧弹分解-点位滴定法以及硝酸银滴定法等。近年还逐步发展了离子选择性电极法、氧弹分解-高效液相色谱法、离子色谱法以及电感耦合等离子体发射光谱法。其中我国的国家标准采用高温燃烧水解-电位滴定法和艾氏卡混合剂熔样硫氰酸钾滴定法。离子选择性电极法是美国检测及材料协会（American Society for Testing and Materials，ASTM）测定氯元素的标准方法。氧弹分解-高效液相色谱法适用于氯含量低于0.5%时的测定。除了将固态氯元素转化为离子态氯元素进行含量分析外，还可采用其他方法直接对固态垃圾样进行氯元素含量测试，诸如X射线荧光法、扫描电镜和X射线衍射等。

在垃圾组分中有汞（Hg）、砷（As）、镉（Cd）、锌（Zn）、铅（Pb）、铬（Cr）、钛（Ti）、锑（Sb）、钴（Co）、铜（Cu）、锰（Mn）、镍（Ni）、钒（V）13种无机重金属元素。生活垃圾中的重金属元素及其化合物即使在含量很低时也有很大的毒性，对生态环境会造成严重的污染和破坏。同时，在燃烧时重金属元素以灰渣、飞灰及烟气等为媒介释放到人类生活环境中，从而引起重金属的二次污染。重金属元素在垃圾焚烧的过程中通常会形成直径很小的细微颗粒，大量的细微颗粒排放到大气中，并不能被微生物降解而是会在人体内积累，对人的身体健康造成巨大危害，其中亚微米量级（$<1\mu m$）的重金属微粒对人类身体安全危害最严重。因此垃圾中的重金属是垃圾处理过程中不容忽视的问题。城市生活垃圾中的重金属含量代表其潜在的污染水平。另外，有毒的金属颗粒可以进一步催化有毒气体（例如NO_2、SO_x等）的生成，又进一步造成环境污染。

重金属元素种类众多，含量相对较低，这就给测量各种金属元素含量带来不便，有一定的误差。在实际测量中，重金属元素的测量方法较为广泛，同时也比较烦琐。每种有毒的金属元素测量方法都不一样，但大多数都需用到现代先进的分析仪器以及先进的分析方法，例如原子吸收法、电感耦合等离子体发射光谱法等。

（2）工业分析

对生活垃圾进行工业分析可以进一步了解垃圾的成分和特性。工业分析测出的生活垃圾的成分为水分（M）、挥发分（V）、固定碳（FC）、灰分（A），有时候也将垃圾的热值（发热量）等包括进去。以燃烧化学反应为判断标准，通常将工业分析指标中的水分、可燃分（包括挥发分和固定碳）和灰分称为三成分。通过对垃圾的三成分进行分析，可以初步了解垃圾的燃烧特性，改善燃烧条件，提高经济性。

1）水分

水分为生活垃圾含水量的重量百分比，实际应用状态下的垃圾样（应用基）中所含有的水分，称为全水分（M_{ar}），由两部分组成即外在水分（M_f）和内在水分（M_{in}）。

① 外在水分也称为表面水分，是物理附着于生活垃圾表面或吸附的水分，通过重力、挤压等物理作用可将其排出。外在水分含量变化很大，易于通过自然干燥等方法除去。将垃圾样品在70～80℃下干燥直至质量不再变化，样品减轻的质量百分数即为外在水分。

② 内在水分又称固有水分，指在自然情况下会固定在垃圾中的水分，包括物理性的湿度平衡以及化学性的吸附或结晶水。固定水分无法通过挤压等物理作用将其排出，而是需在较高的温度下才能除去。将经过70～80℃干燥后的垃圾样品在105～110℃下

干燥，失重百分数即为内在水分。测出的外在水分和内在水分相加即可得到垃圾样品的全水分。

2）挥发分

挥发分是将垃圾样品在隔绝空气的环境中加热至一定的温度，待水分失去后垃圾样品中的有机物质受热分解析出的成分。挥发分的成分主要由各种气态的烃类化合物、氢、一氧化碳、硫化氢等可燃气体以及少量的氧气、二氧化碳、氮等不可燃气体组成。从本质上讲，挥发分是垃圾中的有机物受热后分解析出的产物，并不能以固定形式存在于垃圾中。不同类型的垃圾，由于各组分含量以及各组分本身的化学性质、结构的差异，其挥发分析出所需温度和析出的数量均不相同。另一方面，受热温度越高，挥发分析出越多。挥发分的析出除了与垃圾本身的特性有关，还与时间有关，加热时间越长，析出也越多。因此，在测定挥发分含量的时候，必须按统一规定进行。通常将垃圾样在隔绝空气条件下加热至900℃左右，垃圾样失重百分比减去水分百分比，即为垃圾样的挥发分。

挥发分是垃圾的重要成分特性，垃圾焚烧的一个关键阶段就是挥发分的析出和燃烧。挥发分的含量和特性对垃圾的焚烧有着关键的影响，挥发分越多，越容易着火，燃烧也越充分。

3）焦炭

垃圾样去掉水分和受热分解的挥发分之后，剩余的物质为焦炭，由两部分组成，分别是灰分和固定碳。

① 灰分是垃圾在高温条件下燃烧之后所剩下的残余物，将灰分、水分和挥发分去除后就是垃圾的固定碳。垃圾中的灰分是主要的不可燃烧成分，会降低垃圾的热值，是一种十分有害的成分。同时灰分的存在会阻碍可燃物的燃烧，使垃圾的着火和后续燃尽过程难度增大。灰分含量的测量同样是高温失重法。将垃圾样加热至800℃，维持一定时间，直至质量不再变化。对残渣进行称量和质量计算即可得到灰分的含量。

垃圾中灰分的熔融特性是指在规定的条件下测量垃圾灰分随着温度的变化而逐渐熔化变形、软化、流动的规律。灰分在某一确定的温度下开始熔化，这一温度即为灰分的熔化温度，也称作灰熔点。由于垃圾灰分并没有明确的熔化温度，而是在一定范围内逐渐熔化，目前主要采用灰锥法测定其熔融特性。具体方法为将垃圾灰分制成等边三角锥，并将其放置在可调节并有还原气氛的电炉中加热，观察灰锥形状的变化过程，分析其熔融特性。观察垃圾灰分的整个熔化过程，可以记录和测出以下几个特征温度：a. 变形温度 DT，灰锥尖端开始变圆或弯曲时的温度；b. 软化温度 ST，灰锥尖端弯曲到托板上或整个灰锥变成半球形时的温度；c. 流动温度 FT，灰锥完全熔化成液态并在托板上流动时的温度。

近似认为垃圾灰分的灰熔点即熔化温度。经过研究发现，灰熔点与灰分的具体组分含量以及环境因素有关，并没有固定不变的熔化温度。其次，垃圾中灰分含量的微量差异也会导致灰熔点的细微差别。灰分的熔融特性和灰熔点对垃圾焚烧工艺和设备具有重大影响。灰分的灰熔点较低时，容易导致设备管道的结渣，影响运行效率，甚至会影响设备运行的安全性。

② 固定碳的碳含量是垃圾成分的重要指标之一，固定碳主要存在于生活垃圾的有机质当中，是垃圾中的可燃元素。一般来讲，挥发分越少，则固定碳越多。垃圾在焚烧

过程中，其挥发分主要影响垃圾的着火过程，而整个燃烧过程主要取决于固定碳的碳含量。虽然固定碳在燃烧过程中，放出热量很大（高达 32700kJ/kg)，但着火较挥发分更加不易，需要较长时间才能燃尽。

4）热值

垃圾的热值又称为发热量，定义为单位质量的垃圾在完全燃烧的过程中所释放出来的全部热量，常用单位为 kJ/kg。热值是生活垃圾的重要特性之一。热值进一步可分为高位热值和低位热值：高位热值包含垃圾、含水量及其他燃烧所产生的水分冷凝热量；低位热值则不包括燃烧过程中产生的水蒸气冷凝为液态水时气化潜热。因而，高位热值和低位热值之差即为水蒸气冷凝过程所放出的热量。由于在实际生产当中，水分多以水蒸气形式存在，故常采用低位发热量。热值在垃圾处理上是判断垃圾是否适合焚烧处理的重要参考指标。一般情况下，将垃圾的低位发热量 4182kJ/kg 作为垃圾自燃的下限，从理论上来讲，若垃圾的低位发热量大于 3700kJ/kg，不需添加辅助燃料即可燃烧。在实际情况中，由于垃圾中含有较多灰分和水分，导致热值偏低，一定程度上不适合进行焚烧处理。故在垃圾的焚烧处理前，应该先考虑将垃圾中的不可燃烧部分（灰分、水分等）去掉来提高垃圾的热值。但是随着垃圾分类的实施以及生活水平的提高，垃圾热值也在提高。垃圾的热值一般可用氧弹测热计来测定。该方法的基本原理是：把干燥后的垃圾样放入充满氧气的氧弹中并使其充分燃烧，整个氧弹浸在水中，最终燃烧产物为二氧化碳、氮气、灰分以及过量的氧气等。垃圾样放出的热量大小等于水吸收的热量，根据水的升温幅度即可计算出放热量，并且此时计算得到的发热量为高位发热量。

6.2.2 生活垃圾热解气化技术原理

严格地讲，生活垃圾的热解原理是在无氧的条件下，利用高温使固体废物有机成分发生裂解，从而脱出挥发性物质并形成固体焦炭的过程[51]。热解可以用方程式(6-8)来表示：

$$C_xH_yO_z+Q \longrightarrow 炭+液体+气体+H_2O \tag{6-8}$$

式中，Q 表示的是热解过程中需要加入的热量。热解工艺主要产物有半焦（炭黑、炉渣）、焦油（焦油、芳香烃、有机酸等）和热解气（CH_4、H_2、CO、CO_2 等），气体产率相对较低[52]。

气化是指反应物在还原性气氛下与气化剂发生反应，生成以可燃气为主的产物的热转化过程，在这里气化剂主要包括空气、富氧气体、水蒸气、二氧化碳等[53]。通过部分燃烧反应放热或外加热提供气化所需的热量，在常压或加压情况下，使垃圾中有机物转化成燃气，剩下的焦油和灰渣排出。气化过程主要发生以下化学反应[54]：

$$C+O_2 \longrightarrow CO_2+393.1kJ/mol$$

$$2C+O_2 \longrightarrow 2CO+220.8kJ/mol$$

$$2CO+O_2 \longrightarrow 2CO_2+172.3kJ/mol$$

$$2C+O_2 \longrightarrow 2CO+171.5kJ/mol$$

$$C+2H_2O \longrightarrow CO_2+2H_2+75.1kJ/mol$$

$$C+2H_2 \longrightarrow CH_4-74.0kJ/mol$$

$$CH_4 + H_2O \longrightarrow CO + 3H_2 + 206.3kJ/mol$$

热解技术其实是气化技术的一种特殊情况，热解通入的理论空气量为0，气化则为20%～25%。在实际的生产过程当中，气化反应和热解反应往往同时存在，热解是气化反应过程的第一步。

生活垃圾热解气化过程中，有机物的热稳定性取决于分子内部原子间的成键方式以及键能的大小，键能大的难断裂，其热稳定性高；键能小的易分解，其热稳定性差。

烃类热稳定性的一般规律如下：

① 缩合芳烃>芳烃>环烷烃>烯烃>炔烃>烷烃。

② 芳环上侧链越长，越不稳定；芳环数越多，侧链也越不稳定。

③ 在缩合芳烃中，缩合环数越多，越稳定。

生活垃圾的热解气化过程中键的断裂主要方式如下：

① 结构单元之间的桥键断裂生成自由基，其主要是—CH_2—、—CH_2—CH_2—、—CH_2—O—、—O—、—S—、—S—S—等，桥键断裂后易生成自由基碎片。

② 脂肪侧链受热易断裂，生成其他烃，如CH_4、C_2H_6、C_2H_4等。

③ 含氧官能团的裂解，热稳定性顺序为：—OH>C=O>—COOH>—OCH_3。羧基热稳定性低，200℃开始分解，生成CO_2和H_2O。羰基在400℃左右裂解生成CO，羟基不易脱除，到700℃以上有大量H存在，可氢化生成H_2O。含氧杂环在500℃以上可能断开，生成CO。

④ 垃圾中低分子化合物的裂解是以脂肪化合物为主的裂解，其受热后可分解成挥发性产物。

6.2.3 生活垃圾热解气化工艺流程

生活垃圾热解气化工艺按照反应器的类型划分为移动床熔融炉、回转窑、流化床、多段炉和快速热解炉。其中，回转窑和快速热解炉是最早研发的垃圾热解气化处理工艺，多段炉主要处理含水率较高的有机污泥，流化床包括单塔式和双塔式两类，其中双塔式流化床已经实现工业化应用。移动床熔融炉是生活垃圾热解气化工艺中较为完善的方法。

6.2.3.1 回转窑系统[55]

回转窑生活垃圾热解气化系统主要由预处理设施、主体热解气化炉及烟气处理系统组成。生活垃圾贮存在垃圾仓内，停产时可以用专业风机送入臭氧除臭器，防止恶臭。预处理设施立足于我国生活垃圾特性，采用大件干扰物分拣、筛分、磁选、分选、纸塑分离等分选技术，对生活垃圾进行综合分选，确保进入炉内的原料热值较高。热解气化炉主体是回转窑，窑体内部进行垃圾热解，外部为热解产生的可燃气燃烧腔，为内部的热解提供能量。烟气经过一系列的处理，热量回收利用，达标后通过烟囱排入大气。

回转窑分为内热式和外热式两种。外热式回转窑通过热传导来加热窑体内的物料，物料受热更均匀，同时避免燃烧的挥发物对物料产生影响。图6-3的系统流程图中采用的是外热式的回转窑设计，利用生活垃圾热解所产生的热解气作为原料，在外腔中燃烧产生热量，热量用以维持窑体内部热解所需的能量。

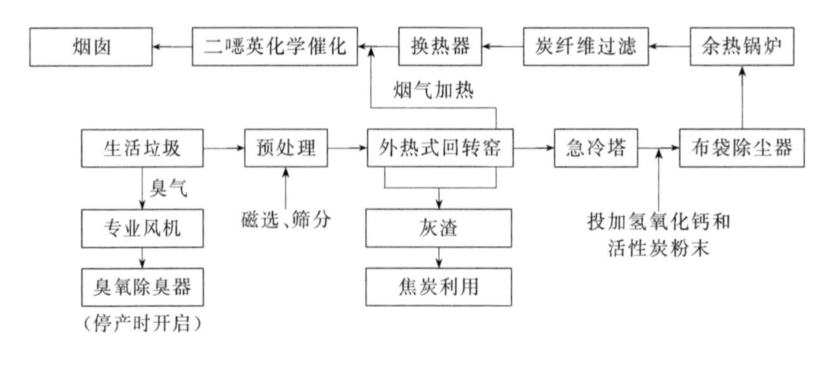

图 6-3　回转窑生活垃圾热解气化系统流程

按气体、固体在回转窑内流动的方向，回转窑分为顺流式和逆流式两种[56]。顺流式回转窑适宜于湿度大、可燃性低的污泥。逆流式回转窑的设计可提供较佳的气固混合及接触，热传导效率高，可增加其燃烧速度，但由于气固相对速度大，烟气带走的粉尘量相对较高。目前绝大多数的回转窑焚烧炉为顺流式，其主要的原因是进料、进风及辅助燃烧器的布置简便，操作维护方便，有利于废物的进料及前置处理。生活垃圾通常含有较高的水分，在顺流模式下废物气化成分可在窑内保持较长的停留时间，因此生活垃圾的处理多采用顺流式回转窑。

回转窑对物料的要求较低，适应性强，能处理不同类型的生活垃圾，同时具有控制工艺便利、操作流程简捷等优势，但仍存在热解反应不完全，出口处燃气发生泄漏等问题。

6.2.3.2　流化床系统

流化床生活垃圾热解气化系统是将垃圾粉碎之后，通过传送带传至螺旋进料器内，随后送进热解气化炉内部。在流化床系统中，作为介质的石英砂在热解产生的气体和助燃空气的作用下发生流动，垃圾在流化床系统中吸收热量，在接近 500℃时产生热分解，热分解生成的炭黑物质在此过程中和助燃空气发生部分燃烧。热解气化生成的可燃性气体通过旋风除尘器脱除灰尘后，再通过分离塔实现气、油和水的分离。产生的合成气一部分回用于燃烧，实现加热并辅助流化气回流到热解塔内。当产生的合成气不足时，所需的热量由产生的热解油补充。图 6-4 为处理能力 50t/d 的流化床生活垃圾热解气化系统流程。垃圾特性：含水率 15%；不可燃物质含量 5%；处理量 70.5t/d（2.093×10^3kJ/kg）；单位燃烧热 1.674×10^4kJ/kg，按照每天处理 50t 计，则每天释放燃烧热量为

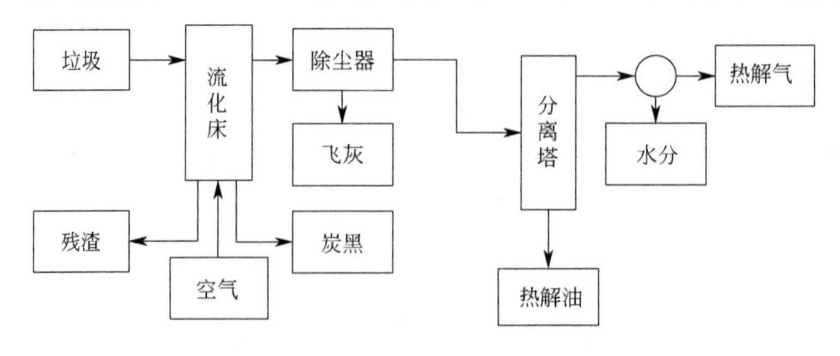

图 6-4　流化床生活垃圾热解气化系统流程

1.465×10^8 kJ；分解热 4.688×10^2 kJ/kg。

6.2.4 生活垃圾热解气化污染物控制

对生活垃圾热解气化过程污染物产生机理及排放控制的研究可以分为对常规污染物、二噁英类物质、重金属等的研究。目前，生活垃圾的热解气化工艺尚处于不成熟阶段。在分布较为零散的乡镇地区，无法对生活垃圾集中焚烧处理，分布式的热解气化处理方式适用于该情况。但其仍然处于起步阶段，污染物控制技术水平低下，特别是在抑制垃圾热解气化过程中二噁英类物质的产生、PAHs及重金属排放控制等方面。

6.2.4.1 热解气化过程的常规污染物产生机制与控制技术

（1）垃圾热解气化过程常规污染物的迁移转化

垃圾中含有碳、氯、硫、氮等元素。

在垃圾热解气化过程中，垃圾中的硫主要以有机硫和无机硫的形式存在。有机硫主要来源于垃圾中的废纸、废旧塑料、废橡胶以及厨余垃圾；无机硫主要是硫酸盐，主要来源于生物质[57]。在垃圾受热分解过程中，在温度低于700℃时主要是释放垃圾中的有机硫，且主要以 H_2S 的形式释放出来，而当温度继续升高时垃圾中的硫酸盐才逐渐分解释放出 SO_2，但是产生量较少[58]。

垃圾中的氮主要存在于生物质中，且主要以胺和脂肪烃形式存在。垃圾热解气化过程中，氮主要以HCN和 NH_3 释放出来，且温度低于600℃时，气相中的 NH_3 占主导，而高于600℃时气相中主要是HCN。垃圾热解中有30%～50%的氮以 NH_3 形式释放出来，其余的氮残留在焦炭和焦油中[59]。

垃圾包含的有机氯（主要在废塑料、废橡胶类垃圾中）和无机氯（主要在厨余垃圾、生物质类垃圾中）是烟气中 Cl_2 和HCl的主要来源。垃圾热解气化过程中，氯较容易析出，在温度达到600℃时，氯的析出率一般大于70%～80%[60]。混合生活垃圾中的氯有2个析出温度区间——200～500℃、700～800℃，分别约有70%、10%以HCl形式析出[61]。垃圾中氯还会与金属形成氯化物，增加金属的挥发性，也是形成二噁英类物质的关键元素。因此在垃圾热解气化过程中控制氯的析出，有利于降低垃圾热解气化过程中重金属的挥发以及二噁英类物质的合成[62]。

（2）垃圾热解气化过程常规污染物的控制技术

垃圾热解气化排放的常规污染物包括酸性气体污染物（Cl_2、HCl、SO_x、H_2S、HCN）、碱性气体污染物 NH_3 以及颗粒物。根据污染物产生的时段，其控制措施主要分为热解气化过程控制和热解气化后烟气控制技术。热解气化过程控制主要向垃圾中添加碱性物质共热解，与产生的酸性气体发生反应而去除酸性气体。碳酸钙、氧化钙能吸收 SO_2、HCl，并且能催化 NH_3 转化为 N_2。碳基碳酸钙（C—$CaCO_3$）、碳酸钙催化剂能去除热解油中HCl[63]。热解气化过程常规污染物的控制技术方面，采用干法、湿法、半干法去除烟气中的HCl、SO_x 等酸性气体，使用药剂主要有碳酸钙、氢氧化钙、碳酸氢钠等碱性物质。颗粒物一般通过布袋除尘、旋风除尘等去除。NO_x 主要采用SCR、SNCR等方法去除[57]。

6.2.4.2 垃圾热解气化过程重金属迁移与控制

（1）垃圾热解气化过程重金属的迁移特性

生活垃圾中的重金属类污染物主要有Cr、Mn、Co、Ni、Cu、Zn、As、Cd、Sb、Hg、Ti、Pb等元素的单质及化合物[64]。在垃圾热解气化过程中，重金属随着反应的发生分布在三相产物中，对环境造成主要污染的为随烟气挥发的部分，其迁移规律主要受到元素自身理化特性、垃圾组分、运行工况等因素的影响[65,66]。

对于重金属的自身特性而言，沸点较高的重金属元素主要以化合物的形式存在于灰渣中，仅有少部分富集在飞灰中；而沸点较低的重金属在烟气冷却过程中，当温度低于自身及其化合物冷凝露点时，凝结成固态小颗粒富集于飞灰中，其余重金属则以气态形式随烟气挥发[64,67]。根据垃圾焚烧过程中重金属的分布可知，Hg最易挥发，As、Cd、Pb其次，而Cr、Mn、Ni、Cu、Zn等为中等挥发性和难挥发性重金属[62]。但在垃圾热解气化过程中，由于反应温度与焚烧过程相比较低，除了Hg之外，其余重金属主要残留在炉渣中，降低了垃圾中多数重金属随烟气的排放量。

垃圾中对重金属迁移产生主要影响的组分包括氯、硫、水、碱金属等。垃圾中的Cl在热解过程中与重金属形成金属氯化物，会促进重金属的挥发[68]。而垃圾中的S在低温时与重金属形成金属硫酸盐，能够降低重金属的挥发性，但是当温度高于800℃时反而会促进重金属的挥发[63,69]。垃圾中水分会促进$CuCl_2$的挥发，抑制$ZnCl_2$、$PbCl_2$、ZnO、PbO和CuO的挥发[70]。

对于运行工况而言，对重金属迁移产生主要影响的为气氛、温度、催化剂等因素。还原性气氛会促进Zn和Cd的挥发，抑制Cr、Ni、Cu和Pb的挥发，且重金属在还原性气氛下主要以单质或硫化物的形态存在[71]。相同温度下，还原性气氛下重金属的挥发率低于氧化性气氛，热解过程中重金属在固体产物中的固定率大于气化过程。随着反应温度的升高，重金属挥发性增强，在固体产物中的固定率降低。气化过程中催化剂的添加对重金属Cr、Cu、Zn、Cd和Pb的固定率几乎没有影响，但使得焦油中富集的重金属含量降低，合成气中的重金属含量升高，即促进了重金属的挥发[72]。

（2）垃圾热解气化重金属的控制技术

基于垃圾热解气化过程中重金属的挥发特性，重金属排放控制可分为热解气化前控制、过程控制和末端控制阶段3个阶段。热解气化前控制主要是通过垃圾分选降低原始垃圾中含重金属和Cl的垃圾的量。过程控制主要通过抑制重金属与Cl形成易挥发的金属化合物，以及添加固化剂与金属形成更加稳定的金属化合物，从而降低其挥发性。在混合垃圾热解过程中添加CaO、高岭土（$Al_2O_3 \cdot 2SiO_2 \cdot 2H_2O$）共热解，热解温度500℃时，CaO和高岭土分别使混合垃圾残余物中Pb、Cd、Zn的挥发率减少9.8%和8.2%、6.3%和9%、16.46%和19.3%。相对而言，CaO对Ni、Cu的影响不大。高岭土也能降低Ni、Cu的挥发率，但是CaO与高岭土都增加了Cr的挥发量[73]。当温度达到900℃时，吸附剂对重金属的吸附效率降低。其他的研究也发现高岭土、矾土、石英砂、沸石等矿物材料也能减少热解气化过程重金属的挥发。其机理为：一方面金属能与其反应生成硅酸盐、碳酸钙、铝酸盐、硅铝酸盐等不易挥发物质；另一方面，也能被多孔的吸附剂表面吸附而被包裹在炉渣中，因而不易释放出来。

热解气化后控制主要通过优化烟气净化系统及组合达到降低烟气重金属含量的目的。在实际工艺中，金属及重金属的去除方法大多采用喷射吸附剂和尾气洗涤的方式，利用吸附剂（活性炭、高岭土、矿物质粉）的吸附特性将其吸附形成颗粒物并被布袋除尘器拦截，或利用湿法或半干法喷淋去除水溶性较强的重金属物质。目前，垃圾处理烟气中则大多采用“半干法＋活性炭吸附＋布袋除尘”的组合工艺进行处理，处理后的烟气均能满足《生活垃圾焚烧污染控制标准》（GB 18485—2014）排放要求[74]。

除了上述技术外，垃圾气化熔融处理技术也是一种相对新兴的热解气化后控制技术。该技术由美国、德国、日本等国家最初为解决垃圾焚烧处理过程中产生二噁英类物质所提出的一种处理方法[74]。该技术由两个处理阶段构成，分别是生活垃圾在400～600℃条件下的热解气化和含碳灰渣1300℃以上熔融焚烧。该技术具有处理量大、能源回收率高、二次污染小、最大程度减量化等优点[75]。目前在工程上应用该技术进行垃圾处理的有德国、意大利、日本等国家，最大处理量达300t/d[74,76]。采用该技术对Ni、Cd、Zn、Cu、Cr和Pb进行固定，其有效固定率分别可达100%、100%、80%、73%、70%和43%。

6.2.4.3 热解气化过程二噁英类物质产生的抑制

（1）二噁英类物质的产生

垃圾热解气化过程中的二噁英类物质主要有两种来源：一是垃圾本身包含的；二是热解气化过程中可能合成的。与垃圾焚烧过程不同，由于热解气化炉温度不如焚烧过程温度高，不能达到二噁英类物质的分解温度，因此，包含于垃圾中的二噁英类物质可能首先挥发到烟气中而不会被热分解。800℃保温30min条件下，原底泥中约99.45%的二噁英类物质被转移挥发到焦油和气体中[77]。测定德国废纸，塑料、木材、皮革、纺织物的混合物，细碎垃圾，有机废物四类生活垃圾中二噁英类物质的含量，范围分别为18.3～383pgI-TEQ/g、29.1～1370pgI-TEQ/g、8～468pgI-TEQ/g、7.4～100pgI-TEQ/g[78]。西班牙混合农村生活垃圾、农村生活垃圾燃料（RDF）及农村生活垃圾堆肥产品中，二噁英类物质含量范围分别为3.81～4.76pgI-TEQ/g、4.40～87.48pgI-TEQ/g，5.00～57.23pgI-TEQ/g，并且发现了垃圾衍生燃料中纺织物的二噁英类物质含量达到157.35pgI-TEQ/g[79]。日本城市生活垃圾中二噁英类物质的含量为1.3～16pgI-TEQ/g。对我国城市生活垃圾中二噁英类物质的含量进行测定，也发现达到15.56pgI-TEQ/g。因此垃圾热解气化过程中，应当考虑垃圾中包含的二噁英类物质对整体排放的影响[80]。

热解气化过程属于缺氧的还原性过程，机制上可抑制二噁英类物质的生成。二噁英类物质的合成机理包括低温异相催化反应及高温同相合成。低温异相催化反应生成包括从头合成（de novo）反应和前驱物合成反应，主要发生温度范围为200～450℃。从头合成反应指在催化剂（如铜、铁）及其氧化物的作用下，固体飞灰中的碳与氢、氧、氯相互结合，逐步生成二噁英类物质及其前驱物。在缺乏氧化物的条件下，难以生成二噁英类物质及其前驱物。前驱物合成反应指在金属离子、金属盐类和金属氧化物等催化作用下，二噁英类物质的前驱物（如氯酚、氯苯或者多氯联苯等）会发生复杂的缩合反应形成二噁英类物质[81]。低温异相催化反应主要发生部位是布袋除尘、旋风除尘和

ESP等区域。由于此时飞灰中铜的氯化物、氧化物和硫酸盐，铁、锌、镍和铝的氧化物等具有较强的催化合成二噁英类物质的能力，因此只要将热解气化后的烟气急冷到200℃以下，就能控制住低温异相催化反应的发生[82]。高温同相合成指二噁英类物质前驱物氯苯、氯酚、脂肪族化合物、芳香族化合物、氯代烃等，在 Cl_2、HCl、活性自由基等参与下，通过环化及氯化等过程形成二噁英类物质。此类反应主要发生在500～700℃温度区间，且研究者认为参与反应的前驱物主要是垃圾不完全燃烧产生的[78]。在实际的工程中，热解气化炉烟气温度一般低于这个温度范围，因此烟气中高温同相合成不是热解气化炉系统中二噁英类物质合成的主要方式。

(2) 二噁英类物质的控制技术

总体上，垃圾热解气化过程中的二噁英类物质生成量要远远低于焚烧过程，这也为中小规模的垃圾处置提供了优势。根据二噁英类物质的形成机理，可以从以下几个方面来控制烟气中的二噁英类物质：控制垃圾中二噁英类物质、氯/重金属来源[83]，抑制热解后烟气中二噁英类物质再次合成，提高和改善烟气净化技术。纺织物、PVC中二噁英类物质含量一般较高，因此入炉前通过初步的分选能降低垃圾中二噁英类物质的含量。但是考虑到生活垃圾中塑料和纺织物所占垃圾组分比例较高，如果都被分选出来，工程量较大，而分选出来的垃圾仍需处理，在实际工程中难以实施。因此目前主要从热解气化过程控制和末端控制两方面来讨论垃圾热解气化过程二噁英类物质的排放控制[84]。

1) 热解气化过程控制技术

在二噁英类物质的形成过程中，氯和重金属扮演了非常重要的角色。垃圾热解过程中重金属催化剂的作用是催化低温异相反应，主要有铜、铁、铝及其化合物等。许多研究证实了重金属催化剂能显著增加烟气和飞灰中二噁英类物质的含量，而氯的存在是合成二噁英类物质的必要条件[58]。垃圾中的氯源主要有各种有机氯源和无机氯源。热解过程中随着温度的逐渐升高，垃圾中的氯主要以HCl的形式挥发出来，在氯化铜催化剂的作用下发生Deacon反应[85]（$4HCl+O_2 \xrightarrow{CuCl_2} 2H_2O+2Cl_2$），产生反应性更强的 Cl_2。二噁英类物质大多是在HCl、Cl_2 存在的条件下，通过复杂的化学反应合成的[86]。

目前对垃圾中HCl、Cl_2 的处理，主要是通过向垃圾中添加碱性吸附剂吸附，或添加含氮、硫物质来抑制垃圾中氯的释放。常用的碱性吸附剂有CaO、$CaCO_3$、$Ca(OH)_2$、$CaSO_4$、$MgCO_3$ 等，碱性吸附剂能与HCl反应，抑制 Cl_2 的形成，从而减少二噁英类物质的生成[87,88]。

向垃圾添加无机硫化物可使二噁英的排放量下降98%。主要有3种机理[85]：a. SO_2 氧化 Cl_2 使其变为HCl（$Cl_2+H_2O+SO_2 \longrightarrow 2HCl+SO_3$）；b. SO_2 与金属氧化物催化剂反应导致其失活（如 $CuO+SO_2+1/2O_2 \longrightarrow CuSO_4$）；c. SO_2 可以磺化酚类前驱物，从而抑制二噁英类物质的生成[89]。

2) 末端控制技术[85]

指对烟气中已经形成的二噁英类物质的减排控制技术，主要有烟气急冷系统、脱酸脱硝系统、除尘系统（如旋风除尘器、静电除尘器、布袋除尘器）、活性炭喷射吸附、烟气热解系统等。单一的烟气净化系统对二噁英类物质的去除效率有限，常见的去除效果较好的工艺组合包括旋风除尘器＋干式石灰喷射系统＋袋式除尘器、活性炭喷射＋静电除尘器、喷雾干燥吸收塔＋布袋除尘器、湿式洗涤器＋活性炭、活性炭滤床/滤布等。单独使用布袋除尘器和活性炭滤布对二噁英类物质的去除效果分别为39.7%和61.9%，但是两者的组合能使其去除率达到90%以上。其他的大量研究与实践也证明了布袋除尘＋活性炭喷射吸附对二噁英类物质有较好的去除效果[90]。进一步研究表明，活性炭喷射吸附主要是将烟气中固相飞灰中的二噁英类物质吸附累积，并不能分解已经形成的二噁英类物质。活性炭喷射吸附不仅增加了运营成本，而且被吸附的飞灰还需要另外处理。此外，在烟气中喷入$Ca(OH)_2$可以使烟气中二噁英类物质的产生显著减少。向烟气中通入尿素时，烟气中二噁英类物质最多减少了29%，飞灰中最多减少了80%。V_2O_5/WO_3、V_2O_5/TiO_2复合催化剂对二噁英类物质降解率分别达到84%、91%，但是由于垃圾焚烧烟气产生量大，飞灰排放浓度高，催化剂容易中毒失活，处理费用较高[91]。

6.3 市政污泥热解气化技术与工艺

6.3.1 市政污泥组分特性及分布状况

污水污泥作为城镇化发展的副产物之一，来源于经物理、化学及生物法等多种处理方法处理后的污水，是介于液体和固体之间的非均质体。其中城市污水污泥主要来源于生活污水处理厂的初沉池及二沉池。原始污泥的含水率高达90%（质量分数）以上，且很难仅通过沉降法实现固液分离。典型风干污水污泥的组分含量如表6-15所列。由于污水处理工艺所限，污泥内部有机物含量高，极易腐化发臭。污泥传统的处理方式包含厌氧发酵、好氧发酵、堆肥、填埋等。但污泥内部含有大量的重金属、致病菌、寄生虫等有毒物质，使得传统的发酵、填埋等处理方式极易因不规范处理对地下水、土壤造成二次污染，使得有害物质沿污泥-土壤-人体的路径再次迁移到人体内。因而，如何安全、减量、资源化处理处置污泥，已成为我国亟须解决的环境问题。与此同时，我国幅员辽阔，各地生活习惯的差异使得各地区污水污泥的特性构成差异较大，为污水污泥的高效利用进一步增加难度。

表6-15 我国典型地区污水污泥理化组成[92-95]

我国典型地区	元素构成（质量分数）/%			典型组分（质量分数）/%			
	C	H	N	水分	挥发分	灰分	固定碳
天津地区	28.5	4.8	4.8	4.9	53.9	35.2	5.9
西安地区	35.0	4.4	6.7	3.9	56.8	33.5	7.5
山东地区	48.0	8.0	7.8	2.5	35.4	58.9	3.6
台湾地区	45.2	7.2	7.7	11.8	62.1	27.9	10.8
江西地区	26.0	3.9	4.5	50.9	47.1	49.1	3.8
福建地区	20.8	3.4	1.8	3.8	36.5	56.3	3.4

近年来，我国经济飞速发展，城镇化水平不断提高，污水处理需求与处理能力大幅提升。2019 年，全国废水排放总量约为 567.1 万吨，其中，城镇生活污水排放量约占废水排放总量的 82.9%，产生城市污水污泥约为 600 万吨；集中式污染治理设施（不包括污水处理厂）废水排放量为 1.4 万吨左右，约占废水排放总量的 0.3%[96]。住建部数据显示，截至 2020 年年底，我国总计有 2618 座城市污水处理厂，每天处理能力为 1.93 亿立方米，可达到城市污水 97.53%的处理率[97]。自 2015 年起，污水污泥产量进一步增加，2019 年，我国湿基城市污水污泥产量为 3000 万吨，并预计以 10%的年增速进一步增加[98]。

6.3.2 市政污泥热解气化技术原理

污泥目前主要的处理方式包括发酵、填埋、堆肥及热处理（焚烧、热解气化、水热）等，其中发酵对技术要求较高，周期较长；而对于填埋堆肥技术来说，可利用的土地越来越少，因而处理价格越来越高，且稍有不当便可产生二次污染与长期的环境健康风险；在此背景下，污泥热利用技术逐渐引起广泛关注。虽然污泥含水率高，但有研究表明干化后的污泥热值可与低阶煤近似[99,100]，同时，污泥作为除木质类、纤维类等以外的重要生物质能源的来源，其热利用可实现 CO_2 的零排放。

目前，国内外针对污泥热利用过程研究与示范较多，主要是焚烧技术或者混合焚烧。热解气化技术相较焚烧技术可有效降低污染物释放，逐渐引起广泛关注。污泥热解气化工艺是指污泥在热解或气化装置中处于缺氧或者无氧状态时发生氧化还原反应，使能量转换成可燃气体或利用价值较高的固相产物及液相产物的工艺[101]。污泥热解气化过程较为复杂，其中涉及燃烧、还原、裂解乃至聚合等反应，各反应间会相互影响。以空气介质的气化反应为例，总反应式可写成：

$$CH_{1.4}+O_{0.6}+0.4O_2+(1.5N_2)\longrightarrow 0.7CO+0.3CO_2+0.6H_2+0.1H_2O+(1.5N_2) \tag{6-9}$$

污泥热解气化技术在世界范围内已有十余年探索应用历史，欧洲、日本等地已实现试点应用。以德国巴林根·斯瓦比亚的城市污水处理厂为例，该实验厂于 2005 年实现污泥气化实验成功，将污泥干化、气化以及热电联产技术组合应用，可实现处理厂 80%的电能自给。我国污泥干化、燃烧领域起步较晚，但是工业应用发展较快。目前杭州市七格污水处理厂应用中科院研发的循环流化床干化、焚烧一体化装置，处理量为 100 t/d[102,103]，但是缺乏热解气化的工业化示范装置。

在学术领域，污泥热解气化更是引起广泛的研究关注。有学者利用热重法对污泥热解、燃烧过程的机理、反应特性及动力学[104,105] 等进行研究。除富氧燃烧外，国内外有研究将目前新兴的热利用技术（如微波热解）应用于污泥热利用并进一步提升反应效率，降低利用能耗[95]。何品晶等侧重污泥的低温热解过程动力学研究，并提出污泥热解的二级竞争反应模式[106]。水热技术处理污泥也是一个关注的研究领域。

6.3.3 市政污泥热解气化工艺流程

污泥的热解、气化过程工艺流程较为近似，热解是气化反应的第一步。具体地，污泥热解的步骤如图 6-5 所示。其中，初次裂解释放产物主要为 CO_2、CH_4、H_2 等，二次裂解则释放 CO_2、CH_4、H_2 及 CO，在高温段完全裂解释放气体产物为 CO、CO_2、H_2 等。

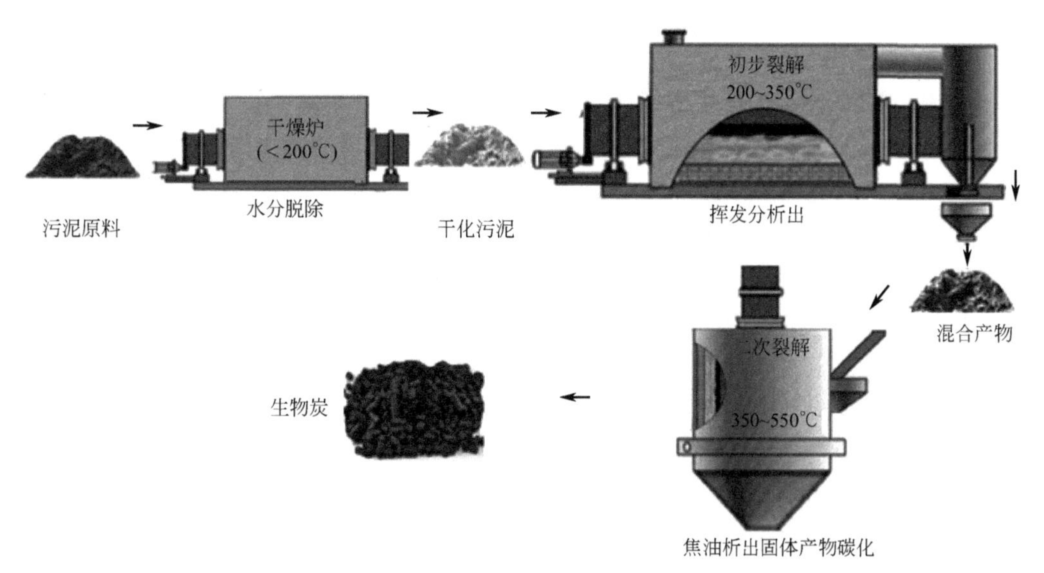

图 6-5　污泥热解技术路线图

总体上来说，气化过程可概括为 3 个步骤：

① 干化过程，即残留水分蒸发；

② 热解过程，即如前所述，高分子物质在此阶段充分挥发并经由气相反应生成气体产物；

③ 气化反应过程，即炭物质的不充分氧化反应过程。

目前，我国市政污水污泥热解技术已初步投入实际工程应用。其中，天津青凝侯污泥填埋场生态修复项目率先于 2017 年投入使用，项目生产线包含污泥的机械脱水、热力干化和热解炭化工艺集成，初期日处理量达到 300 t。另外，云南水务投资股份有限公司自主研发污泥热解、炭化工艺设备并投入使用，该工艺已成功实现热解气及生物炭的生产。除此之外，我国贵州省凯里市利用自主开发的处理规模为 50t/d 的污泥热解处理设备处理市政污泥，该项目自 2018 年运行至今，实现污泥减量率为 80%～85%，生产出的生物炭作为土壤改良剂、吸附剂、肥料等多种产品，为项目创造收益并实现污泥的减量化、资源化利用。

6.3.4　市政污泥热解气化污染物控制

污泥热解气化反应在还原气氛下进行，因此可有效减少二噁英的释放；同时，高温反应条件可有效抑制污泥内部的病原微生物问题。但污泥热解气化过程中仍需关注污染物迁移及控制。具体地，需要关注重金属的迁移与固定以及含氮污染物释放所带来的环境问题。

污泥热解气化技术可针对性生产生物炭作为土壤改良剂或生物炭肥料，而在热解气化过程中，污泥内部的重金属会向生物炭迁移转化，因此需要明晰重金属的迁移特性及在生物炭中的赋存形态、固化程度及浸出特性等。污泥热解气化可实现重金属的固化，且重金属形态发生改变，可交换态含量减少，残渣态含量增加。Cr、Ni、Cu、Zn、Cd、Pb和Hg等重金属被高度固化，但重金属生物可利用度和生态毒性显著降低[107]。针对污泥热解气化过程中重金属的富集、迁移研究持续吸引学术界、工业界的广泛关注。其中，学术前沿将污泥热解重金属迁移、富集特性由单纯的实验研究进一步向工业应用靠拢，优化技术工况。利用微波协同热解法生产生物炭，重金属向生物炭的富集程度升高，浸出率显著下降，可有效降低污泥重金属带来的对环境的二次污染[107]。也有研究将废旧塑料作为污泥热解添加剂，以实现两种废物的协同利用。结果显示，添加不同塑料与污泥混合热解能够降低除Cd以外重金属的残余率。与污泥单独热解所得生物炭相比，添加塑料能够促进生物炭中的重金属向相对稳定态转化，实现固化稳定；添加PVC对生物炭中Cr和As有固化稳定作用，对其他重金属有明显活化作用。添加塑料后的生物炭中的重金属浸出量降低，符合国家标准（GB 5085.3—2007）浸出毒性鉴别标准规定，生态风险均明显地降低至轻微风险水平，表明添加塑料与污泥混合热解所得生物炭的应用不会带来新的环境风险[108]。

污泥原料中氮元素含量较高，因而热解气化过程中含氮污染物的释放也持续引起关注。污泥热解过程中氮元素部分富集于焦油及焦炭，其余部分随挥发分析出进一步转化为含氮污染物，最终以NH_3和HCN形式释放。目前针对含氮污染物控制方面的研究主要集中在工况优化及机理探究上。有研究表明污泥热解过程中添加CaO不仅可起到吸水作用，还能有效抑制含氮污染物的释放。这种抑制作用归因于CaO与生成的焦炭中的氮反应生成CaC_xN_y，从而增强了焦炭吡啶和腈的固定化。腈具有较高的热稳定性和对CaO的惰性。高温下腈含量的增加是由胺和含氮杂环形成的。当CaC_xN_y的热分解温度高于700℃时，CaC_x的生成增加了P-N的固定，减少了NH_3的生成。当温度达到650℃时，CaO对含氮污染物的抑制作用归因于HCN水解生成NH_3。由于HCN与CaO直接反应，在温度为650～900℃时对HCN生成的抑制作用最强，阻止了半腈向HCN的转化[109]。

虽然污泥热解、气化技术自身产生污染物较少，但热解产生的液体生物油在燃烧时会产生重要的有害物质。同时，污泥热解、气化过程中产生的气体中含有一定量污染物的前驱体（如H_2S、NH_3和重金属等）。因此，对于污泥热解、气化技术仍需高度重视污染物的形成机理及迁移形态。目前，对污泥热解、气化污染物的释放及调控主要集中在试验探索及小试阶段，主要通过混合热利用、反应气氛调控等手段上。Aenta Magdziarz等[110]对生物质、污泥及煤进行了燃烧过程失重特性的对比研究，同时利用质谱仪对燃烧产物进行特性分析。万嘉瑜等[111]利用热重分析仪研究了污泥富氧燃烧过程中氧浓度对动力学的影响并建立针对不同氧浓度及污泥特性的反应动力学模型。常风民在研究污泥与煤混合热解宏观特性的基础上，进行了中式热解设备的开发研究[112]。李琳娜等在污泥与秸秆混合燃烧过程中发现，城市污水污泥中的磷元素可与秸秆中的碱金属进行有效反应，从而降低流化床燃烧过程中烧结等问题[113]。杨睿磊[114]研究了生物质/市政污泥混燃过程，明确了氮氧化物的释放特性，并从NO_x释放角度对混燃过程进行优化，建立了混燃NO_x释放预测模型。

6.4 药渣酒糟热解气化技术与工艺

6.4.1 药渣酒糟组分特性及分布状况

6.4.1.1 药渣特性

我国的中药废渣年产量在1300万吨以上[115]，其来源主要包括中成药生产、原料药生产、中药材加工与炮制及含中药的轻化工产品生产。其中药渣总量的70%来自于中成药生产。中药废渣一般含水量较高，易腐坏，有异臭，在夏季尤为严重。

目前我国的药渣在运出产区后，通常直接弃置或当作普通垃圾直接填埋。然而由于雨水的冲刷和地表径流，药渣在自然环境中很容易对周围环境产生危害。

目前国内外有以下几种方式处理研究中药渣类生物质。

(1) 中药渣的深层提取及加工

因为药渣中的有效成分大约有20%，从而可以进一步地提取利用。张贺功[116] 发明了一种中药废渣中有效成分的提纯器，然而由于工艺水平有限，提取效率并没有明显的提高。也有研究将中药渣进行提取，将提取物用于植物并研究其抗虫性[117]。

(2) 用作饲料添加剂

由于中药渣富含氨基酸和蛋白质，因此保留了药理成分以及化学成分，进而可用来生产蛋白质含量很高的饲料。将许多类型的中药渣进行粉碎，得到的成分可以直接作为饲料添加剂，并且可以促进家禽的生长[118]。

(3) 用于食用菌的栽培

中药渣也被广泛地用于食用菌的栽培。因为食用菌分解酶可用于纤维素和木质素的分解，因而可以把中药渣中的多糖、蛋白质、纤维素变成养分使用。中药渣已经被用于平地菇、香菇、金针菇、猴头菇等菌种的栽培[119-121]。

(4) 制作有机肥料

中药渣中含有大量的氮、钾、磷等植物生长所必需的化学成分，重金属的含量也很低。因而采用发酵技术，可以得到高效的有机肥。有学者[122] 研究发现基于中药渣和有机质生产的有机肥的长效性和利用率很高，研究证明该有机肥不仅可以平衡农作物对氮、磷、钾的吸收，提高植物的抗逆性，还可以促进农业作物的成熟并且可以明显地提高作物的产量，此外该化肥还可以改良土壤[123,124]。

(5) 制作处理污水所需的絮凝剂

目前絮凝剂有有机絮凝剂和无机絮凝剂两类，有机絮凝剂具有难以被微生物降解的特性。由于中药渣中具有天然的高分子结构，微生物容易进行降解，因而絮凝效果较好。将中药渣改性，并将其与其他絮凝剂的絮凝效果进行对比分析，研究表明采用中药渣制备的絮凝剂，对造纸工业排放的废水具有更高效的处理性能[125]。

(6) 制作活性炭

药渣可以制作成具有更多活性表面的活性炭[126,127]，同时该活性炭的热值比也高于一般活性炭。但由于药渣中可能存留有一些抗生素、农药残留等有毒物质，在用于制备肥料、饲料、活性炭等产品时会造成二次污染，研究药渣的无污染利用成为目前的热点问题。

从结构成分来看，中药渣属于典型的工业生物质，其种类繁多，结构复杂。不同药渣中纤维素、半纤维素和木质素等含量不同，其中纤维素和半纤维含量较高的药渣具有较好的气化特性，生成的燃气品质高、焦油含量低。药渣的初始含水率大多处于75%～80%之间。高含水率导致气化燃烧反应无法进行，因此需要首先将药渣中水分降低到热解气化要求的范围内。根据实际药渣烘干处理条件，通常将药渣烘干至含水率约25%，典型药渣烘干前后的含水率（质量分数）及工业分析结果如表6-16所列。

表6-16 典型药渣的工业分析

原料	药渣干燥前后含水率(质量分数)/%		工业分析(质量分数)/%				空干基热值/(MJ/kg)
	初始值	烘干后	水分	挥发分	灰分	固定碳	
杞菊地黄丸药渣	76.90	25.60	25.64	58.60	4.16	11.60	16.900
六味地黄丸药渣	75.60	25.20	25.24	61.38	2.54	10.84	16.255
香砂养胃丸药渣	79.80	26.10	26.17	56.04	4.28	13.51	17.938

6.4.1.2 酒糟特性

酒糟的主要组分是水、稻壳、淀粉、糖、蛋白质、有机酸等，其中约60%是水，此外还含有少量的钙、磷、钾等无机成分。酒糟中的淀粉、蛋白质、有机酸、糖类等物质本身就是生物生长所需营养成分，稻壳中含有木质素、纤维素、无机硅等，磷、钾等是无机肥的重要组分，无机硅则是水玻璃的主要成分；而木质素、纤维素等有机物属于可燃物，成分比例信息如表6-17所列。我国每年产生复糟丢糟数量高达2000万吨[128]。

表6-17 酒糟及其灰分特性分析

项目			数值
酒糟分析	全水分 M_t/%		60
	工业分析	空干基水分 M/%	11.11
		收到基灰分 A/%	5.61
		收到基挥发分 V/%	28.17
		收到基固定碳 FC/%	6.22
	收到基全硫 S/%		0.25
	收到基高位发热量 Q/(kJ/kg)		6741
	收到基低位发热量 Q/(kJ/kg)		4791
	元素分析	收到基碳(C)/%	18.16
		收到基氢(H)/%	2
		收到基氮(N)/%	1.13
		收到基氧(O)/%	12.85
	灰融性	变形温度(DT)/℃	1110
		软化温度(ST)/℃	1180
		半球温度(HT)/℃	1240
		流动温度(FT)/℃	1380

续表

项目		数值
灰分分析	氧化钠(Na_2O)/%	5.51
	氧化镁(MgO)/%	1.43
	三氧化二铝(Al_2O_3)/%	2.18
	二氧化硅(SiO_2)/%	69.48
	五氧化二磷(P_2O_5)/%	4.51
	三氧化硫(SO_3)/%	6.1
	氧化钾(K_2O)/%	4.23
	氧化钙(CaO)/%	1.34
	二氧化钛(TiO_2)/%	0.28
	二氧化锰(MnO_2)/%	1.4
	三氧化二铁(Fe_2O_3)/%	1.28

6.4.2 药渣酒糟热解气化技术原理

酒糟是制酒过程中谷物发酵的副产品。据文献统计，我国仅白酒酒糟年产量就达2100万吨[129]。酒糟量大且集中，如果处理不及时则对环境造成严重污染，并且腐烂会大大降低生物质热值。因此，酒糟能源的高效转化对于资源开发和环境保护具有重要的意义。酒糟因含有稻壳及蛋白质、粗纤维、淀粉、糖、蛋白质、有机酸等有机物，是潜在的热解气化原料。通过热解气化技术可将酒糟转化为以CO和H_2为主的可燃气，直接实现热能、炊事和电能的供给。同时燃气可以通过甲烷化等反应，进一步制备高品质生物质合成天然气（Bio-SNG）。气化过程中的焦油可通过分馏等技术进一步得到具有高附加值的液体燃料。气化残渣可以用于制备肥料、工艺陶瓷等。

中药渣的物理化学特性表明，它属于典型的工业生物质，其中富含纤维素和半纤维的药渣具有较好的气化特性，可直接作为热解气化的原料，既提高了中药渣的利用率，也降低了其带来的负面环境影响[130]。

6.4.2.1 药渣酒糟热解

药渣酒糟热解是指原料在隔绝空气或者氧气加热条件下，产生固、液、气三相产物[131]的反应。

半焦、焦油及燃气这三相产物均有多种用途，其中半焦不仅能作活性剂，也能作为燃料直接燃烧，或通过气化过程产生气体；焦油通过进一步加工得到燃料油；而可燃气体根据其自身热值的高低，可单独或与其他高热值燃气混合作为工业或民用燃气[132]。

6.4.2.2 药渣酒糟气化

药渣酒糟气化涉及的热化学反应较为复杂，原料在高温、有氧条件下部分转化为H_2、CO、CH_4等可燃气[133]。20世纪70年代，Ghaly等[134]以生物质为原料进行了气化方面的研究。药渣酒糟的能量密度较低，其中76%～86%都可以通过加热的方式转化为气态或液态产物，并且不需要太高的温度。气化过程可分为干燥、热解、氧化和还原。

（1）干燥过程

药渣酒糟原料进入气化炉内受热，首先失去其表面水分。此阶段主要发生在200～300℃温度范围。

（2）热解反应

药渣酒糟加热到300℃时发生热解反应。煤800℃能释放出大约30%的挥发分，而药渣酒糟在300～400℃时就可以释放出约70%的挥发分。药渣酒糟在热解反应阶段会释放出CO、H_2等气体并伴有焦油析出[135]。

（3）氧化反应

热解阶段后生成的半焦与气化剂（空气）发生反应，此过程会产生大量热，使炉内温度达到1000～1200℃，这些热量又可提供给生物质气化的其他反应阶段。

（4）还原反应

氧化反应的产物连同水蒸气和还原层的半焦在无氧条件下发生还原反应，得到CO、H_2、CH_4等。

药渣酒糟热解气化过程较复杂，式(6-10)给出了原料和产物的简单关系式。式(6-11)～式(6-13)是生物质气化的部分反应式；水蒸气存在的前提下才会有式(6-14)～式(6-16)的反应[134,136]，高温下才会发生式(6-17)所示的反应。

$$\text{生物质}+\text{空气}/O_2+H_2O \longrightarrow \text{生物炭}+\text{焦油}+\text{底灰}+\text{可燃气}(CO、H_2、CO_2、CH_4、\text{轻质碳氢化合物}) \tag{6-10}$$

$$C+\frac{1}{2}O_2 = CO \tag{6-11}$$

$$C+O_2 = CO_2 \tag{6-12}$$

$$C+2H_2 = CH_4 \tag{6-13}$$

$$CO+H_2O = H_2+CO_2 \tag{6-14}$$

$$CH_4+2H_2O = CO_2+4H_2 \tag{6-15}$$

$$C+H_2O = CO+H_2 \tag{6-16}$$

$$C+CO_2 = 2CO \tag{6-17}$$

上述反应式是气化过程的主要反应，但并非所有气化都要经历这些化学变化，具体反应与气化剂有关[137]。当空气作为气化剂时，氧化阶段释放的热量可供给其他吸热反应，这样减少了外界供热。在采用不同气化剂时需注意能量平衡的问题。气化过程中有些可逆反应在环境确定后会达到一定的平衡状态。

已有的研究验证了空气气化、富氧气化、水蒸气气化以及富氧-水蒸气气化用于中药渣处理的可行性。采用富氧气化可以改善空气气化技术中CO含量较低、产气品质有待提高、气化效率不高等弊端。水蒸气气化可以提高气化气中H_2含量、燃气热值及气化效率。采用富氧-水蒸气气化处理方式可以同时提高气化气中CO和H_2含量，气化效果更佳。通过综合考虑中药渣空气气化、富氧气化、水蒸气气化以及富氧-水蒸气气化四种气化方式的气化效果以及工艺的经济性，中药渣富氧气化得到的可燃气体热值较高，且不需要水蒸气发生器等一系列的水蒸气制备装置，经济性较高，更适合中药渣大规模处理应用，具有较高的技术推广价值。

6.4.3 药渣酒糟热解气化工艺流程

热解气化的装备系统主要包括干燥装置、气化炉、燃气净化系统和终端利用系统四部分，如图 6-6 所示。反应炉是生物质热解气化的主要工作设备，原料在气化炉内与气化剂发生部分氧化反应，过程大致分为干燥、裂解、氧化和还原反应[138]。气化反应过程中，氧气的供给可以对反应温度进行调控，从而控制反应过程及其生成物；水蒸气作为还原反应和焦油裂解重整反应的主要参与物，对于提高燃气质量、降低焦油含量具有重要的意义。此外，反应时间、催化剂等也是控制气化反应过程的主要参数。国内应用的气化炉主要包括流化床和下吸式固定床两种类型，其中流化床具有反应速度快、生产能力大等优点，然而其具有结构比较复杂、设备投资较大、对原料种类和粒度要求严格等缺点，目前主要应用于稻壳和林木加工剩余木粉的发电，也适用于酒糟药渣热解气化技术工艺。下吸式固定床气化炉具有原料适应范围广、焦油含量低等优点，在国内应用比较广泛，也适用于酒糟药渣热解气化技术工艺。

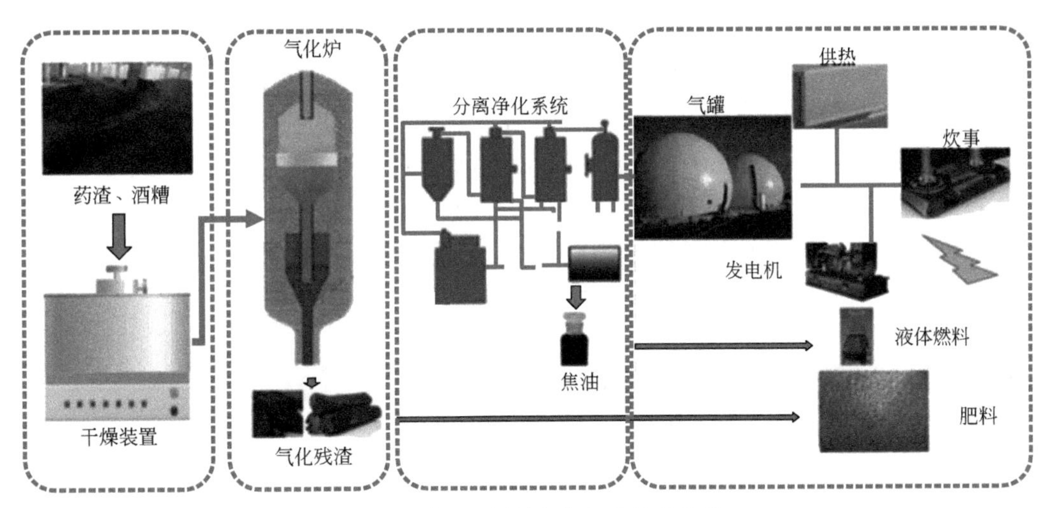

图 6-6 药渣、酒糟热解气化技术路线

6.4.4 药渣酒糟热解气化污染物控制

热解产生的焦油中含有大量的含氧化合物及其衍生物，如醇类、酚类、芳香类化合物等，是主要的污染物。在 500～800℃温度范围，主要是焦油的初级裂解和二次裂解两个过程。在 500～700℃温度范围，焦油中的酚类 O—H、烯烃类 C═C 及芳香类官能团伸缩振动吸收峰的强度呈下降趋势，而当温度从 700℃增加至 800℃时，上述官能团伸缩振动吸收峰的强度却又增大。

当过量空气系数为 0.7 时，药渣气化会产生大量焦油，3 种药渣气化产生的焦油体积质量均在 $3500mg/m^3$ 以上。在过量空气系数小于 1.02 的阶段，燃气中的焦油含量处于快速下降阶段。相比之下，玉米秸秆热解气化的焦油体积质量明显低于药渣，由此可以推断，药渣水分蒸发使得大量的反应热用于原料的干燥阶段，从而导致原料干燥层和热解层的厚度占整个气化反应层厚度的比例增大，而氧化层和还原层的厚度相应减少，药渣在热解层产生的大量焦油无法得到充分燃烧和重整。随着过量空气系数增加，气化剂供应充足甚至过量，使氧化层反应得到有效加强，释放出大量的反应热，高温反应层的厚度增加，从而有利于燃气中焦油发生燃烧和裂解反应，因而焦油含量大幅降低，在不调节燃气滞留时间等其他参数的条件下，燃气中的焦油含量最终稳定在 1000mg/m^3以下[139]。

药渣酒糟热解气化过程重点关注的其他污染物是脱水烘干时排放的大量含有恶臭气味的废气，主要是硫化氢和氨，还有甲硫醇等，需要加强类比监测，集中抽排，增加生物除臭技术。

6.4.5 药渣热解气化能源计算

中国作为世界上最大的草药生产国和消费国，每年生产约 3000 万吨草药残渣，通过将药渣进行气化处理转化为合成气，可用于草药蒸煮以及药渣的烘干处理等过程，进而实现草药生产过程中资源和能量的高效处置与利用。基于此，Dong 等[140] 研究提出了一种药渣处理及利用的集成转换系统，通过药渣气化生产水蒸气，实现了药渣干燥过程中的净能量输出。其中原始药渣的热值为 4.55MJ/kg，用于干燥药渣的水蒸气能耗为 2.23MJ/kg，药渣气化合成气的低位热值和显热分别为 3.45MJ/kg 和 0.54MJ/kg，用于草药蒸煮的蒸汽焓为 0.89MJ/kg。由于合成气显热以及自身化学能均会用于水蒸气的生成，能效约为 90%，因此最终计算可得，药渣原料中 80.44%的化学能用于药渣的预处理过程，剩余的 19.56%转化为草药蒸煮过程的蒸汽焓，整体集成转换系统可实现净能量输出，每千克药渣原料可生产 0.3292kg 的水蒸气，其焓值为 0.89MJ/kg。

参考文献

[1] 冀泽华．农林废弃物——耐性真菌复合吸附剂重金属离子吸附特性与机制研究［D］．长沙：中南林业科技大学，2017.

[2] 董雪云，张金流，郭鹏飞．农业固体废弃物资源化利用技术研究进展及展望［J］．安徽农学通报，2014（18）：86-89.

[3] 李慧媛．玉米秸秆颗粒状燃料的初步研究［D］．南京：南京林业大学，2011.

[4] 罗冰．小型生物质铡碎料直燃热水锅炉的设计和试验［D］．淄博：山东理工大学，2014.

[5] 秦恒飞，周建斌，张齐生．畜禽粪便气化可行性研究［J］．中国畜牧兽医，2012，39（01）：218-221.

[6] 骆玉叶．微藻与锯末的共热解特性及动力学分析［D］．武汉：华中科技大学，2018.

[7] 鞠园华，马祥庆，郭林飞，等．杉木枯落物燃烧释放污染物特征及 PM2.5 成分分析［J］．林业科学，2019，55（07）：187-196.

[8] 文永林，刘攀，汤琪，等．农林废弃物吸附脱除废水中重金属研究进展［J］．化工进展，2016，35（4）：1208-1215.

[9] 陈卫红，石晓旭．我国农林废弃物的应用与研究现状［J］．现代农业科技，2017（18）：148-149.

[10] 贤集网-工业资讯．2021 年中国秸秆垃圾处理行业市场现状及发展前景分析［Z/OL］．（2021-09-01）［2022-06-07］．https://www.xianjichina.com/news/details_279873.html.

[11] 毕于运．秸秆资源评价与利用研究［D］．北京：中国农业大学，2010.

[12] 潘丹，孔凡斌．中国农村突出环境问题治理研究［M］．北京：中国农业出版社，2018.

[13] 王红彦，左旭，王道龙，等．中国林木剩余物数量估算［J］．中南林业科技大学学报，2017，37（2）：

29-38.

[14] 左旭．我国农业废弃物新型能源化开发利用研究［D］．北京：中国农业科学院，2015.

[15] 关海滨，张卫杰，范晓旭，等．生物质气化技术研究进展［J］．山东科学，2017，30（4）：61-69.

[16] 李岩．生物质与煤流化床共气化工艺的数值模拟［D］．太原：太原理工大学，2013.

[17] 刘华财，吴创之，谢建军，等．生物质气化技术及产业发展分析［J］．新能源进展，2019，7（01）：1-12.

[18] Nourredine A. A review on biomass gasifification syngas cleanup [J]. Applied Energy 2015, 155, 294-307.

[19] Chen G, Li J, Cheng Z, et al. Investigation on model compound of biomass gasification tar cracking in microwave furnace: Comparative research [J]. Applied Energy, 2018, 217: 249-257.

[20] Leksungnoen P, Wisawapipat W, Ketrot D, et al. Biochar and ash derived from silicon-rich rice husk decrease inorganic arsenic species in rice grain [J]. Science of The Total Environment, 2019, 684: 360-370.

[21] Cereceda-Balic F, Toledo M, Vidal V, et al. Emission factors for PM2.5, CO, CO_2, NO_x, SO_2 and particle size distributions from the combustion of wood species using a new controlled combustion chamber 3CE [J]. Science of The Total Environment, 2017, 584-585: 901-910.

[22] Sevonius C, Yrjas P, Lindberg D, et al. Impact of sodium salts on agglomeration in a laboratory fluidized bed [J]. Fuel, 2019, 245: 305-315.

[23] Niu Y, Tan H, Hui S. Ash-related issues during biomass combustion: Alkali-induced slagging, silicate melt-induced slagging (ash fusion), agglomeration, corrosion, ash utilization, and related countermeasures [J]. Progress in Energy and Combustion Science, 2016, 52: 1-61.

[24] Liu X, Bi X. Removal of inorganic constituents from pine barks and switchgrass [J]. Fuel Processing Technology, 2011, 92 (7): 1273-1279.

[25] Jiang L, Hu S, Sun L, et al. Influence of different demineralization treatments on physicochemical structure and thermal degradation of biomass [J]. Bioresource Technology, 2013, 146: 254-260.

[26] Skoulou V, Kantarelis E, Arvelakis S, et al. Effect of biomass leaching on H_2 production, ash and tar behavior during high temperature steam gasification (HTSG) process [J]. International Journal of Hydrogen Energy, 2009, 34 (14): 5666-5673.

[27] Asadieraghi M, Wan D. Characterization of lignocellulosic biomass thermal degradation and physiochemical structure: Effects of demineralization by diverse acid solutions [J]. Energy Conversion and Management, 2014, 82: 71-82.

[28] Cen K, Cao X, Chen D, et al. Leaching of alkali and alkaline earth metallic species (AAEMs) with phenolic substances in bio-oil and its effect on pyrolysis characteristics of moso bamboo [J]. Fuel Processing Technology, 2020, 200: 106332.

[29] Löffler G, Wargadalam V, Winter F. Catalytic effect of biomass ash on CO, CH_4 and HCN oxidation under fluidised bed combustor conditions [J]. Fuel, 2002, 81 (6): 711-717.

[30] Raveendran K, Ganesha A, Khilar K. Pyrolysis characteristics of biomass and biomass components [J]. Fuel: 1996, 75 (8): 987-998.

[31] Kajita M, Kimura T, Norinaga K, et al. Catalytic and noncatalytic mechanisms in steam gasification of char from the pyrolysis of biomass [J]. Energy & Fuels: 2010, 24 (1): 108-116.

[32] Yip K, Tian F, Hayashi J, et al. Effect of alkali and alkaline earth metallic species on biochar reactivity and syngas compositions during steam gasification [J]. Energy & Fuels: 2010, 24 (1): 173-181.

[33] Zolin A, Jensen A, Jensen P, et al. The influence of inorganic materials on the thermal deactivation of fuel chars [J]. Energy & Fuels: 2001, 15 (5): 1110-1122.

[34] Xiao N, Luo H, Wei W, et al. Microwave-assisted gasification of rice straw pyrolytic biochar promoted by alkali and alkaline earth metals [J]. Journal of Analytical and Applied Pyrolysis: 2015, 112: 173-179.

[35] Kamble A, Saxena V, Chavan P, et al. Co-gasification of coal and biomass an emerging clean energy technology: Status and prospects of development in Indian context [J]. International Journal of Mining Science and Technology: 2019, 29 (2): 171-186.

[36] 黎国栋．可燃固体废弃物固定床气化炉的研究 [D]. 广州：广东工业大学，2019.

[37] NY/T 2907—2016.

[38] GB 713—2014.

[39] GB/T 3274—2017. 碳素结构钢和低合金结构钢热轧钢板和钢带 [S].

[40] 张涛，郑维信，杜金涛，等．循环流化床加压煤气化炉制造与安装 [J]. 化工机械，2021，48 (3)：5.

[41] 宋秋，任永志，孙波．生物质气化炉设计要点 [J]. 节能与环保，2002 (2)：3.

[42] GB/T 9437—2009.

[43] GB/T 699—2015.

[44] JB/T 6398—2018.

[45] 张强．生活垃圾热解气化处理工艺开发与过程模拟分析 [D]. 天津：天津大学，2014.

[46] 国家统计局．2016年中国统计年鉴 [J]. 2017.

[47] Chen L，Wu X. Factors influencing municipal solid waste generation in China：A multiple statistical analysis study [J]. Waste Management & Research，2010，29 (4)：371-378.

[48] 李丹，陈冠益，马文超，等．中国村镇生活垃圾特性及处理现状 [J]. 中国环境科学，2018，38 (11)：4187-4197.

[49] 李晓东，陆胜勇，徐旭，等．中国部分城市生活垃圾热值的分析 [J]. 中国环境科学，2001 (02)：61-65.

[50] 商平，李芳然，郝永俊，等．城市生活垃圾焚烧前堆酵脱水研究进展 [J]. 环境卫生工程，2012，20：5-8.

[51] Velghe I，Carleer R，Yperman J，et al. Study of the pyrolysis of municipal solid waste for the production of valuable products [J]. 2011，92 (2)：366-375.

[52] 陈朋．城市生活垃圾化学链燃烧/气化污染元素镉、铅迁移机理研究 [D]. 青岛：青岛科技大学，2019.

[53] 袁浩然，鲁涛，熊祖鸿，等．城市生活垃圾热解气化技术研究进展 [J]. 化工进展，2012，31 (2)：421-427.

[54] 方少曼，李娟，文琛．城市生活垃圾热解气化研究进展 [J]. 绿色科技，2011，7：90-93.

[55] 潘敏慧．村镇生活垃圾热解气化特性的实验研究与工艺设计 [D]. 天津：天津大学，2018.

[56] 潘正现．广西固体废物（危险废物）处置中心焚烧系统设计和运行 [J]. 环境与可持续发展，2017，42：156-159.

[57] 马瀚程，蔡鹏涛，詹明秀，等．有机固废共热解气化产物及其污染物排放特性研究综述 [J]. 能源工程，2020，3：80-85.

[58] 金晓静．城镇有机垃圾热解气形成与污染物析出机理研究 [D]. 重庆：重庆大学，2014.

[59] Wilk V，Hofbauer H. Conversion of fuel nitrogen in a dual fluidized bed steam gasifier [J]. Fuel，2013，106 (9)：793-801.

[60] Ma W，Hoffmann G，Schirmer M，et al. Chlorine characterization and thermal behavior in MSW and RDF [J]. Journal of hazardous materials，2010，178 (1-3)：489-498.

[61] Ma W，Wenga T，Frandsen F，et al. The fate of chlorine during MSW incineration：Vaporization，transformation，deposition，corrosion and remedies [J]. Progress in Energy and Combustion Science，2020，76：100789.

[62] Zhang G，Hai J，Ren M，et al. Emission，Mass Balance，and Distribution Characteristics of PCDD/Fs and Heavy Metals during Cocombustion of Sewage Sludge and Coal in Power Plants [J]. Environmental Science & Technology，2013，47 (4)：2123-2130.

[63] Verhulst D，Buekens A，Spencer P，et al. Thermodynamic Behavior of Metal Chlorides and Sulfates under the Conditions of Incineration Furnaces [J]. Environ. sci. technol，1996，30 (1)：50-56.

[64] 昝春．基于农村生活垃圾热解处理中的烟气处理工艺选择及优化 [J]. 节能与环保，2018 (12)：66-69.

[65] Yu J，Sun L，Xiang J，et al. Kinetic vaporization of heavy metals during fluidized bed thermal treatment of municipal solid waste [J]. Waste Management，2013，33 (2)：340-346.

[66] Li Q，Meng A，Jia J，et al. Investigation of heavy metal partitioning influenced by flue gas moisture and chlorine content during waste incineration [J]. 环境科学学报（英文版），2010，22 (5)：760-768.

[67] Lei M, Hai J, Cheng J, et al. Emission characteristics of toxic pollutants from an updraft fixed bed gasifier for disposing rural domestic solid waste [J]. Environmental Science and Pollution Research, 2017, 24 (24): 19807-19815.

[68] 钟慧琼，夏娟娟，赵增立，等．超富集植物热解中氯对重金属迁移特性的影响 [J]. 农业工程学报，2011，27 (07): 274-278.

[69] Zhang Y, Chen Y, Meng A, et al. Experimental and thermodynamic investigation on transfer of cadmium influenced by sulfur and chlorine during municipal solid waste (MSW) incineration [J]. Journal of Hazardous Materials, 2008, 153 (1): 309-319.

[70] Youcai Z, Stucki S, Ludwig C, et al. Impact of moisture on volatility of heavy metals in municipal solid waste incinerated in a laboratory scale simulated incinerator [J]. Waste Management, 2004, 24 (6): 581-587.

[71] 董隽．城市生活垃圾热解气化特性及全过程多目标评价方法研究 [D]. 杭州：浙江大学，2016.

[72] 王晓琳，刘薇，吴畏，等．城镇固体废物气化过程中重金属迁移 [J]. 再生资源与循环经济，2015，8 (11): 29-33.

[73] 杨上兴．城市固体废弃物热解过程中重金属迁移特性研究 [D]. 广州：华南理工大学，2014.

[74] 王华．二噁英零排放化城市生活垃圾焚烧技术 [M]. 北京：冶金工业出版社，2001.

[75] 张加权．典型城市生活垃圾组分流化床热解气化特性及反应机理研究 [D]. 杭州：浙江大学，2005.

[76] Malkow T. Novel and innovative pyrolysis and gasification technologies for energy efficient and environmentally sound MSW disposal [J]. Waste Management, 2004, 24 (1): 53-79.

[77] Wilken M, Cornelsen B, Zeschmarlahl B, et al. Distribution of PCDD/PCDF and other organochlorine compounds in different municipal solid waste fractions [J]. Chemosphere, 1992, 25 (7-10): 1517-1523.

[78] Tuppurainen K, Halonen I, Rvi P, et al. Formation of PCDDs and PCDFs in municipal waste incineration and its inhibition mechanisms: A review [J]. Chemosphere, 1998, 36 (7): 1493-1511.

[79] Tejima H, Karatsu Y, Kawashima M, et al. Reduction of dioxin emission on start up and shut down at batch-operational MSW incineration plant [J]. Chemosphere, 1993, 27 (1-3): 263-269.

[80] Nganai S. Iron (Ⅲ) Oxide and Copper (Ⅱ) Oxide Mediated Formation of PCDD/Fs from Thermal Degradation of 2-MCP and 1, 2-DCBz [J]. 2010.

[81] Zhang Y, Zhang D, Gao J, et al. New Understanding of the Formation of PCDD/Fs from Chlorophenol Precursors: A Mechanistic and Kinetic Study [J]. Journal of Physical Chemistry A, 2014, 118 (2): 449.

[82] Zhan B, Saman W, Navarro R, et al. Removal of PCDD/Fs and PCBs from sediment by oxygen free pyrolysis [J]. J Environ Sci, 2006, 18 (5): 989-994.

[83] Buekens A, Huang H. Comparative evaluation of techniques for controlling the formation and emission of chlorinated dioxins/furans in municipal waste incineration [J]. Journal of Hazardous Materials. 1998, 62 (1): 1-33.

[84] 雷鸣．小型农村生活垃圾热处理炉二噁英及重金属的排放特性及控制研究 [D]. 广州：华南理工大学，2017.

[85] 曾东，胡立琼，雷鸣，等．生活垃圾热解气化污染物产生与排放控制技术综述 [J]. 环境保护与循环经济，2018，38 (11): 17-21，28.

[86] Laroo C, Schenk C, Sanchez L, et al. Emissions of PCDD/Fs, PCBs, and PAHs from a modern diesel engine equipped with catalyzed emission control systems [J]. ENVIRONMENTAL SCIENCE & TECHNOLOGY, 2011, 45 (15): 6420-6428.

[87] Samaras P, Blumenstock M, Lenoir D, et al. PCDD/F in hibition by prior addition of urea to the solid fuel in laboratory experiments and results statistical evaluation [J]. Chemosphere, 2001, 42 (5): 737-743.

[88] Guan Z, Chen D. NO_x removal in the selective noncatalytic reduction (SNCR) process and combined NO_x and PCDD/Fs control [C]//Power Engineering & Automation Conference. IEEI, 2012.

[89] Pekárek V, Ochá M, Bure M, et al. Effects of sulfur dioxide, hydrogen peroxide and sulfuric acid on the de novo synthesis of PCDD/F and PCB under model laboratory conditions [J]. Chemosphere, 2007, 66 (10):

1947-1954.
[90] Klaver M, Van D. Behavior of PCDF, PCDD, PCN and PCB during thermal treatment of MSW incineration fly ash [J]. Chemical Engineering Journal, 2015, 279 (7): 180-187.
[91] Yu M, Lin X, Li X, et al. Catalytic destruction of PCDD/Fs over vanadium oxide-based catalysts [J]. Environmental Science and Pollution Research, 2016, 23 (16): 16249-16258.
[92] 吴少基，江坤，叶跃元，等．污泥与杨木屑共热解焦制活性炭及其废水处理应用 [J]. 林产化学与工业，2019，39 (04)：56-64.
[93] 张喻，樊英杰，杨鹏程，等．西安地区市政污泥泥质分析及其处置方式探讨 [J]. 城市道桥与防洪，2018 (09)：221-225.
[94] Huang H, Yang T, Lai F, et al. Co-pyrolysis of sewage sludge and sawdust/rice straw for the production of biochar [J]. Journal of Analytical and Applied Pyrolysis, 2017, 125: 61-68.
[95] Huang Y, Shih C, Chiueh P, et al. Microwave co-pyrolysis of sewage sludge and rice straw [J]. Energy, 2015, 87: 638-644.
[96] 中华人民共和国住房和城乡建设部．2019 年城乡建设统计年鉴 [J]. 2020.
[97] 王俊豪．中国城市公用事业发展报告 2016 [M]. 北京：中国建筑工业出版社，2017.
[98] Wang C, Wang W, Lin L, et al. A stepwise microwave synergistic pyrolysis approach to produce sludge-based biochars: Feasibility study simulated by laboratory experiments [J]. Fuel, 2020, 272: 117628.
[99] Chen G, Yang R, Cheng Z, et al. Nitric oxide formation during corn straw/sewage sludge co-pyrolysis/gasification [J]. Journal of Cleaner Production, 2018, 197: 97-105.
[100] 田福军，李海滨，吴创之，等．污泥型煤技术处理污泥的基础研究Ⅰ．制备废水污泥型煤工艺条件的研究 [J]. 燃料化学学报，2000 (05)：449-453.
[101] 牟宁．污泥气化处理工艺浅议 [J]. 环境保护与循环经济，2010，30 (05)：49-50.
[102] 李云玉，吕清刚，朱建国，等．循环流化床一体化污泥干化焚烧工艺的冷态实验研究 [J]. 中国电机工程学报，2010，30 (35)：1-6.
[103] 李云玉．循环流化床一体化污泥焚烧工艺实验研究 [D]. 北京：中国科学院研究生院（工程热物理研究所），2012.
[104] 戴前进．污泥热处置过程中二噁英和多环芳烃的排放特性研究 [D]. 杭州：浙江大学，2015.
[105] 高豪杰，熊永莲，金丽珠，等．污泥热解气化技术的研究进展 [J]. 化工环保，2017，37 (03)：264-269.
[106] 何品晶，邵立明，顾国维，等．城市污水厂污泥低温热解动力学模型研究 [J]. 环境科学学报，2001，21 (2)：4.
[107] Kistler R, Widmer F, Brunner P. Behavior of chromium, nickel, copper, zinc, cadmium, mercury, and lead during the pyrolysis of sewage sludge [J]. Environmental Science & Technology, 1987, 21 (7): 704-708.
[108] 汪刚，余广炜，谢胜禹，等．添加不同塑料与污泥混合热解对生物炭中重金属的影响 [J]. 燃料化学学报，2019，47 (05)：611-620.
[109] Guo S, Liu T, Hui J, et al. Effects of calcium oxide on nitrogen oxide precursor formation during sludge protein pyrolysis [J]. Energy, 2019, 189: 116217.
[110] Magdziarz A, Wilk M. Thermogravimetric study of biomass, sewage sludge and coal combustion [J]. Energy Conversion and Management, 2013, 75: 425-430.
[111] 万嘉瑜，金余其，池涌．不同氧浓度下城市污泥燃烧特性及动力学分析 [J]. 中国电机工程学报，2010，30 (05)：35-40.
[112] 常风民．城市污泥与煤混合热解特性及中试热解设备研究 [D]. 北京：中国矿业大学，2013.
[113] 李琳娜．城市污水污泥抑制秸秆流化床燃烧粘结的机理研究 [D]. 北京：中国科学院研究生院（工程热物理研究所），2014.
[114] 杨睿磊．生物质/市政污泥混燃 NO_x 释放特性与机理研究 [D]. 天津：天津大学，2021.
[115] 黄兵．中药渣在流化床中燃烧特性研究 [D]. 哈尔滨：哈尔滨工业大学，2013.

[116] 张贺功．中药渣内药液榨取器：CN201996846U [P]. 2011-10-05.
[117] Youn H，Noh J. Screening of the anticoccidial effects of herb extracts against Eimeria tenella [J]. Veterinary Parasitology，2001，96 (4)：257-263.
[118] 黄小光，邝哲师．中药渣作为饲料添加剂的应用 [J]. 广东饲料，2007 (06)：32-33.
[119] 潘继红，朱升学．板蓝根药渣制平菇栽培种试验 [J]. 中国野生植物资源，1999，1 (18)：25-26.
[120] 余红，岳文辉，方建龙，等．中药药渣栽培金针菇试验 [J]. 食用菌，2006 (06)：29.
[121] 王慧杰．中药渣醋渣栽培平菇试验 [J]. 郑州牧业工程高等专科学校学报，2000 (03)：177-178.
[122] Ram M，Ram D，Roy S. Influence of an organic mulching on fertilizer nitrogen use efficiency and herb and essential oil yields in geranium (Pelargonium graveolens) [J]. Bioresource Technology，2003，87 (3)：273-278.
[123] 胡徐玉，胡杰．一种用中药渣生物发酵生产有机复合肥的方法：CN101880193A [P]. 2010-11-10.
[124] 杨春林．中药渣污泥生产的生物有机肥及其生产方法：CN102173896A [P]. 2011-09-07.
[125] 罗鸿．中药渣絮凝剂处理造纸废水的研究 [J]. 四川环境，1998 (03)：25-27.
[126] Yang J，Qiu K. Development of high surface area mesoporous activated carbons from herb residues [J]. Chemical Engineering Journal，2011，167 (1)：148-154.
[127] 山东大学．中药渣制备活性炭的方法：CN102092711A [P]. 2011-06-15.
[128] 中商产业研究院．2020 年中国白酒产量数据统计分析 [EB/OL]. https://www.askci.com/news/data/chanxiao/20210121/1056431335291.shtml，2021 年 1 月 21 日．
[129] 王春玉．我国农村能源发展的问题及对策 [J]. 中国林业经济，2008 (04)：26-29.
[130] 方云．浅析中药药渣处理和综合利用 [J]. 中国现代医生，2007 (07)：76-88.
[131] 赵廷林，王鹏，邓大军，等．生物质热解研究现状与展望 [J]. 农业工程技术（新能源产业），2007 (05)：54-60.
[132] 马承荣，肖波，杨家宽，等．生物质热解影响因素研究 [J]. 环境技术，2005 (05)：16-18.
[133] 郑昀，邵岩，李斌．生物质气化技术原理及应用分析 [J]. 区域供热，2010 (03)：39-42.
[134] Mansaray K，Ghaly A. Physical and Thermochemical Properties of Rice Husk [J]. Energy Sources，1997，19 (9)：989-1004.
[135] 乔文慧，周卫红，韦博，等．生物质气化机理与研究进展 [J]. 黑龙江科技信息，2015 (14)：125-126.
[136] Kumar A，Eskridge K，Jones D，et al. Steam-air fluidized bed gasification of distillers grains：Effects of steam to biomass ratio，equivalence ratio and gasification temperature [J]. Bioresource Technology，2009，100 (6)：2062-2068.
[137] Klass D. Biomass for renewable energy fuels and chemicals [M]. California：Academic Press，1998：289-303.
[138] 董玉平，郭飞强，董磊，等．生物质热解气化技术 [J]. 中国工程科学，2011，13 (2)：44-49.
[139] 郭飞强，董玉平，董磊，等．三种中药渣的热解气化特性 [J]. 农业工程学报，2011，27 (S1)：125-128.
[140] Dong L，Tao J Y，Zhang Z L，et al. Energy utilization and disposal of herb residue by an integrated energy conversion system：A pilot scale study [J]. Energy，2021，215，119192.

第7章

典型有机废物热解气化工程案例分析

7.1 农林废物热解气化工程案例分析

目前，碳达峰和碳中和目标背景下可再生能源的开发成为当下热点。我国作为世界第二大经济体，能源消费总量稳定增长，然而富煤、贫油、少气的资源禀赋使得我国对可再生能源的需求越来越高。我国同时是农林业大国，拥有庞大的农林废物资源，年产生总量9亿多吨，高效开发利用这些资源非常重要。

除一般的农林废物外，畜牧业产生大量的病死（害）动物尸体，如不能安全有效处置会造成严重的环境风险和健康风险。目前这类废物的处理尚处于起步阶段，国内主要的处理处置工艺分为消毒填埋、化制、高温处理三大类。

① 消毒填埋是最为常见的处置方式，即选择合适的填埋地点，挖深坑，投放消毒药剂，然后将动物尸体填埋。此种处置方式被广泛应用，但存在填埋选址困难、容易污染地下水、处置不安全等隐患。

② 化制为另一种常见处置方式，即利用湿化机，将整个尸体投入化制（熬制工业用油）。目前国内采用化制设施的企业，常常存在设备运行不正常、有恶臭、产品无销路等难题，因而未能大规模推广。

③ 高温处理包括高压蒸煮法、一般煮沸法和焚烧炉焚烧三种方法。这三种方法，前两种方法减容、减重率低，处置后仍需填埋处置，而焚烧炉焚烧法最彻底，最后只剩下骨灰（可用作农用肥料），减容、减重率达99%以上，适合因各种原因需要处置的肉尸（处置覆盖率达100%），可以实现连续运作。焚烧处理虽然具有处理完全、减量化高、可连续生产的优点，但是由于病死（害）动物尸体的含水率高、热值较低的特点，完成动物尸体的单独彻底焚烧需要耗费大量的化石性辅助燃料，因此运行成本较高。另外，由于燃烧是在有氧环境下进行的，因此焚烧产生的烟气的成分比较复杂，后续的烟气处理难度增加。综合分析上述病死（害）动物尸体无害化处理处置工艺可以发现，现阶段国内亟须开发出热解炭化、热解气化新工艺或方法，能够完成病死（害）动物尸体无害化处理的同时实现彻底资源化处理。

7.1.1 项目背景及工程概述

7.1.1.1 3MW 生物质气化炭电联产项目

3MW 生物质气化炭电联产项目位于安徽省阜阳市，用地面积 23800m^2（约合 35.70 亩），项目建成于 2016 年，年操作时间为 7200h。本项目工艺消耗定额见表 7-1。

表 7-1 3MW 生物质气化炭电联产项目原辅材料及动力消耗定额（以 1kW·h 产品计）

序号	名　称	单位	消耗定额
1	稻壳	kg	2.3
2	20%氨水	kg	0.003
3	新鲜水	kg	5.76
4	设备运行自身电耗	kW·h	0.18

7.1.1.2 病死（害）动物尸体热解炭化项目

项目位于浙江湖州，项目占地 2000m^2，2013 年建成，处置规模为 1800 吨/年。本项目有病死（害）动物尸体热解炭化处理技术、热解气的自燃无害化处理及能量回收技术、可利用废物作为燃料的燃烧器技术三项关键技术。

(1) 关键技术 1：病死（害）动物尸体的热解炭化处理技术

该技术与焚烧的原理不同，动物尸体的热解炭化是在无氧的条件下利用高温使动物尸体中的有机成分发生裂解，逸出挥发性产物并形成固体炭化物的一种高温无害化处理技术。将热解炭化技术应用到病死（害）动物尸体的无害化处理处置领域尚未有报道的应用实例。

(2) 关键技术 2：热解气的自燃无害化处理及能量回收技术

在热解炭化处理过程中，随着温度的升高，动物尸体中的有机物，如蛋白质、脂肪等，会逐渐发生分解并以气态的形式挥发。气态的产物主要是 CO、CH_4、H_2、CO_2、H_2O、NO_x 和其他短链烃类产物等。通过热解气二次燃烧进行无害化处理及能量回收，为热解炭化提供热量，减少辅助燃料的使用量，显著降低能耗和处理成本。

(3) 关键技术 3：可利用废物作为燃料的燃烧器技术

废物的热解炭化处理过程是吸热过程，需要外部热源供应。通常使用的燃料包括电力、柴油、天然气等，这些化石型燃料的使用成本都比较高，而且增加温室效应气体的排放。本项目利用废物（如农作物秸秆、废有机溶剂、废油等）作为燃料的燃烧器技术实现了“以废治废”，显著降低处理成本。

7.1.2 工程技术工艺流程

7.1.2.1 3MW 生物质气化炭电联产项目

(1) 工艺技术系统介绍及流程图

该工艺技术主要分七大系统，工艺流程及物料平衡简图如图 7-1 所示。

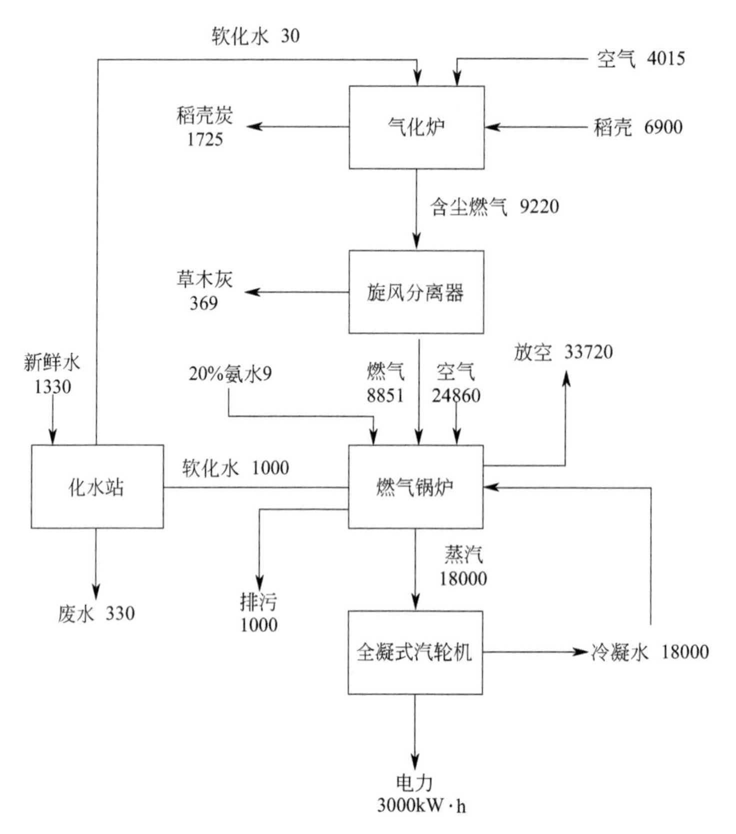

图 7-1 3MW 生物质气化炭电联产项目流程及物料平衡简图（单位：kg/h）

（2）气化系统

原料稻壳通过皮带输送机输送至气化炉接受料仓中，然后经给料装置均匀地将稻壳送入炉中，点火燃烧，控制空气进气量，使其不完全燃烧，从而产生生物质燃气，并喷入少量纯化水，与空气一起作为气化剂，以提高产气量和燃气热值。气化炉产生的生物质燃气通过旋风分离器，经风机输送到燃气锅炉。气化炉中稻壳不完全燃烧产生的稻壳炭通过自动出灰装置输送到贮存料仓，包装后待售。

（3）燃气锅炉及汽轮发电机组

1）燃烧系统

气化装置产生的燃气进入燃烧器燃烧产热；鼓风机采用室内就地吸风的方式供给燃烧器燃烧所需要的空气；冷空气首先经空气加热器加热至 155℃左右再进入锅炉燃烧器，与燃气混合燃烧，提高燃烧效率；最终燃烧器排出的烟气通过钢烟囱进入大气。

2）主蒸汽及供热系统

余热锅炉出口主蒸汽管采用单母管制。

3）给水、凝结水、疏水系统

汽轮机凝结水、设备及管道疏水汇入冷凝器集水箱，由凝结水泵加压，经两级射汽抽气器送入除氧器；经离子交换器除盐后的除盐水补水进入除氧器除氧，除氧水由电动给水泵加压送至燃气锅炉。

4）电厂回热系统

汽轮机 0.37MPa（绝压）抽汽送入除氧器；汽轮机排汽排入冷凝器。

5）循环冷却水系统

循环冷却水接自水工艺专业循环冷却水母管，主要为凝汽器、空气冷却器及冷油器提供冷却用水，冷却后的水排入循环回水母管。在进入凝汽器前的进水管上设一连通管，由连通管经滤水器分别进入空气冷却器及冷油器。

6）工业水系统

该系统主要用于转动设备轴承冷却、汽水取样冷却。工业水接自水工艺专业工业水母管，所有冷却水均排入排污冷却井以冷却锅炉排污水。

7.1.2.2 病死（害）动物尸体热解炭化项目

病死（害）动物尸体热解炭化项目的技术路线和工艺流程如图 7-2 所示。工作时，将病死（害）动物尸体投入热解炭化罐内，加热热解炭化罐至 500℃左右，经 8h 左右完成热解炭化工作，再经 3h 冷却后回收资源化产物——热解炭，资源化处理过程结束。

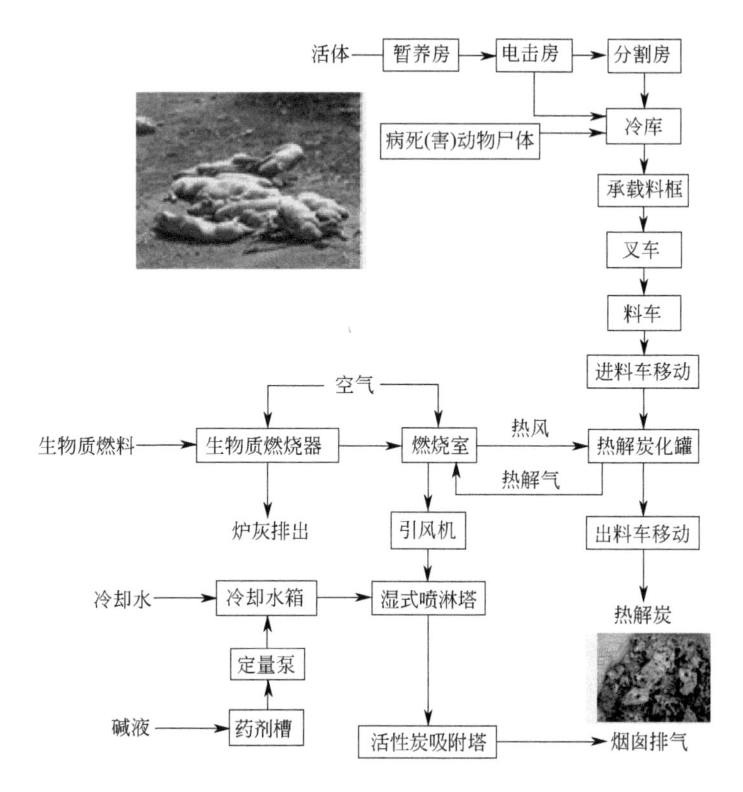

图 7-2 病死（害）动物尸体热解炭化项目技术路线和工艺流程

7.1.3 工程运行情况

7.1.3.1 3MW 生物质气化炭电联产项目

（1）能源方面

项目综合能耗分析如表 7-2 所列。

表 7-2 项目综合能耗表

序号	能源名称	年消耗/产出实物量	等价值	
			折标系数	折标煤量/tce
一	年输入能源			
1	稻壳/t	49680.0	0.4571tce/t	22708.7
2	电力/(10^4kW·h)	388.8	3.2300tce/(10^4kW·h)	1255.8
3	水/(10^4t)	12.4	0.8570tce/(10^4t)	10.7
小计				23975.2
二	年输出能源			
1	电力/(10^4kW·h)	2160.0	3.2300tce/(10^4kW·h)	6976.8
2	稻壳炭/t	12420.0	0.2730tce/t	3390.7
小计				10367.5
项目综合能耗				13607.8

注：tce 指吨标准煤当量。

(2) 污染物排放方面

1) 污染物排放标准

① 废水：颍上经济开发区污水处理站要求的进水标准为 COD_{Cr}≤1000mg/L。

② 废气：工艺废气排放执行《大气污染物综合排放标准》(GB 16297—1996) 中的二级标准；锅炉烟气执行《锅炉大气污染物排放标准》(GB 13271—2014)，其中对颗粒物、二氧化硫、氮氧化物的排放限值如表 7-3 所列。

表 7-3 GB 13271—2014 对新建锅炉大气污染物排放浓度限值

污染物	限值/(mg/m^3)	污染物排放监控位置
颗粒物	20	烟囱或烟道
二氧化硫	50	
氮氧化物	200	

③ 固废：一般工业固废执行《一般工业固体废物贮存和填埋污染控制标准》(GB 18599—2020)。

2) 主要污染源及主要污染物

① 废水：本项目所产生的废水主要包括生活污水、设备与地面冲洗水、化水间排水、循环水站置换水和初期污染雨水。主要污染源、污染物、排放量以及处理措施和去处等的详细情况见表 7-4。

表 7-4 废水排放一览表

序号	装置名称	排放源	废水名称	排放量/(m^3/d)	排放方式	污染物组成	排放去向
1	循环水站	—	置换水	80.0	连续	COD_{Cr}≤60mg/L SS≤100mg/L	污水收集池
2	主装置排水	锅炉	凝水	24.0	连续	—	污水收集池

续表

序号	装置名称	排放源	废水名称	排放量/(m^3/d)	排放方式	污染物组成	排放去向
3	化水间	制水装置	浓水	8.0	连续	COD_{Cr}≤10mg/L SS≤10mg/L	污水收集池
4	设备与地面冲洗水	日常冲洗	冲洗水	13.0	间歇	COD_{Cr}≤300mg/L SS≤500mg/L	污水收集池
5	员工日常生活	—	生活污水	3.5	连续	COD_{Cr}≤340mg/L SS≤200mg/L	污水收集池
6	污染区	—	初期污染雨水	200m^3/次	间歇	COD_{Cr}≤200mg/L SS≤300mg/L	事故池

② 废气：本项目产生的废气为锅炉生产过程中的烟气，烟气的主要成分是CO_2、N_2、H_2O、NO_x、SO_2等。本项目采用的生物质原料是稻壳，S的含量极低，这也是大多数生物质的特性，因此产生的生物质燃气在锅炉里燃烧后，其烟气中SO_2的含量可以忽略不计。对大气可能造成污染的是少量产生的NO_x。具体烟气排放情况见表7-5。

表7-5 烟气排放一览表

装置名称	排放量	温度	污染物组成	排放规律	处理方法/排放去向
燃气锅炉	242784t/a	<120℃	CO_2、N_2、H_2O、NO_x、SO_2	连续	脱去氮氧化物后通过烟囱排入大气

③ 固体废物及废液：本项目所产生的固体废物主要是生活垃圾及废弃包装物，以及气化炉出口经旋风分离器产生的草木灰，详细情况见表7-6。

表7-6 固废一览表

序号	装置名称	固体废物名称	排放量	排放规律	处理方法/排放去向
1	员工生活	生活垃圾	10.0t/a	间歇	委托环卫部门清运
2	生产装置	废弃包装物	10.0t/a	间歇	生产厂家回收再利用
3	旋风分离器	草木灰	2657.0t/a	间歇	外售

7.1.3.2 病死（害）动物尸体热解炭化项目

病死（害）动物尸体热解炭化处理效果如图7-3所示，装置运行和烟气排放指标见表7-7和表7-8。处理能力在1～6t/d之间，需要以一定的生物质颗粒燃料作为辅助燃料供给热解耗能。炭化室温度在550～650℃之间，燃气进入锅炉燃烧室的燃烧温度在900～1100℃之间，停留时间超过4s，保证充分燃烧。燃烧烟气通过活性炭吸附和布袋除尘器进行净化。烟气污染物主要包括烟尘、CO、SO_2、HF、HCl、NO_x以及Hg、Cd、As、Ni、Pb等重金属，相应排放

图7-3 病死（害）动物尸体处理效果图

浓度均满足国家排放标准。

表 7-7 热解炭化装置运行指标

参数		500 系列	1000 系列
处理模式		单台批次处理	组合连续式处理
日处理能力		1t/d	6t/d("2+1"组合)
设备占地面积		$120m^2$	$200m^2$
燃料使用量		400~450kg/d	600~900kg/d
炉温	炭化室	550~650℃	550~650℃
	燃烧室	900~1100℃	900~1100℃
烟气处理		高温燃烧、急冷、活性炭吸附、布袋除尘	高温燃烧、急冷、活性炭吸附、布袋除尘
烟气在燃烧室停留时间		>4s	>10s
炭化物回收率(与处理前质量比)		5%~10%	5%~10%
辅助燃料		生物质颗粒燃料	生物质颗粒燃料

表 7-8 热解炭化装置烟气排放指标

项　　目	出口烟气指标	GB 18484—2020 标准限值
烟气温度/℃	120	
烟气黑度	林格曼Ⅰ级	林格曼Ⅰ级
烟尘/(mg/m^3)	≤30	30
一氧化碳(CO)/(mg/m^3)	≤40	100
二氧化硫(SO_2)/(mg/m^3)	≤100	100
氟化氢(HF)/(mg/m^3)	≤2.0	4.0
氯化氢(HCl)/(mg/m^3)	≤20	60
氮氧化物(以 NO_2 计)/(mg/m^3)	≤300	300
汞及其化合物(以 Hg 计)/(mg/m^3)	≤0.05	0.05
镉及其化合物(以 Cd 计)/(mg/m^3)	≤0.05	0.05
砷、镍及其化合物(以 As+Ni 计)/(mg/m^3)	≤1.0	1.0
铅及其化合物(以 Pb 计)/(mg/m^3)	≤0.5	0.5
铬、锡、锑、铜、锰及其化合物/(mg/m^3)	≤2.0	2.0
二噁英类/(TEQ ng/m^3)	0.1	0.5

7.1.4 结论与发展分析

农林废物种类繁杂，稻壳作为代表性的农林废物，具有资源化利用的潜力，且收集成本低。本节介绍的3MW生物质气化炭电联产项目位于安徽省阜阳市，项目符合当地城乡规划、产业发展规划，是国家产业政策鼓励的项目。项目采用国内先进的气化炭电联产工艺，技术成熟，生产成本低，且整体实现盈利，"三废"都经过一定措施处理后达标排放，对环境污染较小，为国内先进水平。

病死（害）动物尸体报道较少，但在畜牧业是典型的应急事件，快速安全地处置病死（害）动物尸体意义重大。本节介绍的"病死（害）动物尸体热解炭化处理技术""热解气的自燃无害化处理及能量回收技术""可利用废物作为燃料的燃烧器技术"三项技术，可实现对病死（害）动物尸体的资源化处理。

通过以上所述的三项关键技术的实施，与现有的处理处置工艺相比，该项目具有以下特点：

① 处理速度快，可以实现批量处理；

② 处理过程无需粉碎，降低劳动强度，改善劳动环境，避免传染和二次污染；

③ 600℃高温处理，灭菌效果彻底；

④ 无氧环境热解处理断绝了二噁英的生成途径；

⑤ 处理过程中没有异味产生，降低了后续烟气处理成本；

⑥ 具有回收高价碳化物资源的潜力；

⑦ 结合有机废物燃烧提供热量，实现“以废治废”。

因此，病死（害）动物尸体热解炭化技术不仅可以将病死（害）动物尸体进行无害化处理，还能回收有价值的产物进行资源化再利用，最终可实现彻底资源化和零排放，符合我国社会可持续发展和循环经济的大方向，具有重要的社会效益与经济效益。

7.2 生活垃圾热解气化工程案例

随着我国经济高速发展进而带动城镇化进程和人民生活水平的不断提高，城镇生活垃圾产量和清运总量持续增长。目前，城市生活垃圾清运及处理已经较为完善和先进，但是县城、乡村和偏远地区的生活垃圾无害化处理比例不高，仍有很大的提升空间。

“十三五”期间我国在生活垃圾无害化处理方面投入很大，技术发展和管理水平显著提升，服务范围不断拓宽，垃圾收运及处理领域不断走向市场化，生活垃圾源头分类开始实施推广，资源化利用水平显著提升。《“十三五”全国城镇生活垃圾无害化处理设施建设规划》中提出要减少原生垃圾填埋量，加大生活垃圾处理设施污染防治和改造升级力度，不鼓励建设处理规模小于300t/d的生活垃圾焚烧处理设施和库容小于50万立方米的生活垃圾填埋设施。

目前，垃圾处理技术主要有卫生填埋、堆肥、焚烧以及热解气化等。热解气化工艺可将垃圾通过“热解气化”变为燃气与残渣综合利用，使垃圾处理无害化、减量化与资源化，有效遏制二噁英生成，无害化更彻底。该技术尤其适用于在市县级、乡镇级建立小型垃圾无害化处理中心。

青海省是长江、黄河、澜沧江的发源地，素有“中华水塔”的美誉[1]，是三江源国家级自然保护区的核心区，其环境状况直接影响着我国相当一部分地区的生态安全。农牧区生活垃圾污染是青海省乃至西藏地区面临的突出环境问题之一，其治理是青海省生态环境保护工作中面临的突出难题之一，对保护三江源、保护青海省生态环境以及维护我国国际形象具有重要意义。青海省近年通过农村环境连片整治等项目积极推进农牧区生活垃圾治理工作，在分类、收集、回收等方面取得了积极进展[2]，却仍难以解决垃圾处置的“最后一公里”问题。首先，青海省总体人口密度较低，高原地区山高路远，部分县域辽阔，因此农村垃圾转运成本极高，大部分地方难以推行大规模集中处置模式。再者，青海省大部分区域生态脆弱，原生植被经历了数百年才形成，一旦挖掘破坏将难以恢复，这些情况导致垃圾填埋技术不仅选址困难，而且覆土成本十分昂贵甚至无土可用，因此垃圾填埋难以推广应用。为解决农牧区垃圾最终处置的问题，青海省基于“因地制宜”的原则，积极探索、引进、研发、试点适合青海省的新技术和新设备，逐步实现农牧区生活垃圾减量化、资源化、无害化。在各种生活垃圾处置技术中，小型热解气化处理技术具有占地面积小、减量减容减重率高、处理速度快、无害化彻底、适用范围广等多种优点，并且能快速实现就近就地减量，特别适合青海省农牧区的实情，是解决农牧区生活垃圾处置“最后一公里”问题的优选技术方案。

7.2.1 项目背景及工程概述

7.2.1.1 景宁生活垃圾热解气化处理项目

项目位于浙江景宁，于2016年建立。项目处理规模：原有生活垃圾处理量为150t/d，改扩建后处理量达到300t/d，其中包括原生垃圾100t/d、陈腐垃圾与农林废物200t/d。项目占地12562m^2（18.8亩）。主要工艺为热解气化＋二次燃烧发电（规划发电二期）。

7.2.1.2 青海农牧区生活垃圾小型热解气化工程

三个项目分别位于青海省刚察县、玛多县和杂多县。2018年3～6月，青海省在刚察县等地成功开展了移动式生活垃圾智能化热解气化处理工程示范应用。2017年7月，杂多县工程土建开始动工。2017年10月，工程主体完工并成功点火，稳定运行至今。

刚察县项目是国内外首次在高寒高海拔地区实施的小型生活垃圾热解气化处理工程。玛多县工程是目前世界范围内海拔最高的生活垃圾热解气化处理工程，面对的自然环境比刚察县更恶劣。杂多县工程是目前在高寒高海拔地区实施的规模最大的生活垃圾热解气化处理工程，其处理规模分别是刚察县、玛多县工程的两倍和四倍。

7.2.2 工程技术工艺流程

7.2.2.1 景宁生活垃圾热解气化处理项目

（1）垃圾计量

装满垃圾的垃圾车驶入厂区后，需要通过地磅进行称重计量后方能驶向卸料区，采用规格为30吨的地磅称量垃圾车进出站的重量，计算出垃圾车载入厂区的垃圾净重。

（2）卸料和上料系统

垃圾计量后卸入垃圾暂存坑，通过行车抓斗、给料机等将垃圾送入分选处理系统。

（3）破碎分选系统

垃圾分选是将垃圾依次通过破袋、人工分选、磁选、滚筒筛分，将垃圾分类为无机骨料（石、混凝土、砖等）、可燃垃圾、渣土和可回收废品（废铁等金属）。

① 破袋：将袋装垃圾包装袋破开，对大块有机物进行破碎。

② 人工分选：垃圾进入人工分选皮带，人工分选皮带旁设人工分选平台，由分拣员挑选出垃圾中的无机骨料。人工拣出的石、混凝土、砖等无机骨料集中收集去制砖。

③ 磁选：链板式输送机设有磁选机，对分选垃圾进行除铁。

④ 滚筒筛分：滚筒筛由1级滚筛、粗破、2级滚筛、细破、3级滚筛组成，经筛选

后选出可燃垃圾、腐殖土、无机质等。

（4）脱水干燥

轻质可燃有机物经过液压脱水机脱水后，由封闭式传送带传送至生物发酵处理车间进行好氧生物处理，发酵期 4～7d，发酵仓垃圾每半小时自动翻堆一次，好氧发酵后的垃圾经皮带送至干垃圾贮坑。

（5）热解气化

热解气化炉为固定床四段上吸式气化炉，从上至下分为干燥、干馏、炭化气化、燃烧四段和炉底渣盘，炉体上部设液压推料机，渣盘底部设进风管和进气管，炉体上部设可燃气体引出管道。热解气化炉炉体设降温水套，冷却降温的制冷剂为软水箱供应的软水，软水经高温加热后部分产生热水回到软水箱，部分变成水蒸气供气化段使用。

干垃圾贮坑垃圾通过垃圾吊车经给料斗进入热解气化炉炉体上部液压推料机并自动进料，空气、水蒸气由底部进入，入炉料依靠重力逐渐由顶部移动到底部，在不同层次温度下实现干燥、干馏、炭化、气化。产生的热解气（可燃气体）由上部吸出，经旋风除尘器处理后进入燃气炉，尾气最后经水膜喷淋塔＋三相催化氧化装置处理后接 60m 烟囱高空排放。具体工艺流程如图 7-4 所示。

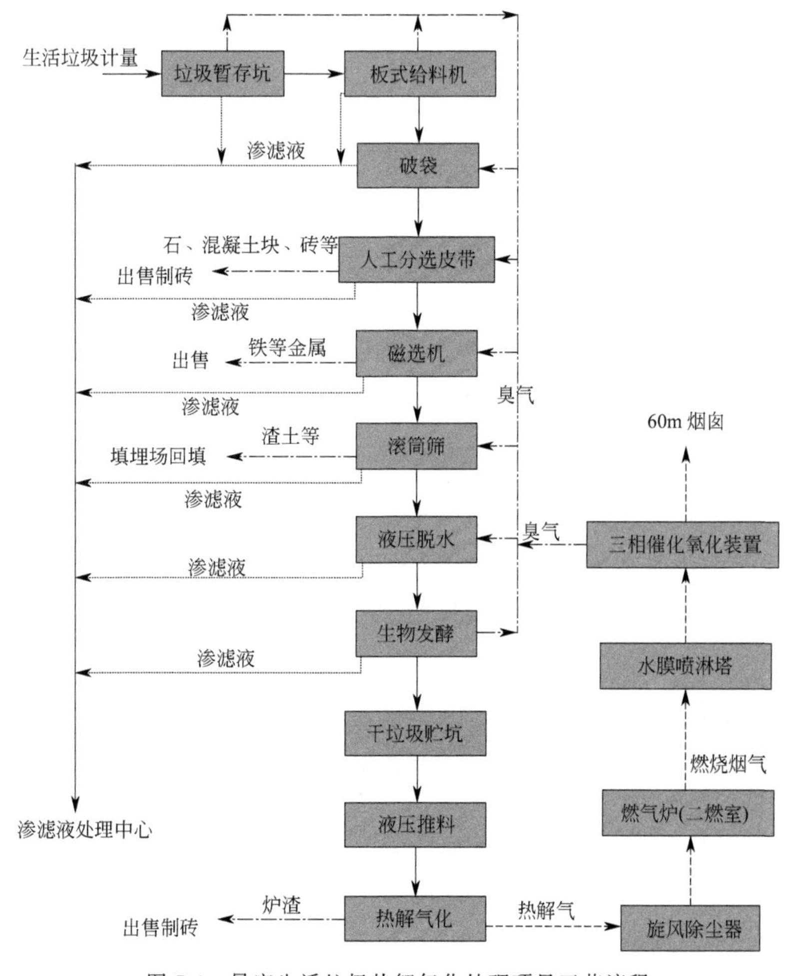

图 7-4　景宁生活垃圾热解气化处理项目工艺流程

7.2.2.2 青海农牧区生活垃圾小型热解气化工程

刚察县、玛多县工程采用整体式生活垃圾智能化热解气化处理系统，具体工艺流程见图 7-5。生活垃圾运至机械分选给料系统的暂存坑内，经由机械分选给料装置对垃圾进行分选，分离出不可燃的物料，其余可燃垃圾输送至热解气化消纳系统，产生的废气经烟气净化系统处理排放，剩余灰渣外运处理。供风系统提供处理所需的空气，启炉系统在系统启动初始阶段提供助燃燃料，待处理系统内部温度达到设计要求时则停止供给，利用垃圾自身热值进行连续处理。

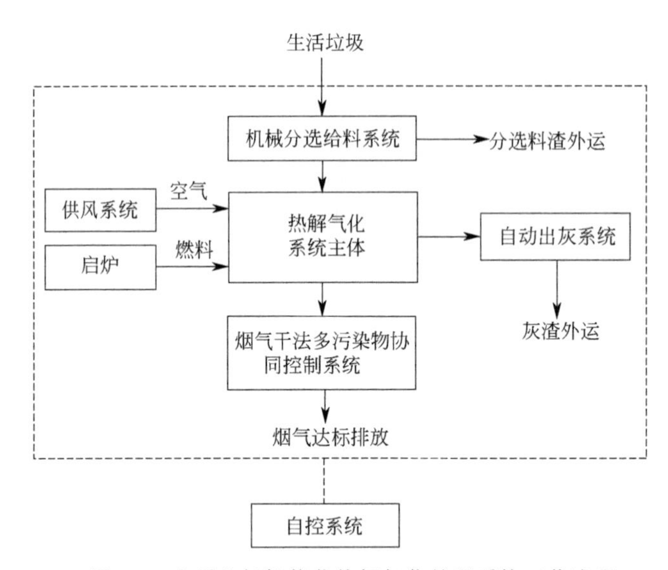

图 7-5 生活垃圾智能化热解气化处理系统工艺流程

杂多县工程采用分体式生活垃圾智能化热解气化处理系统（见图 7-6），设计生活垃圾处理量为 20t/d（日运行 24h），系统主要性能参数见表 7-9。

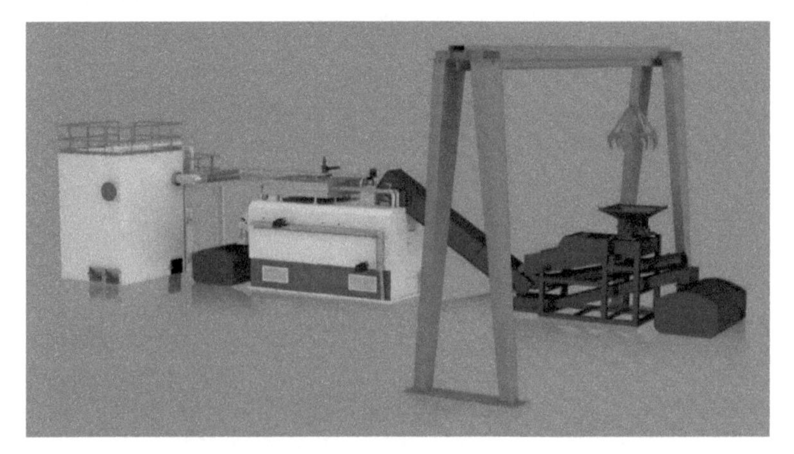

图 7-6 分体式生活垃圾智能化热解气化处理系统效果图

表 7-9 杂多县分体式生活垃圾智能化热解气化处理系统主要性能参数

项目	指标	项目	指标
处理量	20t/d(日运行 24h)	燃料用量	燃油 12kg/次
装机容量	85kW	残渣热灼减率	<5%
设备电耗	25kW·h/d	处理车间建筑面积	$460m^2$
设备水耗	8t/d		

7.2.3 工程运行情况

7.2.3.1 景宁生活垃圾热解气化处理项目

主要原辅材料包括入炉处理的生活垃圾、后续污染治理过程消耗的辅助材料，具体消耗情况详见表 7-10。

表 7-10 主要原辅材料一览表

名称	单位	用量	备注
原材料			
生活垃圾	t/d	150	综合资源化主要原材料
生物菌剂	t/a	666	垃圾生物发酵的菌种
双氧水	t/a	33	三相催化氧化处理设备
除臭喷淋液	t/a	0.1	重点区域喷洒除臭
石灰(300 目)	t/a	33.3	废气治理
柴油	t/a	15	热解炉点火助燃、厂区挖机等使用
能耗			
用电	10^4kW·h/a	284	
水	t/a	约 30000	

根据监测结果分析，2015 年 12 月 1～7 日项目厂区位置监测点位硫化氢小时监测值出现部分超标，超标率为 41.1%，主要是监测期间垃圾填埋场露天堆放垃圾所致；其他监测因子均能满足相应标准限值；2018 年 3 月 30 日至 4 月 1 日监测期间，因垃圾填埋场表面已大部分覆盖，厂区监测点硫化氢监测值均达标。

根据工程项目分析，该项目营运期间“三废”产生及排放情况详见表 7-11。

7.2.3.2 青海农牧区生活垃圾小型热解气化工程

2017 年 12 月，杂多县工程稳定运行，如图 7-7 所示。根据第三方监测结果，废气中颗粒物、二氧化硫、氮氧化物、一氧化碳、氯化氢、重金属（汞、镉、铅等）、二噁英类物质等污染物的排放浓度均符合《生活垃圾焚烧污染控制标准》（GB 18485—2014）限值要求，灰渣中含水率、六价铬、汞、砷、铅、镉等重金属浓度低于《生活垃圾填埋场污染控制标准》（GB 16889—2008）浸出液污染物浓度限值。

表 7-11　项目污染物产生及排放汇总表

污染类型	污染物		产生量	削减量	排放量	备注
废气	焚烧烟气	烟气量/(m^3/h)	21210	0	21210	经半干法(急冷)脱酸＋活性炭喷射＋布袋除尘器＋碱液喷淋＋三相催化氧化的烟气处理工艺处理后由60m烟囱排放
		SO_2/(t/a)	50.9	37.3	13.6	
		NO_x/(t/a)	84.9	42.5	42.4	
		HCl/(t/a)	30.6	22.1	8.5	
		烟尘/(t/a)	101.8	98.5	3.4	
		Hg/(t/a)	0.088	0.080	0.008	
		Cd＋Ti 等/(t/a)	0.064	0.048	0.016	
		Pb＋Cr 等/(t/a)	0.680	0.512	0.168	
		CO/(t/a)	13.6	0	13.6	
		二噁英类/(t/a)	8.5×10^{-7}	8.3×10^{-7}	1.7×10^{-8}	
	恶臭	H_2S/(t/a)	21.2	16.8	4.4	密闭负压收集后由活性炭吸附装置处理，由15m排气筒高空排放(其中污水站和受料车间恶臭引至焚烧炉作为助燃空气高温燃烧处理)
		NH_3/(t/a)	0.60	0.50	0.10	
	厨房油烟/(kg/a)		18.4	13.8	4.6	收集＋油烟净化器处理后至厨房楼顶排放
废水	生活废水、工艺废水	废水量/(m^3/a)	37559	37559	0	自建污水处理站处理达标后回用，不外排
		COD/(t/a)	413.2	413.2	0	
		NH_3-N/(t/a)	23.2	23.2	0	
固体废物	气化炉炉渣/(t/a)		9990	9990	0	收集后出售制砖
	飞灰及沉渣/(t/a)		529	529	0	稳定化后填埋
	铁等金属/(t/a)		3330	3330	0	收集后出售
	混凝土块、砖、石等/(t/a)		1665	1665	0	收集后出售制砖
	腐殖土/(t/a)		13320	13320	0	收集后出售制砖
	废机油/(t/a)		0.5	0.5	0	委托有资质的公司处置
	废布袋/(t/a)		0.525	0.525	0	委托有资质的公司处置
	生活垃圾/(t/a)		25.55	25.55	0	纳入项目处理系统处理
	废树脂/(t/a)		0.64	0.64	0	委托有资质的公司处置
	废活性炭/(t/a)		87.27	87.27	0	委托有资质的公司处置
	废包装物/(t/a)		1.5	1.5	0	可回收利用的回收利用，不可回收利用的纳入项目处理系统处理
	污水站污泥/(t/a)		800	800	0	纳入项目处理系统处理

青海群众居住分散、高原地区山高路远、部分县域辽阔，垃圾收集转运困难，因此垃圾就近减量较重要。移动式生活垃圾智能化热解气化处理系统见图 7-8，垃圾进料系统、垃圾热解焚烧系统、烟气急冷系统、烟气处理系统、自动控制系统、发电系统均集成于一体，并置于移动平台（标准集装箱货车）上。

刚察县项目第三方检测结果显示，废气中颗粒物、二氧化硫、氮氧化物、一氧化

图 7-7 杂多县工程正常运行现场

图 7-8 移动式生活垃圾智能化热解气化处理系统项目现场

碳、氯化氢、重金属（汞、镉、铅等）、二噁英类物质等污染物的排放浓度均符合《生活垃圾焚烧污染控制标准》（GB 18485—2014）限值要求，灰渣热灼减率为 3.3%，优于 GB 18485—2014 中 5%的要求。

7.2.4 结论与发展分析

景宁生活垃圾热解气化处理项目规模合理，处理规模适合服务区域固体废物处置的需求。辅助设施配套全面，保证废物得到安全规范处置，项目既满足了目前的需求，也考虑了将来的发展，是一项长期逐步完善利国利民的环保项目。项目布置合理，处置主体工程、辅助设施和公用设施布局紧凑，安排合理，有利于减少污染物的产生和控制污染物扩散，环境友好性强。

推动青海农牧区生活垃圾治理，实现垃圾“减量化、资源化、无害化”，意义重大。青海省刚察县、玛多县、杂多县等地成功实施了垃圾热解气化处理项目，完成了示范工程选址、设计、建设、调试、运行和第三方监测，取得了卓越成效。本项目为解决农牧区生活垃圾处置“最后一公里”问题提供了可行方案，成功突破了青海建设三江源国家公园和保护生态环境进程中面临的生活垃圾处置技术短板，创造了良好的环境效益和社会效益。

随着农民物质生活水平提高，农村环境问题越来越被关注。《国务院关于加强环境保护重点工作的意见》提出要加快推进农村环境保护，《国务院办公厅关于改善农村人居环境的指导意见》提出进一步改善农村人居环境。近年来，各地区、各部门认真贯彻落实党中央和国务院的决策部署，农村人居环境逐步得到改善，但是目前我国农村环境问题仍然十分突出，人居环境总体水平仍旧偏低。农村生活垃圾的污染相对于生活污水的污染更加直观，也更为严重，然而大部分农村地区处理垃圾基本还是依赖单纯的焚烧或简易填埋，污染突出。生活垃圾热解气化处理项目为我国偏远地区垃圾处理及其污染控制树立了成功范例，并证明生活垃圾热解气化处理技术可以满足农牧区对垃圾小型化、规范化、无害化、卫生化、智能化处理及污染控制的迫切需求，应用前景广阔。

7.3 市政污泥热解气化工程案例分析

我国社会经济高速发展，城镇化进程显著加快，相应地，市政污水和污泥的产出量急剧增加。据统计，2020 年我国市政污泥年产量达到 6000 万～9000 万吨。但是我国水处理行业存在严重的“重水轻泥”现象，污泥处置问题长期欠账，污泥处理率偏低，截至 2016 年全国污泥处理率仅达 33%，远低于污水处理率。

市政污泥是污水厂在处理城市生活污水和工业废水过程中产生的带有大量污染物的副产物。从外观上看，城市污泥是呈黑色或黑褐色的半流体状或泥饼状的絮凝体，是由泥砂、纤维、动植物残体以及多种微生物形成的菌胶团，同时含有铜、砷、铅、锌、铬、镉等重金属和难降解的有机、无机污染成分[3-5]。其主要特点包括含水率高且脱水困难、稳定性极差易变质、呈现絮凝体状态流动性差、富含重金属、产量大、处理成本高。市政污泥的处理成本占污水处理成本的 30%～40%。其主要危害包括病原微生物污染、有机高聚物污染、N 和 P 等养分污染、重金属污染[6]。

主要传统市政污泥处理技术及优缺点对比如表 7-12 所列。

表 7-12 主要传统市政污泥处理技术及优缺点对比[6]

种类	定义	优点	缺点
深土填埋	市政污泥经机械脱水后深埋至地下，分海底填埋和陆地填埋	操作相对简单，处理成本低，且适用性强	严重的土壤及地下水污染
海洋倾倒	利用海洋巨大的稀释和环境容纳能力来处理污泥	海洋资源巨大，稀释容纳能力强	重金属及病原微生物等有害物质造成海洋严重的环境污染
农用堆肥	微生物发酵可将污泥中的有机物降解成稳定成分，转变为土地肥料	投资少、见效快，且具有广阔的应用前景	污泥中难降解有机物等会对地表土壤及地下水造成污染

传统的污泥处理技术多采用深土卫生填埋、海洋倾倒和农用堆肥等临时措施，无法彻底实现污泥“减量化、稳定化、无害化和资源化”的处置和利用[7]。污泥含有大量有机物，脱水后具有一定的热值（干基高位热值为 8～10MJ/kg），同时含有丰富的氮、磷、钾等营养物质。因此，世界水环境组织（WWO）将市政污泥定义为“生物质”（biomass），准确反映污泥的资源属性。对污泥的认识应当从废弃污染物转变到生物资源，使其价值得到最大化释放。因此开发出污泥中可利用成分的资源价值，变废为宝，是解决市政污泥污染的终极目标。

现阶段主要开发以下几种新型污泥处理技术[8]。

（1）污泥的干化焚烧技术

污泥干化是指采用中低温烟气作为热源，在干化装置中将污泥的含水率从 80%干燥至 20%～40%。污泥焚烧是指通过燃烧反应使污泥中有机物转化为 CO_2、H_2O 等气体的过程。

（2）污泥与煤掺混制水煤浆技术

将污泥、煤、水和添加剂通过特定工艺可以制成煤基流体燃料和气化原料，可用于工业锅炉、窑炉和电站锅炉的燃烧发电或供气，亦可用于煤气化生产合成氨、甲醇、烯烃、油品和天然气等化工产品。

（3）污泥掺混制型煤技术

污泥含有一定量的纤维、菌胶团等黏结性物质，可以作为型煤的黏结剂。同时，污泥活性高、含氧官能团多、孔隙发达，可改善高温条件下型煤的孔隙结构，提高型煤的燃烧和气化反应活性。

（4）污泥低温热解气化技术

污泥低温热解气化技术是指在缺氧和外源加热的中低温环境下，污泥中的有机物可通过干馏和热分解及氧化还原反应作用转化为水、油、可燃气体（NGG）和碳化物等产物。

（5）污泥活化制取吸附剂技术

市政污泥通过低温热解结合改性措施可以制取含碳的吸附剂，以污泥为原料制取的吸附剂与传统活性炭相比成本低，并且吸附能力可以达到普通商品活性炭的 80%左右，污泥吸附剂可高效地去除污水中 COD 含量，可作为一种高性价比的废水吸附剂，具有广阔的市场应用前景。

7.3.1 项目背景及工程概述

项目位于安徽无为，于 2017 年建成运行，该市政污泥处置工程的规模为 50t/d，年处理量 15000t；年操作时间 7200h，即 300d/a、24h/d，每天产出 7.5t 生物炭化物，设备占地面积为 500m^2；污泥原料含水率 80%。

该工程主要包含以下几个特点：

① 本技术采用分步式处理方式，分两步对市政污泥进行干化和热解炭化，降低了工艺控制难度及装置故障的发生率，整套工艺运行高效、稳定。

② 模块化定制。各系统模块标准化、独立化，运输、安装方便。

③ 热能回收。尾气余热及不凝可燃气燃烧热量作为热解所需能耗充分利用。

④ 安全性。设置一系列系统性的安全保障措施保证系统安全运行。

⑤ 控制系统。系统自动化程度高，且采用自动控制和手动控制相兼容的双系统控制，操作简单安全，稳定性高。

⑥ 冷却降温。系统主体输送螺旋、出料螺旋均采用水冷，降低出料温度和轴承温升。

⑦ 其他。集成设备的个性化设计，集中处理，节约药剂及人工成本。

7.3.2 工程技术工艺流程

市政污泥无害化、资源化处理系统主要由物料预处理装置、物料干化装置、热解炭化装置、供热装置、尾气处理装置、恶臭处理装置、电控系统等部分组成。

无为县城污水处理厂采用“中温炭化”工艺。污泥来自无城污水厂和城东污水厂，其中无城污水厂污泥通过带式浓缩机脱水至80%含水率后通过汽车运输至集中处理处置现场，城东污水厂污泥由泥浆泵将原含水率99.2%的污泥抽送至本工程重力浓缩池内。

将无城污水厂产生的80%含水率的污泥和城东污水厂产生的经重力浓缩后的98%含水率的污泥按一定比例混合，并将其含水率控制在94%～96%，混合调理后再通过泵输送至高压板框压滤机系统，压滤后泥饼含水率降至60%以下，进入泥饼料仓，以调节缓冲脱水系统与后期炭化系统。泥饼通过大倾角皮带输送机输送至闭风器中，闭风器在保证机内温度的同时均匀地将物料送入预烘干机，预烘干机中的打散扬雾装置快速地将物料打碎、扬起、换热、坠落、再扬起、再打碎，如此往复（预烘干使用的是炭化主炉膛、副炉膛的余热废气）。水分已经降到10%以下的污泥通过密封式输送机进入闭风器，再进入炭化机内筒。第二次去除水分后，自落入炭化机外筒，通过位移装置逐步进入炭化次高温区、高温区、次高温区、渐冷区、冷却区，通过闭风器自流入水冷式出料螺旋机，再落入二级水冷式螺旋机，成品落入成品入库螺旋输送机，炭化主炉膛、副炉膛的余热和余烟被预烘干机利用后依次进入旋风除尘器、喷淋系统、碱洗和除雾装置处理。

市政污泥热解处理工艺流程图见图7-9。

生物质燃烧炉提供热源加热炭化主炉，余热经管道送至一级打散烘干机和二级打散烘干机加热烘干污泥。炭化主炉产生的炭化可燃气体返回炭化副炉进行热能再利用，减少生物质消耗，燃烧烟气随余热管道送至一级、二级打散烘干机进行热能利用。一级、二级打散烘干机烘干污泥产生一定量废气，废气经过旋风除尘器＋喷淋系统＋碱洗＋除雾装置处理后通过15m高排气筒排放。

7.3.3 工程运行情况

市政污泥热解在无氧气氛下进行，热解产生的NO_x、SO_x的量低，尤其是极大地抑制了二噁英类物质的产生。热解后，热解气经无烟化及热能供应系统处理后，在实现不凝气热值回收的同时，高温分解热解气中有害成分，特别是促进二噁英类物质的分

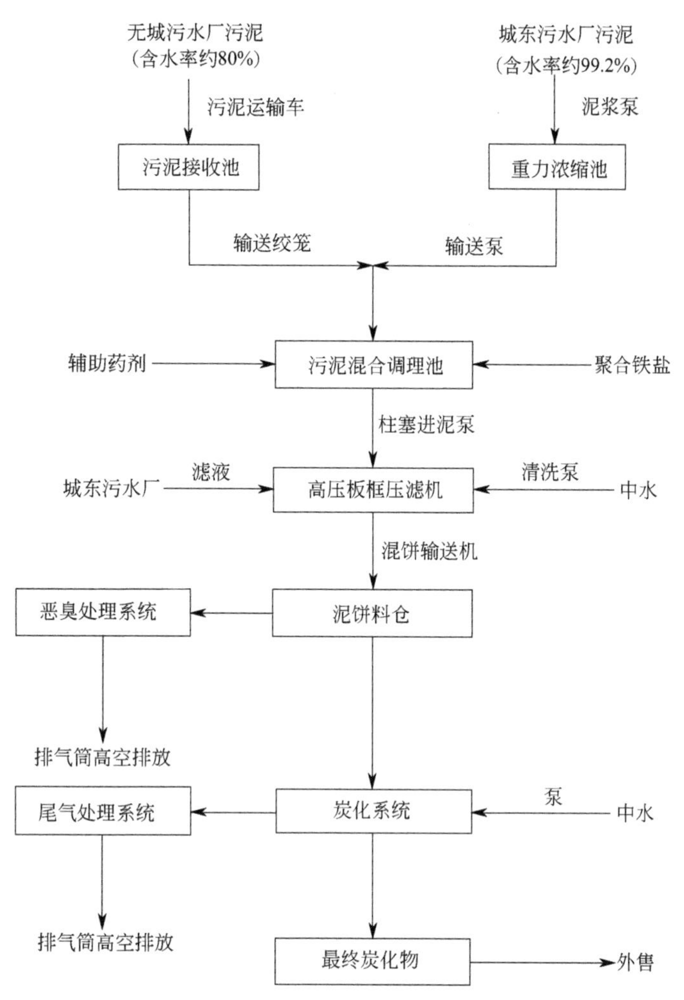

图 7-9　市政污泥热解处理工艺流程图

解。最终烟气经过旋风除尘、喷淋冷却后能够有效降低烟气中的有毒、有害气体以及粉尘的排放。

表 7-13　有组织废气排放标准

污染物	排放浓度限值/(mg/m^3)	排气筒高度/m	最高允许排放速率/(kg/h)	标准来源
烟尘	120	15	3.5	《大气污染物综合排放标准》(GB 16297—1996)
二氧化硫	550	15	2.6	
氮氧化物	240	15	0.77	
氨	1.5	15	4.9	《恶臭污染物排放标准》(GB 14554—1993)
硫化氢	0.06	15	0.33	

表 7-13 列出了有组织废气相对应的国家排放标准。根据有组织废气监测结果，验收监测期间烘干废气排气筒出口检测（表 7-14）显示烟气中烟尘、SO_2、NO_x 最大排放浓度分别为 56.8mg/m^3、10mg/m^3、107mg/m^3，均符合《大气污染物综合排放标准》(GB 16297—1996) 中二级标准限值要求。恶臭气体 NH_3、H_2S 最大排放浓度分别

为 1.66mg/m³、0.042mg/m³，均符合《恶臭污染物排放标准》（GB 14554—1993）中标准限值要求。恶臭处理装置排气筒出口烟气中 NH_3、H_2S 最大排放浓度分别为 1.52mg/m³、0.037mg/m³（表 7-15），均符合《恶臭污染物排放标准》（GB 14554—1993）中标准限值要求。

表 7-14　烘干废气排气筒出口监测结果统计及评价一览表

测试项目	频次	标杆流量/(m^3/h)	实测数据/(mg/m^3)	标准限值/(mg/m^3)	排放量/(kg/h)	标准限值/(kg/h)	达标情况
烟尘	1	4323	56.8	120	0.246	3.5	达标
	2	4511	55.4		0.250		达标
	3	4465	55.8		0.249		达标
二氧化硫	1	4323	9	550	0.039	2.6	达标
	2	4511	9		0.041		达标
	3	4465	10		0.045		达标
氮氧化物	1	4323	104	240	0.450	0.77	达标
	2	4511	103		0.465		达标
	3	4465	104		0.464		达标
氨	1	4323	1.66		0.007	4.9	达标
	2	4511	0.91		0.004		达标
	3	4465	0.77		0.003		达标
硫化氢	1	4323	0.042		1.82×10^{-4}	0.33	达标
	2	4511	0.024		1.08×10^{-4}		达标
	3	4465	0.028		1.25×10^{-4}		达标
备注	排气筒高度 15m						

表 7-15　恶臭处理装置排气筒出口监测结果统计及评价一览表

测试项目	频次	烟气流量/(m^3/h)	浓度/(mg/m^3)	排放量/(kg/h)	标准限值/(kg/h)	达标情况
氨(2017.12.21)	1	6879	0.99	0.007	4.9	达标
	2	7107	1.46	0.010		达标
	3	6877	1.27	0.009		达标
硫化氢(2017.12.21)	1	6879	0.012	8.25×10^{-5}	0.3	达标
	2	7107	0.012	8.53×10^{-5}		达标
	3	6877	0.018	1.24×10^{-4}		达标
氨(2017.12.22)	1	7413	1.52	0.011	4.9	达标
	2	6956	0.87	0.006		达标
	3	7156	1.07	0.008		达标
硫化氢(2017.12.22)	1	7413	0.037	2.74×10^{-4}	0.33	达标
	2	6956	0.026	1.81×10^{-4}		达标
	3	7156	0.025	1.79×10^{-4}		达标
备注	排气筒高度 15m					

根据无组织废气监测结果，验收监测期间，氨、硫化氢浓度最大值分别为 1.50mg/m^3、0.037mg/m^3（表 7-16），均符合《恶臭污染物排放标准》(GB 14554—1993) 中二级标准限值要求。

表 7-16 无组织废气排放监测结果统计及评价一览表

测试项目	频次	烟气流量/(m^3/h)	浓度/(mg/m^3)	排放量/(kg/h)	标准限值/(kg/h)	达标情况
氨(2017.12.21)	1	6879	0.99	0.007	4.9	达标
	2	7107	1.46	0.010		达标
	3	6877	1.27	0.009		达标
硫化氢(2017.12.21)	1	6879	0.012	8.25×10^{-5}	0.3	达标
	2	7107	0.012	8.53×10^{-5}		达标
	3	6877	0.018	1.24×10^{-4}		达标
氨(2017.12.22)	1	7413	1.50	0.011	4.9	达标
	2	6956	0.87	0.006		达标
	3	7156	1.07	0.008		达标
硫化氢(2017.12.22)	1	7413	0.037	2.74×10^{-4}	0.33	达标
	2	6956	0.026	1.81×10^{-4}		达标
	3	7156	0.025	1.79×10^{-4}		达标
备注	排气筒高度 15m					

本项目产生的生活污水、尾气净化设备产生的生产废水和渗出废水均进入城东污水处理厂处理，污水接管浓度执行《污水综合排放标准》(GB 8978—1996) 中三级标准。具体的排放标准见表 7-17。

表 7-17 废水排放标准限值一览表 单位：mg/L（pH 值除外）

污染物项目	浓度限值	标准来源
pH 值	6～9	《污水综合排放标准》(GB 8978—1996)中三级标准
COD	500	
悬浮物(SS)	400	
氨氮	—	
BOD_5	300	
动植物油	100	

热解炭化过程中产生的废水主要来自喷淋冷却过程中的冷却水。通过冷却水循环使用，使得系统耗水量大大降低，随之降低了废水处理费用。根据废水监测结果（表 7-18），厂区废水总排口 pH 值范围为 7.52～8.10，被测因子 SS、COD、BOD_5、氨氮和动植物油的最大日均浓度值分别为 36mg/L、161mg/L、32.4mg/L、30.6mg/L 和 0.22mg/L，均符合《污水综合排放标准》(GB 8978—1996) 中三级标准要求。

表 7-18　厂区废水总排口监测结果统计及评价一览表

单位：mg/L（pH 值除外）

监测次数	监测结果					
	pH 值	COD	SS	氨氮	BOD_5	动植物油
1	7.73	96	36	13.3	18.8	0.23
2	7.91	216	33	28.7	44	0.20
3	8.10	161	40	48.1	32.5	0.17
4	7.61	170	26	32.4	34.4	0.19
日均值	7.61～8.10	161	34	30.6	32.4	0.20
标准限值	6～9	500	400	—	300	100
达标情况	达标	达标	达标	—	达标	达标

市政污泥在高温缺氧循环炉内，有机质得到彻底裂解，气体经净化后作为系统的辅助燃料使用，固渣（主要是砂石和炭黑）几乎不含水，减量率大，满足《农用污泥污染物控制标准》（GB 4284—2018）要求，可做进一步资源化利用。市政污泥处理过程现场图见图 7-10（书后另见彩图），工艺过程参数及监测结果一览表见表 7-19。

(a) 初始进料(干化炉进料)

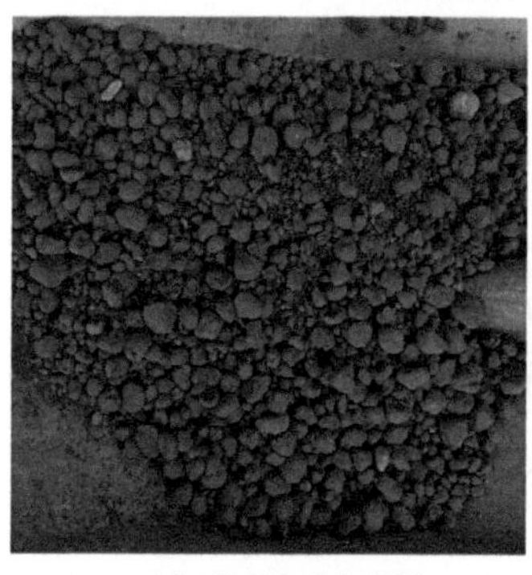

(b) 干化后污泥(炭化进料)

(c) 炭化后污泥

图 7-10　市政污泥处理过程现场图

表 7-19　工艺过程参数及监测结果一览表

设计处理能力		50t/d	实际处理能力	52t/d
投入运行时间		2017 年 4 月 25 日	正常生产运行时间	1 年
削减主要污染物	污染物名称	有机质（易腐烂、产生恶臭气味）	毒性有机物	病毒微生物寄生虫卵
	单位	—	—	—
	应用前含量	5%	1000×10^{-6}	
	应用后含量	0.02%	未检出	
	去除率/%	99.6	100	
应用规模		原料含水率	60%	
		实际运行处理能力/(t/h)	2	
		设备占地面积/m^2	600	
总投资/万元		2395.11	其中设备投资/万元	700
运行费用		274 元/t	直接经济净效益/(万元/年)	334
年平均运行时间/d		300	维修工作量/(工作日/年)	20
是否达到环境保护要求		☑是　□否		
自动化要求		☑自动化　□半自动化　□手动		

整套设备安全性高，配有完善的联锁自动保护系统。根据突发状况的危险程度不同，设定不同的报警等级并做出相应的动作。例如：热解炭化炉内温度过高、进料仓的料位过高等，系统会自动停止进料；炉内氧气含量过高、水箱水位过低时系统会自动停止进料等。系统采用远程和现场两种操作方式，人机操作启动界面见图 7-11。

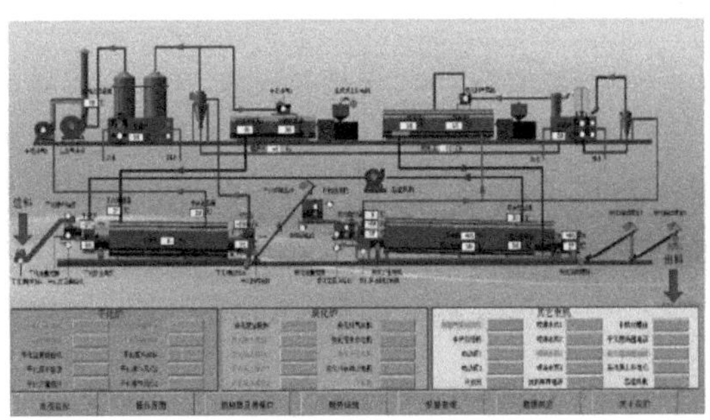

图 7-11　人机操作启动界面图

7.3.4 结论与发展分析

堆肥、填埋、干化焚烧等传统处置技术对市政污泥的资源化和无害化程度较低。热解炭化、热解气化作为一种新的污泥处置技术，不仅可以规避二次污染问题，还能回收资源，降低处理成本，逐渐被各国所接受。宜可欧公司的市政污泥热解炭化技术的运用，为国内市政污泥处理提供了新的解决途径，可以将污水处理厂产生的固体废物（市政污泥）进行无害化、资源化处理。热解后的污泥炭化物可作为产品销售给其他企业作为原材料使用。实现了在对市政废物进行“无害化”处理的同时完成了“深度资源化”处理，并达到了“零排放”的处理效果。

本项目采用热解炭化产生的裂解气和生物质燃料作为热解炭化热源，具有降低燃耗成本等明显优点，但生物质燃料运输和堆放成本问题，以及生物质燃料灰渣清理等问题还需进一步解决。因此，在达到目标效果的同时不断探究和优化符合绿色经济发展要求的低生产成本和高生产效率的市政污泥热解炭化工艺是今后污泥处置的重要发展方向。此外，最新出台的《农用污泥污染物控制标准》（GB 4284—2018）对重金属、多环芳烃和卫生学等指标都做了限定，未来技术发展应强调此类污染物的控制。

7.4 药渣热解气化工程案例分析

中药药渣等工业生物质废物排放和妥善处理是全国中药企业都面临的棘手问题，给环境保护也带来了巨大的压力。山东步长制药股份有限公司每年产生大量的中药渣，这些中药渣初始含水率一般在80%以上，易变质、难降解，不仅占用了大量的厂地，而且如果不及时处理，会腐化变质，对环境造成严重的污染。因此，从废物资源再利用和环境保护两方面都迫切要求进行工业生物质废物的有效转化与利用。医药工业“十二五”“十三五”发展规划指出：医药工业要发展循环经济，大力推动清洁生产，加强资源节约和综合利用，促进医药工业向绿色低碳的方向发展。

7.4.1 项目背景及工程概述

山东步长制药中药渣等废物能源化利用项目位于山东省菏泽市，年处理湿药渣（含水率75%）5.1万吨，于2015年6月开工建设，于2016年5月一次性点火成功并投入运行。项目采用集储存、输送、粉碎、机械及热干化脱水于一体的预处理工艺，将高湿基中药渣转化为满足气化要求的生物质颗粒，干基药渣经炉前进给料系统送入生物质循环流化床进行气化，产出的高温燃气经高效梯度浓淡燃烧器燃烧产出高温烟气，最终由余热锅炉及空预器、省煤器组联合吸收高温烟气热量制取蒸汽，用于企业生产。项目主要设备如图7-12所示。

本项目实现了步长园区中药渣及伴生能源的清洁利用，年综合利用沼气420000m^{3}和干馏燃气180000m^3，每年为企业生产提供蒸汽4.2万吨，产生经济效益840万元，

图 7-12　项目主要设备示意

同时年节约药渣清运和处理费用 200 万元。

7.4.2　工程技术工艺流程

本技术采用全自动连续预处理系统将工业生物质废物进行处理，然后利用高效热解气化技术、高温燃气燃烧技术将处理后的原料转化为热能，替代化石能源用于企业供能，实现能源清洁高效转换利用。项目工艺流程和总体效果分别如图 7-13 和图 7-14 所示。

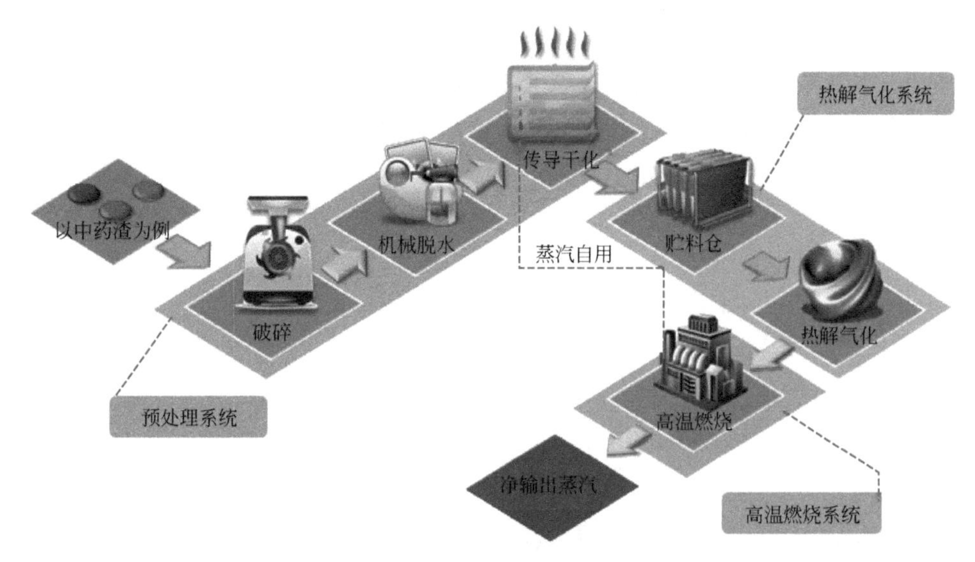

图 7-13　工业生物质废物热解气化清洁利用工艺流程

具体技术原理：通过破碎系统将原料破碎，使其粒径均匀，保证下一步脱水的连续稳定性；通过机械脱水系统将其含水率降至 50%～60%以下，利用脱水方式最大限度地降低预处理能耗；采用非接触式封闭干燥，避免物料挥发出的水汽直接向空气中排放而污染环境；通过改进生物质循环流化床气化炉的结构提高原料的适应性及气化效率，利用热解气化系统产生的高温燃气在不经过降温的情况下直接通入燃气蒸汽锅炉进行高效燃烧，有效提高能量转化效率，抑制氮氧化物的产生；对整体工艺的储运、破碎、脱

图 7-14　山东步长制药中药渣等废物能源化利用项目三维效果

水、干燥、气化、燃烧等工艺过程进行综合集成，实现整体工艺的连续清洁运行及自动化控制。

整个药渣处理工艺包括药渣接收及预处理干化系统、气化制气系统、燃烧制汽及烟气处理系统、DCS 控制系统等工艺系统。

（1）预处理干化系统（快速高效模板化）

预处理干化系统将含水率 75％的湿药渣转变为满足热解气化系统要求的干基气化原料，系统由原料临存与输送系统、破碎与机械脱水系统、干化及相关功能附属组成。预处理干化系统按药渣过程产出，实现快速高效干化、均质化处置，满足后续生物质气化清洁转化要求。项目预处理工艺流程如图 7-15 所示。

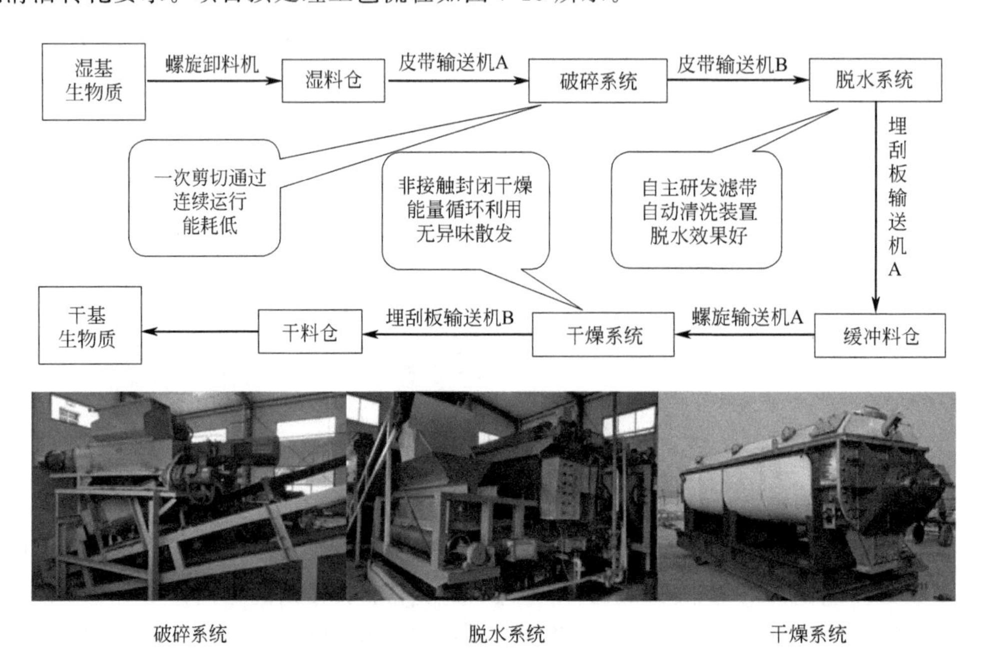

图 7-15　预处理工艺流程

在处置过程中机械脱水、干化产出的污水，全部送至已建的污水处理厂进行处置。

① 集破碎-脱水-干燥于一体，整体工艺清洁连续。

② 机械剪切式粉碎一次通过，将85%的原料粉碎到10mm以下。

③ 高压超薄机械压滤，高效脱水至含水率在60%以下。

④ 封闭式强制循环干燥系统，无异味散发。

(2) 气化制气系统（气固转化清洁气化）

气化制气系统是项目的关键核心系统，由炉前进料、生物质循环流化床主炉、气固分离、返料、配风、温压监控及安全防护等系统组成。项目热解气化装备如图7-16所示。

图7-16 热解气化装备

药渣在气化制气系统中实现固态向气态转化过程，在600～800℃的氛围下发生一系列物理化学反应，产出可实现清洁燃烧的可燃气体及少量灰渣，可燃气体用于蒸汽制备，灰渣可做钾肥。

① 空气预热器预热气化剂，保证气化反应效率。

② 返料阀布风板、风帽布置均匀，且内置挡板为立管结构，返料快速、精确。

③ 炉膛采用耐磨料，确保长期安全运行。

④ 采用分级燃烧，实现炉内脱硫脱硝，保证污染物超低排放。

⑤ 气化燃气主要以CO和CH_4为主，热值完全可以满足制备蒸汽需求。

⑥ 生物质灰产量约为添加原料的6%，且含有丰富的SiO_2、磷、钾元素等，可用作保温材料，也可用作肥料。

(3) 燃烧制汽及烟气处理系统（输出能源排放达标）

燃烧制汽及烟气处理系统将气化制气系统产生的高温燃气经梯度燃烧并充分回收余热制备蒸汽，实现能源化的最终转化，并对烟气进行除尘处理，使其达标排放。主要包括燃气燃烧、蒸汽制备、余热回收及烟气处理四个过程。

① 燃气燃烧。利用梯度燃烧、污染物控制等技术将燃气清洁燃烧产生高温烟气。

② 蒸汽制备。高温烟气对余热锅炉加热产生蒸汽。

③ 余热回收。经换热后的烟气通过空预器、省煤器组再次换热，实现低温能量回收。

④ 烟气处理。对燃气锅炉排放的烟气进行处理，使其达标排放。

(4) DCS控制系统

本项目采用DCS控制系统集中管理和分散控制，实现自动化，确保生产安全、稳定，达到提高系统控制精度、节能降耗的目的，其功能包括数据采集（DAS）、模拟量控制（MCS）、顺序控制（SCS）和气化炉安全监控（FSSS）等。中药渣预处理、输送给料、气化程控点火、燃气输送、除尘、冷却水等工艺系统均纳入DCS控制系统，由控制室操作人员进行集中监管，实现预处理、气化及制汽的全过程监控和自动化。同时设有独立于DCS控制系统的后备操作按钮，完成停炉的紧急操作，确保安全生产。

7.4.3 工程运行情况

该项目实现了中药渣完全处理，沼气和干馏气充分利用，既避免药渣排放造成的水污染和土壤污染，又综合利用了厂区的伴生能源，年节约标准煤4000余吨，减排二氧化碳约1万吨，且烟气排放可满足《锅炉大气污染物排放标准》（DB 37/2374—2018）。生物质气化产生的灰渣可作为肥料，全部还田，化害为利，变废为宝。

本项目符合国家产业政策的要求，属循环经济鼓励类发展的产业，响应国家低碳经济号召，贯彻落实国家可持续发展战略、提高资源综合利用率的要求，在药渣处理上推出全新的能源综合利用型环保性的技术革新项目，对我国中药制药及类似行业废物处理及伴生能源利用具有积极的推动作用。

本技术属于燃煤替代技术，节能量主要依靠节约煤炭量来计算，碳减排量是通过替代煤炭减少煤炭燃烧所排放的二氧化碳的量来计算。提高碳减排效果最主要的措施是提高能源利用效率，最直接的影响因素为锅炉效率。本技术涉及的生物质燃气锅炉的热效率可达85%以上，与燃煤锅炉（一般在80%左右）相比可提高5%以上。锅炉热效率的提高可在产生同等热量的同时减少燃料的用量，间接降低二氧化碳的排放量，同时本技术替代煤炭实现二氧化碳零排放，降低燃煤带来的碳排放及大气污染。

本技术可有效解决工业生物质废物处理利用的瓶颈难题，减少环境污染及资源浪费，满足企业自身用能，降低企业生产成本，促进企业清洁生产及可持续发展。木质纤维素工业中生物质废物约2.5亿吨/年，适合热化学转化，若将其全部经预处理后用于热解气化，每年至少可生产1310亿立方米燃气，用于企业供热，减少企业湿基生物质处理费用100亿元/年，每年为企业带来经济效益约891亿元。

7.4.4 结论与发展分析

本项目技术将工业生物质废物通过高效热解气化技术、高温燃气燃烧技术等转化为清洁热能，替代化石能源用于企业供能，适用于资源化处置造纸、酿造、医药、食品加工等富含植物纤维的轻工业生产产生的废物，如中药渣、发酵类抗生素菌渣、蒸煮凉茶残余、酒糟、醋糟、食品水果残渣等，被列入了《国家重点推广的低碳技术目录》和山东省循环经济关键链接技术。

该项目技术已在河南省宛西制药股份有限公司、山东步长制药股份有限公司、安徽源和堂药业股份有限公司等大型企业成功示范推广，解决了中药渣等工业生物质废物集中环保处置难题，实现了工业生物质废物的能源化利用，不仅解决企业固废处置难题，同时还可大量降低由于此类固废随意丢弃造成的资源浪费和环境污染，显著改善人居环境，为绿色经济发展提供了有益的探索。

7.5 酒糟热解气化工程案例分析

我国轻工行业发达，占工业总产值的30%以上，在其预处理、生产和加工过程中会副产大量的工业生物质，如酒糟、醋糟、药渣、酱渣、甘蔗渣、咖啡渣等。据统计，我国工业生物质的年产量为3亿吨左右，其中白酒丢糟超过3000万吨。白酒丢糟是我国固态发酵酿酒工艺过程的副产物，是酿酒过程中蒸馏产生的残渣，含量能够达到酒量的10～15倍，是典型的轻工食品业过程残渣或工业生物质废物，不同原料产生的不同酒糟会有不同的理化成分。作为发酵过程的副产物，一方面，白酒丢糟具有产量大、排放集中、富含纤维素和半纤维素、干基热值较高［3000～4000kcal/kg（1kcal＝4.1868kJ）］等资源属性，是重要的生物质资源和能源；另一方面，由于其高含水、高含氮、富含有机物、易腐烂、气味难闻等特点，是重要的环境污染源，亟待进行规模化、无害化和资源化利用。

目前，生物质的直接燃烧技术主要有链条炉工艺和循环流化床工艺。白酒丢糟直接焚烧处理，存在单台处理量小、燃尽率和能源利用效率低、NO_x 排放浓度高等问题。此外，由于白酒丢糟酸度高，必须进行脱酸预处理，水分降低至20%以下才能在链条炉中燃烧。循环流化床直燃技术适合用来处理低含水量生物质原料，很难处理含水量超过25%的白酒丢糟。其主要存在的问题在于，由于水分含量高，底部需要大量热量干燥，着火性差，燃烧区不断从加料口往炉顶移动，造成上部温度过高，下部温度较低，影响流化和底部燃烧效果，导致燃烧不充分；释放的烟气为黄色，且由于飞灰中碳含量高，在返料阀内与空气作用下极易形成局部飞温，在返料阀中造成灰分结渣现象，影响装置的连续稳定运行。因此，开发适合高水、高氮工业生物质大规模、清洁高效转化的新技术及成套装备势在必行。

7.5.1 项目背景及工程概述

白酒丢糟双流化床解耦燃烧工业应用工程项目位于四川泸州，2013年由泸州老窖股份有限公司牵头建设，联合中国科学院过程工程研究所、哈尔滨工业大学、长春工程学院、张家港华电锅炉设备有限公司、沈阳化工大学等，项目处理规模为5万吨/年，有效解决了高含水、高含氮生物质废物大规模清洁化利用的5项关键技术难题，包括白酒丢糟清洁低耗脱酸干化预处理、高含水高韧性物料连续稳定输送、双流化床反应器系统物质与能量匹配及调控、生物质双流化床气化燃烧过程集成、白酒丢糟灰肥料化利用等。

基于热解与气化的技术原理[9]，中国科学院过程工程研究所开发了一种适合高含水生物质燃料的双流化床解耦燃烧技术，其原理如图7-17所示。该技术基于解耦思想，将燃烧过程分解为原料热解和半焦气化两个子过程，并分别在流化床热解器和提升管燃烧器中进行。因此，双流化床解耦燃烧技术本质为热解和气化两个过程，区别于传统的直接燃烧技术。白酒丢糟作为高含水物料，首先进入流化床热解器完成干燥热解产生干化固体产物、热解气（如 H_2、CO、CH_4）和焦油，干化固体产物随后进入提升管底部实现稳定燃烧，热解气和焦油则进入提升管中部进行半焦气化，再燃和提升管中半焦的还原作用可以实现低 NO_x 生成。燃烧释放的热量首先加热固体热载体粒子，实现热量传递，低温烟气热量则可用于生产蒸汽。在该双流化床解耦燃烧系统中，燃料中水分部分移除是起始条件。本工艺对高含水燃料的适应性强，同时适合高氮燃料的低 NO_x 排放燃烧。

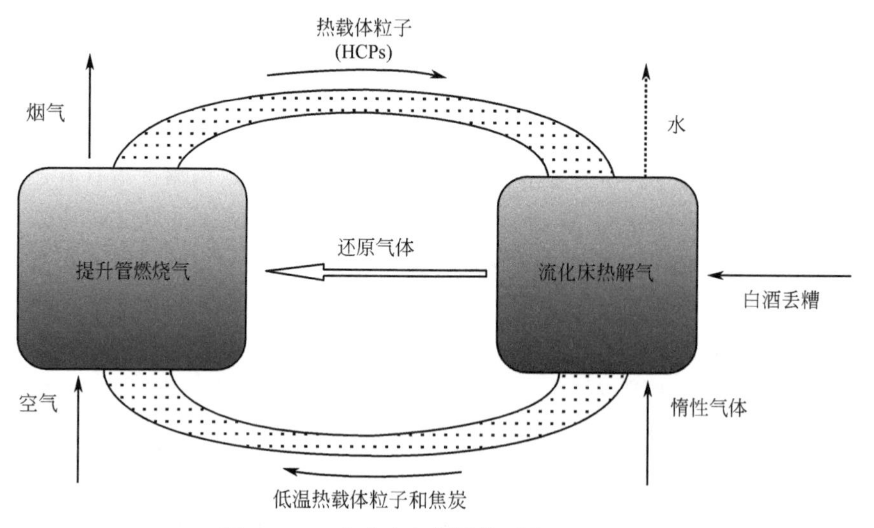

图 7-17　双流化床解耦燃烧系统原理示意

7.5.2　工程技术工艺流程

白酒丢糟双流化床解耦燃烧工业应用工程项目（燃烧分为热解和半焦气化两个子过程）现场如图 7-18 所示，主要包括湿酒糟生物干化车间、酒糟解耦燃烧系统和烟气除尘系统，其中解耦燃烧系统包括原料存储车间、原料输送及加料系统、流化床气化室、提升管燃气室、锅炉系统、气-固分离及返料装置、排渣系统、供风及引风系统、气体预热系统等。为对比白酒丢糟在解耦燃烧和循环流化床燃烧装置上的燃烧特性差异，该应用工程在传统模式上进行创新，既可以采用解耦燃烧模式，也可以采用循环流化床燃烧模式。

白酒丢糟双流化床解耦燃烧工业应用工程项目工艺流程如图 7-19 所示。针对高含

图 7-18　白酒丢糟双流化床解耦燃烧工业应用工程项目装置现场

水白酒丢糟，利用其固有的微生物菌落进行好氧发酵，实现脱水、脱酸预处理，降低原料的含水率，将原料的含水率由60%以上控制到30%～40%，以提高菌渣处理的效率，优化处理效果。干化处理后的白酒丢糟经传送装置进入存储车间，经皮带输送机进入加料料仓，并在螺旋给料机的作用下进入高温流化床气化室进行热解/部分气化，生成的半焦被输送到下游提升管燃烧段的底部进行燃烧，释放的热解气、热解水、焦油和气化气进入下游燃烧段的中部，实现热解气的再燃和焦油对 NO_x 的催化重整作用。燃烧段的残炭和高温热载体经气-固分离装置分离后，由分配阀调控热载体或残焦进入热解段和燃烧段的比例。经气-固分离后的高温烟气进入换热单元，对燃烧段的一次风和二次风进行预热，低温烟气经过除尘装置后进入烟囱。燃烧段释放的热量在锅炉系统中生成高温蒸汽，满足酿酒车间对高品质蒸汽的需求。

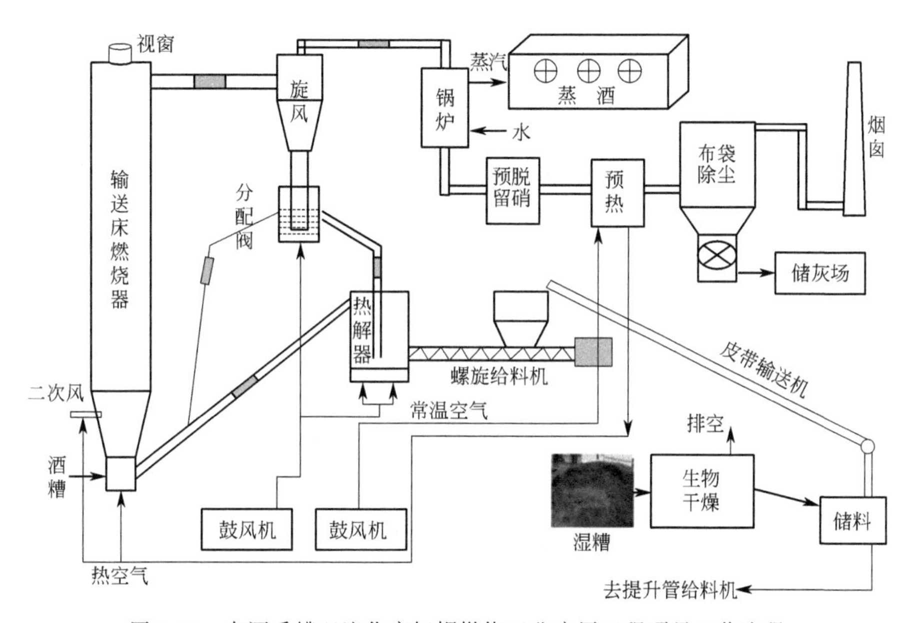

图 7-19　白酒丢糟双流化床解耦燃烧工业应用工程项目工艺流程

7.5.3　工程运行情况

（1）循环流化床直燃系统运行

图 7-20 为白酒丢糟双流化床解耦燃烧工业应用工程项目系统流程图，与传统循环流化床燃煤锅炉类似，主要由进料系统、提升管燃烧器、锅炉换热系统、余热回收系统和除尘系统组成。白酒丢糟或少量的煤（用作床料）通过螺旋给料机和送料风供入提升管底部，与一次风和二次风接触燃烧。燃烧产生的热灰和未燃净的残炭被旋风分离器捕获，通过分配阀再次返回提升管底部作为床料，进行再次燃烧；产生的热烟气与锅炉系统换热（包括对流维管束和省煤器）产生蒸汽，之后再与空气预热器换热以加热空气和回收余热。烟气中的飞灰经过布袋除尘器净化后，由烟囱排放至大气。

在装置启动时，先用煤作为燃料，进行煤的循环流化床燃烧，在装置内部建立良好的灰循环。待装置运行稳定，提升管和返料阀各部位达到800℃以上，开始减小煤进料量，增加白酒丢糟进料量，逐渐将燃料煤替换为白酒丢糟。图 7-21 为丢糟循环流化床

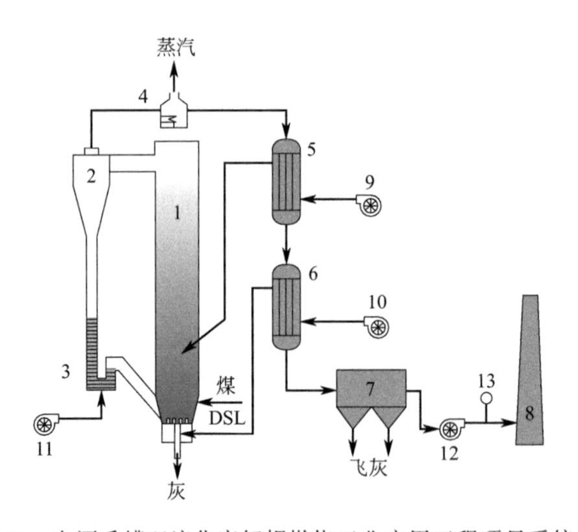

图 7-20 白酒丢糟双流化床解耦燃烧工业应用工程项目系统流程

1—提升管；2—旋风分离器；3—返料阀；4—锅炉系统；5—二次风空预器；6——次风空预器；7—布袋除尘器；8—烟囱；9—二次风；10——次风；11—返料阀流化风；12—引风机；13—烟气取样口

直接燃烧温度分布图，运行所用白酒丢糟含水率为 30%。由图可得，在装置运行 0～90min 之间为煤循环流化床燃烧，此时无白酒丢糟供入。提升管底部、中部、顶部和返料阀温度保持在 800～900℃，且基本一致，表明循环流化床内部已经形成良好的灰循环，装置运行稳定。在运行 90min 之后，开始逐渐增加白酒丢糟供入量，同时减小煤炭供入量，由于白酒丢糟含水率较高，提升管底部温度开始降低。在运行 180min 之后，提升管底部温度迅速下降至 400℃，同时提升管中部、顶部和返料阀温度快速升高至 1000℃，随后提升管熄火。根据白酒丢糟循环流化床直燃运行结果可知，高含水燃料燃烧需要大量的燃料（如煤炭）来辅助燃烧，提高床温；当白酒丢糟/煤比例增加到一定值时，过多的白酒丢糟加入使得干燥过程需要消耗更多的热量，容易造成提升管底部温度降低至着火点以下，此时，提升管燃烧室底部只进行白酒丢糟的干燥和热解过程，而无燃烧供热的提升管底部温度会进一步降低，随之出现流化不均匀和熄火等现象。

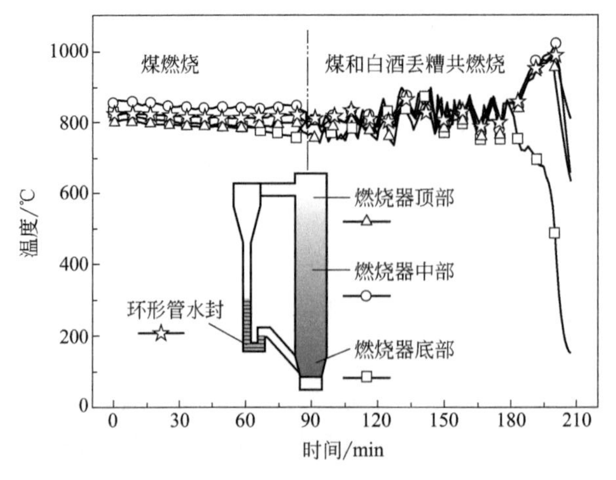

图 7-21 白酒丢糟循环流化床直接燃烧温度分布

除此之外，提升管温度过低也迫使白酒丢糟在提升管中部和顶部进行燃烧，燃烧区域上移使提升管中部、顶部和返料阀温度升高至1000℃。特别对于颗粒返料阀，燃烧区域上移不可避免地造成燃烧不充分、循环灰含碳量高和循环灰温度高等问题，而循环灰中的残炭会与返料阀流化风接触燃烧，产生高温并产生结渣现象。返料阀内熔渣产生的渣块会直接阻碍循环床料返回提升管底部，这也是造成提升管底部温度降低的重要原因之一。图7-22为返料阀内部结渣照片，渣块尺寸达到了450mm×350mm（书后另见彩图）。

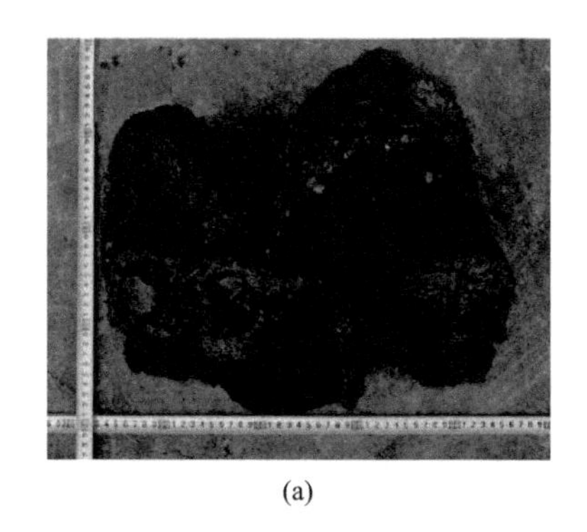

(a)

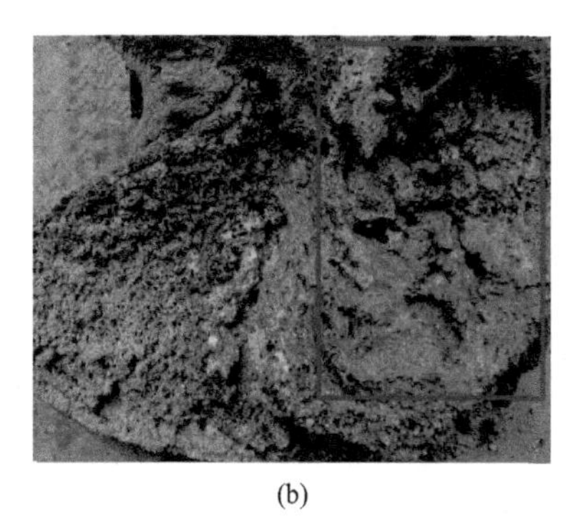

(b)

图 7-22　返料阀内部结渣照片

（2）解耦燃烧和直燃效果对比

图7-23所示为丢糟双流化床解耦燃烧与循环流化床直燃提升管温度对比。图7-23(a)为提升管底部温度对比，由图可得，丢糟解耦燃烧时提升管底部温度保持在815℃左右，而丢糟直燃时，提升管底部温度在750～900℃范围内波动，在运行90min后温度迅速降低至400℃，提升管底部熄火。图7-23(b)为提升管顶部温度对比，由图可得，丢糟解耦燃烧时提升管底部温度保持在875℃左右，而丢糟直燃时，提升管底部温度在750～900℃范围内波动，在运行90min后，温度迅速升高至1000℃。通过丢糟双流化床解耦燃烧与循环流化床直燃提升管温度对比可知，丢糟解耦燃烧更加稳定，且提升管整体温度均一，与其相比，高含水丢糟循环流化床直接燃烧存在燃烧区域上移、燃烧不稳定、气相CO等不能完全燃尽以及返料阀结渣等问题，且需要大量煤作为辅助燃料，不可避免地增加了运行成本，不利于节能减排。

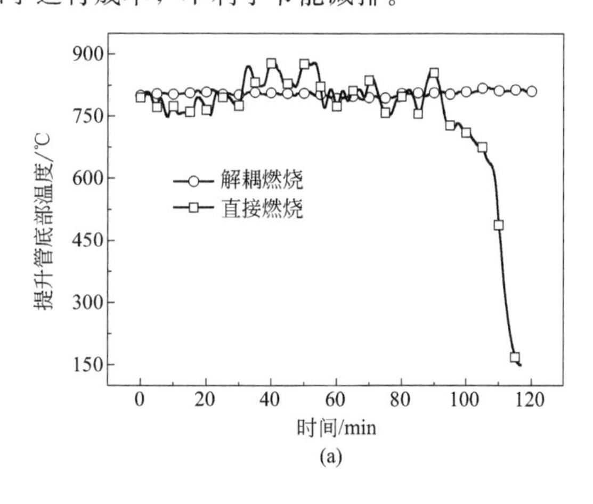

(a)

图 7-23

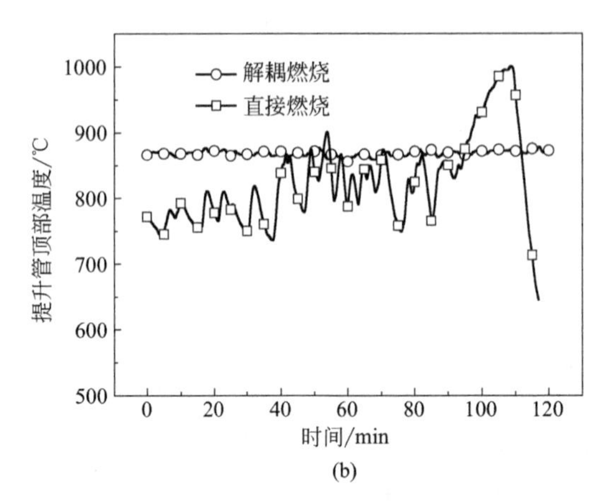

图 7-23 丢糟双流化床解耦燃烧与循环流化床直燃提升管温度对比

图 7-24 所示为丢糟双流化床解耦燃烧与循环流化床直燃烟气排放对比图，由图可得，丢糟解耦燃烧烟气中 NO_x 含量小于 50×10^{-6}，丢糟直接燃烧烟气中 NO_x 含量高于 80×10^{-6}，甚至高达 150×10^{-6}；而丢糟直接燃烧需要大量煤进行辅助燃烧，因此烟气中 SO_2 含量普遍高于 300×10^{-6}，甚至高达 1200×10^{-6}，严重超过标准排放 SO_2 浓度。通过丢糟双流化床解耦燃烧与循环流化床直接燃烧烟气排放对比可知，解耦燃烧技术所特有的低 NO_x 排放使得燃烧烟气不需要额外进行脱硝处理，降低装置投资和运行成本；而丢糟直接燃烧烟气中 NO_x 含量较高，烟气需要脱硝处理后再排放，同时煤炭的大量使用也使得直燃烟气需要进行额外的脱硫处理，增加了装置运行成本。

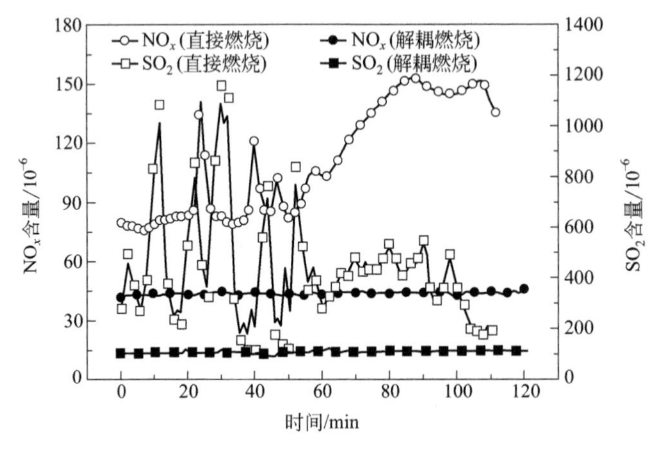

图 7-24 丢糟双流化床解耦燃烧与循环流化床直燃烟气排放对比

7.5.4 结论与发展分析

四川泸州老窖酒业有限公司牵头建设的 5 万吨白酒丢糟双流化床解耦燃烧工业应用工程项目通过产业化运行的考核并一直使用至今。经国家气体产品质量监督检验中心的现场测试并分析计算证明：白酒丢糟生物法脱酸干化预处理技术较传统回转窑干燥降低能耗 10%，双流化床解耦燃烧技术可直接处理含水量 35%以下的白酒丢糟，示范装置运行稳定、燃料燃烧完全；针对含氮约 4%的白酒丢糟，其燃烧烟气氮氧化物浓度低于

50×10^{-6}，几乎无二氧化硫排放，无需任何烟气脱硫脱硝处理即可达到环保部门规定的排放标准；与传统处理模式相比，该产业技术实现了对白酒丢糟能源化应用，不但有效节约煤和天然气等能源，避免白酒丢糟堆放和其他废物一起填埋造成环境污染和 CO_2 的大量排放，而且有效地展示了更低的氮氧化物排放、更高的湿燃料适应性、更完全的燃烧效率等技术优势，具有显著的先进性和可靠性，技术优势十分明显。

该产业化技术与工程具有良好的经济性与推广性，无需烟气脱硝工程，节约了脱硝装置建设费、脱硝催化剂购置费以及脱硝装置运行费。该产业技术同时适用于其他高氮、高含水工业生物领域，其推广市场广阔，有效解决了我国长期以来高含水、高含氮酿造、医药等废物（如白酒丢糟、醋糟、中药渣、抗生素菌渣）的资源化利用技术落后、成套装备缺失的行业性问题，开创轻工行业的清洁与低碳生产模式。因此，本成果创新性强、技术优势明显，实用性广、应用效果突出，产生显著的节能减排效应，为我国相关企业的节能减排、循环经济、清洁生产及低碳化等提供了有效的技术性创新范例。

7.6 废旧轮胎热解气化工程案例分析

轮胎的成分主要包括橡胶、炭黑及多种有机/无机助剂（包括增塑剂、防老剂、氧化锌和硫黄等）[10]。轮胎废弃后会产生环境污染和资源浪费，具体表现为：一方面，废轮胎不仅占用大量土地空间，并且废旧轮胎中的高聚物和重金属难以生物降解，被称为“黑色污染”；另一方面，废旧轮胎富含 C 和 H，具有较高的热值，被认为是一种重要的替代能源原料。我国废旧轮胎每年产生量也超过 1000 万吨，废旧轮胎亟须有效的资源化和无害化处置。

目前，废旧轮胎处理处置方式主要包括三大类[11]：一是直接利用，主要指轮胎翻新；二是粉碎后加工利用，如生产再生胶和胶粉；三是热能利用，如直接焚烧发电、热解和气化等。其中，废旧轮胎热解气化技术是在无氧或缺氧的工况下将废旧轮胎降解为小分子有机气体并形成固体炭的过程。与翻新、制造胶粉和再生橡胶、焚烧等废旧轮胎处理方法相比，废旧轮胎热解气化技术具有绿色和可持续的特点，是一项同时实现资源化和无害化的有效技术。

7.6.1 项目背景及工程概述

废旧轮胎热裂解工程项目位于山东青岛，具体位于青岛市西海岸新区的伊克斯达智能化工厂，以废旧轮胎热裂解处理工艺为核心，采用废旧橡塑绿色循环热解装置和热解炭黑深加工成套设备，年处理废旧轮胎 30000 吨/套，年加工再生炭黑 7000 吨/套。200～450℃低温热解结合炉外加热、微负压、贫氧及密闭炉体的热解炉操作工艺，从根本上彻底解决了废旧轮胎处理产生的二次污染问题。产品包括初级油、炭黑、钢丝和可燃气，利用率达 100%。

7.6.2 工程技术工艺流程

本项目工艺流程图见图 7-25。整个废旧轮胎处理工艺包括废轮胎接收及预处理系统、裂解工艺系统、油气分离及净化系统、钢丝和炭黑存储系统、废水及固废处理系统等工艺系统。

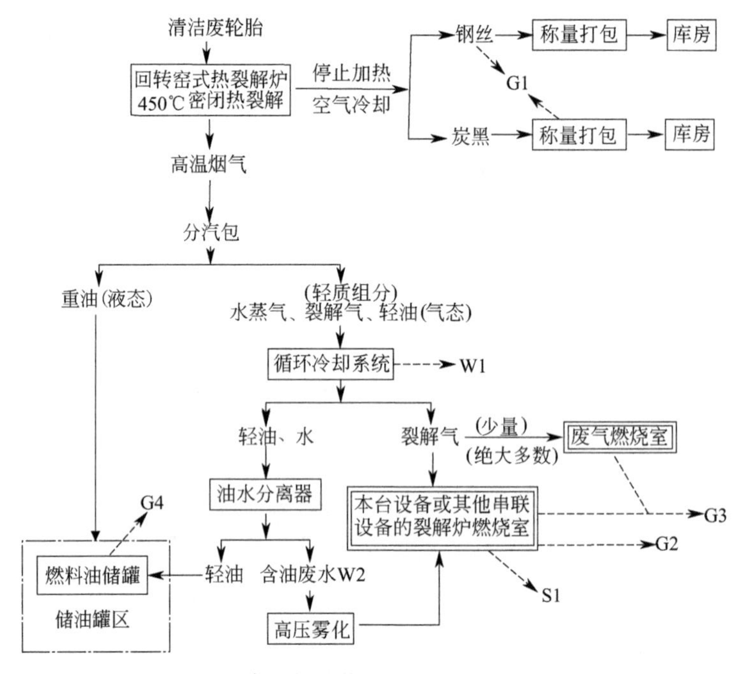

图 7-25　废旧轮胎热裂解工程项目工艺流程

（1）预处理系统

废旧轮胎进入厂区后，首先在轮胎存放区暂存。根据 ERP 和 MES 信息，不同规格的废旧轮胎通过输送带进入轮胎清洗烘干智能模块进行清洗烘干，清洗烘干的废轮胎进入智能输送缓存模块，通过传感器智能调节温度和湿度，并根据计划需求数量自动输送至裂解反应炉进行连续裂解。

（2）裂解工艺系统

废旧轮胎热裂解工程项目分为整胎裂解工艺和破碎后连续裂解工艺。整胎裂解工艺，轮胎首先打包成不同规格的包块，然后智能输送到裂解炉中进行裂解；破碎后连续裂解工艺，轮胎首先破碎成一定大小的胶块，然后通过输送带送至裂解反应炉中进行连续裂解。本项目中裂解炉为回转窑式裂解炉，当裂解炉体内部持续升温至 200～300℃，裂解气开始达到稳定生成状态，接着缓慢升温至 450℃时，轮胎裂解基本完成。裂解过程产生大量烟气，成分主要包括裂解油、裂解气和少量水蒸气等，经管道流入分汽包。裂解方程式如下：

$$(-CH_2-CH_2-)_n \rightarrow n[C+H_2+CH_4+C_2H_6+C_3H_8+C_4H_{10}+C_5H_{12}+\cdots+C_{11}H_{24}+\cdots C_{20}H_{42}+\cdots]$$

（说明：C_5H_{12}～$C_{11}H_{24}$ 为汽油馏分，$C_{12}H_{26}$～$C_{20}H_{42}$ 为柴油馏分，$C_{21}H_{44}$～为重油）

（3）油气分离及净化系统

在分汽包内，约占废旧轮胎质量 2%的重油经二级冷凝后收集到渣油罐中，随后通过油泵贮存在储油罐内，气态成分经管道冷却分为液体和裂解气。液体流入油水分离器，轻质油分经油泵进入油罐贮存，剩余少量含油废水经雾化后喷入裂解炉燃烧室作为燃料使用，避免含油废水排放造成的二次污染；由于轮胎中硫含量较高，裂解气首先进行脱硫处理，随后输送至裂解炉燃烧室作为燃料，为裂解过程提供热量。

本项目废旧轮胎裂解过程中裂解炉全密闭且保持微负压状态，各管道密封性良好。废气污染源主要包括少量炭黑尘废气、燃烧室烟气和储油罐区废气等。废气主要产污环节及污染防治措施见表 7-20。

表 7-20 废气主要产污环节及污染防治措施

类别	污染源	污染物	防治措施
废气	炭黑钢丝出料	炭黑尘	炭黑密闭式出料，车间经常洒水降尘
	辅助燃料燃烧	烟尘、SO_2、NO_x	经碱式喷淋脱硫除尘净化处理后通过15m高排气筒排放
	裂解气燃烧	烟尘、SO_2、NO_x、非甲烷总烃、苯、甲苯、二甲苯、H_2S	
	储油罐区	非甲烷总烃	无组织排放

（4）钢丝和炭黑存储系统

除裂解油和燃料气外，裂解炉内会生成炭黑和钢丝。废旧轮胎热裂解工程项目采用封闭式螺旋出渣机与炭黑出料口（直径 0.4m）严密对接，最大限度地防止了炭黑尘外泄散逸，出料设备如图 7-26 所示（书后另见彩图）。炭黑出料后直接打包外运，钢丝经压块模块压块后进行立体存储。

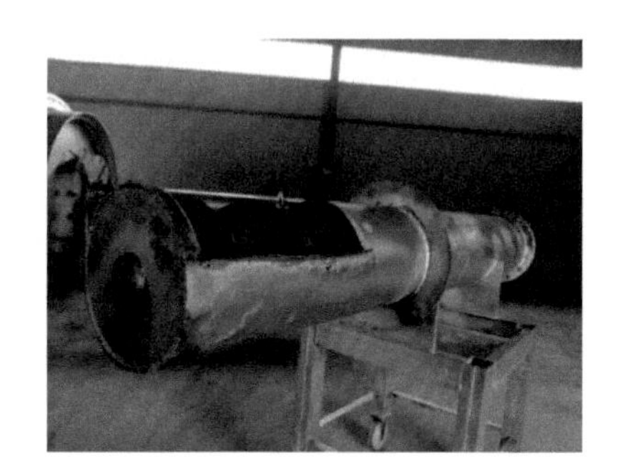

图 7-26 出料设备

（5）废水及固废处理系统

废旧轮胎热裂解工程项目营运期产生的废水主要包括循环排污水、含油废水和职工生活污水。循环排污水经沉淀满足《城市污水再生利用 城市杂用水水质》（GB/T 18920—2020）标准后，用于厂区道路清扫降尘；含油污水经高压雾化处理后喷入裂解炉燃烧室燃烧；职工生活污水直接排入厂区设置的化粪池，定期清掏外运，作为农肥用于周边农田。废水主要产污环节及污染防治措施见表 7-21。

表 7-21 废水主要产污环节及污染防治措施一览表

类别	污染源	污染物	防治措施
废水	循环水池排污	溶解性总固体	经沉淀后用于厂区的道路浇洒降尘
	含油废水	COD_{Cr}、SS、石油类	高压雾化处理后喷入裂解炉燃烧室
	生活废水	COD_{Cr}、SS、BOD_5、氨氮	直接排入厂区设置的化粪池

废旧轮胎热裂解工程项目中的固废主要包括生物质燃料燃烧灰渣、脱硫石膏、职工生活垃圾等；危险废物主要是废机油抹布手套。生物质燃料燃烧灰渣和职工生活垃圾经环卫部门收集后进行填埋或焚烧处置；脱硫石膏脱水后外售给建材部门部分再利用；废机油抹布、废手套等危险废物委托青岛新天地危险废物处置中心进行处置。

(6) 其他

废旧轮胎热裂解工程项目运营期间还会产生噪声污染，主要污染源为卧式旋转裂解炉、燃烧室鼓风机、引风机、油泵、水泵、冷却塔等，单台噪声不超过 80dB。

7.6.3 工程运行情况

(1) 总物料平衡

本项目总物料平衡如图 7-27 所示。1t 废旧轮胎经热裂解处理并分离可生成 8%～10%钢丝、35%～37%炭黑、45%～50%燃料油和 8%～12%裂解气。

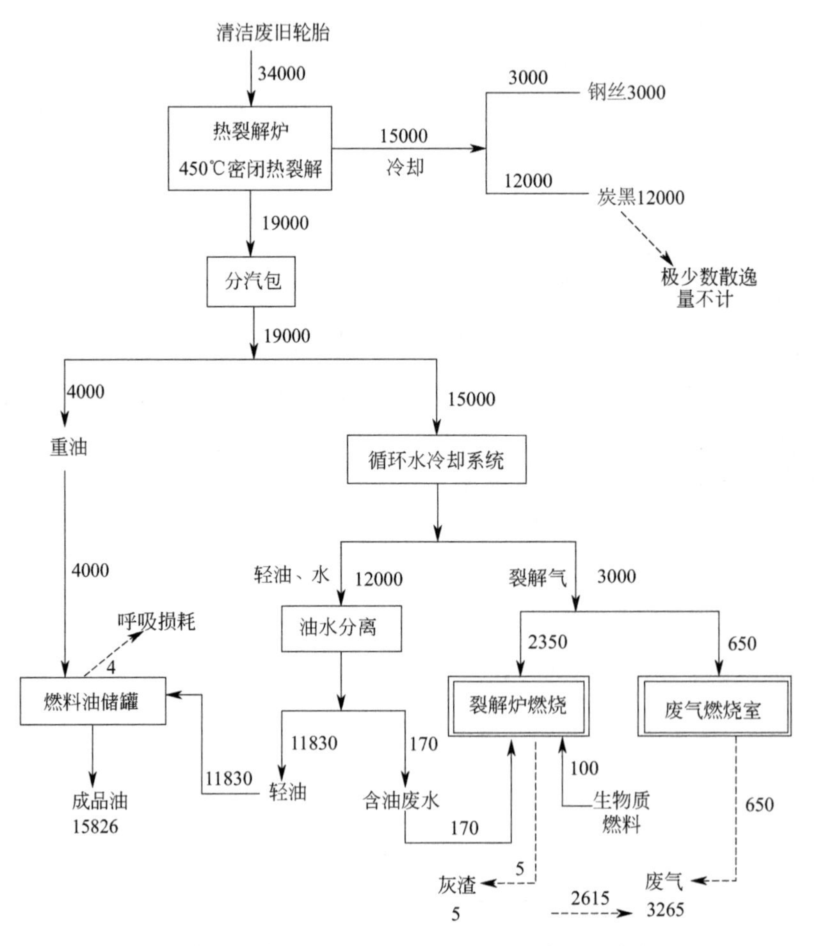

图 7-27 废旧轮胎热裂解工程项目总物料平衡图（单位：t/a）

(2) 热量平衡

1kg 废旧轮胎热裂解所需能量为 1994kJ，热裂解装置的能量利用效率按 80%计[12]，可计算得到本项目 3.4 万吨废旧轮胎全部裂解所需能量为 8.475×10^{10} kJ/a。

热裂解炉辅助加热采用生物质成型燃料，用量为100t/a，相应供给热量为0.214×10^{10}kJ/a。油水分离器产生的含油废水约170t/a，其中油含量约占5%，燃料油热值为39.77kJ/g，则含油废水可提供热量3.4×10^{8}kJ/a。年产裂解气3000t/a，根据文献[12]，裂解气热值为30～40MJ/kg，按35MJ/kg计，则裂解气全部燃烧所能够提供的热量为10.5×10^{10}kJ/a。热量平衡如表7-22所列[13]。

表7-22 热量平衡表

单位：10^{10}kJ/a

符号	项目	所需热量	提供热量
Q_1	废旧轮胎热裂解	8.475	—
Q_2	生物质燃料燃烧	—	0.214
Q_3	含油废水燃烧	—	0.034
Q_4	裂解气燃烧	—	10.5
Q_5	剩余热量	—	−2.273
合计		8.475	8.475

注：$Q_1=Q_2+Q_3+Q_4+Q_5$。

由热量平衡可知，项目采用裂解气、生物质燃料和含油废水三种燃料为轮胎热裂解提供所需的热量完全可行。

(3) 污染防治效果

项目投产后，经相应措施处理后，各污染物排放总量结果见表7-23。废气排放满足《工业炉窑大气污染物排放标准》(DB 37/2375—2019)、《大气污染物综合排放标准》(GB 16297—1996)和《恶臭污染物排放标准》(GB 14554—1993)中的相应要求；循环排污废水满足《城市污水再生利用　城市杂用水水质》(GB/T 18920—2020)的要求；固废满足一般工业固废与危险废物对应处置管理规定。

表7-23 各污染物排放总量汇总表

污染源类别	污染物名称	单位	产生量	削减量	排放量
废气	烟尘	t/a	0.60	0.51	0.09
	SO_2	t/a	20.19	14.13	6.06
	NO_x	t/a	4.27	0.85	3.42
	H_2S	t/a	0.23	0	0.23
	非甲烷总烃	t/a	3.86	0	3.86
	苯	t/a	0.008	0	0.008
	甲苯	t/a	0.018	0	0.018
	二甲苯	t/a	0.006	0	0.006
废水	废水量	m^3/a	4545	170	4375
	COD_{Cr}	t/a	0.27	0.27	0
	氨氮	t/a	0.02	0.02	0
固废	危险废物	t/a	0.20	0.20	0
	一般固废	t/a	40	40	0

7.6.4 结论与发展分析

废旧轮胎热裂解工程项目以废旧轮胎热裂解处理工艺为核心，炭黑深加工与连续裂解装备均实现智能化，采用裂解气、生物质燃料和含油废水三种燃料可保证轮胎热裂解所需热量，废物利用率达到 100%。

该项目在生产过程中可能产生的污染物包括废气、废水、固废及噪声。运行防治措施后，污染物排放均满足对应管理标准。该项目的建设能实现废旧轮胎的资源化利用和无害化处理，对于我国循环经济发展、减污降碳及可持续发展战略有重要的意义。

废旧轮胎热解气化技术已取得了很大进展，但热裂解过程需要消耗大量热量、热解产品品质较低的问题仍有待解决。今后新型废旧轮胎热解气化技术应当努力寻求更加低碳、连续和高效的技术路线；废旧轮胎裂解产品仍然存在油品品质差、有害元素含量高等问题，炭黑仍须进一步加工和精制，从而获得价值更高的裂解产品，这些问题的解决是今后废旧轮胎热裂解资源化利用和工业化生产运营的关键所在。

7.7 其他有机废物热解气化工程案例分析

除上述有机废物外，化工行业产生的苯系物、氯代烃、PAHs、有机氯农药及石油类物质等有机污染物，受其污染的场地及土壤等也表现出很高的环境风险。目前，这些有机废物的有效处置率及其引起的污染治理水平相对偏低，且普遍采用填埋、焚烧、堆肥等易产生二次污染的方法。热解气化技术将上述有机污染物在缺氧高温条件下进行热解处理，在无害化的基础上最大程度实现了资源的回收。

根据热解温度的不同，可将热解分为热干化（<180℃）、热脱附（180～400℃）、热解脱附（400～550℃）和热解炭化（500～750℃）四种形式；根据加热形式的不同，热解装置可分为外热式装置和内热式装置；根据设备结构的不同，热解装置又可分为回转炉式热解装置和螺旋传送式热解装置等。

7.7.1 项目背景及工程概述

项目位于吉林省吉林市，建成于 2015 年，处理规模达 2 万吨/年。以石油开采、集运、加工过程中产生的含油污泥及被石油烃污染的土壤为对象，典型案例包括两个项目：一是含油污泥深度热解炭化无害化工程项目；二是石油污染土壤热解脱附修复工程项目。

针对我国含油污泥危险废物产量大、危害程度高、处理难度大等难题，项目一以“电渗透脱水＋外热式干化＋外热螺旋传送式炭化”含油污泥处理集成技术为核心，实现了含油污泥热解炭化无害化处理及热量梯级回收利用。该项目主要包括脱水预处理系统、干化系统、热解炭化深度处理系统以及烟气处理系统等。

针对石油污染土壤，项目二结合自身热解炭化核心技术和传统土壤热解脱附技术自主开发形成了外热式分级热解脱附技术。该项目主要包括定量给料系统、热解脱附系统、脱附气“三相分离＋高温燃烧”系统，以及循环水处理系统等。

7.7.2 工程技术工艺流程

7.7.2.1 含油污泥深度热解炭化无害化工程项目

本项目采用“含油污泥脱水→干化→热解炭化深度处理→烟气处理”工艺，主要工艺流程示意如图 7-28 所示。

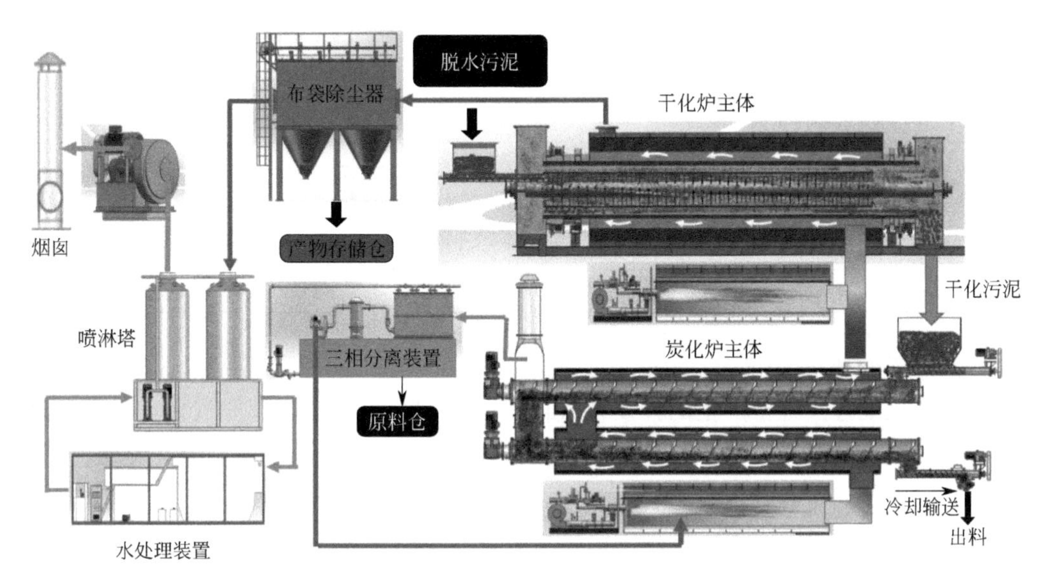

图 7-28 含油污泥深度热解炭化无害化工程项目工艺流程

（1）脱水预处理系统

采用目前业界最先进的污泥脱水技术——电渗透污泥脱水技术对含油污泥进行脱水处理，实现了含油污泥的深度脱水。与热干化等深度脱水技术相比，具有明显的节能环保优势。

（2）干化系统

采用外热式干化技术，将热解炭化系统换热降温后的烟气作为干化外热源，从而有效减少了燃料的使用量。根据含油污泥来料的成分选择合适的热能分配方式，创造性地利用炭化过程“高温-低热耗”、干化过程“低温-高热耗”的特点，进行热能的梯级分布，大大降低了能耗和处理成本。干化设备可处理含液率高达 80%的含油污泥，干化至 20%后进入热解炭化系统。

（3）热解炭化深度处理系统

采用外热式含油污泥炭化技术，在无氧的状态下对干化后的含油污泥进行间接加热，使含油污泥中含有的有机物发生分解，生成甲烷、氢气、一氧化碳和二氧化碳等挥发性气体以及炭、灰分等无机质固态残渣。通过自主开发的热解炭化炉内防结焦自清机构、炭化炉内筒壁镀膜防腐材料、炭化炉内部热解气防阻塞机构以及炭化炉炉头双保险密封机构充分保证了系统连续、稳定、高效运行。按设备处理能力，含油污泥热解炭化装置可以分为 ECOTWY500 和 ECOTWY2000 两个系列，主要技术参数如表 7-24 所列。

表 7-24　含油污泥深度热解炭化无害化工程项目主要技术参数

参数		ECOTWY500	ECOTWY2000
处理模式		连续处理	连续处理
处理能力(80%含液率)		12t/d	48t/d
设备占地面积		$300m^2$	$600m^2$
炉温	干化炉	90～150℃	
	炭化炉	500～600℃	
	二次燃烧炉	900～1100℃	
烟气处理		高温燃烧、活性炭吸附、布袋除尘、喷淋洗涤塔	
排烟温度		≤180℃	
设备外表面温度		≤工作环境温度+30℃	
烟气在燃烧室停留时间		>4s	
减量率		≥90%	
辅助燃料		生物质颗粒燃料/天然气	
噪声		≤85dB(A)	

(4) 烟气处理系统

热解炭化处理过程中产生的挥发性气体经过三相分离处理，部分气体冷凝为液体，进而实现油分的资源化回收；不可凝结气体通过二次燃烧炉进行高温燃烧，显著降低能耗和处理成本，同时有效地防止二噁英类物质的产生。高温燃烧产生烟气经“活性炭吸附+布袋除尘+喷淋洗涤塔”实现了污染物的有效控制。

7.7.2.2　石油污染土壤热解脱附修复工程项目

石油污染土壤热解脱附修复工程项目工艺流程如图 7-29 所示。

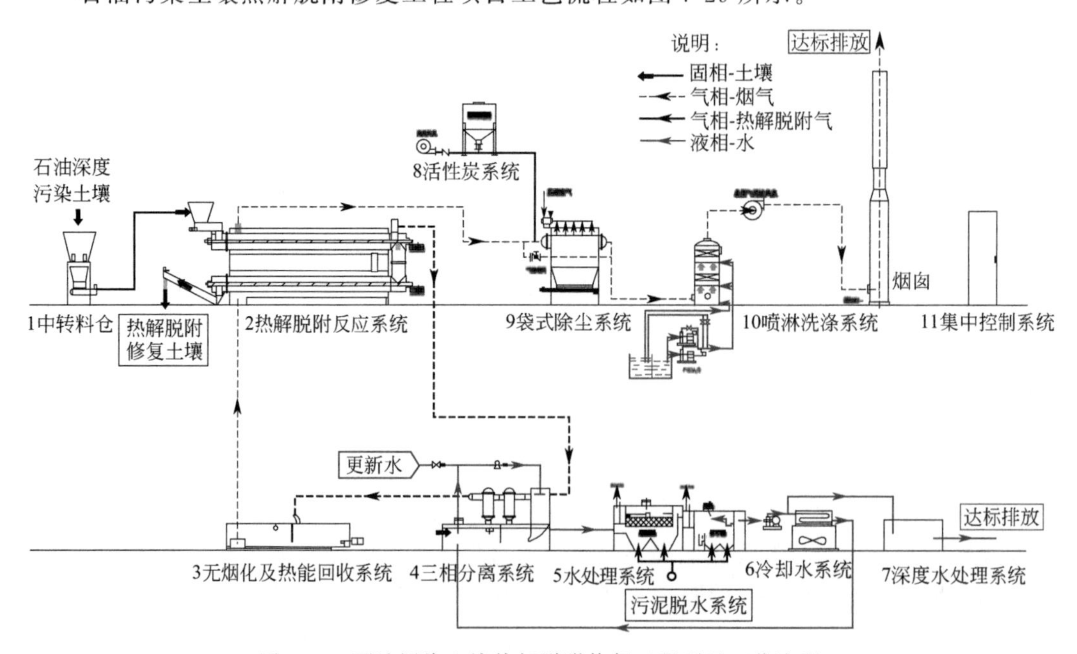

图 7-29　石油污染土壤热解脱附修复工程项目工艺流程

(1) 定量给料系统

中转料仓中的石油污染土壤经密封式皮带输送机送入热解脱附系统双螺旋定量供给机，操作人员根据原料成分利用定量供给机定量向热解脱附反应炉体内输送污染土壤。螺旋式输料装置见图 7-30。

(2) 热解脱附系统

该热解脱附装备设置二级热解脱附反应器，在热解脱附系统内设置螺旋导流机构，使得热解原料在完成热传递的基础上实现从前端往后端移动，完成热解脱附过程，然后从热解脱附系统的尾部排出，经过固相产物冷却输出装置冷却排出。热解脱附装置及主要技术参数分别见图 7-31 和表 7-25。

图 7-30　螺旋式输料装置

图 7-31　热解脱附装置

表 7-25　石油污染土壤热解脱附修复工程项目主要技术参数

参数		TPDS-4000
处理模式		连续处理
处理能力(<20%含液率)		100t/d
温度	外热烟气	500～850℃
	土壤脱附	300～700℃
	无害化及热能供应	900～1100℃
烟气处理		高温燃烧、活性炭吸附、布袋除尘、喷淋洗涤塔
排烟温度		≤300℃
热解气处理温度		≥1000℃
设备外表面温度		≤工作环境温度+30℃
烟气在燃烧室停留时间		>2s
辅助燃料		生物质颗粒燃料/天然气

(3) 脱附气“三相分离+高温燃烧”系统

在石油污染土壤热解脱附过程中会产生大量的热解脱附气体。经过三相分离热解脱附气处理及油分回收技术，可凝气体转换成为液体，再对液体中的可利用油分进行回收利用，进而实现油分的资源化回收。热解无害化及热能回收装置结构示意见图 7-32。不可凝气体污染物（CO、CH_4、NO 等）通过生物质或天然气燃烧器加热到 900～1100℃，不可凝气体在二燃室停留时间 2s 以上，确保热解脱附气的充分燃烧，燃烧过程中产生的热量用于热解脱附反应腔热解脱附反应供热，达到节能效果。

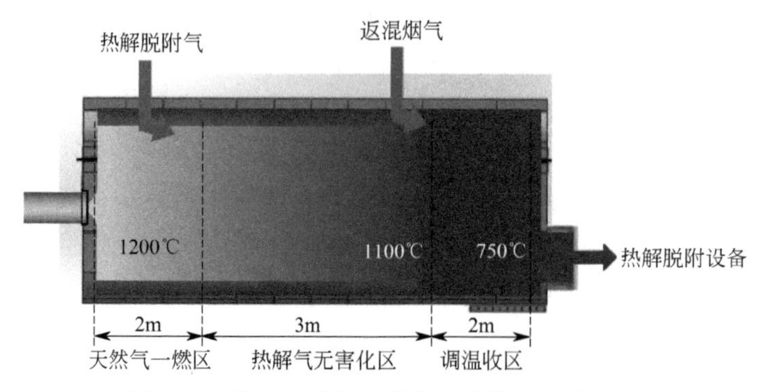

图 7-32 热解无害化及热能回收装置结构示意

（4）循环水处理系统

三相分离系统循环冷却水通过“絮凝沉淀＋溶气气浮”进行处理，处理后悬浮物 SS＜100×10^{-6}，经水冷却系统降温后回用至三相分离系统，作为循环喷淋水使用。外排水通过“多孔介质、活性炭两级过滤＋高级氧化＋活性炭吸附＋超滤”系统对该部分水进行深度处理，达到《污水综合排放标准》（GB 8978—1996）排放或作为加湿水回用。深度水处理装置见图 7-33。

图 7-33 深度水处理装置

7.7.3 工程运行情况

7.7.3.1 含油污泥深度热解炭化无害化工程项目

（1）经济指标

本项目典型规模为 48 吨/天，项目总投资 2200 万吨，其中设备投资 650 万吨；直接经济净效益 578 万元/年，投资回收年限 1.5～3 年。结合系统特性及物料衡算进行相关消耗的推算，运行费用主要包括设备定额消耗所带来的能源和药剂成本，成本核算结果见表 7-26。

（2）环境指标

本项目可能产生的二次污染主要包括烟气、废水以及炭化产物三类。

本项目产生的不凝气体经二次燃烧和烟气净化处理后排放监测结果见表 7-27，执行《危险废物焚烧污染控制标准》（GB 18484—2020）。

表 7-26　含油污泥处理设备运行费用核算

项目		数量		单价		成本/(元/吨)
电力		480.0	kW·h/h	1.0	元/(kW·h)	160
天然气		278	m^3/h	3.0	元/m^3	278
处理中水		9.1	t/h	4.0	元/t	12.1
药剂	脱酸药剂	8.0	kg/h	3.0	元/kg	8.0
	活性炭	3.6	kg/h	6.0	元/kg	7.2
人工成本						32
设备维护						41
设备折旧费						60
合计						598.3

表 7-27　烟气排放指标

检测项目	烟气排放监测结果	GB 18484—2020 标准(排放指标)
烟尘排放浓度/(mg/m^3)	24.6	30
一氧化碳(CO)/(mg/m^3)	26	100
二氧化硫(SO_2)/(mg/m^3)	<15	100
氟化氢(HF)/(mg/m^3)	<0.05	4.0
氯化氢(HCl)/(mg/m^3)	0.85	60

本项目产生的废水主要来自喷淋冷却过程中的冷却水，排放检测指标见表 7-28，执行《污水综合排放标准》(GB 8978—1996)。

表 7-28　废水排放指标

项目	废水排放监测结果	GB 8978—1996 标准排放限值
硫化氢/(mg/L)	<0.005	1.0
悬浮物 SS/(mg/L)	1.0	20
石油类/(mg/L)	<0.3	10

本项目产生的固渣（主要是砂石和炭黑）几乎不含油和水，减量率大，满足《农用污泥污染物控制标准》(GB 4284—2018)，可做进一步资源化利用。炭化后固渣的含油量满足 GB 4284—2018，含油量<0.3%。炭化产物指标见表 7-29。

表 7-29　热解炭化产物及炭化物指标

样品名称和编号	项目	结果
炭化物(含油污泥热解炭化产物)	颜色	黑色
	气味	无
	低位发热量/(kcal/kg)	>2500
	水分/%	<1.0
	含油率/%	<0.3

注：1kcal=4.1868kJ。

7.7.3.2 石油污染土壤热解脱附修复工程项目

（1）经济指标

石油污染土壤热解脱附修复工程项目投资情况见表7-30。

表7-30 石油污染土壤热解脱附修复工程项目投资情况

总投资/万元	主体设备寿命	设备投资/万元	运行费用
1300	8年	1000	475元/吨

（2）环境指标

本项目中烟气处理系统净化后达到《危险废物焚烧污染控制标准》（GB 18484—2020）要求；三相分离系统循环冷却水处理后悬浮物 SS＜100×10^{-6}，可作为循环喷淋水使用，外排水达到《污水综合排放标准》（GB 8978—1996）标准；固相产物可实现含油率＜0.3%，含水率＜1%。

7.7.4 结论与发展分析

以“电渗透脱水＋外热式干化＋外热螺旋传送式炭化”为核心的含油污泥深度热解炭化无害化工程项目可回收80%的油品，直接经济净效益578万元/年，投资回收年限1.5～3年，经济指标明显。固渣含油率小于0.3%，废水回用和废气达标排放，是涉及油田废物污染防治与深度资源化利用的处理技术。目前国内含油污泥处理项目大部分仍处于研发阶段，缺乏大型示范性工程项目，尚未形成统一的标准规范和指导性文件，这些都是含油污泥热解炭化技术的重要发展方向。

石油污染土壤热解脱附修复工程项目形成了外热式分解热解脱附技术、三相分离热解脱附气处理及油分回收技术、热解脱附气无害化处理及热量回收利用技术、烟气净化技术。该项目既可以将石油污染土壤进行无害化修复，又能回收有价值的产物，最终实现污染物的零排放，开创了热解脱附技术在石油污染土壤修复领域的创新探索。

7.8 有机合成浆热解气化工程案例分析

有机合成浆是将具有一定热值的有机危险废物与兰炭、石油焦按照一定比例混合研磨而制成的，主要包括《国家危险废物名录》中来自石油化工、医药、农药、食品、染料、涂料等行业的含有C、H元素的有机危险废物。一方面，这些有机废物富含C和H，直接丢弃被认为是一种资源的浪费；另一方面，这些有机废物中往往含有一定量的重金属和病原体，在环境中堆积会引起“三致”风险，严重危害周围人群的身体健康。

与传统热解气化技术相比，有机合成浆热解气化技术可以同时处理多种危险废物，制取高热值的CO、H_2气体，同时焚毁废物中的有毒有害成分，实现危险废物的资源化、减量化和无害化。此外，利用有机废物代替一部分煤炭，淘汰落后的焦炭制气，可以减少化石能源的使用，降低温室气体的排放，同时节约不可再生资源。

7.8.1 项目背景及工程概述

有机合成浆热解气化工程项目位于江苏镇江，由镇江普境新能源科技有限公司牵头。该有限公司是江苏索普化工股份有限公司与梵境新能源科技（浙江）有限公司合资合作成立的一家专门处置（资源化综合利用）危险废物的有限公司，公司成立于2020年4月9日，注册资本5000万元；其控股股东梵境新能源科技（浙江）有限公司是一家从事煤炭、焦炭、固废、危废协同处置技术研发推广应用的高成长性科技型环保企业，拥有多项自主知识产权。公司以多源合成浆热解气化技术为依托，实现对各类有机废物的终端无害化处置和新能源再生利用。

7.8.2 工程技术工艺流程

本项目工艺流程见图7-34。有机合成浆热解气化工艺主要包括危险废物收集、接收、储存系统，危险废物预处理系统，危险废物配伍系统以及合成浆热解气化系统等工艺系统。

(1) 危险废物的收集

危险废物收集过程中，严格执行国家有关规范、标准，按照联合国环境规划署《控制危险废物越境转移及其处置巴塞尔公约》列出的危险废物“危险特性清单”，其危险废物特性包括爆炸性、毒性（慢性、急性、生物等）、腐蚀性、传染性、化学反应性（可燃、易燃、氧化性等），对危险废物的收运过程提出具体的要求。

1) 液态类

① 槽罐车：装废矿物油、废乳化液类。

② 1A1型200L带塞圆钢桶：装废矿物油、废乳化液、废有机溶剂。

③ 200L、1000L型塑料桶：装废矿物油、废乳化液、废有机溶剂。

2) 半固态类

1A35m3型200L型卡箍圆钢桶：装溶剂渣、精（蒸）馏残渣、煤焦油渣类。

3) 固态类：

① 50kg、1000kg复合编织袋：装活性炭、污泥、树脂、药渣、油漆渣类。

② 5t厢式货车：装油泥类。

对特殊的废物如剧毒废物、难装卸废物采用专用容器收集。对易装卸、无特殊要求的危险废物由产生单位自备标准容器。

(2) 危险废物的接收

主要接收《国家危险废物名录》中的11个大类，分别为HW02（医药废物）、HW04（农药废物）、HW06（废有机溶剂与含有机溶剂废物）、HW08（废矿物油与含矿物油废物）、HW09（油/水、烃/水混合物或乳化液）、HW11［精（蒸）馏残渣］、HW12（染料、涂料废物）、HW13（有机树脂类废物）、HW39（含酚废物）、HW40（含醚废物）、HW49（其他废物）。具体见表7-31。

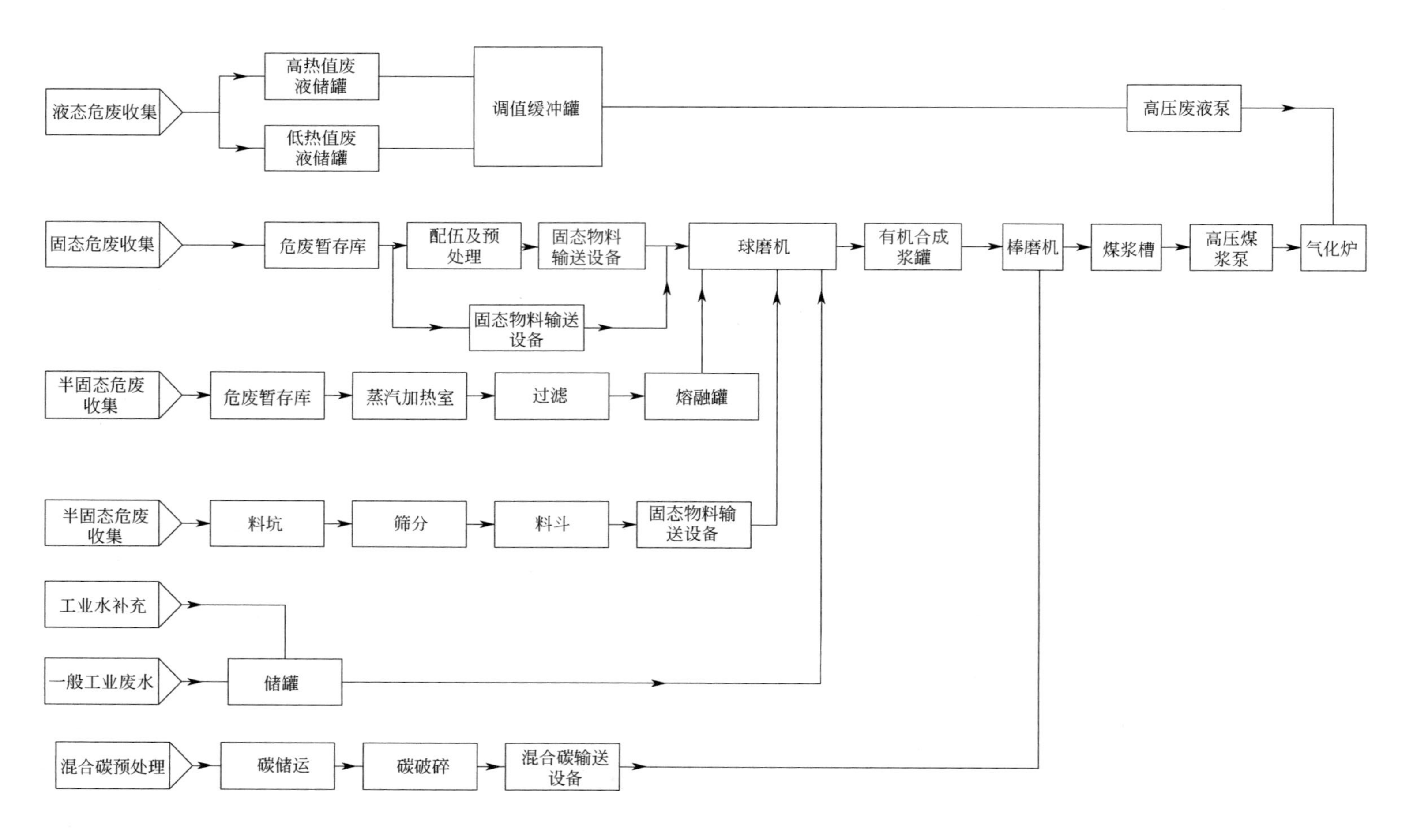

图 7-34　有机合成浆热解气化工程项目工艺流程

表 7-31 拟处置的危险废物类别

序号	废物名称	危废类别	危废代码
1	医药废物	HW02	271-001-02、271-002-02、271-003-02、271-004-02、271-005-02、272-001-02、272-002-02、272-003-02、272-004-02、272-005-02、275-001-02、275-002-02、275-003-02、275-004-02、275-005-02、275-006-02、275-007-02、275-008-02、276-001-02、276-002-02、276-003-02、276-004-02、276-005-02
2	农药废物	HW04	263-001-04、263-002-04、263-003-04、263-004-04、263-005-04、263-006-04、263-007-04、263-008-04、263-009-04、263-010-04、263-011-04、263-012-04、900-003-04
3	废有机溶剂与含有机溶剂废物	HW06	900-401-06、900-402-06、900-403-06、900-404-06、900-405-06、900-406-06、900-407-06、900-408-06、900-409-06、900-410-06
4	废矿物油与含矿物油废物	HW08	071-001-08、071-002-08、072-001-08、251-001-08、251-002-08、251-003-08、251-004-08、251-005-08、251-006-08、251-010-08、251-011-08、251-012-08、900-209-08、900-210-08、900-211-08、900-212-08、900-213-08、900-215-08、900-221-08、900-222-08、900-199-08、900-200-08、900-201-08、900-203-08、900-204-08、900-205-08、900-214-08、900-216-08、900-217-08、900-218-08、900-219-08、900-220-08、900-249-08
5	油/水、烃/水混合物或乳化液	HW09	900-005-09、900-006-09、900-007-09
6	精(蒸)馏残渣	HW11	251-013-11、252-001-11、252-002-11、252-003-11、252-004-11、252-005-11、252-006-11、252-007-11、252-008-11、252-009-11、252-010-11、252-011-11、252-012-11、252-013-11、252-014-11、252-015-11、252-016-11、450-001-11、450-002-11、450-003-11、261-007-11、261-008-11、261-009-11、261-010-11、261-011-11、261-012-11、261-013-11、261-014-11、261-100-11、261-105-11、261-106-11、261-108-11、261-109-11、261-110-11、261-112-11、261-113-11、261-114-11、261-115-11、261-116-11、261-117-11、261-118-11、261-119-11、261-120-11、261-121-11、261-122-11、261-123-11、261-124-11、261-125-11、261-126-11、261-127-11、261-128-11、261-129-11、261-130-11、261-131-11、261-132-11、261-133-11、261-134-11、261-135-11、261-136-11、321-001-11、772-001-11、900-013-11、321-001-11、772-001-11、900-013-11
7	染料、涂料废物	HW12	264-002-12、264-003-12、264-004-12、264-005-12、264-006-12、264-007-12、264-008-12、264-009-12、264-010-12、264-011-12、264-012-12、264-013-12、221-001-12、900-250-12、900-251-12、900-252-12、900-253-12、900-254-12、900-255-12、900-256-12、900-299-12
8	有机树脂类废物	HW13	265-101-13、265-102-13、265-103-13、265-104-13、900-014-13、900-015-13、900-016-13、900-451-13
9	含酚废物	HW39	261-070-39、261-071-39
10	含醚废物	HW40	261-072-40
11	其他废物	HW49	900-039-49、900-040-49、900-041-49、900-042-49、900-046-49、900-047-49、900-999-49

(3) 危险废物的储存

按《危险废物贮存污染控制标准》(GB 18597—2001) 建设危险废物暂存库，根据《环境保护图形标志　固体废物贮存（处置）场》(GB 15562.2—1995) 设立专用标志。根据项目处置规模和处置废物类别，项目设置危废暂存库——甲类库、丙类库和废液罐区，并按照危废特性鉴别结果分类存放。

（4）危险废物预处理

危险废物在进入有机合成浆气流床气化炉气化前根据不同的性质分别进行预处理。其中固体危废和半固态危废经分类后进入球磨机制成有机合成浆，对于尺寸无法满足球磨机要求的大颗粒危废，要先经过破碎、过筛、除杂；液体危废要经过配伍、调值，使其符合气化要求。

（5）危险废物配伍

在危险废物预处理的过程中，根据需搭配的量合理地安排进入球磨机的危废种类，多余部分可放到危废暂存库进行贮存，待后续进行配料。搭配过程中应根据各种危险废物实验室测定的热值、有害元素含量、pH 值等，经计算得出各种危险废物的配伍量。重点控制的固体危废以桶装危废的方式限量均匀上料，从而实现整体物料的合理配伍、稳定运行制成合格的有机合成浆，以保证气化炉正常稳定地运行，并保证粗合成气各种气体成分符合指标要求。

1）废液流程

按照经营许可证核准的类别，废液主要是废有机溶剂和含有机溶剂废物（HW06）、废矿物油与含矿物油废物（HW08）、油/水、烃/水混合物或乳化液（HW09）、精（蒸）馏残液（HW11），总量大约 5 万吨/年。

市场收集的废液经分析化验后，根据分析化验结果，槽罐车运输的废液（大约 2 万吨/年）分别用高热值卸车泵或低热值卸车泵送入高热值废液储罐或低热值废液储罐；200L 铁桶、200L 塑料桶和 1000L 塑料吨桶包装的废液（大约 3 万吨/年），分别暂存在液体有机类危废仓库、暂存库的不同区域，调配时再用高热值卸车泵或低热值卸车泵送入高热值废液储罐或低热值废液储罐。按照高热值废液储罐和低热值废液储罐中废液的理化指标，经计算配伍后，用高热值废液中间泵和低热值废液中间泵按照不同比例送入调值缓冲罐，经配伍调值达标后，用成品废液输送泵送入废液成品缓冲罐，由高压废液泵送入气化炉烧嘴废液通道，与纯氧共同气化制备粗合成气。

2）固废流程

按照经营许可证核准的类别，固体废物主要是医药废物（HW02）、农药废物（HW04）、精（蒸）馏残渣（HW11）、有机树脂类废物（HW13）、含酚废物（HW39）、含醚废物（HW40）、其他废物（HW49），总量大约 8 万吨/年。

市场收集的固体废物经分析化验后，根据分析化验结果和危废类别分别暂存在暂存库不同区域，经计算配伍后，颗粒较小（直径小于 6mm）的废活性炭、废树脂粉及粉状废药渣等由叉车按不同比例送至斗提机料斗；颗粒较大（直径＞6mm）的固体废物由叉车按不同比例送至破碎机皮带输送机料斗，由皮带输送机送至破碎机料斗，破碎合格后进入斗提机料斗。两股废物由斗提机送至斗提机输送皮带。油泥状废物直接倒入料坑，由行车抓斗抓至滚筒筛料斗，经滚筒筛筛去杂物后由螺旋输送机送至斗提机输送皮带。三股物料由皮带送至球磨机料斗，经计量后与一定比例的水共同被送入球磨机，经球磨机研磨后经过振动筛筛分过滤，进入球磨机底端缓冲罐，合格有机合成浆由泵送往有机合成浆成品储槽，由合成浆成品输送泵送至气化工段棒磨机入口，与化工煤（或石油焦、兰炭）共同研磨（其间加入添加剂）制备成合格的水煤浆，经高压煤浆泵送入气化炉，与纯氧反应生产粗煤气。

3）半固废流程

按照经营许可证核准的类别，半固体废物主要是医药废物（HW02）、农药废物（HW04）、精（蒸）馏残渣（HW11）、含酚废物（HW39）、含醚废物（HW40），总量大约2万吨/年。

市场收集的半固态废物经分析化验后按照分析化验结果和类别，分别暂存在暂存库不同区域，经计算配伍后，按照不同的比例由叉车送至加热室加热熔化，熔化后的废液经放置在保温地下槽上部的过滤器过滤后进入保温地下槽，由熔融泵送入熔融缓冲罐，再由熔融泵经计量后送入球磨机，经球磨机研磨后经过振动筛筛分过滤，进入球磨机底端缓冲罐，合格有机合成浆由泵送往有机合成浆成品储槽，由合成浆成品输送泵送至气化工段棒磨机入口，与石油焦或兰炭共同研磨（其间加入添加剂）制备成合格的有机合成浆，经高压泵送入气化炉，与纯氧反应生产粗煤气。

7.8.3 工程运行情况

（1）总物料平衡

本项目全年运入有机类危废15万吨，其中固体及半固态危险废物10万吨、液体危险废物5万吨。每吨产品综合能耗0.04094t标准煤，每年约消耗6141吨煤。具体能源消耗量如表7-32所列。

表7-32 能源消耗量

种类	年总耗量	折标准煤量/t	备注
电力	1.92×10^{7} kW·h	2360	1.229t标准煤/(10^{4} kW·h)
蒸汽	40000t	3772	0.0943t标准煤/t
新鲜水	10.5033×10^{4} t	9	0.857t标准煤/10^{4} t
合计		6141	

注：循环水以新鲜水方式，氮气、压缩空气以电力方式计入项目总能源，不重复计入综合能耗。

（2）污染防治效果

本项目生产过程中将会产生一定的废水、废气和固废，其中废水为主要“三废”污染物。废气经收集后采用“碱水洗涤＋UV光解＋活性炭吸附”废气处置工艺处置，共用一根25m高排气筒达标排放。废气排放浓度及排放量见表7-33。

表7-33 废气排放组成、排放量和浓度

序　　号	控制项目	排放浓度/(mg/m^{3})	排放量/(kg/h)
1	硫化氢	0.58	0.174
2	甲硫醇	0.08	0.024
3	甲硫醚	0.58	0.174
4	二甲二硫醚	0.77	0.231
5	二硫化碳	2.7	0.81

续表

序　　号	控制项目	排放浓度/(mg/m^3)	排放量/(kg/h)
6	氨	3.48	1.044
7	三甲胺	0.97	0.291
8	苯乙烯	4.8	1.44

工程生产过程中产生的废水主要是废气处置设施洗涤水的置换水和化验室产生的废水以及事故情况下的危废运输车辆洗车水，主要进行处置的废水为置换水，其水质如表7-34所列。其余废水产生量较少，可直接接入厂区污水站处理。

表 7-34　置换水水质表

水质/(mg/L)						
COD	SS	NH_3-N	氰化物	硫化物	石油类	TP
3008	288.6	106	1.30	1.75	1.40	0.02

工程产生的固体废物有两类：一类为危险废物综合利用后剩下的盛装危险废物的包装物，总量约1020t/a；另一类是废气处置设施更换的废活性炭，活性炭吸附床内的活性炭设计每年更换1次，1次产生废活性炭30t，全年产生量30t/a。所产危险固体废物进行外包处置。

（3）同类装置范例

1）浙江凤登环保股份有限公司

目前已建成的3套水煤浆危废处理装置分别位于兰溪、绍兴和宁波。有机危废主要涉及药品生产、精细化工、人造革等行业的蒸馏及反应残液、母液、精馏残液、废有机溶剂等。兰溪装置（2011年运行）经营范围涉及12大类别，年处置规模8.64万吨；绍兴装置（2017年运行）经营范围涉及9大类别，年处置规模5万吨；宁波四明装置（2019年运行）经营范围涉及8大类别，年处置规模4万吨。其中绍兴装置每年的危废处理量为5万吨，化工煤年消耗量为6万吨，废物中的固态与液态占比约50%，危废与化工煤的掺烧比例高达45%。

2）浙江晋巨化工有限公司

2010年以来，晋巨公司以生态化循环经济改造为契机，将造纸、医药、化工超高浓度污水中的氨氮、COD等有机污染因子转化为一氧化碳、氢气等气体资源。目前年总耗化工煤7万吨，处置超高浓度污水2.5万吨，已安全稳定运行7年，是国家循环经济教育示范基地。

3）山东史泰丰肥业有限公司

山东史泰丰每年产生的危废主要包括二甲基甲酰胺装置重组分及废催化剂、二甲基乙酰胺装置重组分、邻甲苯胺装置焦油、合成氨装置废活性炭等危废。采用多元料浆气化技术，年消耗化工煤15万吨，协同处置固废568吨、高浓度有机废水7.76万立方米。

7.8.4　结论与发展分析

有机合成浆热解气化技术是一种在多元料浆气化技术的基础上发展而来的专门处置

有机危险废物的新技术。主要利用水煤浆气化炉协同处置装置，将周边地区的有机类危废循环利用，实施有机类危废（混配兰炭、石油焦）再利用，从产业提升方面杜绝污染物排放源，同时按照“减量化、资源化和无害化”的原则淘汰落后的焦炭制气，将有机类危废转变为具有高附加值的产品，从而实现有机类危废的资源化利用，在实现废物替代原料或降级梯度再利用的同时还具有良好的经济效益。

参考文献

[1] 何青宝．青海省生态环境现状及林业发展对策［J］．现代农业科技，2018（19）：213.

[2] 青海日报，2018-8-29（01）.

[3] 李仙芬，周玉松，任福民，等．上海城市污泥成分特性及分析方法研究［J］．中国环境监测，2006，22（6）：48-50.

[4] 孟范平，赵顺顺，张聪，等．青岛市城市污水处理厂污泥成分分析及利用方式初步研究［J］．中国海洋大学学报，2007，37（6）：1007-1012.

[5] 陈凡植，陈庆邦，陈淦康，等．从铜镍电镀污泥中回收金属铜和硫酸镍［J］．化学工程，2001，29（4）：28-31.

[6] 国家环境保护局．水污染防治及城市污水资源化技术［M］．北京：科学出版社，1997.

[7] 陈涛，熊先哲．污泥的农林处置与利用［J］．环境保护科学，2000，26（3）：32-34.

[8] 孙海勇．市政污泥资源化利用技术研究进展［J］．洁净煤技术，2015，21（4）：91-94.

[9] 何国锋．我国水煤浆技术的现状与发展方向［M］．北京：中国石化出版社，2012.

[10] Demirbas A，Al-Sasi B O，Nizami A-S. Conversion of waste tires to liquid products via sodium carbonate catalytic pyrolysis［J］. Energy Sources，Part A：Recovery，Utilization，and Environmental Effects，2016，38（16）：2487-2493.

[11] Hita I，Arabiourrutia M，Olazar M，et al. Opportunities and barriers for producing high quality fuels from the pyrolysis of scrap tires［J］. Renewable and Sustainable Energy Reviews，2016，56：745-759.

[12] 薛大明，全燮，赵雅芝，等．废旧轮胎热解过程的能耗分析［J］．大连理工大学学报，1999，39（4）：519-522.

[13] 康永．废轮胎的热裂解处理工艺工程化分析［J］．橡塑技术与装备，2020，46（13）：46-50.

第8章 技术发展与应用展望

8.1 新兴技术发展与应用

8.1.1 厌氧发酵-气化耦合技术

厌氧发酵是一种利用微生物在一定条件下将生物质分解为二氧化碳与甲烷等的技术手段。微生物分解生物质原料的作用可以分成两个方面：一方面，厌氧发酵过程从生物质原料中释放出能量，赋存在以甲烷为主要成分的沼气产品中；另一方面，大分子的生物质原料碳链断开，生成大量分子量较小的有机副产物，赋存在沼渣中。目前，肥料化利用是沼渣的主要处理与利用方式。然而，沼渣用作肥料，其肥效并不理想，同时沼渣中存在的微生物、重金属等污染成分也会对施肥土壤造成二次污染及环境风险，沼渣中赋存的剩余能量也被浪费。为了解决沼渣的处理与利用问题，国内外学者在厌氧发酵与气化技术耦合领域进行了一系列研究工作。

厌氧发酵-气化耦合技术流程如图 8-1 所示。

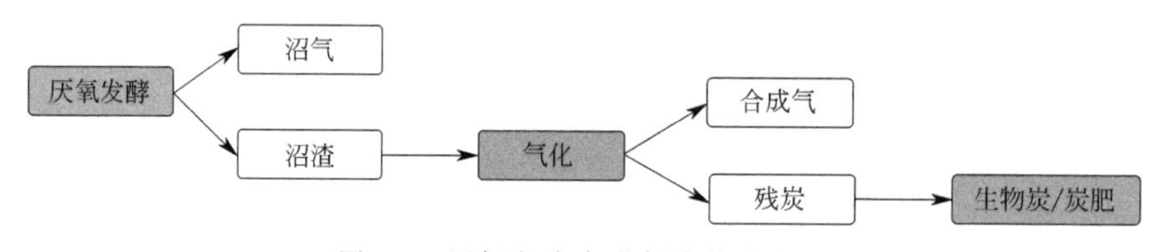

图 8-1　厌氧发酵-气化耦合技术流程

天津大学陈冠益教授团队[1]对秸秆与牛粪混合厌氧发酵沼渣进行了一系列气化研究，发现在 600～800℃范围内干化的秸秆与牛粪混合厌氧发酵沼渣进行气化可以实现较高能量转化率。在 800℃气化温度条件下，秸秆与牛粪混合厌氧发酵沼渣的能量效率可达到 67.01%，且气化过程中焦油的生成现象得到显著抑制。由于气化过程希望更多地将原料中赋存的能量转移到合成气产品中，因此需要气化原料具有较低的含水率。虽然上述研究实现了干化沼渣的高效气化，但沼渣本身含水率较高，实现干化需要提供大量的热量，因此系统整体的能量利用效率仍然需要优化。除此之外，沼渣中具有较高的灰分含量（可达 23.03%），因此将其直接作为气化原料时会对气化设备的稳定运行产生一定的影响。

新加坡 Chi-Hwa Wang 教授团队[2,3]采用厌氧发酵技术作为气化的预处理技术，利用木质素类生物质原料开展了一系列厌氧发酵-气化耦合技术研究工作。该团队研发的两段式耦合技术系统的综合能量利用效率可达 75.2%。通过生命周期评价分析发现，采用两段式的厌氧发酵-气化耦合系统比采用单一的厌氧发酵系统能提高 24%的综合能量利用效率。然而研究表明，系统整体的能量利用效率在非常大的程度上取决于干燥环节的能量消耗，甚至系统达到最大能量利用效率时仍然有大量的有机组分残留在木质素类生物质厌氧发酵沼渣中。为了尽可能降低沼渣干燥过程对系统整体能量利用效率的影响，Chi-Hua Wang 教授团队还开展了一系列厌氧发酵沼渣与木质生物质原料混合气化的研究[4,5]，取得了较好的气化效果。研究表明，当厌氧发酵沼渣与木质生物质原料的质量比例接近 1∶4 时，系统的综合能量效率达到最大化。

综上所述，相比于单一的厌氧发酵技术或生物质气化技术，厌氧发酵-气化耦合技术具有以下优势：

① 沼渣中剩余的大量能量可以得到更好的处理与利用。沼渣通过气化技术转化为合成气产品，实现了绝大部分能量的再利用，而气化残炭副产物经过了热化学断键之后可以制备成炭肥或者生物炭进行进一步的利用。系统整体的物质与能量利用效率大大提升。

② 气化过程中副产物的生成得到显著抑制。在单一的生物质气化技术中，伴随合成气产生的气化焦油具有较高的沸点和非常高的黏度，在实际生产过程中易阻塞管路系统，对设备的运行寿命与运行稳定性造成危害。生物质经过厌氧发酵处理后，其固态产物沼渣用于气化，可以显著缓解焦油生成问题，促进气化技术更好应用。

因此，厌氧发酵-气化耦合技术突破了生物技术手段与热化学技术手段之间的衔接壁垒，在原有单一技术基础上有所突破，是生物质处理与利用领域具有前景的方向。

8.1.2 化学链气化技术

20 世纪 80 年代德国学者 Richter 等[6]开发了一种新型的燃烧技术，即化学链燃烧技术（chemical looping combustion，CLC），其目的是减少常规化石燃料燃烧过程中 CO_2 的排放。经过多年发展，化学链燃烧技术的应用领域逐渐拓宽，其适配原料从气态燃料发展到煤及生物质等固态燃料。此外，化学链燃烧技术还衍生出了其他新型工艺，如化学链气化技术（chemical looping gasification，CLG）。化学链气化技术以化学链燃烧技术为理论基础，利用金属氧化物向燃料提供气化所需的氧元素，通过控制晶格氧/燃料的比值来获得以 H_2 和 CO 为主要成分的合成气[7]。化学链气化原理如图 8-2 所示。

化学链气化技术优于传统气化技术主要体现在以下几个方面[8,9]：

① 氧载体在氧化反应器中氧化所放出的热量被其带入还原反应器中，为生物质气化提供了热量，氧载体同时起到热载体的作用，从而降低了系统能耗；

② 避免了气化剂的引入，从而提高了合成气低位热值（LHV）；

③ 化学链气化中氧载体的选择一般为金属氧化物，对焦油具有一定的催化作用，可以促进焦油在气化过程中的裂解；

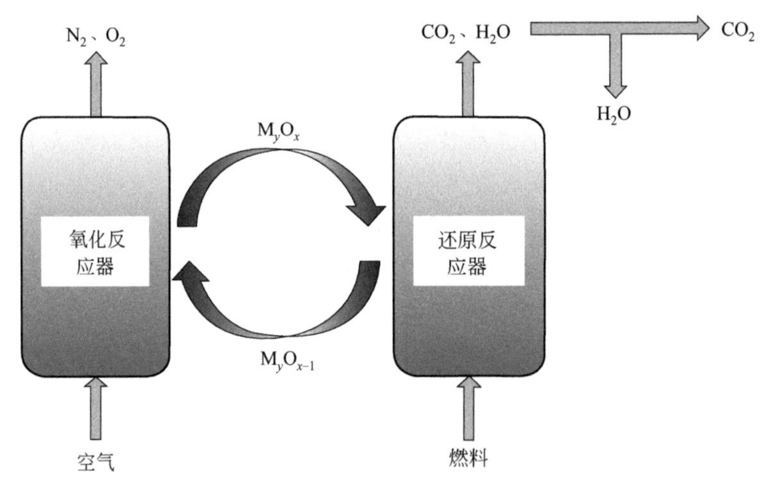

图 8-2　化学链气化原理

④ 在高温下反应时，能有效减少氮氧化物等污染气体的产生。

生物质化学链气化作为一种应用潜能较大的技术，目前正处于研究攻关阶段，各国学者为推动其发展应用做了诸多尝试，研究内容主要集中在新型氧载体的开发制备及反应器的设计优化方面。

氧载体在化学链气化过程中具有重要作用，其性能是制约化学链气化过程的关键因素。理想氧载体需具备以下条件[10,11]：高载氧能力、高活性、高反应速率、良好的力学性能、低成本和环境友好等。目前研究的氧载体难以同时具备以上所有因素，因此制备高性能的氧载体一直以来都是国内外学者的研究重点和难点。化学链气化技术应用最为广泛的氧载体主要是 Fe、Ni、Cu、Mn、Ca 和 Co 等金属的氧化物[12,13]。其中，Fe 基氧载体的载氧能力较差，还原氧化能力较弱，但其抗烧结能力出色，且价格低廉、无毒、对环境友好[14]；Ni 基氧载体的载氧能力强，反应活性高，但价格较高，且有毒性[12]；Cu 基氧载体的载氧能力较强，反应速度快，反应活性一般，但高温条件下易烧结[8]；Mn 基氧载体的反应活性高于 Fe 基氧载体，无毒，但易破碎，颗粒寿命短[15]；Co 基氧载体的反应活性高，但成本高，且存在环境污染问题[12]。

He 等[16] 探讨了利用 CuO 的“解氧”特性促进 Fe_2O_3 与煤在化学链气化中再反应的可行性，通过在 Fe_2O_3 氧载体中添加少量 CuO 来提高固体燃料的转化率，这种双金属化学链气化工艺实现了较高的气化效率和碳转化率，并且 CO_2 捕集率可达 95%。尽管 CuO 没有直接参与化学链气化过程中可燃气的制备，但它促进了 Fe_2O_3 氧载体氧化碳质材料的进程，在生成可燃气的同时实现了 CO_2 的高效捕集。Ding 等[17] 开展了基于钙钛矿型氧载体的煤化学链气化研究工作，采用溶胶-凝胶法制备了 4 种不同的钙钛矿型氧载体，分别是 $BaCoO_3$、$BaFeO_3$、$SrCo_{0.8}Fe_{0.2}O_3$ 和 $Ba_{0.5}Sr_{0.5}Co_{0.8}Fe_{0.2}O_3$ (BSCF)。气化实验结果表明，4 种氧载体均能促进煤的气化进程，提高合成气产率，其中，BSCF 氧载体的产气性能最好。XRD 和 SEM 图像表明，BSCF 氧载体在反应过程中形貌变化较小，且具有较高的结构恢复能力。XRF 结果表明，BSCF 氧载体的元素组成在反应过程中没有发生变化。此外，在 12 次循环实验中，BSCF 氧载体也保持了良好的循环性能，6 次循环后，BSCF 氧载体的碳转化趋于稳定。因此，BSCF 是一种很有前景的气化载氧材料。

反应器类型的选取是化学链气化技术的核心内容之一，适宜的化学链气化反应器需要满足以下几个条件[18]：

① 可以装载反应所需的氧载体；

② 氧载体在空气反应器和燃料反应器间循环；

③ 能有效地阻隔两个反应器间气体的接触与交换；

④ 可以保证反应有足够的停留时间；

⑤ 可承受一定的压力。

21 世纪初，Lyngfelt 等[19]提出了将流化床反应系统应用于化学链气化工艺，且优化了以下重要参数：氧载体的添加量、循环反应速率、反应器压降及各个部件的尺寸等。该系统的反应主体部分为双流化床，其中空气反应器（氧化反应器）作为氧载体的氧化反应空间，然后经旋风分离器将氧载体送入燃料反应器，产生的气体由反应器顶部排出。氧载体与燃料在燃料反应器（还原反应器）中发生氧化还原反应后，经回料阀回到空气反应器继续与空气进行氧化反应，合成气经两级冷凝设备实现 CO_2 的分离，未凝结的气体再次进入燃料反应器中继续反应。Proll 等[20]组建了一套由两个串联流化床组成的化学链重整甲烷装置，其功率超过 100kW。该系统选择了由过热蒸气流化而形成的回料阀，以防止空气反应器和燃料反应器内气体接触。每个反应器均配有一个旋风分离器，将气固两相进行分离。此系统的持续工作时长可达 3d，CH_4 转化率接近 100%，且合成气组分中主要以 CO 和 H_2 为主，其中 CO 的最大浓度约为 20%，而 H_2 的最高浓度约为 CO 的 2 倍。Hu 等[21]开发了一种应用于稻壳化学链气化的新型无轴螺旋连续反应器，通过无轴螺旋的连续旋转，稻壳在运输过程中与氧载体充分接触，以提高反应器性能，产气率、碳转化率和气化效率分别比固定床反应器高 73.33%、63.92%和 98.26%，此研究为化学链气化工艺的实际应用提供了理论基础。

化学链气化技术作为一种新颖的热化学转化技术，在碳达峰、碳中和双碳背景下，其开发利用会更加受到关注。

8.1.3 混合水煤浆气化技术

混合水煤浆气化技术将化工生产装置与有机废物的处置技术进行融合创新，利用水煤浆气化炉内高温、高压和还原性气氛特点，将有机废物中含有的有机碳源转变成以 CO、H_2 为主的小分子的合成气，将含有的重金属污染物与煤灰渣液态熔融激冷成玻璃态灰渣，整个处置过程安全环保，无二次污染，可实现有机废物的无害化、资源化利用。

混合水煤浆气化主要分为多源混合浆体配伍技术以及清洁气化技术两个主体技术。工艺流程如图 8-3 所示。

多源混合浆体配伍技术主要包括以下要点：

① 建立有机废物数据库，构建入炉标准，形成精确配伍规划方案。在数据库基础上进行有机废物自动评价和自动形成配伍方案，指导生产系统生产运营。

② 将有机废物分为液态和固态两种形态，两种形态的废物进入配伍制浆系统的方

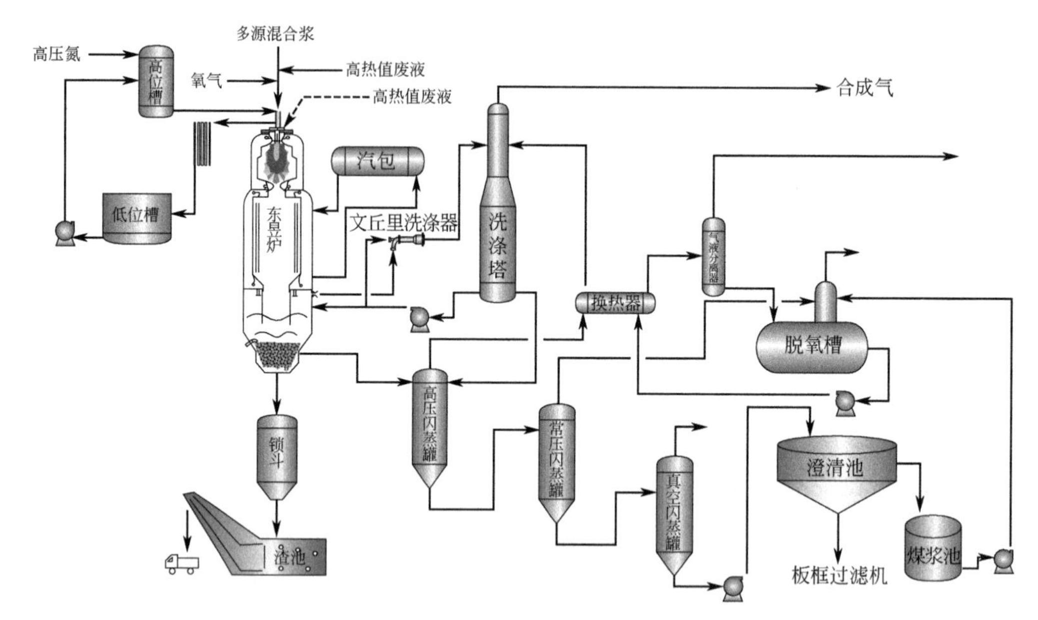

图 8-3 混合水煤浆气化技术工艺流程

式不同，进入的位置也不相同。因此两种形态的废物加入量和加入方式可动态调整，有利于浆体性能的调节。

③ 将有机废物分为有利于配伍制浆和不利于配伍制浆两种类型。在配伍制浆过程中，将两种类型废物按一定比例组合后加入配伍制浆系统，充分利用废物与废物之间、废物与煤或兰炭之间的配伍、耦合作用，实现以废制废、废废搭配，极大地降低了废物加入煤浆后带来的不利影响，从而提高混合煤浆的浆体浓度，提高混合浆体的流动性和稳定性。

④ 经过各形态废物的混搭，可大幅降低制备混合煤浆所需要的分散剂量，甚至不用再添加分散剂，降低了工业运行费用。

⑤ 由于废物具有热值，因此可以替代部分煤炭，一些高热值的废物甚至可以完全替代煤炭，达到节约用煤指标的目的。

⑥ 有机废物可以与煤炭一起加入磨机进行配伍制浆，也可以先制成浆体后再送入磨机，部分废物还可以直接送入喷嘴。整个配伍制浆系统可根据各废物的性质灵活运行。

清洁气化技术主要流程为：多源混合浆槽内料浆经高压料浆泵送至工艺烧嘴前的管道混合器，与来自高压废液泵的高热值废液混合后进入工艺烧嘴，在烧嘴头部混合浆体被氧气充分雾化后喷入气化炉串级反应炉膛，在上级炉膛（第一反应区）主要是混合浆体中的有机质与纯氧发生以放热反应为主的燃烧反应，中心燃烧温度可达 2000℃以上，同时伴随着原料自身加热与浆体水汽蒸发，高温物料随后进入气化炉下级炉膛（第二反应区），主要发生以吸热反应为主的还原反应（如 C、H_2O、CO_2 等的变换还原反应），反应温度在 1300℃左右。混合浆体在气化炉反应室最终生成以 H_2 和 CO 为主的高温粗煤气与液态熔融渣，混合物料出渣口后直接进入气化炉下端激冷室。高温物料进入激冷室后，在激冷器内被来自激冷水泵的激冷水接触降温，渣被激冷固化成玻璃态灰渣落入激冷室下部渣锁斗内，定期排出气化装置。被激冷后的高温合成气沿气体折流管向下通过炉底部水浴再折流向上，经除沫器进一步降温除尘后离开气化炉送入合成气净化除尘单元。

利用混合水煤浆气化技术处理有机废物，其优点主要体现在以下几个方面：

① 混合水煤浆气化技术可实现有机废物无害化、资源化处置利用，变废为宝，通过有机废物配伍可实现气化装置性能指标不受影响，部分有机废物甚至可提高气化炉气化性能，降低气化炉原料消耗，实现节能减排。

② 混合水煤浆气化技术气化炉内为氧化＋还原性气氛，反应温度高达1200～1500℃，从气化炉膛出来的高温烟气直接水激冷至200℃以下，从原理上杜绝了二噁英类物质的生成，故整个过程不产生二噁英类物质。通过对实验过程产生的合成气进行检测，也证明此过程中不产生二噁英类物质。

③ 混合水煤浆气化技术所生成的合成气各项污染物指标均满足《危险废物焚烧污染控制标准》(GB 18484)，且从检测结果中可以发现合成气中重金属含量极少，故可认为合成气中不含重金属。

④ 混合水煤浆气化技术所生成炉渣浸出毒性小于《危险废物鉴别标准　浸出毒性鉴别》(GB 5085.3　2007) 中的规定限值，可认为其经过气化资源化利用后再排出的玻璃态炉渣已经完成无害化处置变为一般废物。

⑤ 混合水煤浆气化技术所产生的废水（非循环）主要污染物指标均满足《污水排入城镇下水道水质标准》(GB/T 31962—2015)，故多源合成浆气化资源化技术装置产生的废水经水处理后可循环使用或满足排放标准后外排。

8.1.4 微波气化技术

微波加热技术可对热化学反应产生高效的促进作用，因而被广泛应用于生物质能源的热化学转化中。国内外已有大量文献报道了微波热解技术，由于微波独特加热方式，以及微波辐射过程中形成等离子体和热点效应等特点，微波热解可以制得更高品质的生物油产品。然而，受限制于微波设备的规模以及处理能力，微波技术应用于气化过程的报道并不多见。

微波气化过程主要分为两类：微波热气化和微波等离子体气化。

① 微波热气化主要利用微波辐射的热效应。微波热气化装置通常包含微波发生器、微波腔体、波导以及物料仓等部件。实验室规模的气化装置，微波的频率通常为2.45GHz。依据生物质物料的特性与处理量，微波功率在0.1～10kW范围内。微波热气化装置的测温通常有红外测温、热电偶测温以及光纤测温三种类型。这三种测温方式均有各自的优缺点；红外测温方便快捷，但只能测得物料表面的温度；热电偶测温范围广，精度高，但是其在微波场中会造成一定的干扰，形成微波金属放电现象，缩短使用寿命；光纤测温微波适应性较好，但价格偏贵，耐高温性能弱。因此在实际的气化过程中，应合理搭配使用这三种测温方式。

② 微波等离子体气化可以实现超高的反应温度，反应过程还伴随产生活性自由基，有利于生物质大分子向小分子气体的定向转化。有报道显示，微波等离子体气化可产生富氢燃气，同时极大程度抑制了气化焦油的生成。不同于其他等离子体设备，微波等离子体设备通常采用非接触式电极，等离子体产生更为稳定，运行时间更长，保养维护费

用更低。微波等离子体气化反应器大多采用等离子体炬，中心最高温度可达 5000K。生物质原料落入等离子体区域随即发生气化，产生高热值可燃气与少量灰烬。

相比较于传统气化过程，微波热气化和微波等离子体气化技术均可产生更高品质的可燃气，并抑制焦油的生成，有利于生物质原料的彻底转化。然而微波设备结构复杂，造价较高，使用过程需要消耗大量的电能，这些因素都限制了微波气化的进一步推广。微波气化技术的发展，应以处理特种有机固废为方向，以定向制备高附加值产品为目标，以与其他技术耦合搭配为方式，提升技术运用的可行性，实现能耗、环境、经济的协同平衡。

8.1.5 等离子体气化技术

等离子体包含分子、原子、电子、离子（处于基态或各种激发态）及自由基等各种成分，而整体显示电中性[22]。等离子体按照温度可以分为高温等离子体和低温等离子体[22]：高温等离子体的粒子温度为 $10^6 \sim 10^8$K；低温等离子体是指粒子温度从室温至 3×10^4K 左右。在实验室研究和工业生产中，低温等离子体应用较为广泛。而低温等离子体按照重粒子（分子、原子、离子）温度水平又可以分为低温热等离子体和低温冷等离子体：低温热等离子体的重粒子温度在 $3\times10^3 \sim 3\times10^4$K 之间，基本处于热力学平衡状态，系统具有统一的热力学温度，如电弧等离子体、高频等离子体等；低温冷等离子体的重粒子温度在室温左右，但电子温度可高达上万摄氏度，所以处于非热力学平衡状态，如辉光放电等离子体等。

等离子体因具有高温、高焓、富含活性粒子的特点[23]，在煤及生物质气化方面具有较好的发展前景。其在气化领域的应用方式主要有两种：等离子体在气化过程中作为热源；等离子体用于气化反应后的焦油裂解[3]。

等离子体作为气化热源是指在氧化性电弧等离子体气氛中，原料与气化剂在一定的温度和压力下进行不完全化学反应，使原料中可燃部分转化为含有 CO、H_2、CH_4 等合成气[24]。Tamosiunas 等[25]开展了生物质的水蒸气热等离子体气化实验，并探究了灰含量、氧含量、停留时间及等离子体种类对气化过程的影响。结果表明，合成气中 CO 和 H_2 体积分数较高，并且证明了水煤气反应和碳的氧化反应在生物质的水蒸气热等离子体气化反应中占据主导地位，并且，气化反应的能耗与生物质的灰含量及氧含量密切相关。Hlina 等[23]采用输入功率为 100kW 的直流电弧等离子体，研究了四种不同的生物质原料（锯末、木块、废塑料和废轮胎）的气化特性，选择含有少量水蒸气的氩气作为等离子体气体，CO_2 和 H_2O 作为气化介质，结果表明，四种原料的 CO 和 H_2 体积分数均超过了 90%，获得了高品质的合成气。尽管四种原料等离子体气化均得到了热值较高的合成气，但由于系统运行需要高电压的输入，导致工艺效率较低，这在很大程度上限制了等离子体气化技术的推广应用。Ismail 等[26]在研究煤的热等离子体气化反应过程中，发现气化所制备的合成气中 CO 和 H_2 体积分数超过 95%。此外，煤的热等离子体气化产生合成气用于热电领域可有效减少氮氧化物的排放，其所产生的污染物排放量较常规燃煤发电所产生的污染物排放量可降低约 90%。

气化过程中常常伴随着焦油的产生，造成设备堵塞和腐蚀等问题，因此焦油的去除是有效利用气化合成气的必要步骤。等离子体去除焦油是一种新颖的焦油去除技术，利用电子的能量激活惰性气体分子，产生各种活性物质，包括自由基以及被激发的原子、离子和分子，在此情况下，焦油可以在低温下通过与这些等离子体诱导的活性物质反应而被去除[27]。Liu 等[28]研究了在等离子体反应器中焦油的一种模型化合物（甲苯）的催化蒸汽重整，结果表明该等离子体催化体系能有效地将甲苯分解为气体产物，在反应温度为 300℃的条件下甲苯转化率可高达 96%，对 H_2 的选择性约 57%。Xu 等[27]采用介质阻挡放电（DBD）等离子体结合镍基催化剂，开展了气化气氛围下去除甲苯的实验，研究等离子体催化体系的稳定性，并尝试添加 H_2 和 H_2O 及利用 K 改性以改善催化剂的稳定性。结果表明，反应后附着在等离子体催化剂表面的积碳对催化剂活性有很大影响，从而影响工艺的稳定性。而在反应气中添加 H_2O 并且利用 K 修饰催化剂的条件下，可以有效提高等离子体催化甲苯重整体系的稳定性。综上所述，等离子体催化去除气化焦油是一种高效且经济的焦油转化方式。

8.1.6 废弃纺织品的热解气化技术

中国第一纺织网统计显示[29]，我国废弃纺织品年产生量超过 2000 万吨，其中循环再利用部分占比不足 5%，造成了严重的资源浪费和巨大的环境压力。

目前，对于废弃纺织品的热解气化研究主要为小试规模，集中解析其热解气化特性及机理。Miranda 等[30]使用 0 热重方法研究了棉布纤维的热解动力学，指出棉布纤维的热解反应温区在 135～500℃之间，热解分为三个阶段，温度范围分别是 135～309℃、276～394℃和 374～500℃，最终产生 72%的生物油、13.5%的热解气和 12.5%的生物炭。同时，随着温度的上升、加热速率的增大，气相和液相产物均有所增加，固相产物减少。Morrison 等[31]运用裂解质谱（Py-MS）和裂解气相色谱质谱联用（Py-GC/MS）对被分级为高、中和低质量的亚麻纤维及纱布纤维进行在线分析，在低质量的亚麻纤维和纱布样品中检测到更多的棕榈酸。与高质量材料相比，低质量的纱布中的芥子醛和芥子醇以更高的浓度存在。缪麒[32]以棉布为实验原料，采用实验室规模的流化床装置就废弃纺织品热解气化特性开展研究，得知在 400～700℃范围内流化床热解温度越高，棉布热解越充分，热解油及热解气产率越高，反应速度越快，且棉布流化床最佳热解温度为 600～700℃，此时热解产物质量分布为：热解气 40%～65%，热解炭 5%～10%，热解油 30%左右；棉布在 400～700℃的气化过程中，CO、H_2、CH_4 与 C_2H_4 含量几乎都随温度的增加而增加，随过量空气系数的增加而减小。

2015 年 5 月，针对垃圾处理，中国核建、中稷瑞威和绿洁泰能联合推出第五代垃圾热解气化发电技术。此技术每处理 100 吨垃圾仅需占用 10 亩地（1 亩=666.67m^2），相较于焚烧垃圾处理技术和垃圾生物填埋处理技术节约土地 50%～200%。每吨垃圾发电量 350kW·h 左右，相较于其他垃圾发电技术发电效率提高 50%左右。参考垃圾热解气化发电技术可知，废弃纺织品热解气化在节约土地资源、提高发电效率和能源综合利用方面相较于焚烧、填埋等具有显著优势。然而，目前废弃纺织品热解气化工艺在国内推广存在诸多难题，经济性是主要问题。加拿大 Enerkem 公司承建的埃德蒙顿（Edmonton）垃圾热解气化厂于 2014 年 6 月 4 日运行，总投资约 1 亿美元，能把 60%的生活垃圾转换成生物燃料和低分子化合物，每年处理量为10万吨，产生生物燃料3800万升，每年可为该地区创造6500万美元的经济价值。其次，废弃纺织品热解气化的机理研究依然存在很多问题与难点。就目前人们的研究程度，依然无法完整详细地表达其热解气化机理。最后，在废弃纺织品热解气化的产品和技术应用等方面还存在问题，如液态焦油成本通常比传统油高、液态焦油与传统燃料不相容、需要专用的燃料处理设备、产品的后续使用缺乏统一标准等。不过随着研究的不断扩展、技术的不断完善，这些问题也将会逐一突破，从而使废弃纺织品热解气化技术在未来应对环境问题时发挥出其独特的作用。

8.1.7 电子废物的热解气化技术

随着社会经济发展，电子产品的需求量不断增加且更新淘汰周期越来越短，随之产生的电子废物的数量也急剧增加。2015年全球生产的电子垃圾约为4000万吨，2017年增至4649万吨。2017年我国年产800万吨，超过美国，成为世界上最大的电子垃圾生产国。与此同时，电子废物中包含大量可回收的稀贵金属、塑料、玻璃等有价值的材料，为其循环再利用带来规模化经济效益[33-35]，但是电子废物中也含有重金属、溴化阻燃剂等有毒有害物质，如果处理不当，会对生态环境及人体健康造成严重危害。欧盟2003年颁布了《废弃电子设备指令》和《关于在电子设备中限制使用某些有害物质的指令》。我国2006年和2011年先后颁布了《中华人民共和国电子信息产品污染控制管理办法》和《废弃电器电子产品回收处理管理条例》，并于2019年重新修订了《废弃电器电子产品回收处理管理条例》。上述指令、管理办法和条例规定了电子电气设备中的铅、汞、镍、六价铬、多溴联苯和多溴联苯醚等有害物质含量限值，并特别要求提高电子废物的回收处理程度。日本、美国等国家和地区也相继出台类似法规以促进废旧电子产品的处理，电子废物的合理处理已成为世界范围的共识和研究热点。

电子废物的利用过程是通过物理、化学、生物等技术工艺，从拆解产生的各类产物中提取金属或生产塑料等再生材料的过程。据统计，随意搜集的1t电子板卡中大约含有130kg铜、0.45kg黄金、41kg铁、30kg铅、20kg锡、18kg镍和10kg锑[36]。目前，电子废物中金属的回收主要分为拆解、机械加工和精炼三步[37]。传统的废弃电器电子产品处理方式多为手工拆解，采用火烤、酸洗、露天焚烧等方法提炼贵金属，而残留物质被直接丢弃到田间和河流。结合当前电子废物已有的技术创新要求，对所有的外部压力性质的电路板进行技术处理，以便全部的拆解技术可以在自动化拆解技术的应用过程中实现各类因素的有效质量控制[38]。苹果公司2016年对外公布了一个机器人分拆系统，旨在以智能化拆解代替传统的手工拆解。此机器人分拆系统只需要11s便可以拆解一部iPhone6手机，并且回收其中的铝、铜、黄金、银等零部件，每年可以拆解几百万部手机，大大提高了劳动生产率。但是，机械加工和拆解是对电子废物的预处理，无法回收贵金属。贵金属作为原材料附着于电子元件之上，如果想要回收，第一步要将其从电子元件上脱离。而脱离多数都是通过化学方法完成，而不是物理方法的剥离。精炼是通过化学和生物技术来去除杂质得到金属，当前主要是采用火法冶炼和湿法冶炼来实现贵金属的回收。火法冶炼是利用冶金炉高温作用，剥离出非金属使之挥发、造渣，而贵金属熔于其他金属熔体内，再进一步提纯。此法操作简单，但能耗大，金属回收率低，且会产生废气、废渣，带来环境污染。例如，比利时优美科公司的Hoboken冶炼厂采用典型的火法冶炼过程处理报废的电子电气设备以回收其中的金、银、铂、钯、铑等贵金属[39]。湿法冶炼技术用酸或碱浸出固体电子废物中的金属，然后用各种分离、纯化方法得到金属[40]。湿法冶炼技术与传统的火法冶炼方法相比可获得高品位、高回收率的贵金属，然而在处理电子垃圾过程中会产生废液、废渣、持久性有机污染物（POPs）等二次污染物。Doidge团队发明的方法首先要把电子设备中的印制电路板浸泡在一种弱酸中，把所有的金属部件溶解掉，然后加入一种含有上述化合物的油性液体，它能够从所有金属的混合溶液中选择性地萃取金[41]。所以明确提取过程背后的复杂化学机制，根据当前已经拥有的离子液体技术控制要求对全部的电路板施工技术实施分析，保证技术创新与电子废物处理要求相适应，是减少电子废物冶炼过程中排放的POPs和实现多金属协同冶炼高效富集回收的关键。

与此同时，电子废塑料占电子废物含量的30%左右，热解技术能够将电子废物中的塑料等有机质转化为燃料油、燃料气和焦炭等[42,43]，被认为是一种有较高价值的回收策略。但是，电子废塑料不同于一般的城市垃圾，它不仅种类复杂，还含有大量的有毒有害物质，热解技术处理电子废塑料制备燃料油和燃气的同时还面临着富含阻燃剂等有害物质的阻燃废塑料热解回收等问题，其中最常见的是溴代阻燃剂，此类电子废物在热解后会产生类似于二噁英、呋喃结构的溴化物[44]。所以脱卤是电子废塑料回收利用的关键环节，并且热解和脱卤的顺序对废弃电子塑料的回收过程有着很大的影响，如何获取满足回收利用要求的洁净无卤族元素的热解产物一直是研究难点[45]。

8.1.8 重金属污染土壤修复植物的热解气化技术

2005～2013年我国首次全国土壤污染状况调查显示，全国土壤总的点位超标率为16.1%，耕地土壤点位超标率更是高达19.4%。其中尤以无机污染为主，无机污染物超标点位数占全部超标点位的82.8%，土壤镉污染最为严重，点位超标率高达7.0%。因此对于我国重金属污染土壤的修复迫在眉睫。与传统的物理和化学修复技术相比，植物修复技术因其成本低廉、环境友好、原位且易于被公众接受等优点，引起了广泛关注。植物提取修复主要利用重金属超积累植物或高富集植物吸收积累土壤中重金属，然后收获植物地上部位，移出土壤重金属，是一种能降低土壤重金属总量且没有二次污染的重要技术。随着国家对重金属污染土壤修复工作的不断重视，我国超积累植物修复技术也不断发展，筛选出了大量对重金属具有超积累能力的植物，例如镉、锌超积累植物东南景天、龙葵，砷超积累植物蜈蚣草、大叶井口边草，铜富集植物海州香薷、鸭跖草，锰超积累植物商陆、水蓼，铬超积累植物李氏禾等，还开发了多套成熟稳定的植物提取及强化修复措施，同时在湖南、广西、浙江等地也进行了大面积的田间修复实验。然而植物修复会产生大量富含重金属的植物生物质，这些生物质一旦处置不当，重金属元素很可能重新释放到环境中形成二次污染，这也被认为是制约植物修复商业化应用的主要因素之一。

近年来，基于减量化、资源化和无害化的原则，学者对重金属污染土壤修复植物的资源化处理进行了一系列探索。其中包括经过高温使生物质分解的焚烧法、热解法、气化法和灰化法等；通过使生物质内部消化降解的压缩填埋法，堆肥法和通过萃取剂提取内部污染元素、降低生物质环境危害性的液相萃取法等；以及一些新兴的资源化处置技术，例如植物冶金、热液改质法、超临界水技术和用于制作合金纳米材料的技术。其中，高温热解气化法相较于堆肥法和压缩法等具有更优的减量化效果（>90%）；相比于焚烧法无害化效果更好，大气污染物排放少，而且可以生产燃料气体；相较于其他新兴方法技术成熟，处理周期短且不受季节限制，因此被认为是一种高效可行的重金属超积累植物处理方式。

Cui 等[46]比较了锌、镉超积累植物东南景天在不同气氛（N_2、CO_2 和空气）和温度（300～900℃）下的热解气化反应，在实现重金属无害化处理的同时产出了清洁合成气燃料和多功能生物炭材料，从而完成重金属污染土壤修复植物的资源化利用。研究表明，气氛和温度对东南景天中重金属（镉、锌和铅）的迁移转化以及气炭转化效率与性能均有重要影响。镉是东南景天气化过程中最易挥发的金属，400℃条件下即有52.6%～72.2%的镉挥发，当温度高于600℃时只有不到2.0%的镉残留在生物炭中。与镉相比，锌和铅的热稳定性较高，当气化温度从300℃增加到600℃时，有超过95.0%的锌和铅仍保留在固相中；当温度高于700℃时，锌和铅的挥发开始逐渐变得明显，而在这个过程中气氛扮演了至关重要的角色，在800℃和 N_2 条件下生物炭中锌的含量（7.9%）要远远小于同温度下 CO_2 氛围生物炭中锌的含量（75.4%）和空气氛围生物炭中锌的含量（65.1%）。由此可见，较高的热处理温度和还原性的气氛（N_2）会促进重金属的挥发。在经过热处理后，挥发态的重金属会在低温捕捉器中冷凝，完全集聚在焦油中以用于后续提取回收，从而产生清洁的合成气能源。而通过美国环境保护署的标准浸出试验发现，东南景天生物质锌、镉和铅的浸出量高达65.11%、57.26%和7.98%，而在热解温度超过300℃时，只有不到0.8%的锌、镉和铅可以从生物炭中浸提出来，在500℃以上热处理得到的生物炭中基本没有重金属的浸出。这些结果表明，热解气化大大提高了东南景天中重金属的稳定性，从而显著降低了这些有毒元素在生物炭中的有效性，使其进一步利用成为可能。而通过进一步的吸附试验表明，东南景天生物炭对于水溶液中重金属铅和镉的吸附效果远优于常规生物炭材料，尤其是对于重金属含量较高的冶炼和电镀废水有较好的净化潜力。Wang 等[47]对锰超积累植物商陆进行的热解研究同样得到了类似结论。商陆生物质中锰的浸出率高达94.6%，而商陆热解生物炭中这一值仅为0.15%，且对水溶液中典型重金属（银、铅、镉、铜）都有较好的去除效率。此外，Cui 等[46]还探索了东南景天热解气化产合成气的潜能，CO_2 氛围高温下合成气产量远高于其他两种氛围，这主要得益于高温下大量CO气体的产生；而 N_2 条件下则更有利于 H_2 和 CH_4 的产生。这一系列的研究表明了热解气化技术处理重金属超积累植物生物质的可行性，同时也为重金属污染土壤植物修复后的末端植物资源化提供了新的思路。

8.2 挑战与展望

8.2.1 技术研发

我国有机废物的来源广泛，种类组成多样，如城市有机废物、农业有机废物和工业有机废物的成分截然不同，即使沿海和内陆、城市和农村以及北方和南方的居民生活垃圾的成分也存在很大的差异，因此相应的预处理和热解气化参数也因“废”而异。目前，我国的有机废物热解气化技术仍处于初步发展阶段，其技术亦多参考国外相关研究经验。然而，我国有机废物的组分与国外有较大差异，以生活垃圾为例，我国生活垃圾的含水量明显偏高。对于含水率高且性质各异的垃圾混合物，在热解处理过程中需要消耗大量能量，尤其是前期干燥阶段需消耗较多的外部加热能源。因此，国外对有机废物热转化特性的相关研究经验及热解气化技术在我国并不能完全适用。如何针对我国有机废物的性质特点发展高效可行的热解气化技术将是未来研究的重点，探索有机废物热解气化过程中关键技术问题更显得尤为重要。

近年来，相关学者针对有机废物的热解气化过程开展了研究，积累了一定的成果，但在一些关键技术方面仍存在挑战。一是有机废物在不同热解气化条件下的热转化特性以及目标产物的定向调控问题。反应气氛、温度、停留时间和炉型等条件及废物理化性质对于有机固废热转化特性和产物分布影响显著，如何针对不同废物探究最佳热解气化技术体系并完成目标产物产出最大化将是基础研究的重点。二是有机废物热解气化过程中污染物的迁移转化规律以及控制问题。在有机废物热解气化过程中，生活垃圾中的重金属成分经过形态转变及迁移进入底渣、飞灰及气相中，进而排入环境，若无法对其排放进行有效的控制则其会通过大气、饮水及食物等途径最终被人体摄取，从而造成不可逆危害。除重金属外，有机废物热解气化过程中还会产生二噁英、氮氧化物和硫氧化物等大气污染物，污染环境。因此，探究污染物在有机废物热解气化过程中的迁移转化规律对于减小其危害、提高热解气化技术的环境友好性有着重要意义。三是有机废物热解气化规律研究的适用性问题。我国现有热解气化研究多侧重于单组分热转化特性，然而对于更接近实际的混合组分的研究却相对较少。虽然也有一些研究对混合组分条件下的热转化特性进行了理论模拟，但相关实验验证还比较缺乏，无法为实际的工业应用提供足够的理论指导和技术支撑。

从热解气化技术能量供应角度来看，多种能源协同利用有助于提高热解气化过程总能效。如有机固废气化与太阳能联合发电技术，能够降低太阳能发电对太阳能来源稳定性的依赖程度并获得稳定的电量输出。有机固废热解气化技术、太阳能低温集热技术、用户风力发电技术是三项较为成熟的可再生能源利用技术，可满足人们对生活燃气、热水、电能的需求，基于三种能源在时间、空间和品位方面的互补性构建热解气化合成气-太阳能-风能集成系统，能够突破单一系统受到季节、昼夜、气候等不利因素的束缚，具有较高的热力性能、经济效益和环境效益，并能够满足人们多层次的生活需求。多能源互补联合利用将成为将来能源利用的重要方式，对推动能源、环境和人类经济社会的可持续发展有着重要意义。

8.2.2 工程应用

热解气化技术作为一种高效的有机废物热处理方式，有望克服我国目前有机废物焚烧处理过程中存在的二次污染、能源转化效率低等问题，为有机废物的能源化高效清洁利用做出贡献。尽管热解气化技术的相关研究受到了国内外学者的广泛关注，但整体而言，美国、日本、芬兰等国家已实现了初步的工业应用，且年处理规模多为1万～25

万吨，远小于常规的焚烧发电厂的规模。虽然近些年来我国在有机废物热解气化技术的研究与示范上取得了重要进展，但其发展仍需加速，产业化进程缓慢，技术工业化水平不足，气体净化、焦油、灰渣和废水的处理都是亟须解决的问题。

影响有机废物热解气化技术应用推广的根本原因是我国缺乏自主核心技术，对不同的技术路线和工艺缺乏系统性研究，成套设备供应能力不足。一方面，我国起步较晚，技术源头主要来自国外引进消化吸收。另一方面，我国有机废物的组分性质与国外有显著的差异，对技术与设备的要求及适应也有明显不同。该特点使得我国在引进先进国家的技术和设备时要有所选择，根据原料的特点、设备管理水平和消化吸收能力进行全面考虑，不能片面追求大规模、高效率和高自动化，否则容易造成资金和资源的浪费。此外，我国利用现有自主技术所建的有机废物热解气化示范工程总体上规模偏小、效率较低、自动化控制水平不高、一些配套的辅助设备还未实现产业化。总体上，我国有机废物热解气化技术仍处于研发示范阶段，主要发展目标为结合完善的基础研究不断提高技术水平，从而完成关键技术突破、中试和示范研究。未来应该结合我国资源和市场特点，充分发挥科研自主创新能力，努力获得拥有自主知识产权的热解气化理论技术及相关设备，尽快步入世界先进和领先水平。此外，在“双碳”目标约束下，有机固废热解气化技术未来应关注低碳化、绿色化的转化过程，聚焦减污降碳的协同增效，这可能会导致对处理方法和技术的重新认识，并使技术-经济效益的评估产生不同的效果。

8.2.3 政策法规

我国为加强现阶段的固废管理，相继出台和修订了一系列和固废管理与处置有关的政策法规，其中包括国家法律，如《中华人民共和国固体废物污染环境防治法》；地方性法规，如《广东省固体废物污染环境防治条例》；部门规章，如《固体废物进口管理办法》等。2018 年 1 月起，我国正式停止进口包括废塑料、未分类废纸、废纺织原料和钒渣在内的 24 种“洋垃圾”，而这一举措也直接表明了我国对于固废处理的决心。2019 年初，“垃圾分类”重新进入大众视野，以上海为代表的 46 个试点城市先行推广。然而这些政策法规多倾向于有机固废的管理层面，对于其无害化处理和资源化利用涉及较少，因此缺乏相应的实际指导性。为此，与之相关的各部门近年来相继出台了相应的指导意见，如 2016 年我国国家发展改革委办公厅和农业部办公厅印发的《关于印发编制“十三五”秸秆综合利用实施方案的指导意见》，力争到 2020 年在全国建立较完善的秸秆还田、收集、储存、运输社会化服务体系，基本形成布局合理、多元利用、可持续运行的综合利用格局，秸秆综合利用率达到 85%以上；2017 年 6 月国务院办公厅印发了《关于加快推进畜禽养殖废弃物资源化利用的意见》，明确提出到 2020 年全国畜禽粪污综合利用率须达到 75%以上，其中规模养殖场粪污处理设施装备配套率更要达到 95%以上等要求。

尽管如此，我国现阶段关于有机废物资源化的技术标准仍不完善，且存在管理混乱的问题，同时一些实质性、可操作的政策措施并未得到很好的执行。此外，目前我国关于有机废物资源化的社会化服务体系尚未形成，如废物资源的信息服务体系、技术服务体系、加工生产体系、市场服务体系、企业与农户的对接与组织模式等，这在一定程度上制约了生物质废物资源化的产业化和规模化发展。因此，现阶段应该完善各种有机废物资源化开发及利用的相关政策和法规，规范产业化市场，为有机废物资源化产业的发展提供良好的环境和政策条件，同时为有机废物资源化产品找到出路。另一方面，由于政策扶持和资金支持的缺乏，一些专门从事有机废物资源化利用的企业在创办初期受到很大阻力，成长受限，相关的产业体系也未能得到很好的培育。基于此，应考虑制定相关的具体配套扶持政策，这对于有机废物资源化的技术创新以及产业化发展都是十分必要的。

2020 年 9 月 22 日，国家主席习近平在第七十五届联合国大会一般性辩论上宣布："中国将提高国家自主贡献力度，采取更加有力的政策和措施，二氧化碳排放力争于 2030 年前达到峰值，努力争取 2060 年前实现碳中和。" 2020 年 12 月 12 日，国家主席习近平在气候雄心峰会上进一步表示："到 2030 年，中国单位国内生产总值二氧化碳排放将比 2005 年下降 65%以上，非化石能源占一次能源消费比重将达到 25%左右，森林蓄积量将比 2005 年增加 60 亿立方米，风电、太阳能发电总装机容量将达到 12 亿千瓦以上。" 2021 年 2 月，国务院印发《关于加快建立健全绿色低碳循环发展经济体系的指导意见》，提出要建立健全绿色低碳循环发展的经济体系，确保实现碳达峰、碳中和。2021 年 7 月 16 日，我国碳排放权交易市场上线交易正式启动，为实现碳达峰目标与碳中和愿景跨出了重要一步。实现"双碳"目标，是我国贯彻新发展理念和构建新发展格局的重大战略决策，彰显了我国参与全球气候治理和构建人类命运共同体的大国担当。"双碳"背景下，机遇与挑战并存，产业结构的转型以及绿色发展的理念对于有机废物的热解气化处理提出了新的要求；而与此同时，开展有机废物热解气化综合利用对于生产清洁能源和减少碳排放等具有显著的协同效应，是实现"双碳"目标的重要途径之一。可以看出有机废物的热解气化处理利用兼具减污降碳、绿色节能和循环经济等多种属性，有潜力成为"双碳"背景下固废处置的"新主线"。因此，立足于新发展阶段，在"十四五"关键时期应加强推动有机废物热解气化技术的产业发展与技术革新，充分发挥其对"双碳"目标的积极推动作用，全面助力"双碳"目标的实现。

参考文献

[1] Chen G，Guo X，Cheng Z，et al. Air gasification of biogas-derived digestate in a downdraft fixed bed gasifier [J]. Waste Management，2017，69：162-169.

[2] Kan X，Yao Z，Zhang J，et al. Energy performance of anintegrated bio-and-thermal hybrid system for lignocellulosic biomass waste treatment [J]. Bioresource Technology，2017，228：77-88.

[3] Ramachandran S，Yao Z，You S，et al. Life cycle assessment of a sewage sludge and woody biomass co-gasification system [J]. Energy，2017，137：369-376.

[4] Rong Z，Cheng Y，Maneerung T，et al. Co-gasification of woody biomass and sewage sludge in a fixed-bed downdraft gasifier [J]. Reaction Engineering，Kinetics and Catalysis，2015，61 (8)：2508-2521.

[5] Yao Z，Li W，Kan X，et al. Anaerobic digestion and gasification hybrid system for potential energy recovery from yard waste and woody biomass [J]. Energy，2017，124：133-145.

[6] Richter H J，Knoche K F. Reversibility of combustion processes [J]. Efficiency and Costing，1983，235

(235): 71-85.

[7] Moghtaderi B. Application of chemical looping concept for air separation at high temperatures [J] . Energy & Fuels, 2010, 24 (1): 190-198.

[8] Shen T X, Ge H J, Shen L H. Characterization of combined Fe-Cu oxides as oxygen carrier in chemical looping gasification of biomass [J] . International Journal of Greenhouse Gas Control, 2018, 75: 63-73.

[9] Ortiz M, Diego L F D, Abad A, et al. Hydrogen production by auto-thermal chemical-looping reforming in a pressurized fluidized bed reactor using Ni-based oxygen carriers [J] . International Journal of Hydrogen Energy, 2010, 35 (1): 151-160.

[10] Linderholm C, Schmitz M, Biermann M, et al. Chemical-looping combustion of solid fuel in a 100kW unit using sintered manganese ore as oxygen carrier [J] . International Journal of Greenhouse Gas Control, 2017, 65: 170-181.

[11] Gu H M, Shen L H, Xiao J, et al. Chemical looping combustion of biomass/coal with natural iron ore as oxygen carrier in a continuous reactor [J] . Energy & Fuels, 2011, 25 (1): 446-455.

[12] Bolhȧr-Nordenkampf J, Pröll T, Kolbitsch P, et al. Performance of a NiO-based oxygen carrier for chemical looping combustion and reforming in a 120kW unit [J] . Energy Procedia, 2009, 1 (1): 19-25.

[13] Hu J W, Galvita V V, Poelman H, et al. Pressure-induced deactivation of core-shell nanomaterials for catalyst assisted chemical looping [J] . Applied Catalysis B: Environmental, 2019, 247: 86-99.

[14] Wang B W, Yan R, Lee D H, et al. Characterization and evaluation of Fe_2O_3/Al_2O_3 oxygen carrier prepared by sol-gel combustion synthesis [J] . Journal of Analytical and Applied Pyrolysis, 2011, 91 (1): 105-113.

[15] Cheng Z, Qin L, Fan J A, et al. New insight into the development of oxygen carrier materials for chemical looping systems [J] . Engineering, 2018, 4 (3): 343-351.

[16] He F, Galinsky N, Li F X. Chemical looping gasification of solid fuels using bimetallic oxygen carrier particles-Feasibility assessment and process simulations [J] . International Journal of Hydrogen Energy, 2013, 38 (19): 7839-7854.

[17] Ding H R, Xu Y Q, Luo C, et al. Synthesis and characteristics of BaSrCoFe-based perovskite as a functional material for chemical looping gasification of coal [J] . International Journal of Hydrogen Energy, 2016, 41 (48): 22846-22855.

[18] Acharya B, Dutta A, Basu P. Chemical-looping gasification of biomass for hydrogen-enriched gas production with in-process carbon dioxide capture [J] . Energy & Fuels, 2009, 23 (10): 5077-5083.

[19] Lyngfelt A, Leckner B, Mattisson T. A fluidized-bed combustion process with inherent CO_2 separation; application of chemical-looping combustion [J] . Chemical Engineering Science, 2001, 56 (10): 3101-3113.

[20] Proll T, Bolhar-Nordenkampf J, Kolbitsch P, et al. Syngas and a separate nitrogen/argon stream via chemical looping reforming - A 140kW pilot plant study [J] . Fuel, 2010, 89 (6): 1249-1256.

[21] Hu Z F, Wang M F, Jiang E C. A novel continuous reactor with shaftless spiral for chemical looping gasification and the control of operating parameters [J] . Journal of the Energy Institute, 2020, 93 (5): 2084-2095.

[22] Ismail T M, Ramos A, Abd El-Salam M, et al. Plasma fixed bed gasification using an Eulerian model [J]. International Journal of Hydrogen Energy, 2019, 44 (54): 28668-28684.

[23] Hlina M, Hrabovsky M, Kavka T, et al. Production of high quality syngas from argon/water plasma gasification of biomass and waste [J] . Waste Management, 2014, 34 (1): 63-66.

[24] Heidenreich S, Foscolo P U. New concepts in biomass gasification [J] . Progress in Energy and Combustion Science, 2015, 46: 72-95.

[25] Tamosiunas A, Chouchene A, Valatkevicius P, et al. The potential of thermal plasma gasification of olive pomace charcoal [J] . Energies, 2017, 10 (5): 710.

[26] Ismail T M, Monteiro E, Ramos A, et al. An Eulerian model for forest residues gasification in a plasma gasifier [J] . Energy, 2019, 182: 1069-1083.

[27] Xu B, Wang N T, Xie J J, et al. Removal of toluene as a biomass tar surrogate by combining catalysis with

nonthermal plasma：understanding the processing stability of plasma catalysis [J] . Catalysis Science & Technology，2020，10 (20)：6953-6969.

[28] Liu L N，Wang Q，Ahmad S，et al. Steam reforming of toluene as model biomass tar to H_2-rich syngas in a DBD plasma-catalytic system [J] . Journal of the Energy Institute，2018，91 (6)：927-939.

[29] 史利芳，潘利祥．废旧纺织品综合利用[C]//中国环境科学学会学术年会论文集，2013：5498-5501.

[30] Miranda R，Sosa Blanco C，Bustos-Martínez D，et al. Pyrolysis of textile wastes [J] . Journal of Analytical and Applied Pyrolysis，2007，80 (2)：489-495.

[31] Morrison W H，Archibald D D. Analysis of graded flax fiber and yarn by pyrolysis mass spectrometry and pyrolysis gas chromatography mass spectrometry [J] . Journal of Agricultural and Food Chemistry，1998，46 (5)：1870-1876.

[32] 缪麒．城市生活垃圾筛上物流化床气化特性实验研究 [D] ．杭州：浙江大学，2006.

[33] Cao J，Xu J，Wang H，et al. Innovating collection modes for waste electrical and electronic equipment in China [J] . Sustainability，2018，10 (5)：1-33.

[34] Kim Y H，Wyrzykowska-Ceradini B，Touati A，et al. Characterization of size-fractionated airborne particles inside an electronic waste recycling facility and acute toxicity testing in mice [J] . Environmental Science & Technology，2015，49 (19)：11543-11550.

[35] Zhang L，Xu Z. Towards minimization of secondary wastes：Element recycling to achieve future complete resource recycling of electronic wastes [J] . Waste Management，2019，96：175-180.

[36] 李晶莹，盛广能，孙银峰．电子废弃物中的金属回收技术研究进展 [J] ．污染防治技术，2007，20 (6)：40-45.

[37] Cui J，Zhang L. Metallurgical recovery of metals from electronic waste：A review [J] . Journal of Hazardous Materials，2008，158 (2-3)：228-256.

[38] 曾宗杰．典型电子废物部件中有色化学金属回收机理及技术研究与创新 [J] ．化工管理，2016，(26)：191.

[39] Willner J，Fornalczyk A，Cebulski J，et al. Preliminary studies on simultaneous recovery of precious metals from different waste materials by pyrometallurgical method [J] . Archives of Metallurgy and Materials，2014，59 (2)：801-804.

[40] Brown T R. A techno-economic review of thermochemical cellulosic biofuel pathways [J] . Bioresource Technology，2015，178：166-176.

[41] Doidge E D，Carson I，Tasker P A，et al. A simple primary amide for the selective recovery of gold from secondary resources [J] . Angewandte Chemie International edtion. in English，2016，55 (40)：12436-12439.

[42] de Marco I，Caballero B M，Chomón M J，et al. Pyrolysis of electrical and electronic wastes [J] . Journal of Analytical and Applied Pyrolysis，2008，82 (2)：179-183.

[43] Long L，Sun S，Zhong S，et al. Using vacuum pyrolysis and mechanical processing for recycling waste printed circuit boards [J] . Journal of Hazardous Materials，2010，177 (1-3)：626-632.

[44] Moltó J，Font R，Gálvez A，et al. Pyrolysis and combustion of electronic wastes [J] . Journal of Analytical and Applied Pyrolysis，2009，84 (1)：68-78.

[45] Yang X，Sun L，Xiang J，et al. Pyrolysis and dehalogenation of plastics from waste electrical and electronic equipment (WEEE)：A review [J] . Waste Management，2013，33 (2)：462-473.

[46] Cui X，Shen Y，Yang Q，et al. Simultaneous syngas and biochar production during heavy metal separation from Cd/Zn hyperaccumulator (*Sedum alfredii*) by gasification [J] . Chemical Engineering Journal，2018，347：543-551.

[47] Wang S，Gao B，Li Y，et al. Biochar provides a safe and value-added solution for hyperaccumulating plant disposal：A case study of *Phytolacca acinosa* Roxb. (Phytolaccaceae) [J] . Chemosphere，2017，178：59-64.

附　　录

附录1　生物油中可能存在的有机物

中文名	英文名	化学式
酸	acids	
甲酸	formic(methanoic)	$HCOOH$
乙酸	acetic(ethanoic)	CH_3COOH
丙酸	propanoic	C_2H_5COOH
羟基乙酸	hydroxyacetic	$HOCH_2COOH$
2-丁烯酸	2-butenic(croyonic)	$C_4H_6O_2$
丁酸	butanoic	C_3H_7COOH
戊酸	pentanoic(valeric)	C_4H_9COOH
2-甲基丁烯酸	2-Me butanoic	$C_5H_8O_2$
2-氧代戊酸	4-oxypentanioc	$C_5H_8O_3$
2-羟基戊酸	4-hydroxypentanoic	$C_5H_{10}O_3$
己酸	hexanoic(caproic)	$C_5H_{11}COOH$
苯甲酸(安息香酸)	benzoic	C_6H_5COOH
庚酸	heptanoic	$C_6H_{13}COOH$
含氧戊酸	oxopentanoic acids	C_4H_9OCOOH
羟基乙酸	glycolic acid	$HOCH_2COOH$
十六(烷)酸(棕榈酸)	hexadecanoic acid	$C_{15}H_{31}COOH$
醇	alcohols	
甲醇	methanol	CH_3OH
乙醇	ethanol	CH_3CH_2OH
2-丙烯-1-醇	2-propen-1-ol	C_3H_6OH
异丁醇	isobutanol	$C_4H_{10}O$
3-甲基-1-丁醇	3-methyl-1-butanol	$C_5H_{12}O$
乙二醇	ethylene glycol	$C_2H_6O_2$
醛	aldehydes	
甲醛	formaldehyde	$HCHO$

续表

中文名	英文名	化学式
乙醛	acetaldehyde	CH_3CHO
2-丙烯醛	2-propenal	C_3H_4O
2-丁烯醛	2-butenal	C_4H_6O
2-甲基-2-丁烯醛	2-methyl-2-butenal	C_5H_8O
戊醛	pentanal	$C_4H_{11}CHO$
乙二醛	ethanedial	OHCCHO
酮	ketones	
丙酮	acetone	C_3H_6O
1-羟基-2-丙酮	1-hydroxy-2-propanone	$C_3H_6O_2$
2-丁烯-1-酮	2-butenone	C_4H_6O
2-丁酮	2-butanone(MEK)	C_4H_8O
2,3-丁二酮	2,3-butandione	$C_4H_6O_2$
环戊酮	cyclo pentanone	C_5H_8O
2-戊酮	2-pentanone	$C_5H_{10}O$
3-戊酮	3-pentanone	$C_5H_{10}O$
2-环戊烯-1-酮	2-cyclopentenone	C_5H_6O
4-戊烯-2,3-二酮	2,3-pentenedione	$C_5H_6O_2$
3-甲基-2-羟基-2-环戊烯-1-酮	3-Me-2-cyclopenten-2-ol-1-one	$C_6H_8O_2$
甲基环戊酮	Me-cyclopentanone	$C_6H_{10}O$
2-己酮	2-hexanone	$C_6H_{12}O$
环己酮	cyclohexanone	$C_6H_{10}O$
甲基环己酮	methylcyclohexanone	$C_7H_{12}O$
2-乙基环己酮	2-Et-cyclopentanone	$C_7H_{12}O$
二甲基环己酮	dimethylcyclopentanone	$C_7H_{12}O$
三甲基环戊烯酮	trimethylcyclopentenone	$C_8H_{12}O$
三甲基环戊酮	trimethylcyclopentanone	$C_8H_{14}O$
2-甲基环己酮	2-methylcyclohextanone	$C_7H_{12}O$
3-乙基环戊酮	3-Et-cyclopentanone	$C_7H_{12}O$
2-甲基-2-环戊烯-1-酮	2-methyl-2-cyclopenten-1-one	C_6H_8O
3-甲基环戊酮	3-methycyclopentanone	$C_6H_{10}O$
3-甲基环己酮	3-methycyclohexanone	$C_7H_{12}O$
3-甲基茚满酮	3-methylindan-1-one	$C_{10}H_{10}O$
酚	phenols	
苯酚	phenol	C_6H_5OH
2-甲基苯酚	2-methyl phenol	$H_3CC_6H_5OH$
3-甲基苯酚	3-methyl phenol	$H_3CC_6H_5OH$
4-甲基苯酚	4-methyl phenol	$H_3CC_6H_5OH$
2,3-二甲基苯酚	2,3-dimethyl phenol	C_8H_9OH
2,4-二甲基苯酚	2,4-dimethyl phenol	C_8H_9OH

续表

中文名	英文名	化学式
2,5 二甲基苯酚	2,5-dimethyl phenol	C_8H_9OH
3,6-二甲基苯酚	3,6-dimethyl phenol	C_8H_9OH
3,4-二甲基苯酚	3,4-dimethyl phenol	C_8H_9OH
2,6-二甲基苯酚	2,6-dimethyl phenol	C_8H_9OH
3,5-二甲基苯酚	3,5-dimethyl phenol	C_8H_9OH
2-乙基苯酚	2-ethyl phenol	C_8H_9OH
2,4,6-三甲基苯酚	2,4,6-triMe phenol	$C_9H_{11}OH$
1,2-苯二酚	1,2-diOH benzene	$C_6H_6O_2$
1,3-苯二酚	1,3-diOH benzene	$C_6H_6O_2$
1,4-苯二酚	1,4-diOH benzene	$C_6H_6O_2$
4-甲氧基儿茶酚(邻苯二酚)	4-methyoxy catechol	$C_4H_8O_3$
1,2,3-苯三酚	1,2,3-tri-OH-benzene	$C_6H_6O_3$
4-羟基苯乙酮	(4-hydroxyphenyl)-1-ethanone	$C_8H_8O_2$
2,3,5-三甲基苯酚	2,3,5-trimethylphenol	$C_9H_{11}OH$
2,4-二甲基苯酚	2,4-xylenol	$C_8H_{10}O$
2,5,8-三甲基-1-萘酚	2,5,8-trimethyl-1-naphthol	$C_{13}H_{14}O$
4-丙烯基-2-甲氧基苯酚	2-methoxy-4(1-propenyl)phenol	$C_{10}H_{11}O_2$
4-丙基-2-甲氧基苯酚	2-methoxyl-4-n-peopyphenol	$C_{10}H_{13}O_2$
3-甲基-1-萘酚	3-methyl-1-naphthol	$C_{11}H_{10}O$
4-乙基-1,3-苯二酚	4-ethyl-1,3-benzenediol	$C_8H_{10}O_2$
4-乙基-2-甲氧基苯酚	4-ethyl-2-methoxylphenol	$C_9H_{12}O_2$
4-甲基-2-甲氧基苯酚	4-methyl-2-methoxyphenol	$C_8H_{10}O_2$
4-羟基-3-甲氧基苯甲醛	vanillin	$C_8H_7O_3$
6,7-二甲基萘酚	6,7-dimethylnaphthol	$C_{12}H_{12}O$
儿茶酚(邻苯二酚)	catechol	$C_6H_6O_2$
二甲基苯二酚	dimethyldihydroxybenzene	$C_8H_{10}O_2$
甲基乙基苯酚	ethylmethyphenol	$C_9H_{11}O$
对苯二酚	Hydroquinone	$C_6H_6O_2$
间甲苯酚	*m*-cresol	C_7H_8O
甲基苯二酚	methybenzenediol	$C_7H_8O_2$
邻甲苯酚	*o*-cresol	C_7H_8O
对甲苯酚	*p*-cresol	C_7H_8O
对乙基苯酚	*p*-ethylphenol	$C_8H_{10}O$
间苯二酚	resorcinol	$C_6H_6O_2$
三甲基苯二酚	Trimethydihydroxybenzene	$C_9H_{12}O_2$
三甲基萘酚	Trimethylnaphthol	$C_{13}H_{14}O$
2-甲氧基苯酚	2-methoxy phenol	$C_7H_8O_2$
2-甲氧基-4-甲基苯酚	2-methyl 4-methyl phenol	$C_8H_{11}O_2$
4-乙基-2-甲氧基苯酚	4-ethyl 2-methoxy phenol	$C_9H_{13}O_2$

续表

中文名	英文名	化学式
丁香酚(4-烯丙基-2-甲氧基苯酚)	eugenol	$C_{10}H_{12}O_2$
异丁香酚甲醚(1,2-二甲氧基-4-丙烯基苯)	isoeugenol	$C_{11}H_{14}O_2$
4-丙基愈创木酚	4-propylguaiacol	$C_{10}H_{14}O_2$
2,6-二甲氧基苯酚	2,6-di-OMe phenol	$C_8H_{10}O_3$
甲基-2,6-二甲氧基苯酚	methyl syringol	$C_9H_{13}O_3$
4-乙基-2,6-二甲氧基苯酚	4-ethyl syringol	$C_{10}H_{15}O_3$
丙基-2,6-二甲氧基苯酚	propyl syringol	$C_{11}H_{17}O_3$
丁香醛(3,5-二甲氧基-4-羟基苯甲醛)	syringaldehyde	$C_9H_{10}O_4$
4-丙烯基-2,6-二甲氧基苯酚	4-propenylsyringol	$C_{11}H_{15}O_3$
3,5-二甲氧基-4-羟基苯乙酮	4-OH-3,5-di-OMe phenyl ethanone	$C_{10}H_{14}O_4$
酯	esters	
甲酸甲酯	methyl formate	$C_2H_4O_2$
乙酸甲酯	methy acetate	$C_3H_6O_2$
丙酸丙酯	propiolactone	$C_3H_4O_2$
丙酸甲酯	methyl propionate	$C_4H_8O_2$
丁酸丙酯	butyrolactone	$C_4H_6O_2$
2-丁烯酸甲酯	methyl crotonate	$C_5H_8O_2$
丁酸甲酯	methyl *n*-butyrate	$C_5H_{10}O_2$
戊内酯	valerolactone	$C_5H_8O_2$
当归内酯(十五内酯)	angelicalactone	$C_{15}H_{28}O_2$
戊酸甲酯	methyl valerate	$C_7H_{14}O_2$
糖	sugars	
左旋葡萄糖	levoglucosan	$C_6H_{10}O_5$
葡萄糖	glucose	$C_6H_{12}O_6$
果糖	fructose	$C_6H_{12}O_6$
D-木糖(戊醛糖)	D-xylose	$C_5H_{10}O_5$
D-树胶醛糖(阿拉伯糖)	D-arabinose	$C_5H_{10}O_5$
纤维素二糖	cellubiosan	$C_{12}H_{22}O_{11}$
1,6-脱水呋喃型葡萄糖	1,6-anhydroglucofuranose	$C_6H_{10}O_5$
低聚糖,寡糖	oligosaccharide	
呋喃	furans	
呋喃	furan	C_4H_4O
2-甲基呋喃	2-methyl furan	C_5H_6O
2-呋喃酮	2-furanone	$C_4H_4O_2$
糠醛	furfural	$C_5H_4HO_2$
3-甲基-2-呋喃酮	3-methyl-2(3*H*)furanone	$C_5H_6O_2$
糠基乙醇	furfural alcohol	$C_6H_8O_2$

续表

中文名	英文名	化学式
糠酸	furoic scid	$C_5H_4O_3$
糠酸甲酯	methyl furoate	$C_6H_8O_2$
5-甲基糠醛	5-methylfurfural	$C_6H_6O_2$
5-甲基-5-羟基糠醛	5-OH-methyl-2-furfural	$C_6H_7O_2$
二甲基呋喃	dimethyl furan	C_6H_8O
复杂含氧物质	complex oxygenates	
羟基乙醛	hydroxyacetaldhyde	$C_2H_4O_2$
1-羟基-2-丙酮	acetol(hydroxyacetone)	$C_3H_6O_2$
甲缩醛	methylal	$C_3H_8O_2$
二甲基缩乙二醛	dimethyl acetal	$C_8H_{18}O_2$
乙缩醛	acetal	$C_6H_{14}O_2$
3-甲基-2-羟基-2-环戊烯-1-酮	2-OH-3-Me-2-cyclopentene-1-one	$C_5H_8O_2$
1-乙酰基-2-丙酮	1-acetyoxy-2-propanone	$C_5H_8O_3$
2-甲基-3-羟基-2-吡喃酮	2-methyl-3-hydroxy-2-pyrone	$C_6H_6O_3$
4-甲基-2-甲氧基苯甲醚	2-methoxy-4-methylanisole	$C_9H_{12}O_2$
3-甲氧基-4-羟基苯甲醛	4-OH-3-methoxybenzaldehyde	$C_8H_8O_3$
3-羟基-4-吡喃酮	Maltol	$C_5H_4O_3$
烃	Hydrocarbons	
2-甲基丙烯	2-methyl propene	C_4H_8
二甲基环戊烯	Dimethycyclopentene	C_7H_{12}
a-蒎烯	Alpha-pinene	$C_{11}H_{16}$
苯乙烯	styrene	C_8H_8
十五烯	pentadecane	$C_{15}H_{30}$
辛烯	octadecene	C_8H_{16}
二十五碳烯	pentacosene	$C_{25}H_{50}$
己烯	hexadecene	C_6H_{12}
苯	Benzene	C_6H_6
甲苯	Toluene	C_7H_8
二甲苯	Xylenes	C_8H_{10}
萘	Naphthalene	$C_{10}H_8$
菲	Phenanthrene	$C_{14}H_{10}$
荧蒽	Fluoranthene	$C_{16}H_{10}$
䓛(1,2-苯并蒽)	Chrysene	$C_{18}H_{12}$
含氮物质	Nitrogen compounds	
氨水	ammonia	NH_3H_2O
甲胺	methyl amine	CH_3NH_2
嘧啶	Pyridine	C_5H_6N
甲基吡啶	Methyl pyridine	C_7H_7N

附录 2 典型生物质原料工业分析与热值

原料	工业分析(质量分数)/%				热分析
	含水率	灰分	挥发分	固定碳	HHV/(MJ/kg)
玉米秸秆①	5.47	8.06	72.81	12.91	—
水稻秸秆①	6.67	12.67	67.31	13.35	—
烟草秸秆①	—	7.61	47.05	45.34	—
稻草②	6.67	12.67	67.31	13.35	11.70
南洋杉①	4.54	12.43	73.01	10.02	—
杨木①	1.83	3.14	82.98	12.05	—
柳树①	—	0.85	83.4	15.75	—
圣诞树①	—	1.24	81.76	17	—
锯末①	4.13	2.02	77.72	16.13	—
松木①	—	1.05	83.42	15.53	—
橄榄果渣①	8.95	3.20	76.23	20.57	15.14
松木木片①	—	1.05	83.42	15.53	10.56
稻壳②	9.31	15.28	64.89	19.83	14.94
稻壳炭②	4.50	43.93	5.21	46.36	17.55
杏壳②	9.25	0.75	80.20	19.05	18.10
棕榈②	5.80	1.25	83.69	9.26	17.99
中药渣①	4.66	4.32	76.40	14.98	—
甘蔗渣①	2.03	2.00	82.08	13.89	—
牛粪①	12.8	64.11	18.6	4.49	—
猪粪①	9.5	11.00	59.91	19.59	—
鸡粪①	3.89	26.33	58.97	10.8	—
马粪①	11.09	8.71	59.55	20.64	—
羊粪①	47.8	10.91	34.03	7.26	—
骆驼粪①	47.9	0	33.55	18.55	—
马尾藻①	0.24	46.66	49.46	3.64	—
小球藻①	4.964	6.78	77.40	10.86	—
污泥①	3.59	36.25	53.93	6.23	—
果皮①	7.24	12.66	68.48	11.62	—
纸张①	1.87	26.88	62.76	8.49	—
塑料①	0.42	26.87	64.87	7.84	—
织物①	1.58	1	84.16	13.26	—

① 空气干燥基。

② 收到基。

附录 3 典型生物质原料元素分析

原料	元素分析(质量分数)/%				
	C	H	O	N	S
玉米秸秆①	42.51	5.89	41.19	2.35	<0.1
水稻秸秆①	34.65	4.93	45.91	1.63	0.21
高粱秸秆①	66.41	2.71	11.11	0.61	0.72
稻草②	34.65	4.93	45.91	1.63	0.21
青稞①	44.76	6.08	46.62	0.96	0.44
南洋杉①	38.21	4.82	44.04	0.50	<0.1
杨木①	48.52	6.14	40.89	1.18	0.13
柳树①	46.38	4.62	47.8	0.27	0.88
圣诞树①	46.31	4.63	47.32	0.44	0.06
锯末①	4.13	2.02	77.72	16.13	—
松木①	44.87	1.69	51.05	1.12	0.22
橄榄果渣①	51.33	2.92	41.08	1.35	0.13
松木木片①	44.87	1.69	51.05	1.12	0.22
稻壳②	42.13	4.90	36.97	0.55	0.17
稻壳炭②	51.82	0.98	—	0.69	0.12
杏壳②	49.93	6.08	43.12	0.79	0.08
棕榈②	48.81	6.38	43.56	0.001	<0.1
中药渣①	45.86	6.75	40.77	1.85	0.45
甘蔗渣①	34.65	4.93	56.79	1.63	<0.1
牛粪①	39.09	4.61	26.68	0.83	0.25
猪粪①	54.12	6.78	32.97	4.32	—
鸡粪①	46.68	6.24	43.31	3.80	0.88
马粪①	54.33	6.81	37.15	1.54	0.16
羊粪①	51.33	6.45	38.81	2.65	0.76
骆驼粪①	49.68	6.15	39.59	4.58	—
马尾藻①	24.35	3.79	21.46	2.38	1.36
小球藻①	46.62	6.90	10.81	0.78	34.89
污泥①	27.07	4.18	63.9	3.58	1.27
果皮①	40.32	5.9	36.04	3.48	1.6
纸张①	34.06	4.85	31.54	1.35	1.32
塑料①	0.42	26.87	64.87	7.84	1.26
织物①	41.42	6.43	49.06	1.19	1.08

① 空气干燥基。

② 收到基。

附录 4 典型生物质原料组分分析

原料	组分分析(质量分数)/%				
	半纤维素	纤维素	木质素	脂肪	蛋白质
玉米秸秆①	29.79	37.88	13.95	3.90	4.20
黑麦秸秆①	32.80	37.90	17.60	2.00	3.60
大麦秸秆①	27.90	34.80	14.60	1.90	4.60
燕麦秸秆①	31.70	38.50	16.80	2.20	4.00
水稻秸秆①	27.70	36.50	12.30	3.80	4.80
小麦秸秆①	32.60	38.60	14.10	1.70	4.40
油菜秸秆①	31.40	37.60	21.30	3.80	—
杨木①	22.62	50.00	13.13	—	—
马尾藻①	55.08	5.09	3.34	0.24	2.75

① 空气干燥基。

附录 5 部分相关标准

序号	标准 65 名称
1	《生物质热解炭气油多联产工程技术规范第 1 部分:工艺设计》(GB/T 40113.1—2021)
2	《生物质成型燃料锅炉大气污染物排放标准》(DB 12/ 765—2018)
3	《生活垃圾小型热解气化处理工程技术规范》(DB63/T 1773—2020)
4	《生物质热解燃气质量评价》(NY/T 3898—2021)
5	《生活垃圾焚烧污染控制标准》(GB 18485—2014)
6	《锅炉大气污染排放标准》(GB 13271—2014)
7	《锅炉大气污染排放标准》(DB 11/ 139—2015)
8	《生物质成型燃料锅炉大气污染物排放标准》(DB 22/T 2581—2016)
9	《生物质常压固定床气化炉技术条件》(NY/T 2907—2016)
10	《生物质气化集中供气运行与管理规范》(NY/T 2908—2016)
11	《生物质气化集中供气净化装置性能测试方法》(NB/T 34004—2011)
12	《秸秆气化炉质量评价技术规范》(NY/T 1417—2007)
13	《生物质气化供气系统技术条件及验收规范》(NY/T 443—2016)
14	《生物质气化炉热工性能试验规程》(T/GDAQI 013—2019)
15	《固体生物质气化燃气焦油和灰尘含量的测定方法》(DB51/T 1376—2011)
16	《危险废物焚烧污染控制标准》(GB 18484—2020)

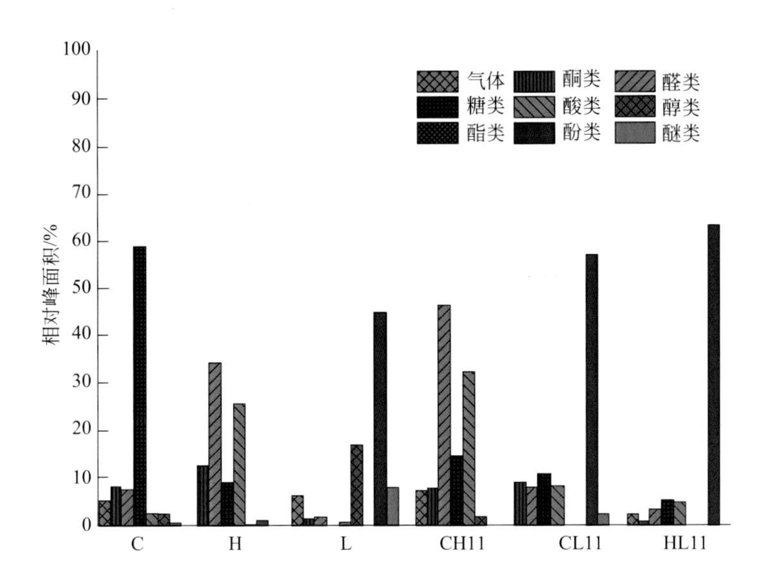

图 3-21 各组分在典型工况下热解的产物分布化工进展[64]

C—纤维素;H—木聚糖;L—木质素;CH11—纤维素与木聚糖 1∶1 混合;CL11—纤维素与木质素 1∶1 混合;HL11—木聚糖与木质素 1∶1 混合

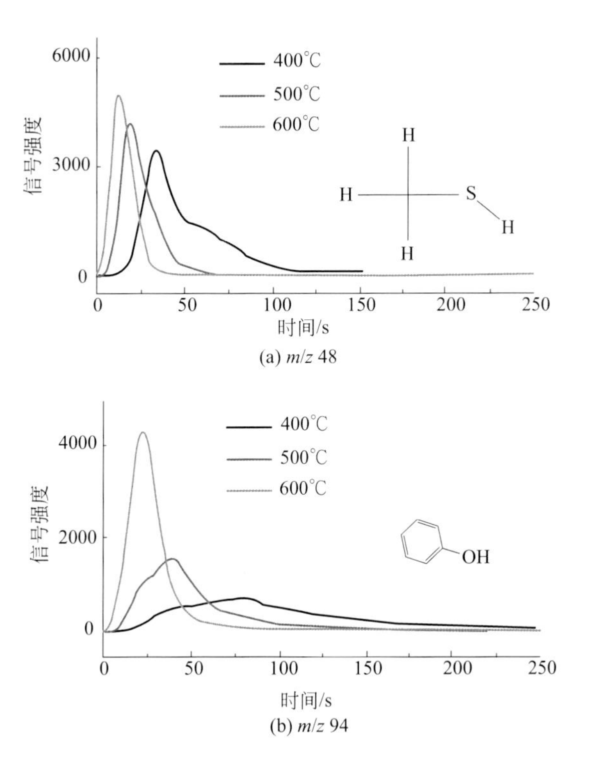

图 3-27

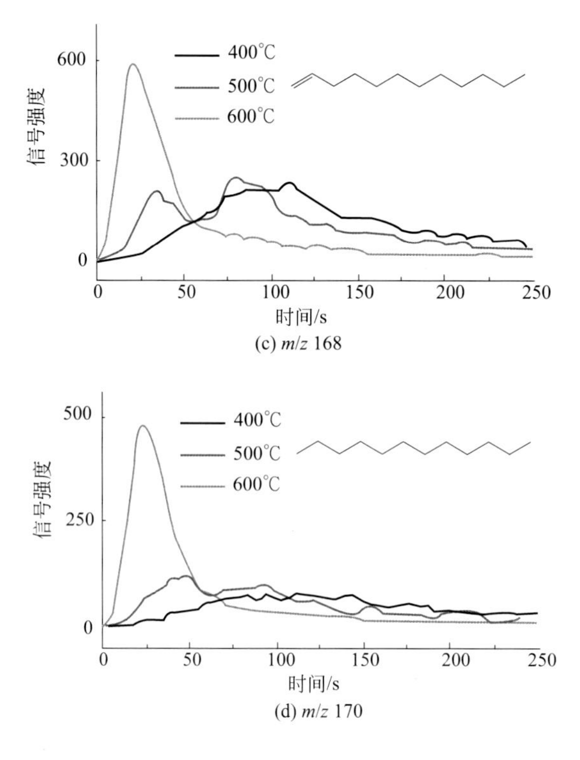

图 3-27　微藻在不同 m/z 下主要产物在 500℃时随时间变化谱[82]

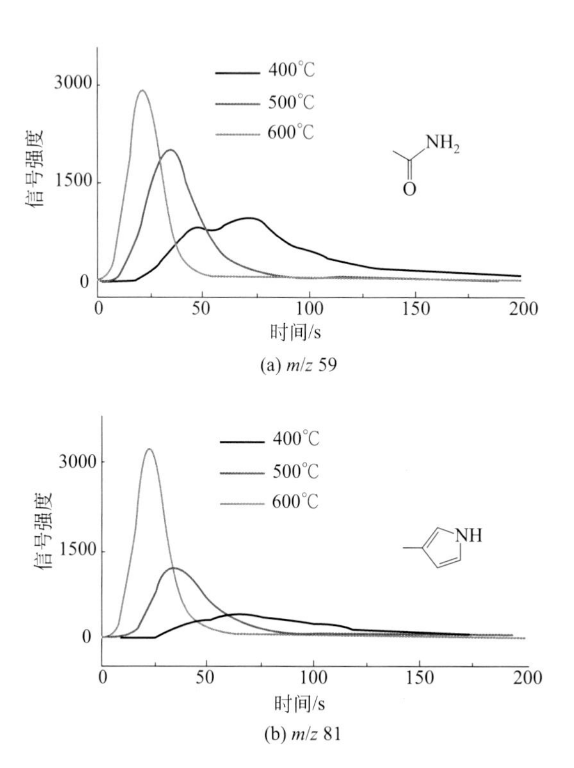

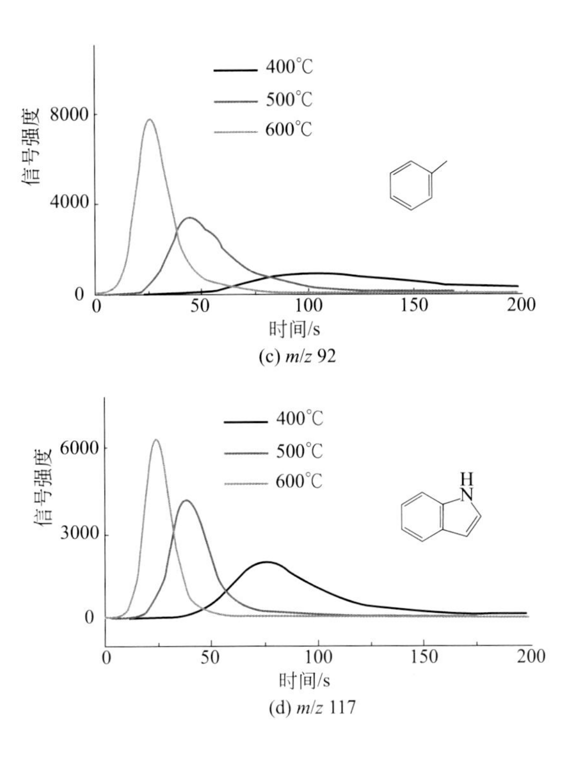

图 3-28 螺旋藻在不同 m/z 下主要产物在 500℃时随时间变化谱[82]

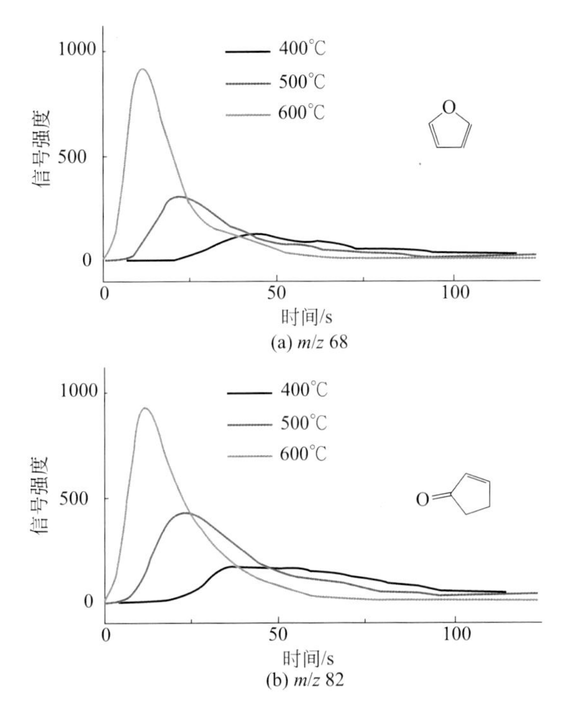

图 3-29

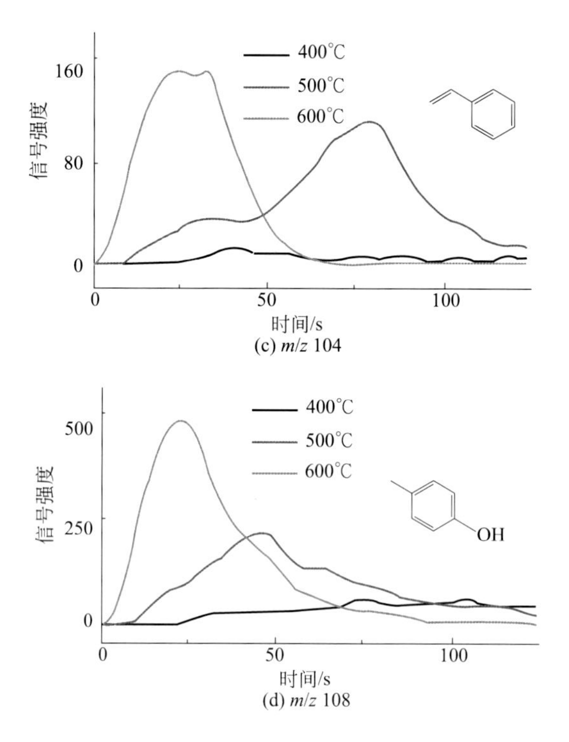

图 3-29　马尾藻在不同 m/z 下主要产物在 500℃时随时间变化谱[82]

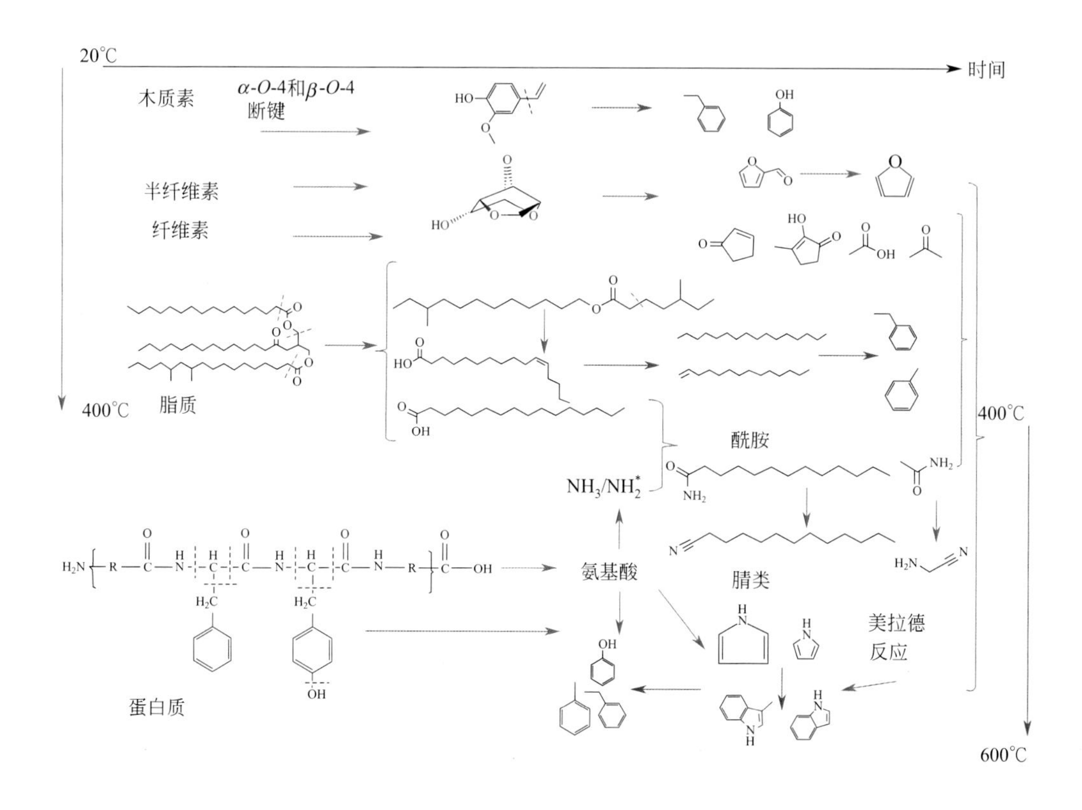

图 3-30　藻类中脂质、蛋白质和碳水化合物的化学途径[82]

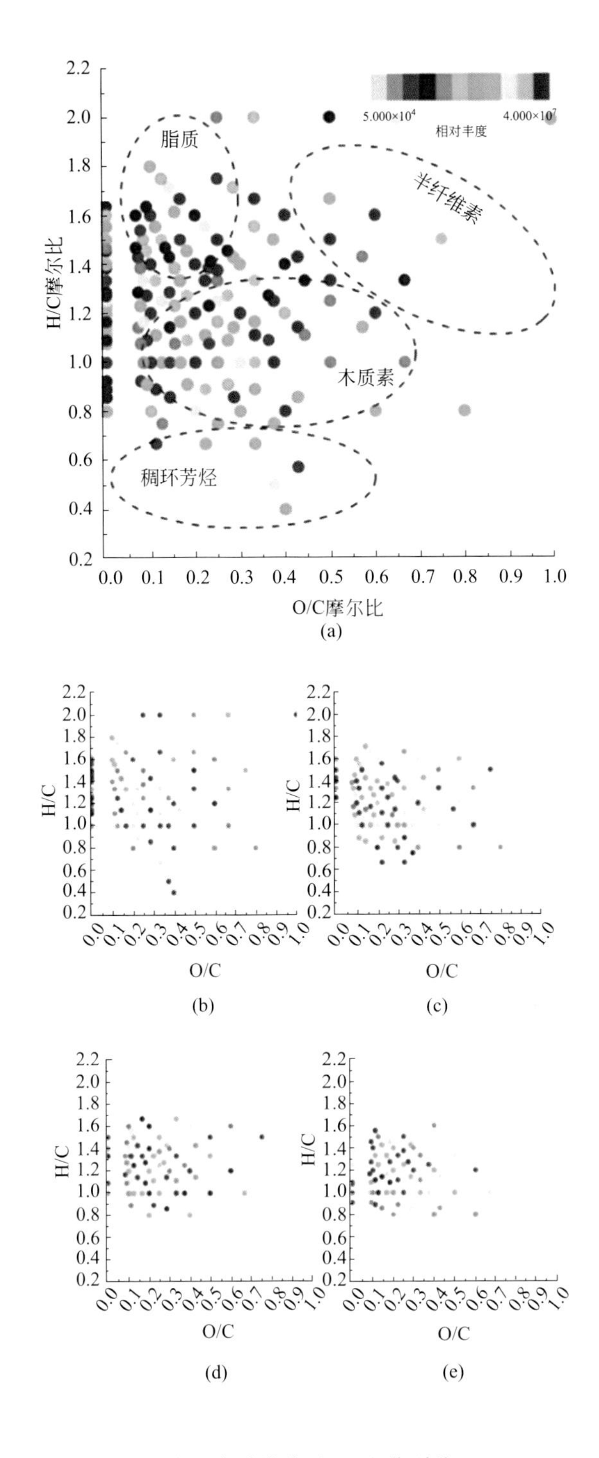

图 3-32 由累积质谱导出的范·克雷维伦图(a)和分别从 0.31min、0.64min、0.91min 和 2.01min 记录的质谱中得出的范·克雷维伦图(b)～(e)[83]

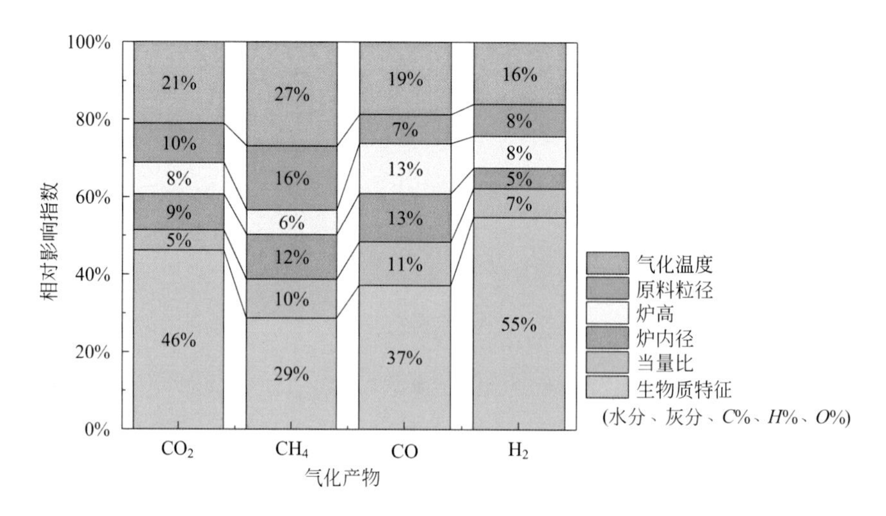

图 5-29　不同气化参数对气化产物预测的相对影响

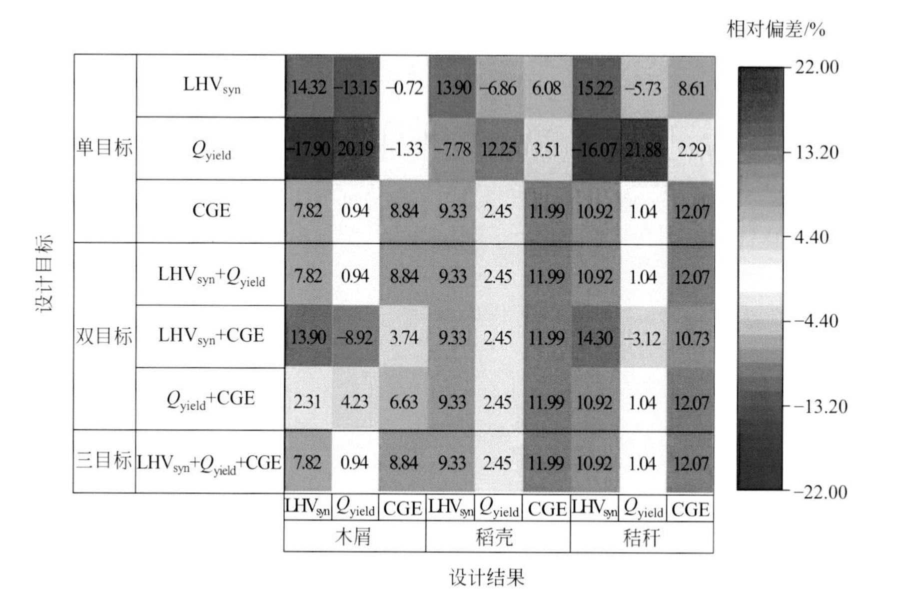

图 5-31　反向设计与半经验设计的设计结果相对差异

红色为反向设计方法更优，蓝色为半经验设计方法更优

(a) 初始进料 (干化炉进料)

(b) 干化后污泥(炭化进料)

(c) 炭化后污泥

图 7-10　市政污泥处理过程现场图

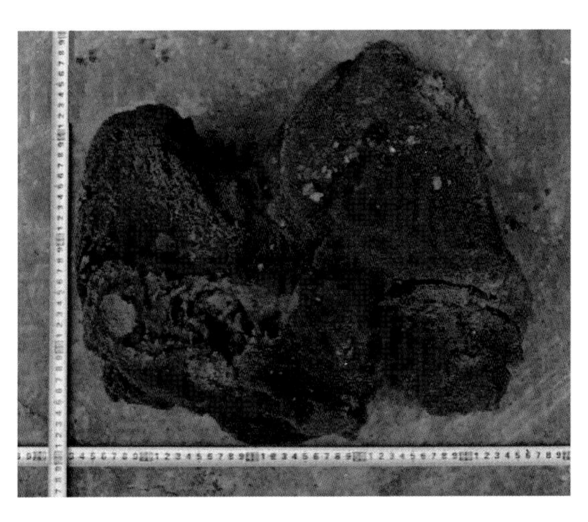

(a)

图 7-22

(b)

图 7-22　返料阀内部结渣照片

图 7-26　出料设备